集成电路工艺技术丛书

电子组装的可制造性设计

耿 明 编著

電子工業出版社.

Publishing House of Electronics Industry

北京·BEIJING

内 容 简 介

本书采用大量图表，通过理论和生产案例相结合的方式，全面系统地介绍电子组装的可制造性设计。首先概述了对电子组装技术的发展、焊接技术，然后介绍了电子组装可制造性设计简介和实施流程（第 4 章到第 12 章按照 DFM 检查表的顺序详细讲解了电子组装的可制造性设计规范，包含 DFM 所需的数据、组装方式和工艺流程设计、元器件选择、PCB 技术和材料选择、PCB 拼板、元器件焊盘设计、孔的设计、PCBA 的可制造性设计、覆铜层和丝印图形设计），接下来讲述了电子组装的散热设计和电磁兼容、可测试性设计，最后讲解了可制造性的审核报告和常用软件，并在附录中给出 DFM 和 DFT 的检查表供参考。本书可帮助电子产品设计工程师提升设计水平，提高产品质量，降低成本，缩短研发周期，同时还能帮助电子产品制造工程师学会判断哪些工艺质量问题来自于设计。

本书可作为 DFM 设计手册和指南，供电子产品设计工程师与电子产品制造工程师阅读，也可作为高等院校电子技术、微电子技术专业的教材。

图书在版编目（CIP）数据

电子组装的可制造性设计 / 耿明编著. —北京：电子工业出版社，2024.1
（集成电路工艺技术丛书）

ISBN 978-7-121-46928-2

Ⅰ. ①电… Ⅱ. ①耿… Ⅲ. ①电子元件-组装 Ⅳ. ①TN605

中国国家版本馆 CIP 数据核字（2023）第 239561 号

责任编辑：刘海艳
印　　刷：固安县铭成印刷有限公司
装　　订：固安县铭成印刷有限公司
出版发行：电子工业出版社
　　　　　北京市海淀区万寿路 173 信箱　邮编　100036
开　　本：787×1092　1/16　印张：28.5　字数：747.8 千字
版　　次：2024 年 1 月第 1 版
印　　次：2024 年 10 月第 3 次印刷
定　　价：188.00 元

凡所购买电子工业出版社图书有缺损问题，请向购买书店调换。若书店售缺，请与本社发行部联系，联系及邮购电话：（010）88254888，88258888。

质量投诉请发邮件至 zlts@phei.com.cn，盗版侵权举报请发邮件至 dbqq@phei.com.cn。

本书咨询联系方式：lhy@phei.com.cn。

序　言

　　《电子组装的可制造性设计》一书的作者耿明老师是江苏省电子学会 SMT 专业委员会副主任委员、国内资深 SMT 专家、IPC-A610 技术组中国区主席。耿明老师在国内多场 SMT 学术会议，以及《江苏 SMT 专刊》《电子工艺技术》《印制电路与贴装》《计算机与科学》等杂志上发表过数十篇论文，特别是对国内 SMT 专业人才的培养、教育发挥了重要作用，授课足迹遍布华北、华东、华南等地区。他的培训课程受到众多工程技术人员的好评，为中国 SMT 应用与发展做出了贡献。

　　《电子组装的可制造性设计》一书是耿老师从事 SMT 专业、长期征战在电子制造世界百强企业中多年的实用经验积累，适用性可覆盖到整个电子组装领域。书中案例体现了系统性、关联性。《电子组装的可制造性设计》一书适合于广大电子制造设计人员、工艺人员使用，也可作为设计研究人员、大学专业教师的实用工具书。

　　中国电子制造虽已进入智能制造时代，但与工业强国相比，还有一定差距。这就需要国内广大的 SMT 工作者努力学习，夯实基础，赶超先进。这本兼具实用性和操作性的专业工具书的出版，想必一定会受到广大工程技术人员的欢迎。

　　由于出书时间紧迫、技术发展迅速，本书可能会有一些不足和待改进之处，希望广大 SMT 专家和同仁批评指正，及时将意见、建议反馈给著者，以便加印和再版时修正。

　　江苏省电子学会 SMT 专业委员会将会与电子工业出版社同仁持续合作，一起努力，向专业读者提供更多、更好的精神食粮，为中国电子智能制造的发展、进步，做出应有的贡献！

江苏省电子学会 SMT 专委会　荣誉会长/创始人　宣大荣

2023.9.30

前　言

DFM（Design for Manufacture，可制造性设计）是指产品设计需要满足制造的要求，具有良好的可制造性。DFM 是将产品设计的工程要求与制造能力相匹配，使设计的产品能以低成本、高质量、短周期的方式实现的产品开发实践过程。它是一个整合了设计规范要求、制造规范要求、工艺制程能力和项目管理的系统工程。

DFM 于 20 世纪 70 年代初在机械行业中率先使用。1994 年，表面组装技术协会（SMTA）首次提出 DFM 概念，并于 2000 年左右开始在一些跨国公司电子组装中应用。在我国，随着电子组装技术的飞速发展，特别是进入 21 世纪后，DFM 也开始成为电子产品研发和制造工厂的重点关注对象，越来越受重视。

为什么 DFM 越来越受重视呢？主要是因为设计是整个产品寿命的第一站。从效益学的观点来说，问题越是能够及早解决，成本效益也就越高，造成的损失也就越低。此外，对于设计造成的问题，即使工厂内拥有最好的设备和工艺，也未必能够很完善地解决。

目前存在的很多现状是，电子产品设计工程师，特别是硬件设计工程师，普遍不熟悉制造工艺技术，导致设计出的产品不具备可制造性或可制造性差，需要反复修改设计，影响了产品的研发周期，甚至影响了产品的质量和可靠性。电子产品制造工程师往往不知道也辨别不出这些缺陷来自设计，而是试图采取很多的工艺措施来解决这类问题，结果不仅浪费时间，还不能根本解决问题。解决这一问题的途径就是导入及应用 DFM。DFM 技术是当今电子产品设计工程师和制造工程师必备的知识之一。

实施 DFM 可以减少产品设计修改次数；缩短产品开发周期；降低产品成本；有利于生产制造流程的标准化和自动化；有利于技术转移，简化产品转移流程；加强公司间的协作沟通；降低新技术引进成本。DFM 也是新产品开发及验证的基础，适合应对电子组装工艺新技术日趋复杂的挑战。

DFM 涉及产业链上的很多环节，包括设计厂商、PCB 制造厂商、组装厂商、测试厂商和系统厂商。在寻求解决方案的过程中，企业也越来越认识到 DFM 的重要性，但在实施的过程中缺乏 DFM 的标准和规范，导致各个环节沟通不畅，使整个电子产品设计水平低下，产能不高。这就需要有 DFM 的规范和手册来指导实施。

目前在国内图书市场上，系统讲解电子组装可制造性设计的专业书籍很少。编者一直就职于多家全球著名的电子合约制造（EMS）企业，产品涉及汽车、医疗、光伏、新能源、工控、半导体设备，电源、通信基站、手机、计算机、智能家居、办公设备、LED 照明、安防和军事航天等领域，2001 年在美国硅谷工作就开始从事 DFM。本书结合实际经验和具体生产制造中所遇到的问题，总结出了 DFM 检查表，并按照 DFM 检查表的顺序分章节讲述 DFM 设计的规范，目的是帮助电子产品设计工程师了解生产工艺的要求，在产品研发时按照可制造性设计产品不仅知道如何设计，还了解为何这样设计以及会带来的不良问题。同时有助于电子产品制造工程师学会判断哪些工艺质量问题来自于设计，解决问题时换一个方位去思考，使复杂的问题简单化，以确保产品质量更高，成本更低，产品开发周期更短，达到产品的最优化。

在本书的策划与写作过程中，江苏省电子学会 SMT 专业委员会创始人、荣誉主任宣大荣老师给予了很大的支持和鼓励，电子工业出版社编辑刘海艳老师为本书的校订付出了辛勤的劳动，同时也得到 SMT 专业委员会很多专家的指导和帮助，在此一并表示衷心的感谢！

本书参考并引用了许多国内外企业已发行的文献资料和行业标准，其中大部分已经列入参考文献，仍有一些找不到原作者与出处，在此向所有相关原作者表示感谢！

由于编者水平有限，书中难免存在差错和不足之处，真诚希望广大读者和业内专家批评指正。

编著者

目　　录

第1章 电子组装技术概述

电子组装技术是根据电路原理图，选择电子元器件、机电元件，合理设计印制电路板（Print Circuit Board，PCB），然后进行互连焊接、安装、调试，使其成为适用的、可生产的电子产品的技术。这里组装的元器件主要包含了通孔插装（Pin Through Hole，PTH）元器件和表面贴装元器件（Surface Mounted Components/Devices，SMC/SMD）。

通孔插装元器件主要运用通孔插装技术（Through Hole Technology，THT）完成电路板组件的制造。THT 是将引线插入电路板上的通孔，在板的背面进行焊接的技术。

20 世纪 60 年代出现了表面贴装元器件，后来逐渐在印制电路板上应用，因此表面组装技术（Surface Mounting Technology，SMT）得到发展。表面组装技术又称表面安装技术或表面贴装技术。一般是指用自动组装设备将片式化、微型化的无引线或短引线表面贴装元器件直接贴装和焊接到印制电路板表面或其他基板的表面规定位置的一种先进电子装联技术。广义的电子组装包括了 SMT 和 THT。

1.1 电子组装技术的发展和层级

1.1.1 电子组装技术的发展

电子组装技术的发展见表 1-1。

表 1-1 电子组装技术的发展

技术	阶段	技术发展	IC 器件	元器件封装形式	组装技术	代表产品
通孔插装技术（THT）	第一代：20世纪 50 年代前	手工插装，有引线大尺寸元器件	电子管	晶体管，轴向引线元器件，电子管座	扎线、配线、分立元器件、分立走线、金属底板、手工焊接	电子管收音机
	第二代：20世纪 60 年代	有引线小型化元器件	晶体管	有引线、金属壳封装	分立元器件、单面印制板、平面布线、半自动插装/浸焊	黑白电视机
表面组装技术（SMT）	第三代：20世纪 70 年代	减小单位体积，提高电路功能，后期出现了 SMC	集成电路、厚薄膜混合电路	双列直插式金属、陶瓷、塑料封装，后期出现了 SMD	双面印制板、初级多层板、自动插装、波峰焊	彩色电视机
	第四代：20世纪八九十年代	SMC 大发展，降低了成本，大力发展组装设备，提高了产品性价比	大规模、超大规模集成电路	SMD 向微型化发展，有了 BGA、CSP、倒装芯片 LGA、MCM	全自动贴装机波峰焊、再流焊	录像机，数码相机
	第五代：21世纪	微组装、高密度、立体组装	无源与有源的集成混合元器件、三维立体组件	晶圆级封装（WLP）和系统级封装（SIP）	底部填充、波峰焊、再流焊、选择焊	手机，数码产品

中国 SMT 起步于 20 世纪 80 年代初期，在经历了 30 多年的快速发展后，已成为全球最大的电子产品的世界加工基地，设备已经与国际接轨，但设计、制造、工艺、管理技术等方面与国际还有差距。国内各企业应加强基础理论和工艺研究，提高工艺水平和管理能力。

1.1.2　电子组装的层级

1．电子组装的层级介绍

电子组装包含电子组装工艺、电子组装技术和电子封装工程三个领域。电子组装的构成分为 4 级封装，包含 6 个层级。一般称层次 1 为 0 级封装，层次 2 为 1 级封装，层次 3 为 2 级封装，层次 4、5、6 为 3 级封装，电子组装的层级如图 1-1 所示。本书中所涉及的组装主要是 2 级和 3 级封装。

（a）0级封装：晶圆(Wafer)　　（b）1级封装：元器件、模块　　（c）2级封装：PCBA组件　　（d）3级封装：系统组装

图 1-1　电子组装的层级

层次 1（0 级封装）是指半导体集成电路组件（芯片）封装工程。半导体厂商提供系列标准芯片。针对系统用户特殊要求的专用芯片，被称为未经封装的裸芯片更为确切。确保芯片质量非常关键，保证芯片的功能符合要求及足够高的初期合格率。

层次 2（1 级封装）分为单芯片封装和多芯片封装。① 单芯片封装，即对单个裸芯片进行封装；② 多芯片封装，即将多个裸芯片装载在陶瓷等多层基板上，进行气密性封装构成 MCM（Multi-Chip Module，多芯片组件）。MCM 伴随集成电路组件的高速、高集成化而产生，与单芯片封装相比，具有更高的封装密度，能更好地满足电子系统微型化的需要。

电子封装工程是指将半导体、电子元器件所具有的电子的、物理的功能转变为适用于机器或系统的形式，即 0 级组装和 1 级组装。

层次 3（2 级封装）指构成板或卡的装配工序，将多个完成层次 2 的单芯片封装和 MCM，安装在 PCB 等多层基板上，基板外围设有插接端子，用于与母板及其他板或卡的电气连接。

层次 4（3 级封装）称为单元组装。将多个完成层次 3 的板或卡，通过其上的插接端子，连接在称为母板的大型 PCB 上，构成单元组件。

层次 5（3 级封装）指将多个单元构成架，单元与单元间用布线或电缆相连接。

层次 6（3 级封装）即总装，将多个架并排，架与架之间由布线或电缆相连接，由此构成大型电子设备或电子系统。

2．印制电路板组件

本书讲的电子组装就是指的 2 级封装，即印制电路板组件（Print Circuit Board Assembly，PCBA，见图 1-2）的装配。PCBA 指安装有电子元器件，具有一定功能的印制电路板装配件，在电子制造工厂也称为单板。

图 1-2　印制电路板组件

PCBA 的结构有一个显著的特点，就是元器件安装在 PCB 的一面或两面。通常将安装元器件数量和封装类型比较多的 PCB 面，称为主装配面或上表面（正面）；相反，将安装元器件数量和封装类型少的面，称为次装配面或下表面（反面）。

通常先焊接下表面，后焊接上表面，因此，有时也将下表面称为一次焊接面，上表面称为二次焊接面。

PCBA 的可制造性设计，主要是解决可组装性的问题，目的是实现最短的工艺路径、最高的焊接直通率、最低的生产成本。

1.2　表面组装技术的发展及电子智能制造

1.2.1　表面组装技术的组成和特点

1．表面组装技术的组成

电子组装的核心技术就是表面组装技术（SMT），包含表面组装元器件、电路基板、组装技术、组装工艺、组装材料、组装设备、组装测试、组装管理等多项技术，是一门涉及微电子、精密机械、自动控制、焊接、精细化工、材料、监测、管理等多种专业和多门学科的系统工程。SMT 的组成如图 1-3 所示。

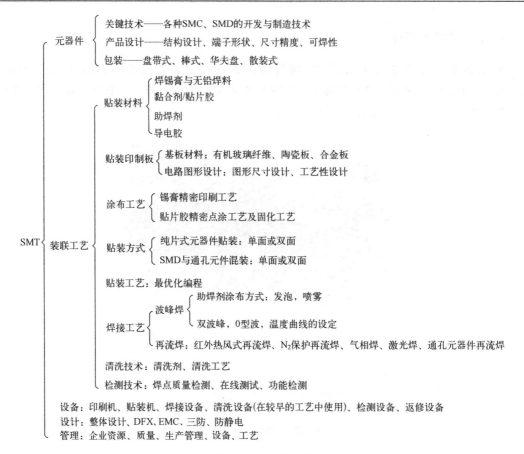

图 1-3　SMT 的组成

2. 表面组装技术的特点

当前，表面组装技术已经进入微组装、高密度组装和立体组装技术的新阶段。这种技术成为当今微电子技术的重要组成部分，是由其特点决定的。与通孔插装技术相比，表面组装技术具有以下特点：

① 组装密度高，产品体积小，质量小。SMC 和 SMD 的体积只有传统的元器件的 1/10～1/3 左右，可以装在 PCB 的两面，有效利用了印制电路板的面积，减小了电路板的质量。一般采用表面组装技术后可使电子产品的体积缩小 40%～60%，质量减小 60%～80%。例如，一个 64 引线的双列直插式封装（Dual In-line Package，DIP），组装面积为 25mm×75mm，同样引线采用间距为 0.63mm 的 QFP，组装面积为 12mm×12mm，面积为通孔插装技术的 1/12。

② 可靠性高，抗振能力强。SMC 和 SMD 无引线或引线很短，质量小，因而抗振能力强，其焊点失效率可比 PTH 元器件至少降低一个数量级，大大提高了产品的可靠性。SMT 组装的平均故障间隔时间（Mean Time Between Failure，MTBF）为 25 万小时，目前几乎有 90%的电子产品采用 SMT 工艺。

③ 高性能。SMC 和 SMD 贴装牢固，为无引线或短引线，降低了寄生电感和寄生电容的影响，提高了电路的高频特性。采用 SMC 和 SMD 设计的电路最高频率可达 3GHz，而采用通孔插装元器件仅为 500MHz。采用 SMT 也可缩短传输延迟时间，可用于时钟频率为

16MHz 以上的电路。若使用 MCM 技术，计算机工作站的高端时钟频率可达 100MHz，由寄生电抗引起的附加功耗可降低到原来的 1/3～1/2，可以毫不夸张地说没有表面组装技术就没有计算机、手机等现代高频电子产品。

④ 降低成本。表面组装技术使 PCB 面积减小，产品成本降低；使元器件成本降低，组装中省去引线成型、打弯、整型的工序；频率特性提高，降低了电路调试费用；片式元器件体积小、质量小，降低了包装运输和储存的费用；焊点可靠性提高，降低了调试和维修成本。

⑤ 高效率。表面组装技术更适合自动化大规模生产。采用计算机集成制造系统（CIMS）可使整个生产过程高度自动化，将生产效率提高到新的水平。目前通孔插装元器件安装印制板的电子组装要实现完全自动化，还需扩大 40%原印制板面积，这样才能使自动插件的插装头将元器件插入，否则没有足够的空间间隙，将碰坏零件。

3. 表面组装技术的应用

表面组装技术在各种行业的应用越来越广，从最初应用于消费类电子产品、家电、办公设备、计算机、数码产品，到现在应用于航天军事、通信基站、网络信息、电力电源、安防、仪器仪表、汽车，并延伸到照明、LED、太阳能、风能、潮汐能、核能等新能源领域。人们对电子产品也提出了更高的要求，不仅限于功能要求，更多的是质量和可靠性的要求不断提高。

表面组装技术的应用产品根据用途大致分成以下几类：

① 消费类产品。包括游戏、玩具、音响电子设备等。

② 通用产品。如企业和个人用计算机、家用电器、数码相机、打印机、办公设备。与消费类产品比较，用户期望产品有较长的使用寿命，并享受长期服务。

③ 通信产品。包括电话、手机、交换机、通信基站、路由器、无线传输设备等。

④ 安防仪器。包括检测仪器、测试设备。

⑤ 工业产品。尺寸和功能是这类产品重点关注的，成本也是非常重要的。

⑥ 高性能产品。如军舰、航天、军用产品、高速大型计算机、医疗设备、新能源设备等。这类产品要求高可靠性和高性能。

⑦ 航天产品。包括所有能够满足外界恶劣环境要求的产品。在各种不同环境和极端的自然条件下可达到优质和高性能的产品。

⑧ 军用航空电子产品。需要满足机械变化和热变化的要求，应重点考虑尺寸、质量、性能和可靠性。

⑨ 汽车产品。汽车内的电子模块应用越来越多，这类产品面临着极端的温度和机械变化，安全性要求很高。

1.2.2 表面组装技术的发展

1. 发展历史

从 1985 年中国引入第一台贴装机开始，表面组装技术得到快速发展。1985—2016 年中国共引进 140794 台自动贴装机，其中 2000—2009 年是快速增长期，引进 69778 台自动贴装机。2010—2017 年的 8 年是 SMT 的发展高峰期，共引进 80516 台贴装机。经过多年的发展，之前进口的贴装机在向新的机型发展以适应电子产品不断向小型化、多样化、智能化方向发展。

2. 地域发展情况

从地区发展来看，SMT 产业主要集中在珠三角、长三角地区，环渤海地区及重庆、四川等西部地区也进一步增长，同时，江西、湖南、安徽、河南、湖北等地拥有各种丰富的资源、优惠条件以及便利的交通，将会吸引 SMT 工厂往内地转移。

1.2.3 新时期对表面组装技术的挑战

当前，表面组装技术取得了很大的技术进展，但仍然存在一些技术挑战。

① 元器件体积进一步小型化对工艺要求的提高。在大批量生产的微型电子整机产品中，01005 系列元器件，以及窄引线间距达到 0.15mm 的 QFP 或 BGA、CSP、QFN 和 FC 等新型封装的大规模集成电路已经大量采用，对表面组装工艺水平、设备的定位系统等提出了更高的精度与稳定性要求。

② SMT 产品的可靠性的进一步提高。微小型 SMT 元器件被大量采用和无铅焊接技术的应用，使得在极限工作温度和恶劣环境条件下，消除因为元器件材料的热膨胀系数不匹配而产生的应力，避免这种应力导致电路板开裂或内部断线、元器件焊接被破坏，成为不得不考虑的问题。

③ 电子组装设备的挑战。近年来，各种电子组装设备正朝着高密度、高速度、高精度和多功能方向发展，高分辨率的激光定位、光学视觉识别系统、智能化质量控制等先进技术得到推广应用。表 1-2 列出的是电子组装设备面临的挑战。

表 1-2　电子组装设备面临的挑战

项目	要求	挑战性课题	举例
组装品质	提高贴装直通率	贴装过程实时监控	贴装后缺件的全闭环控制
		设备对元器件、基板具备柔性制造	不同高度面的 PCB 贴装
	焊点可靠性	不可见焊点的高速确认检测	QFN 焊盘检测
		返修时只加热焊点（元器件不受热）	BGA 激光返修
	长期精度稳定性保证	设备自行检测、自行修复调整	设备精度偏差的自我调整
		设备反馈型调整生产模式	根据 AOI 检测结果反馈调整前面设备的参数
生产率	柔性生产对应不同产品	扫码识别产品自动切换程序和设备设置	快速换线
	高速元器件供给	集成型元器件供给	多功能 Feeder 一体化
	消减准备作业时间	由 CAD 数据直接贴装、自动调整参数	基准点校正
		准备作业极少的元器件供给部	快速更换定位方式
组装工艺	无网板式印刷	焊膏喷涂方式	喷印的速度和精度
	3D 组装	多级组装、立体组装	3D-MID 的应用
	接合方法	替代焊料的低温结合方法和工艺	各向异性导电薄膜（ACF），各向异性导电胶（ACA）
	对应极小元器件	极小元器件组装的材料、印刷、贴装、回流	01005、03015 片式元器件的 SMT 工艺
	自动化、无人化	全自动组装产线	

④ 柔性 PCB 的表面组装技术要求。随着电子组装中柔性 PCB 的广泛应用，在柔性 PCB 上安装 SMC 已经实现，其难点在于柔性 PCB 如何实现刚性固定的准确定位要求。

1.2.4　表面组装技术和装备发展趋势

新技术革命和成本压力催生了自动化、智能化和柔性化生产制造，组装、物流装连、封装、测试一体化的制造企业生产过程执行管理系统（Manufacturing Execution System，MES）。SMT 设备通过技术进步提高电子业的自动化水平，从而实现少人作业，降低人工成本，增加个人产出，保持竞争力，这是 SMT 行业的主旋律。高性能、易用性、灵活性和环保是 SMT 设备的主要发展必然趋势。

1. 技术发展趋势

表面组装技术总的发展趋势是元器件越来越小，安装密度越来越高，安装难度也越来越大。最近几年，表面组装技术又进入一个新的发展高潮。为适应电子产品整机向短、小、轻、薄方向发展，出现了多种 SMT 新型封装元器件，并引发了生产设备、焊接材料、贴装和焊接工艺的变化，进而推动电子产品制造技术走向新的阶段。

① 半导体封装与表面组装技术的交叉应用进一步加强；
② 表面组装技术将加快从传统的制造到智能制造的转型升级；
③ 5G 手机、网络通信设备发展加快；
④ 国产设备进一步发展；
⑤ 汽车电子、医疗电子、安防、新能源等领域是表面组装技术的重点发展方向。

2. 高精度、柔性化

行业竞争加剧、新品上市周期日益缩短、对环保要求更加苛刻；顺应更低成本、更微型化趋势，对电子制造设备提出了更高的要求。电子设备正在向高精度、高速易用、更环保以及更柔性的方向发展：贴装头功能实现任意自动切换，贴装头实现点胶、印刷、检测反馈，贴装精度的稳定性将更高，元器件和基板兼容性能力将更强。

3. 高速化、小型化

高速化、小型化带来了高效率、低功率、占空间小、低成本。贴装效率与多功能双优的高速多功能贴装机的需求逐渐增多，形成多轨道、多工作台贴装的生产模式。

4. 半导体封装与表面组装技术融合

电子产品体积日趋小型化、功能日趋多样化、元器件日趋精密化，半导体封装与表面组装技术的融合是大势所趋。半导体厂商已开始应用高速表面组装技术，而表面组装生产线也综合了半导体的一些应用，传统的技术区域界限日趋模糊。技术的融合发展也带来了众多已被市场认可的产品。POP 技术已经在高端智能产品上广泛使用，多数品牌贴装机公司提供倒装芯片设备（直接应用晶圆供料器），即为表面组装与半导体封装融合提供了良好的解决方案。

1.2.5　电子智能制造

市场需求的多样性使得以往靠单一品种大批量生产、批量降低成本的方法逐渐无法再施展其威力，企业更多地转向多品种、小批量及个性化定制生产，定制生产已成为当今社会上的主要生产类型。大规模定制是近些年来在智能制造的背景下，在制造企业逐渐发展起来的一种生产业务模式，是制造业今后的一个发展方向。

制造装备的智能化是制造技术发展最具有前景的方向。近 20 年来，制造系统正在由原先的能量驱动型转变为信息驱动型，这就要求制造系统不但要具有柔性，而且还要有智能性，以便应对大量复杂信息的处理、瞬息万变的市场需求和激烈竞争的复杂环境。

通过自动化、数字化、信息化的建设，实现多个数字化车间的统一管理与协同生产，将车间的各类生产数据进行采集、分析与决策，并将优化信息再次传送到数字化车间，实现车间的精准、柔性、高效、节能的生产模式。电子制造属于离散型生产模式。

1.　对于电子智能化数字化工厂的要求

①　设施全面互联。建立各级标识解析节点和公共递归解析节点，促进信息资源集成共享；建立工业互联网工厂内网，采用工业以太网、工业现场总线、IPv6 等技术，实现 SMT 生产线所有装备、传感器、控制系统与管理系统的互联。利用 IPv6、工业物联网等技术实现工厂内网、外网以及设计、生产、管理、服务各环节的互联，支持内、外网业务协同。这就要求所有的设备具备可以联网的接口，实现全面互联。

②　系统全面互通。电子工厂的总体设计、工艺流程及布局均已建立数字化模型，可进行模拟仿真，应用数字化三维设计与工艺技术进行设计仿真；建立制造执行系统（MES），实现计划、调度、质量、设备、生产、能效等管理功能；建立企业资源计划系统（ERP），实现供应链、物流、成本等企业经营管理功能；建立产品数据管理系统（PDM），实现产品设计、工艺数据的管理。在这些基础上，制造执行系统、企业资源计划与数字化三维设计仿真软件、产品数据管理（PDM）、供应链管理（SCM）、客户关系管理（CRM）等系统实现互通集成。

③　数据全面互换。建立生产过程数据采集和分析系统（SCADA），实现生产进度、现场操作、质量检验、设备状态、物料传送等生产现场数据自动上传、信息反馈，并实现可视化管理。制造执行系统、企业资源计划与数字化三维设计仿真软件、产品数据管理、供应链管理、客户关系管理等系统之间的多元异构数据实现互换。建有工业信息安全管理制度和技术防护体系，具备网络防护、应急响应等信息安全保障能力。建有功能安全保护系统，采用全生命周期方法有效避免系统失效。

④　产业高度互融。构建基于云计算的集成共享服务平台，实现从单纯提供产品向同

时提供产品和服务转变，从大规模生产向个性化定制生产转变，促进制造业与服务业相融合。

2. 智能制造系统

建立制造执行系统，实现生产计划管理、生产过程控制、产品质量管理、车间库存管理、项目看板管理智能化，提高企业制造执行能力。建立企业资源计划系统，实现供应链、物流、成本等企业经营管理功能。建立工厂内部通信网络架构，实现设计、工艺、制造、检验、物流等制造过程各环节之间，以及制造过程与制造执行系统和企业资源计划系统的信息互联互通。

① 生产排程柔性化。建立高级计划与排产系统（APS），通过集中排程、可视化调度及时准确掌握生产、设备、人员、模具等生产信息，应用多种算法提高生产排程效率，实现柔性生产，全面适应多品种、小批量的订单需求。

② 生产作业数字化。生产作业基于生产计划自动生产，工单可传送到 SMT 机台，系统自动接收生产工单，并可查询工艺图纸等工艺文件。

③ 质量控制可追溯。建立数据采集和分析系统（SCADA），通过条形码、二维码或无线射频识别（RFID）卡等识别技术，可查看每个产品生产过程的订单信息、报工信息、批次号、工作中心、设备信息、人员信息，实现生产工序数据跟踪，产品档案可按批次进行生产过程和使用物料的追溯；自动采集质量检测设备参数，产品质量实现在线自动检测、报警和诊断分析，提升质量检验效率与准确率；生产过程的质量数据实时更新，统计过程控制（SPC）自动生成，实现质量全程追溯。

④ 生产设备自管理。SMT 设备台账、点检、保养、维修等管理实现数字化；通过传感器采集设备的相关工艺参数，自动在线监测设备工作状态，实现在线数据处理和分析判断，及时进行设备故障自动报警和预诊断，部分设备可自动调试修复；设备综合效率（OEE）自动生成。

⑤ 生产管理透明化。可视化系统实时呈现包含生产状况（生产数、生产效率、订单总数、完成率）、品质状况（生产数中的不良数、不良率）、设备状况等生产数据；生产加工进度通过各种报表、图表形式展示，直观有效地反映生产状况及品质状况。

1.3　电子元器件的封装形式

电子元器件分为表面贴装元器件和通孔插装元器件。在可制造性设计过程中是按照元器件的封装外形和尺寸来分析的，所以下面就比较常见的表面贴装元器件的封装和定义做一下基本的介绍。

1.3.1　片式元器件的封装形式

片式元器件主要包括电阻、电容和电感，其外形为矩形或圆柱形，矩形的称为"Chip"，圆柱形的称为"MELF"。MELF 采用再流焊时易发生滚动，需要采用特殊焊盘设计，一般尽量避免使用。

片式元器件外形尺寸越来越小，一般用 4 位数字代号表示其外形尺寸，有公制和英制两种，但在很多企业的产品物料清单（Bill of Material，BOM）中被混淆定义。一般日本公司的产品都用公制，欧美公司的用英制。公制尺寸单位为 mm，英制尺寸单位为 mil，1mil为 0.001in，1in（英寸）= 2.54cm。矩形片式元器件的外形尺寸代号见表 1-3。随着尺寸的越来越小，公制的尺寸代号应用更为广泛。

表 1-3　矩形片式元器件的外形尺寸代号

公制尺寸（mm×mm）	3.2×1.6	2.0×1.25	1.6×0.8	1.0×0.5	0.6×0.3	0.4×0.2	0.3×0.15	0.2×0.1
公制外形尺寸代号	3216	2012	1608	1005	0603	0402	03015	0201
英制尺寸（in×in）	0.12×0.06	0.08×0.05	0.063×0.031	0.040×0.020	0.024×0.012	0.016×0.008	0.012×0.006	
英制外形尺寸代号	1206	0805	0603	0402	0201	16008	01005	

终端产品小型化的趋势正在使得 0603（0.6mm×0.3mm）、0402（0.4mm×0.2mm）元器件在手机和掌上电脑等产品中的应用变得越来越普遍，更小封装的 03015（0.3mm×0.15mm）也开始应用。英制代号片式元器件的实物大小比较如图 1-4 所示。

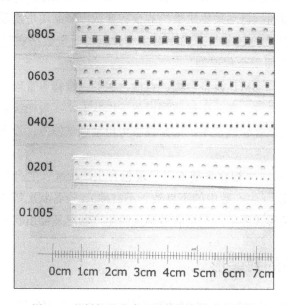

图 1-4　英制代号片式元器件的实物大小比较

03015（0.3mm×0.15mm）尺寸的电阻：与以往的 0402 尺寸产品相比，体积缩小了56%；2014 年 7 月全球知名半导体制造商 ROHM（罗姆）公司发布了最适用于智能手机和可穿戴式设备等小型设备使用的电流检测用低阻值贴片电阻"UCR006"。UCR006 是 0201（0.2mm×0.1mm）的厚膜型产品，实现了业界最高级别的低阻值 $100\text{m}\Omega$，有助于设备的节能化。0201（0.2mm×0.1mm）尺寸的电阻在 03015 尺寸产品的基础上，体积再降 68%。另外，作为低阻值范围的 0201 贴片电阻，业界首次实现 $-55\sim155℃$ 的使用温度范围，可支持更广泛的应用。而且，额定功率保证 0.1W，达到同尺寸通用产品的 2 倍，更有助于设备的小型化。同时，片式元器件向着小外型无引线 SON（Small Outline No-Lead）封装发展，如图 1-5 所示。

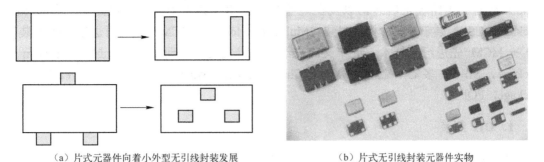

（a）片式元器件向着小外型无引线封装发展 　　　　　（b）片式无引线封装元器件实物

图 1-5　无引线片式元器件

1.3.2　集成电路的封装形式

按照外形分类，集成电路封装分为 THT 封装和 SMT 封装两类。THT 封装有塑料封装和陶瓷封装两类，常见的有 DIP、SIP 和 PGA。SMT 封装形式较多，常见有 SOP、SOJ、QFP、PLCC、BGA 和 QFN。集成电路的封装标准有固态技术协会（Solid State Technology Association，JEDEC）的标准和电子工业协会（Electronic Industry Association，EIA）的标准。EIA 标准主要用于日本市场，JEDEC 标准的应用更为广泛。集成电路封装技术的发展如图 1-6 所示。

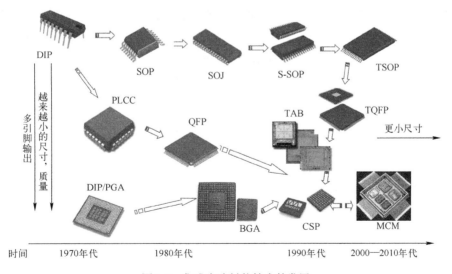

图 1-6　集成电路封装技术的发展

20 世纪 80 年代以来，集成电路封装由双列直插式（Dual In-line Package，DIP）向 SOIC、PLCC 方向发展。20 世纪 90 年代是以方形扁平封装（Quad Flat Pack，QFP）为代表，向球栅阵列（Ball Grid Array，BGA）的转变。随着 SMC/SMD、基板材料、装焊工艺、检测技术的迅速发展，军用电子装备中 SMC/SMD 的使用率迅速增大。在一些小型化电子装备中大量使用 BGA，以 SMT 为主流的混合组装技术（MMT）是军用电子装备电路组装的主要形式，不仅 DIP 和 SMC/SMD 混合组装（THT/SMT），而且随着直接芯片安装（Direct Chip Attach，DCA）技术的推广应用，出现了 DIP、SMC/SMD 和倒装片（Flip Chip）在同一电路板上组装，以及在一些先进的电子装备中将芯片级封装（Chip Size Package，CSP）装于多芯片模组封装（Multichip Module，MCM）上，再进行 3D 组装的 3D + MCM 先进组装技术。近年又向二维、三维发展，出现了系统级封装（System in Package，SIP）、多芯片封装（Multi Chip Package，MCP）、堆叠封装（Package on Package，POP）。

1. DIP 封装

DIP 封装适合在 PCB 上穿孔焊接。因为操作方便，芯片面积与封装表面积之间的比值比较大，所以面积也较大。

2. SOP 封装

1969 年飞利浦公司开发出了小外形封装（Small Outline Package，SOP），以后逐渐派生出 SOJ（J 型引线小外形封装）、TSOP（薄小外形封装）、VSOP（甚小外形封装）、SSOP（缩小型 SOP）、TSSOP（薄的缩小型 SOP）及 SOT（小外形晶体管）。SOT 一般有 SOT23、SOT89 和 SOT143 三种外形，SOT23 是通用的表面组装三极管，SOT89 适用于较大功率，SOT143 一般用于射频三极管。SOT 封装可用于三极管和二极管。

3. QFP 封装

QFP 封装如图 1-7（a）所示，芯片引线的距离很小，引线很细，一般大规模或超大规模集成电路都采用这种封装形式，其引线数一般在 100 个以上。QFP 有正方形和长方形两种，引线间距有 0.5mm、0.4mm、0.3mm、0.15mm 等几种。

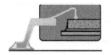

| （a）方形扁平封装 | （b）球栅阵列封装 | （c）晶圆级芯片尺寸封装 |
| （Quad Flat Pack, QFP） | （Ball Grid Array, BGA） | （Wafer Level Chip Scale Package, WLCSP） |

| （d）芯片尺寸级封装 | （e）PCB上倒装芯片 | （f）板上芯片 |
| （Chip Scale Package, CSP） | （Flip Chip on Board, FCOB） | （Chip On Board, COB） |

图 1-7　元器件封装结构

4. BGA 和 CSP 封装

由于 QFP 受到 SMT 工艺的限制，0.15mm 的引线间距已经是工艺极限，因此出现了

BGA 和 CSP 封装。CSP 与 BGA 的结构相同，有正装、倒装两种形式。由于倒装形式更有利于缩小体积、提高性能和可靠性，因此倒装形式越来越被广泛采用。金线键合正装的 BGA 和 CSP 封装如图 1-8（a）所示，倒装芯片的 BGA 和 CSP 封装如图 1-8（b）所示。CSP 是芯片级封装，如图 1-7（d）所示，是新一代的内存芯片封装技术，其技术性能比 BGA 又有了新的提升。从英文的字面意思就不难看出 CSP 的封装尺寸与芯片尺寸已经相当接近 1∶1 的理想情况，与 BGA 封装相比，同等空间下 CSP 封装可以将存储容量提高三倍。

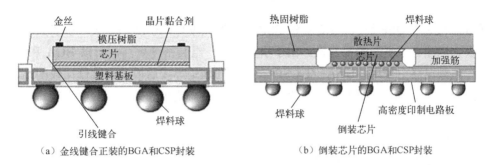

（a）金线键合正装的BGA和CSP封装　　　　　（b）倒装芯片的BGA和CSP封装

图 1-8　BGA 和 CSP 的两种封装结构示意图

日本电子工业协会将 CSP 定义为芯片面积与封装体面积之比大于 80%的封装；美国国防部元器件供应中心的 J-STK-012 标准将 CSP 定义为 LSI 封装产品的面积小于或等于 LSI 芯片面积的 120%的封装。这些定义虽然有些差别，但都指出了 CSP 产品的主要特点是封装体尺寸小。

（1）BGA/CSP 封装的优点

① 封装成本相对较低。和 QFP 相比，BGA 和 CSP 的引脚是球形的，均匀分布在元器件的底部，I/O 数与封装面积比高，节省 PCB 面积，提高组装密度，引脚间距相对于 QFP 较大，组装难度下降。

② 不易受到机械损伤。

③ 适用于大批量的电子组装。基体与 PCB 基材相同，热膨胀系数几乎相同，焊接时产生应力很小，对焊点可靠性影响也较小。

④ 由于 BGA/CSP 引脚短，导线的自感和互感很低，器件焊料球间信号干扰较小，频率特性好，散热性好。

⑤ 再流焊时，焊点之间的表面张力产生良好的自对中效果，允许有 50%的贴装精度误差，焊接后的共面性较容易保证。

⑥ QFP 和 BGA 金线键合封装的内部结构如图 1-9 所示：芯片用银浆黏结在基板上，QFP 基板采用金属引线框架，BGA 载体大多采用 BT（Bismaleimide Triazine）树脂，也有采用 FR-4 的；然后采用芯片通过金属丝压焊方式连接。QFP 封装是金属丝直接连接到引脚（即图中内腿和外腿）。BGA 封装是金属丝连接到载体表面，通过过孔连接到底部的焊球。

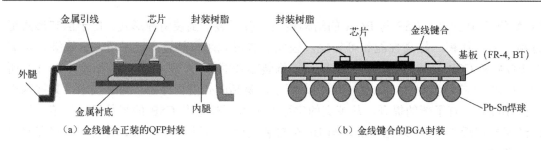

（a）金线键合正装的QFP封装　　　　　　　　　（b）金线键合的BGA封装

图1-9　QFP和BGA金线键合封装的内部结构

通常，相对于QFP而言，BGA和CSP的安装高度低，引脚间距大，引脚共面性好，这些都极大地改善了组装的工艺性。由于引脚更短，组装密度更高，所以BGA和CSP特别适合在高频电路中使用。BGA和CSP存在的问题是焊接后检验和维修比较困难，必须用X光检测焊点；是湿度敏感的，容易吸潮，受潮后需要烘烤处理，否则焊接后焊点中会产生空洞。

（2）BGA封装的分类

根据封装基板的材质分类BGA可分为如下几类：

① 塑料BGA（Plastic BGA，PBGA）基板一般为2~4层有机材料构成的多层板。Intel系列CPU中，Pentium处理器均采用这种封装形式，后来出现了另一种形式，即将IC直接金线键合在PCB上，价格要便宜很多，一般用于对质量要求不高的产品。

② 陶瓷BGA（Ceramic BGA，CBGA）采用陶瓷基板，芯片与基板间的电气连接通常采用倒装芯片（Flip Chip，FC）的安装方式。

③ FCBGA（Flip Chip BGA）即硬质多层基板。

④ TBGA（Tape BGA）即载带自动键合BGA，基板为带状软质的1~2层PCB。

⑤ CDPBGA（Cavity Down PBGA）这种封装中央有方形低陷的芯片区（又称空腔区）。

⑥ CCGA（Ceramic Column Grid Array）即陶瓷柱状阵列。

（3）CSP封装

CSP封装内存芯片的中心引脚形式有效地缩短了信号的传导距离，其衰减随之降低，芯片的抗干扰、抗噪性能也能得到大幅提升，这也使得CSP的存取时间比BGA改善15%~20%。在CSP的封装方式中，内存芯片通过一个个锡球焊接在PCB上，由于焊点和PCB的接触面积较大，所以内存芯片在运行中所产生的热量可以很容易地传导到PCB上并散发出去。CSP封装可以从背面散热，且热效率良好，CSP的热阻为35℃/W，而TSOP的热阻为40℃/W。

CSP产品已有100多种，封装类型也多，主要有如下5种：

① 柔性基片CSP。柔性基片（Flexible Interposer Type）CSP的IC载体基片是用柔性材料制成的，主要是塑料薄膜，在薄膜上制作了多层金属布线。

② 硬质基片CSP。硬质基片（Rigid Interposer Type）CSP的IC载体基片是用多层布线陶瓷或多层布线层压树脂板制成的。

③ 引线框架CSP。引线框架（Lead Frame Type）CSP使用类似常规塑封电路的引线框架，只是尺寸要小些，厚度也薄，并且指状焊盘伸入到了芯片内部区域。引线框架CSP多

采用引线键合（金丝球焊）来实现芯片焊盘与引线框架 CSP 焊盘的连接。引线框架 CSP 的加工过程与常规塑封电路完全一样，是最容易形成规模生产的。

④ 晶圆级 CSP。晶圆级（Wafer Level Package，WLP）CSP 是采用晶圆级工艺的封装，是直接在晶圆上加工凸点的封装技术，是综合倒装芯片技术、SMT 和 BGA 的成果，使 IC 器件进一步微型化。晶圆级工艺封装如图 1-7（c）所示。WLP 是一种先进的封装技术，因其具有尺寸小、电性能优良、散热好、成本低等优势，近年来发展迅速。在传统晶圆封装中，将成品晶圆切割成单个芯片，然后再进行封装。不同于传统封装工艺，晶圆级封装是在芯片还在晶圆上的时候就对芯片进行封装，保护层可以黏附在晶圆的顶部或底部，然后连接电路，再将晶圆切成单个芯片。

⑤ 堆叠 CSP。堆叠（Package on Package，POP）CSP 是将两个或两个以上芯片重叠黏结在一个基片上，再封装起来而构成的。在堆叠 CSP 中，如果芯片焊盘和 CSP 焊盘的连接是用键合引线来实现的，下层的芯片就要比上层芯片大一些，在装片时，就可以使下层芯片的焊盘露出来，以便进行引线键合。在堆叠 CSP 的封装中，可以将引线键合技术和倒装片键合技术组合起来使用，如上层采用倒装片芯片，下层采用引线键合芯片。

5. 倒装芯片封装

倒装芯片（Flip Chip，FC）技术是在芯片的 I/O 焊盘上沉积焊锡球，然后将芯片翻转加热，熔融的焊锡球与陶瓷基板相结合。此技术替换常规金线接合，逐渐成为未来的封装主流。由于铜柱（Cu Pillar）技术的广泛应用，预计 2020 年倒装芯片市场将达到 250 亿美元，晶圆需求量将达到 3200 万片（等效 12in 晶圆）。该技术将受到"摩尔定律"技术推动，突破 28nm 节点；以及受到"超越摩尔"演进影响，应用于下一代 DDR 存储器和三维集成电路（3D IC）。倒装芯片市场主要由移动无线、消费电子和计算应用组成，还包括不断增长的 LED 和 CMOS 图像传感器。与 COB 相比，该封装形式的芯片结构和 I/O 端（锡球）方向朝下，由于 I/O 引出端分布于整个芯片表面，故在封装密度和处理速度上倒装芯片已达到顶峰，特别是它可以采用类似表面组装技术的手段来加工，因此是芯片封装技术及高密度组装的最终方向。倒装芯片封装如图 1-7（e）和图 1-10 所示。

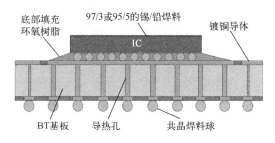

图 1-10 倒装芯片封装

倒装芯片的组装方法主要有再流焊方式和胶粘方式。FC 再流焊是通过再流加热实现 FC 的连接，通常有 C4 法和 ESC 法。C4 法是通过再流焊加热完成可控塌陷芯片连接（Controlled Collapse Chip Connection，C4），即在芯片与基板或印制电路板之间实现 C4 过程。ESC 法是环氧树脂密封焊接方法。

FC 胶粘组装采用导电胶将芯片与基板或印制电路板黏结形成点连接，通常有 CPC 法和 ACF 法。CPC 法是导电胶连接法，即用导电胶将芯片的凸点电极与基板或印制电路板上的镀金电极表面黏结，再进行填充固化。ACF 法则采用各向异性导电胶，通过加压，在热压方向上产生导电性，使芯片的凸点电极与基板或印制电路板的镀金电极表面黏结，而其他方向呈现绝缘性，因而无须填充树脂固化。

6．板上芯片封装

板上芯片（Chip on Board，COB）封装，就是将裸芯片用导电或非导电胶黏结在互连基板上，然后用铝线或金线进行引线键合实现其电气连接，如图 1-7（f）所示。由于芯片直接暴露在空气中，容易受污染或损坏，影响或破坏其芯片的功能，于是就对芯片和引线键合部分灌胶，这种封装形式称为软包封。由于 COB 使用的是裸芯片，节省了封装成本，但由于可靠性的原因，COB 主要局限于低端的电子产品，如电子玩具、计算器、遥控器等，高端的电子产品还是使用封装的 IC 为主。现在被广泛应用的半导体照明 LED 封装也是采用 COB 技术，传统 SMD 封装的 LED 如图 1-11（a）所示，COB 封装的 LED 如图 1-11（b）所示。

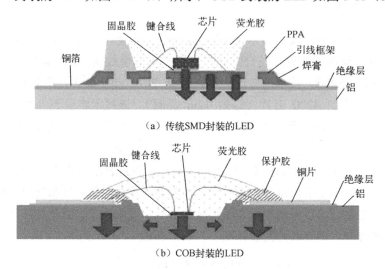

图 1-11　传统 SMD 封装和 COB 封装的 LED

7．多芯片模组

（1）多芯片模组的定义

多芯片模组（Multi-Chip Module，MCM）是一种裸晶（Die）、芯片、集成电路的封装技术。这种封装技术能在一个封装内容纳两个或两个以上的裸晶，而在此之前，一个封装内多半只有一个裸晶。MCM 是在混合集成电路技术基础上发展起来的一种微电子技术，其与混合集成电路产品并没有本质的区别，只不过 MCM 具有更高的性能、更多的功能和更小的体积，可以说 MCM 属于高级混合集成电路产品。MCM 的外形如图 1-12（a）所示，MCM 的内部结构如图 1-12（b）所示。

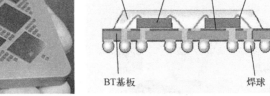

（a）MCM的外形　　　　　　　　（b）MCM的内部结构

图 1-12 MCM 封装

（2）多芯片模组的种类

MCM 依据制造方式的不同而有不同的类型，差别主要在于高密度互连（High Density Interconnection，HDI）基板的形成方式。

MCM-L（Laminated MCM）是层压式 MCM，基板部分使用通常的玻璃环氧树脂多层印刷基板的组件。布线密度不太高，成本较低。

MCM-C（Ceramic Substrate MCM）用厚膜技术形成多层布线，以陶瓷（氧化铝或玻璃陶瓷）作为基板的组件，与使用多层陶瓷基板的厚膜混合 IC 类似，两者无明显差别。布线密度高于 MCM-L。

MCM-D（Deposited MCM）是堆积式 MCM，用薄膜技术形成多层布线，以陶瓷（氧化铝或氮化铝）或 Si、Al 作为基板的组件。布线密度在三种中是最高的，但成本也高。

（3）多芯片模组的特点

MCM 技术是实现电子整机小型化、多功能化、高性能和高可靠性的十分有效的技术途径。与其他集成技术相比较，MCM 技术具有以下特点：

① 延时短，传输速度提高。由于采用高密度互连技术，其互连线较短，信号传输延时明显缩短。与单芯片表面组装技术相比，其传输速度提高 4～6 倍，可以满足 100MHz 的要求。

② 体积小，质量小。采用多层布线基板和芯片，因此其组装密度较高，产品体积小，质量小，组装效率可达 30%，质量可减小 80%～90%。

③ 可靠性高。统计表明，电子产品的失效大约 90%是由于封装和电路互连所引起的，MCM 集有源器件和无源元件于一体，减少了组装层次，从而有效地提高了可靠性。

④ 高性能和多功能化。MCM 可以将数字电路、模拟电路、微波电路、功率电路和光电器件等合理有效地集成在一起，形成半导体技术所无法实现的多功能部件或系统，从而实现产品的高性能和多功能化。

（4）军事微电子领域的优势地位

减小产品尺寸和质量，同时提高电性能和可靠性，这是 MCM 技术的价值，也是 MCM 技术得以产生和发展的驱动力。在要求高性能、小型化和价格是次要因素的应用领域，尤其在军事、航空航天领域，MCM 技术具有十分稳固的优势地位。

8．底部端子器件

底部端子器件（Bottom Termination Component，BTC）是可以表面贴装的电子器件，其外部连接由构成器件整体一部分的金属端子组成，其焊接端为平面且布局在封装的底面，如图 1-13 所示。

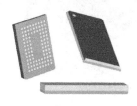

（a）只有底部端子的方形扁平　　（b）只有底部端子的小外形　　（c）只有底部端子的LGA封装　　（d）只有底部端子的MLFP封装
　　无引线封装，如QFN　　　　　无引线封装，如SON、DFN

图 1-13　BTC 的封装

（1）BTC 的分类

QFN、DFN、SON、LGA、MLP、MLFP 等封装形式的器件都是 BTC。

QFN（Quad Flat No-lead Package，方形扁平无引线封装）的焊接端为平面并布局在封装底面四边。封装的底部有大的散热焊盘。

DFN（Dual Flat No-lead，双列扁平无引线封装）的焊接端为平面并且布局在封装的两边。

SON（Small Outline No-lead，小外形无引线封装）的焊接端为平面并布局在封装的底部。

LGA（Land Grid Array，盘栅阵列封装）的焊接端为平面并以阵列形式布局在封装的底部。LGA 通常大于 5mm×5mm，并且基本都安装在多层基材上。很多基于基材的 LGA 元器件包含多芯片和许多无源元件。

MLP（Micro Lead Frame Package，微引线框架封装）的焊接端为平面并布局在封装底面四边。

MLFP（Micro Lead Frame Plastic Package，微引线框架塑料封装）的焊接端为平面并布局在封装底面四边，可以理解为小尺寸的 QFN。

（2）BTC 的特点

BTC 底部没有焊球，与 PCB 的电气和机械连接是通过 PCB 焊盘上印刷焊膏，经过再流焊形成焊点来实现的。

① BTC 的优点。

● 封装尺寸小。

BTC 基本的优点之一是小的外形尺寸。这对于新一代的便携式、无线和掌上型电子产品来说是一个关键的要求，这类产品质量和尺寸都要求最小化。BTC 的外形尺寸可以小到只有 4 个端子的 2.0mm×2.0mm，大到有 108 个端子的 12.0mm×12.0mm。封装厚度（也称封装高度）可在 0.4～1.5mm 变化，其中 0.8～1.0mm 的封装厚度应用较为普遍。图 1-14 为几种器件封装厚度的比较。MLF 封装比传统的 SMT 封装厚度更薄。

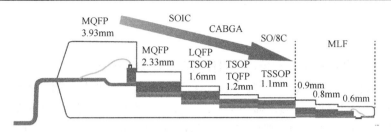

图 1-14　几种器件封装厚度的比较

由于是细间距接触脚模式，BTC 的封装尺寸几乎能做到和芯片尺寸相同。BTC 的两个接触脚之间的间距一般小于或等于 1.0mm，其中 0.4mm、0.5mm 和 0.65mm 的应用最为普遍，而且在尺寸上有更小型化的趋势。表 1-4 中列出了市场典型 QFN 和 DFN 的封装尺寸。

表 1-4　市场典型 QFN 和 SON 的封装尺寸

外形大小（mm×mm）	QFN（I/O 数量）	DFN（I/O 数量）	引脚间距（mm）	标称厚度（mm）
2×2		6，8	0.50	0.9
3×3	8		0.65	0.9
3×3	12，16	8，10	0.50	0.9
3×3	20		0.40	0.9
4×3		12	0.50	0.9
4×4	16		0.65	0.9
4×4	20，24		0.50	0.9
5×5	20		0.65	0.9
5×5	28，32		0.50	0.9
6×6	40		0.50	0.9
7×7	48		0.50	0.9
7×7	56		0.40	0.9
8×8	52，56		0.50	0.9
9×9	64		0.50	0.9
12×12	100		0.40	0.9

● 能耗低、散热性能好。

因为没有伸出引线，BTC 具有非常低的寄生电阻和电容，所以具有很小的寄生损耗。同时，由于 BTC 有很大的散热焊盘直接与 PCB 接触，所以从封装到 PCB 之间的热转移效果非常优越，具有出色的散热性能，用于释放封装内的热量。PCB 中的散热过孔也有助于将多余的功耗扩散到铜接地层中，从而吸收多余的热量。

但是，当印刷基板与封装之间产生应力时，在电极接触处就不能得到缓解。因此电极触点难以做到像 QFP 的引脚那样多，一般为 14～100。

● 成本低。

BTC 被广泛使用的基本驱动力是其成本优势。每个端子的封装成本最低可低至半分钱。一般而言，如果一个端子封装的成本低于每脚一分钱，它可被认为是成本非常低的封装。所以，BTC 成为一种理想的封装，特别适合应用在大批量生产的产品上，如手机或其他移动产品。

② BTC 的缺点。

由于 BTC 没有传统的引线和焊球，器件的端子直接焊在 PCB 上，低封装高度会造成在焊点周围的助焊剂残留去除比较困难。如果这些助焊剂是有活性的，潜在的腐蚀性会增大。

组装要求 PCB 和 BTC 封装本体扁平，以达到良好的互连，否则会加大焊点开路的可能性。鸥翼形引线封装（如 QFP）器件有非常柔韧的引线，因此比同尺寸的 BTC 有更久的焊点可靠性寿命。也就是说，由于 BTC 封装高度非常低，没有引线来吸收由于封装材料和基材间热膨胀系数不一致而产生的应力和应变，在更严酷环境下会影响焊点的可靠性，表现为相对短的焊点寿命。

许多 BTC 封装都有一个铜材质的引线框架，同时通过外露于封装表面底部的芯片连接盘来加强散热。该芯片连接盘直接焊接到板上，可以提供一个有效的散热通道。这种散热加强方式，通过引线键合或导电型芯片附着材料进行电气连接，也使得有稳定的接地接触面。但是这种散热焊盘有可能产生大的空洞，如果控制不好焊膏量，还会导致整个封装器件漂浮。

（3）BTC 的应用

由于 BTC 具有良好的电性能和热性能，体积小、质量小，因此已成为许多新应用的理想选择。BTC 非常适合用在手机、数码产品、PDA、视频、智能卡、穿戴产品和其他便携式小型电子设备等高密度产品中。

9．其他封装

若侧重于功能，其他封装有系统级封装（System in a Package，SIP）、多芯片封装（Multi Chip Package，MCP）、芯片尺寸模块封装（Chip Size Module Package，CSMP）等。

SIP 指将不同种类的元器件，通过不同种技术，混载于同一封装体内，由此构成集成封装形式。SIP 可以搭载不同类型的芯片，芯片之间可进行信号的存取和交换。SIP 强调在一个封装中含有一个系统，该系统可以是一个全系统或一个子系统。SIP 封装类型有 2D SIP、3D SIP、堆叠 SIP。

MCP 即将多个芯片封装在一处。MCP 中叠层的多个芯片一般为同一种类型，以芯片之间不能进行信号存取和交换的存储器为主，从整体来讲为多芯片存储器。

CSMP 强调无源元件与有源器件的堆叠，以获得模拟和数字功能的最优化。

若侧重于技术，其他封装有堆叠封装（Package on Package，POP），如图 1-15 所示。堆叠封装强调一个封装在另一个封装上的堆叠，这种封装的功能越来越强大，目前堆叠封装里面有闪存、RAM、处理器芯片、SOC、RF 传感器等多种芯片。POP 的出现使得传统的一级封装和二级封装之间的装配等级越来越模糊，出现了半导体装配与传统电路板装配间的集成。

总之，电子元器件的小型化还意味着更小的部件间距。细窄间距技术（Fine Pitch Technology，FPT）是指引脚间距为 0.635～0.3mm，长度×宽度小于 1.6mm×0.8mm 的 SMC 组装在 PCB 上的技术。目前，0.635mm 和 0.5mm 引脚间距的 QFP 已成为工业和军用装备中的通用器件。BGA 和 CSP 的应用已经比较广泛，BGA 的 I/O 数越来越多，有的已经到了 2500 个以上。所有这些变化都会对制造过程的每一个环节带来影响，并使其日益精细化。随着对环境保护和生活健康的关注，无铅焊接技术已经逐渐替代传统的 Sn-Pb 合金焊接，

RoHS 2.0 又增加了 4 种成分的限制。这些要求使得印制电路板设计、元器件选择、焊接工艺流程都面临全面挑战。

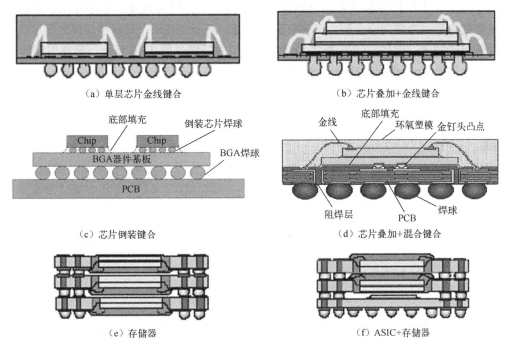

（a）单层芯片金线键合　　　　　　　　　（b）芯片叠加+金线键合

（c）芯片倒装键合　　　　　　　　　　　（d）芯片叠加+混合键合

（e）存储器　　　　　　　　　　　　　　（f）ASIC+存储器

图 1-15　堆叠封装形式

1.4　电子组装的焊接技术

　　焊接是电子组装的核心技术，其作用是将焊膏或焊料融化，使元器件与 PCB 牢固地连接在一起。焊接质量直接影响电子产品的性能和使用寿命。电子组装的焊接（Soldering）温度不超过 450℃，国家标准称为"软钎焊"，以有别于温度较高的"硬钎焊"（Brazing）。至于温度更高（800℃以上）的，用于机械用途的则称为熔焊（Welding）。

1.4.1　软钎焊

　　钎焊是采用比焊件熔点低的金属材料作焊料，将焊件和焊料加热到高于焊料熔点、低于母材的熔化温度，利用液态焊料润湿母材、填充接头间隙，并与焊件表面相互扩撒、实现连接焊件的方法。钎焊在电子产品的生产中占据极为重要的地位。电工产品的导体连接、内引线和电子产品的内引线、电子元器件制造及印制电路板的组装工序中均采用钎焊技术。

　　在电子组装技术各种焊接方法中，无论手工焊、浸焊、波峰焊和再流焊，其焊接温度均低于 450℃，均属于软钎焊范畴。根据电子装联技术中所使用的焊料不同分为有铅焊接和无铅焊接。使用的传统有铅焊料 Sn-Pb 共晶和近共晶合金的熔点在 179～189℃。目前应用较普遍的无铅焊料 Sn-Ag-Cu 合金的熔点在 216～221℃。因此，电子组装技术中使用的合金焊料为软钎焊料。

1．钎缝的金相组织和连接可靠性

电子组装技术中的焊接就是通过熔融焊料在母材表面经过润湿、毛细作用、扩散、溶解、冶金结合形成金属间合金层，又称钎缝或焊缝，从而实现两个被焊接金属之间电气与机械连接的焊接技术。例如，QFP 器件 Sn-Pb 焊接后的钎缝如图 1-16 所示，器件引脚和 PCB 焊盘上的金属是 Cu，焊料的成分是 Sn-Pb。

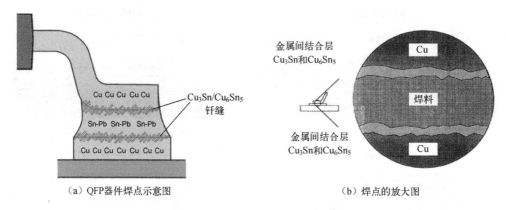

（a）QFP器件焊点示意图　　　　　　　　　（b）焊点的放大图

图 1-16　QFP 器件 Sn-Pb 焊接后的钎缝

钎缝的金相组织主要由固溶体、共晶体和金属间化合物的混合物组成，是很不均匀的。固溶体钎缝组织具有良好的强度和塑性，有利于焊点性能。共晶体钎缝组织，一方面是焊料本身含有大量的共晶体组织，另一方面焊料与固体母材能形成共晶体。金属间化合物钎缝组织，冷凝时会在界面析出金属间化合物（Intermetallic Compound，IMC）。Sn 系焊料与 Cu 焊接生成的界面合金层的扫描电子显微镜（SEM）照片如图 1-17 所示。Sn-Pb 合金焊接时，当温度达到 210～230℃时，Sn 向 Cu 表面扩散，而 Pb 不扩散。初期生成的 Sn-Cu 合金为 Cu_6Sn_5（η 相）。其中 Cu 的质量分数约为 40%。随着温度升高和时间延长，Cu 原子渗透（溶解）到 Cu_6Sn_5 中，局部结构转变为 Cu_3Sn（ε 相），Cu 含量由 40%增加到 66%。当温度继续升高和时间进一步延长，Sn-Pb 焊料中的 Sn 不断向 Cu 表面扩散，在焊料的一侧留下 Pb 形成富 Pb 层。Cu_6Sn_5 和富 Pb 层间的界面结合力非常脆弱，当受到温度、振动等冲击，就会在焊接结合层发生裂纹。

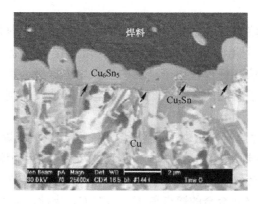

图 1-17　Sn 系焊料直接与 Cu 焊接生成的界面合金层的扫描电子显微镜（SEM）照片

Sn-Pb 焊料与 Cu 焊接形成的金属间化合物主要是 Cu_6Sn_5 和 Cu_3Sn。从扩散过程中可以看出,焊接工艺温度越高,时间越长,化合物层会增厚,如果化合物层形成过多的 Cu_3Sn,将大大降低焊点强度。Cu_6Sn_5 和 Cu_3Sn 两种金属间化合物的比较见表 1-5。

表 1-5　Cu_6Sn_5 和 Cu_3Sn 两种金属间化合物的比较

名称	分子式	形成	位置	颜色	结晶	性质
η 相	Cu_6Sn_5	焊料润湿到 Cu 时立即生成	Sn 与 Cu 之间的界面	白色	截面为六边形实芯和中空管状,还有一定量五边形、三角形、较细的圆形状,在焊料与 Cu 界面处有扇状、扇贝状	良性 强度较高
ε 相	Cu_3Sn	温度高、焊接时间长引起	Cu 与 Cu_6Sn_5 之间	灰色	骨针状	恶性,强度差,脆性

钎缝中的金属间化合物不能太厚,因为金属间化合物比较脆,与基板材料、焊盘、元器件焊端之间的热膨胀系数差别很大,容易产生龟裂造成失效,降低焊点可靠性。金属间化合物的厚度与抗拉强度的关系如图 1-18 所示。

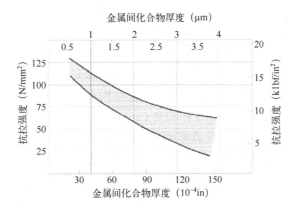

图 1-18　金属间化合物的厚度与抗拉强度的关系

金属间化合物的厚度与焊接温度和时间成正比。所以要控制焊接时间和焊接峰值温度,保证金属间化合物的厚度。金属间化合物厚度为 0.5μm 时,抗拉强度最佳;0.5～4μm 时,抗拉强度可以接受;小于 0.5μm 时,由于金属间合金层太薄,几乎没有强度;大于 4μm 时,由于金属间合金层太厚,使焊接连接区域失去弹性,由于金属间结合层的结构疏松、发脆,也会使强度小。考虑到许多组装板需要经过双面再流焊,有的焊点甚至还要经过多次焊接,因此无论再流焊还是波峰焊,都不建议采用过高的温度进行焊接,同时要控制液相时间不要过长,避免金属间化合物过厚,影响焊点强度。理想的 IMC 厚度控制在 0.5～2.5μm,考虑到多次焊接等因素,通常 Sn-Pb 焊料与母材 Cu 焊接的最佳 IMC 厚度控制在 1.2～3.5μm。

2. 无铅焊接

(1)无铅焊接机理

无铅焊接过程、原理与 Sn-Pb 焊接基本是一样的,主要区别是由于合金成分和助焊剂成分改变了,因此焊接温度、生成的金属间结合层及其结合层的结构、强度、可靠性也不同了。无铅焊接中焊料主要是 Sn-Ag 共晶合金、Sn-Ag-Cu 三元合金、Sn-Cu 系合金、Sn-Zn 系合金、Sn-Bi 系合金、Sn-In 系合金和 Sn-Sb 系合金。

目前应用最多的用于再流焊的无铅焊料是三元共晶或近共晶形式的 Sn-Ag-Cu 焊料。Sn-Ag-Cu 与 Cu 焊接的金属间化合物的主要成分还是 Cu_6Sn_5 和 Cu_3Sn。当然也不能忽视次要元素也会产生一定的作用。Sn-Ag-Cu 与 Cu 焊接钎缝组织如图 1-19 所示。

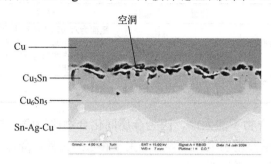

图 1-19　Sn-Ag-Cu 与 Cu 焊接钎缝组织

（2）Sn-Ag-Cu 中 Sn 与次要元素的冶金反应

在 Sn、Ag、Cu 三种元素之间有三种可能的二元共晶反应。

① Ag 与 Sn 在 221℃ 形成 Sn 基质相位的共晶结构和 ε 金属间的化合相位（Ag_3Sn）。

② Cu 与 Sn 在 227℃ 形成 Sn 基质相位的共晶结构和 η 金属间的化合相位（Cu_6Sn_5）。

③ Ag 与 Cu 在 779℃ 形成富 Ag α 相和富 Cu α 相共晶合金。

但在 Sn-Ag-Cu 的三种合金固化温度的测量研究中没有发现 779℃ 相位转变。对这个现象，理论界认为在温度动力学上解释为更适于 Ag 或 Cu 与 Sn 反应，生成 Ag_3Sn 和 Cu_6Sn_5。从以上分析中可以看出，Sn-Ag-Cu 系统中液态时的成分为 β Sn + Cu_6Sn_5 + Ag_3Sn，Sn-Ag-Cu 与 Cu 焊接界面的钎缝组织还是 Cu_6Sn_5 和 Cu_3Sn。Sn-Ag-Cu 与 Cu 焊接的焊点中只是多了一个成分 Ag_3Sn，而 Ag_3Sn 是稳定的化合物，能够改善合金的机械性能。因此 Sn-Ag-Cu 与 Cu 焊接的连接可靠性是可以的。

（3）Sn 系焊料与 Ni/Au 焊接

Sn 系焊料与 Ni/Au 焊接后的钎缝组织扫描电子显微镜（SEM）照片如图 1-20 所示。在 Ni 焊盘这一侧，Ni 与焊料之间的金属间化合物主要是 Ni_3Sn_4，在焊料一侧主要是 $AuSn_4$。Ni-Sn 化合物比较稳定，Ni-Sn 界面反应层与 Sn-Cu 反应层相比，反应速度稍慢一些，IMC 的厚度也相对薄得多，因此 Ni-Sn 合金的连接强度较好；但是 Au 能与焊料中的 Sn 形成 Au-Sn 的共价化合物 $AuSn_4$。$AuSn_4$ 不是所需要的结合层。

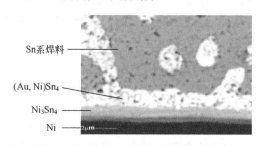

图 1-20　Sn 系焊料与 Ni/Au 焊接后的钎缝组织扫描电子显微镜（SEM）照片

（4）Sn 系焊料与 42 号合金（Fe-42Ni）焊接

与 Cu 相比，Sn 系合金与 Fe-42Ni 的界面反应速度比较慢。主要反应如下：

① Fe-42Ni 中的 Ni 向 Sn 中溶解，凝固时结晶生成板状的 Ni_3Sn_4。

② 剩余的 Fe 和残留的 Ni 在界面发生反应生成$(Fe,Ni)Sn_2$，大多形成 $FeSn_2$。

③ 42 号合金与 Sn 系合金一般能形成良好的界面，但加入 Bi 会发生界面偏析，因此连接强度明显降低。

Sn 与 42 号合金在 250℃时界面反应成长状况的 SEM 照片如图 1-21（a）所示。从照片中可明显看出，钎缝组织是两层结构，42 号合金一侧主要是由 $FeSn_2$ 和残留的 Ni 构成，而另外一侧凹凸剧烈的、具有小晶面的结晶层是 Fe 扩散到 Sn 液体中生长起来的 $FeSn_2$，其中几乎没有 Ni 固溶。也就是说，原来的界面变成了两个反应层的界面，融入 Sn 中的 Ni 在凝固时结晶生成板状的 Ni_3Sn_4。图 1-21（b）显示最弱的部位是两个反应层的界面，合金容易在此处发生失效。

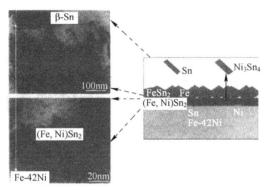 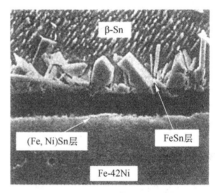

（a）Sn与Fe-42Ni在250℃时界面反应层的SEM照片　　（b）两个反应层界面的钎缝组织最弱

图 1-21　Sn 与 42 号合金在 250℃时界面反应成长状况

（5）无铅焊料合金元素与不同金属电极焊接后在界面形成化合物

各种合金元素与不同金属电极焊接后在界面形成的化合物见表 1-6，从界面反应和钎缝组织可以看出，不同的焊料合金，甚至同一种焊料合金与不同的金属焊接时的界面反应和钎缝组织都不一样，它们的可靠性也不一样。

表 1-6　焊料合金元素与不同金属电极焊接后在界面形成的化合物

电极（元器件焊接端/PCB 焊盘）	焊料合金元素						
	Sn	Pb	In	Ag	Bi	Zn	Sb
Cu	Cu_6Sn_5		Cu_9In_4			Cu_5Zn_8	Cu_4Sb
	Cu_3Sn	—	$(CuIn_2)$	—	—	CuZn	Cu_2Sb
			(Cu_4In_3)				
Au	(Au_6Sn)	Au_2Pb	Au_9In			Au_3Zn	
	$AuSn_2$	$AuPb_2$	Au_3In	—	Au_2Bi	AuZn	$AuSb_2$
	AuSn		AuIn			$AuZn_3$	
	$AuSn_4$		$AuIn_2$				

续表

电极（元器件焊接端/PCB 焊盘）	焊料合金元素						
	Sn	Pb	In	Ag	Bi	Zn	Sb
Ni	Ni_3Sn	—	Ni_3In	—	$NiBi$	$NiZn$	$Ni_{13}Sb_4$
	Ni_3Sn_4		$NiIn$		$NiBi_3$	$NiZn_3$	Ni_5Sb_2
	Ni_3Sn_2		Ni_2In_3			Ni_5Zn_{21}	$NiSb$
			Ni_3In_7			$NiZn_8$	$NiSb_2$
Fe	$FeSn$	—	—	—	—	Fe_xZn_y	$FeSb_2$
	$FeSn_2$						Fe_3Sb_2
Ag	**Ag_3Sn**	—	Ag_3In			$AgZn$	Ag_3Sb
	（Ag_6Sn）		$AgIn_2$			Ag_5Zn_8	
			Ag_2In			$\varepsilon\text{-}Ag_xZn_y$	
Al	—	—	—	Ag_3Al	—	—	$AlSb$
				Ag_2Al			

注：1. 粗体字表示已经在 Sn 系合金中发现的化合物。
　　2. "—"表示从金相图判断为不形成化合物的系。
　　3. x、y 表示不定比。

由于电子元器件的品种非常多，特别是元器件焊接端的镀层很复杂，可能会存在某些元器件焊接端与焊料的失配现象，造成可靠性问题。因此一定要仔细选择并管理元器件。

3．典型的钎焊焊接技术

电子组装的钎焊有很多，典型的钎焊技术有再流焊、波峰焊、选择性波峰焊、手工焊、浸焊、机器人焊等。

1.4.2　再流焊

1．再流焊流程

再流焊也称为回流焊，其流程如图 1-22 所示。再流焊工艺是将焊膏通过模板的开孔印刷到 PCB 焊盘，再用贴装机贴装元器件，从再流焊炉入口到出口大约 5～6min 完成干燥、预热、熔化、冷却凝固全部焊接过程，形成焊点。

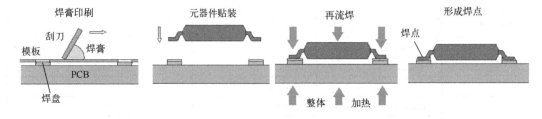

图 1-22　再流焊流程

印刷焊膏使用印刷机，模板一般是激光切割的钢网，元器件贴装使用贴装机，再流焊使用再流焊炉。再流焊炉种类很多，按照再流焊加热区域，可分为对 PCB 整体加热和对

PCB 局部加热两大类。对 PCB 整体加热的有箱式、流水式再流焊炉，具体有红外炉、热风炉、红外热风炉、气相焊炉、真空炉等。目前应用最广的是热风炉。对 PCB 局部加热的方式有热丝流、热气流、激光、感应、聚焦红外等。PCB 局部加热设备主要用于返修和个别元器件的特殊焊接。

2．再流焊原理

再流焊是通过重新熔化预先分配到 PCB 焊盘上的膏状软钎焊料，实现表面组装元器件焊接端与 PCB 焊盘之间的机械与电气连接的软钎焊技术。再流焊的工艺目的就是获得良好的焊点。

焊接过程中，沿再流焊炉长度方向的温度随时间的变化而变化。从再流焊炉的入口到出口方向，温度随时间变化的曲线称为温度曲线。图 1-23 是 Sn-Ag-Cu 无铅焊膏再流焊温度曲线及温区的划分示意图。再流焊炉从 PCB 进入到出口，可以分为升温区、预热区、助焊剂浸润区、回流区（液相区）和冷却区，回流区的顶部是峰值温度的区域，元器件的耐热温度就是指的这个区域。以焊接理论为指导，由再流焊温度曲线分析再流焊的原理如下：

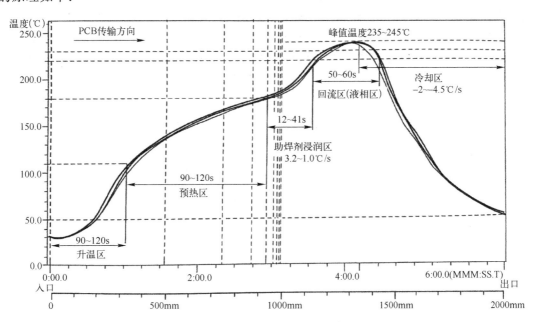

图 1-23　Sn-Ag-Cu 无铅焊膏再流焊温度曲线及温区的划分示意图

① 当 PCB 进入升温区（干燥区）时，焊膏中的溶剂、气体蒸发掉，焊膏中的助焊剂润湿焊盘、元器件焊接端和引脚，焊膏软化、塌落、覆盖焊盘，将焊盘、元器件焊接端与氧气隔离。

② PCB 进入预热区时，使 PCB 和元器件得到充分的预热，以防 PCB 突然进入焊接高温区而损坏 PCB 和元器件。

③ 在助焊剂浸润区，焊膏中的助焊剂润湿焊盘、元件焊端，并清洗氧化层。

④ 当 PCB 进入焊接区，即回流区（液相区）时，温度迅速上升使焊膏熔化，液态焊锡

润湿 PCB 的焊盘、元件焊接端，同时发生扩散、溶解、冶金结合，漫流或回流混合形成焊点。

⑤ PCB 进入冷却区，使焊点凝固。此时完成了再流焊。

1.4.3　波峰焊

波峰焊主要用于传统的通孔插装印制电路板组装工艺，以及表面贴装与通孔插装元器件的混装工艺。适合波峰焊的表面贴装元器件有矩形和圆柱形片式元器件、SOT、较小的SOP 和 QFP 等器件。

尽管再流焊与波峰焊相比较具有很多优点，但波峰焊仍然是当前、甚至将来很长时间必须采用的焊接工艺。考虑加工成本，许多低价的消费电子产品仍然需要使用低价的通孔插装元器件和纸基或酚醛树脂的单面板，因此波峰焊仍然富有生命力。

1. 波峰焊流程

PTH 元器件波峰焊的流程如图 1-24（a）所示：元器件手动或自动插装到 PCB→从 PCB 底部喷涂助焊剂→经过融熔的焊锡→在表面张力和润湿力的相互作用下，借助毛细管作用焊锡填充到 PCB 通孔形成焊点。表面贴装元器件波峰焊焊接的流程如图 1-24（b）所示：通过设备点涂红胶在焊盘之间的位置→贴装机贴装元器件→固化使得元器件固定在印制电路板上→翻转电路板，通过波峰焊机，在印制电路板的底部涂覆助焊剂，通过波峰焊形成焊点。

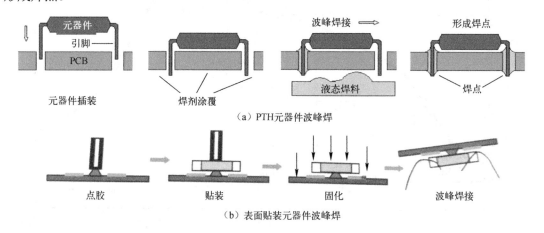

（a）PTH元器件波峰焊

（b）表面贴装元器件波峰焊

图 1-24　元器件波峰焊的流程

波峰焊机的种类很多，按照泵的形式可分为机械泵和电磁泵波峰焊机。机械泵波峰焊机又分为单波峰焊机和双波峰焊机。单波峰焊机适用于纯通孔插装元器件组装板的波峰焊工艺；对于 SMC/SMD 与 THC 混装板，一般采用双波峰焊机或电磁泵波峰焊机。波峰焊机及工作原理示意图如图 1-25 所示。

波峰焊的焊点形成是一个非常复杂的过程，除和润湿、毛细管现象、扩散、溶解、表面张力之间的互相作用有直接影响外，还与 PCB 的传送速度、传送角度、焊锡波的温度、黏度、锡波高度、焊锡波喷流的速度、PCB 与焊锡波喷流相对运动时的速度比等有关。这些参数不是独立的，它们之间互相存在一定的制约关系。

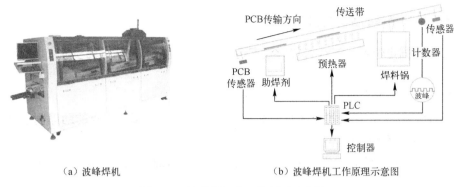

（a）波峰焊机 （b）波峰焊机工作原理示意图

图 1-25 波峰焊机和工作原理示意图

2．影响波峰焊质量的因素

影响波峰焊质量的主要因素有设备、工艺材料、印制板质量、元器件端的氧化程度、PCB 设计、工艺等。

① 设备。设备对焊接质量的影响主要有：助焊剂涂覆系统的可控性，预热区和波峰锡炉温度控制系统的稳定性。波峰结构、波峰高度的稳定性和可调性，PCB 传输系统的平稳性，波峰焊的配置。

② 工艺材料。工艺材料主要是焊料合金、助焊剂、防氧化剂等。

③ PCB 设计及印制板加工质量。PCB 焊盘、金属孔与阻焊膜质量、PCB 的平整度、元器件的排布方向，以及插装孔的孔径和焊盘设计的是否合理，这些都是影响焊接质量的重要因素。另外，PCB 受潮也会在焊接时产生氧化、焊料飞溅，造成气孔、漏焊、虚焊、焊球缺陷。

④ 元器件引脚和焊端的氧化程度。

⑤ 工艺控制。波峰焊工艺比较复杂，影响质量的因素多，操作过程中需要设置的工艺参数也比较多。设置合理的参数匹配，也是波峰焊工艺要掌握和控制的难点。

1.4.4 选择性波峰焊

选择性波峰焊是一种新型的焊接技术，与传统的波峰焊不同，选择性波峰焊是逐点焊接方式，针对局部焊点，波峰焊则是群焊方式。如果焊接面上有高密度贴片元器件或者细间距元器件时，传统波峰焊很难或根本无法处理，这时候选择焊的优势就体现出来了。与传统波峰焊相比，选择性波峰焊的速度虽慢，但其可生产性和高品质足以弥补其不足。选择性波峰焊的示意图如图 1-26 所示。

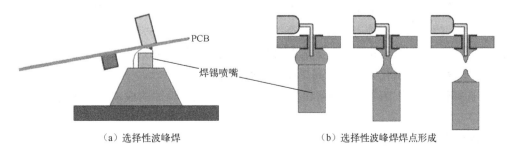

（a）选择性波峰焊 （b）选择性波峰焊焊点形成

图 1-26 选择性波峰焊示意图

1. 选择性波峰焊的独特优势

① PCB 在固定位置，PCB 焊接时没有运动，助焊剂槽和波峰焊锡喷嘴可以运动，所以灵活性大。

② PCB 的清洁度大大提高，离子污染量大大降低。

由于是针对所需要焊接的点进行助焊剂的选择性喷涂，每个焊点的助焊剂量可单独编程控制，相邻区域不会被助焊剂污染，是免清洗工艺。

③ 对每块 PCB 的预热温度和时间可独立编程，PCB 上表面的温度敏感元器件不会过热。

选择性波峰焊进行焊接时，每一个焊点的焊接参数都可以单独设置，足够的工艺调整空间把每个焊点的焊接条件（如助焊剂的喷涂量、焊接时间、焊接波峰高度、波峰高度）调至最佳，缺陷率由此降低。

使用选择性波峰焊进行焊接时，只有需要焊接的焊点才会接触到高温焊料。这样的焊接模式避免了整个 PCB 在高温的液态焊料中经过，大大降低了在焊接过程中 PCB 所承受的热冲击。双面混装电路板上焊接好的表面贴装元器件只要与通孔插装元器件引脚距离不近，就不会接触到高温焊料，也就不会出现二次熔化的情况。因此，不需要制作大量复杂的工装载具对表面元器件进行遮蔽。

PCB 上已经焊接好的热敏元器件（如电容、LED 等）在选择性波峰焊的工艺中不会接触到高温焊料。而在预热过程中，由于预热温度和预热时间都可以精确控制，因此也不会出现热敏元器件温度超出最高温度的情况。因此，热敏元器件不会在选择性波峰焊工艺中由于超高温而损坏。在传统波峰焊中，使用工装载具还会受到焊接阴影的影响而导致漏焊、少锡、透锡不良的情况。由于选择性波峰焊的工艺减少了工装载具的使用，因此也不用担心焊接阴影而影响焊接品质。

④ 选择性波峰焊全面提升焊接品质。因为采用具有润湿表面的焊锡喷嘴，当焊锡波与焊点分开时有良好的分离力，由于良好的分离很少桥接。

⑤ 多块 PCB 可同时工作。

⑥ 快速的喷嘴更换及维修。选择性波峰焊的设备维护便捷。

⑦ 新增功能，比如"风刀设计"（Solder Drainage Conditioning Knives），可以有效降低桥接缺陷的产生。

⑧ 选择焊和浸焊的根本性不同。浸焊是将 PCB 浸在锡缸中依靠焊料的表面张力自然爬升完成焊接。对于大热容量和多层 PCB，浸焊是很难达到锡的爬升要求的。选择性波峰焊不同于浸焊，焊接喷嘴中冲出来的是动态的锡波，这个波的动态强度会直接影响到通孔内焊锡垂直爬升度。特别是无铅焊接，因为润湿性差，更需要动态强劲的锡波。另外，流动强劲的波峰上不容易残留氧化物，对提高焊接品质也会有帮助。

⑨ 选择性波峰焊节约人工费用和使用成本。选择性波峰焊的成本优势体现在以下几个方面：

● 较小的设备占地面积；
● 较小的能源消耗；

- 节省大量的助焊剂；
- 大幅度减少焊锡渣产生；
- 大幅度减少氮气使用量；
- 没有工装载具费用。

因此，选择性波峰焊的应用也越来越多。特别是高端电子制造领域，如通信、汽车、工业控制、医疗和军工电子行业。

正因为产品的高复杂、高密度及小型化，选择性波峰焊工艺也存在诸多问题，而合理的可制造性设计对选择性波峰焊有着非常重要的作用。例如，焊盘的形状和间距如果采用了合理的设计，就会大大降低短路缺陷的发生。

2．选择性波峰焊机

市场上目前应用最广的是德国 ERSA 公司的选择性波峰焊机，如图 1-27（a）所示。ERSA 公司在 1995 年发明了世界上第一台选择性波峰焊机。同时，ERSA 公司也是世界上第一个发明电烙铁、波峰焊机的企业。

选择性波峰焊机同样由助焊剂单元、预热单元和焊接单元三个主要部分组成。通过预先编好的程序，机器可以针对性地对需要喷涂助焊剂的焊点进行喷涂和焊接。

对于 ERSA 选择性波峰焊机，锡炉焊接区域是单喷嘴（Single Nozzle），根据配置的喷嘴个数，有单点焊接方式、多点焊接方式和多点与单点组合三种方式。单点焊接方式就是一台选择性波峰焊设备内有一组助焊剂喷涂模块、一组移动喷嘴模块，利用可编程的移动焊料喷嘴选择性地焊接插装元器件引脚，如图 1-27（b）所示，适用于焊点少，焊接面布局又非常复杂的 PCBA。由于其焊接的效率低（平均 3s/点），业界目前仅用于引线热容量比较大、总焊点数比较少（一般少于 30 个焊点）或不追求生产效率的 PCB 面焊接。多点焊接方式[见图 1-27（c）]就是有多组（一般两组或 4 组）助焊剂喷涂模块和相同组数的喷嘴模块，可以同时焊接多块 PCB，提高生产效率。

（a）ERSA选择性波峰焊机　　　（b）单点选择性波峰焊　　　（c）多点选择性波峰焊

图 1-27　选择性波峰焊机和喷嘴

配置多个焊接喷嘴模块，相应的设备价格也会增加。根据应用的灵活性，目前单点选择性波峰焊应用较广，对于一些连接器，还可以通过拖焊来提高焊接的效率。

3．选择性波峰焊

对于单一的产品大批量的生产，单点选择性波峰焊效率低，这时候可以考虑固定多喷嘴（Multi Wave）的选择性波峰焊。固定喷嘴选择性波峰焊，是一种有多个固定的焊锡喷嘴的波峰焊技术。固定喷嘴多点选择性波峰焊如图 1-28 所示。基板由预热区进入焊接区域后，机器对基板进行定位便开始焊接。在焊接完几块基板或间隔一定的时间后，机器对焊锡波的高度进行自动测试并根据测试结果自动调整。焊接时的动作由程序中相应的参数控制，一次性焊接所有点。

图 1-28　固定喷嘴多点选择性波峰焊

固定喷嘴选择性波峰焊单元的设计与单点选择性波峰焊系统基本相同，区别在于焊锡槽。需要专门定制多个焊接喷嘴并集成，其位置和尺寸对应于印制板上需要形成焊点的位置。电磁泵通过不同的喷嘴把焊锡推出，保证了对焊点的连续加热。印制板浸入焊锡波内2～3s 所有的焊点同时形成。

1.4.5　通孔插装再流焊

1. 通孔插装再流焊工艺

通孔插装再流焊（Pin in Hole Reflow，PIHR）简称通孔再流焊，是把 PTH 元器件引脚插入填满焊膏的插装孔中，并使用再流焊的工艺方法，是标准 SMT 工艺的一部分。通孔再流焊工艺是焊膏通过模板印刷到 PTH 元器件的焊盘（也就是环形孔的周围焊盘），焊膏印刷工艺会把焊膏涂覆在焊盘上的同时把部分焊膏挤压到插装孔内。在再流焊过程中，焊膏熔化沿着孔流下的同时浸润引脚和孔形成焊点。通孔插装再流焊工艺如图 1-29 所示。

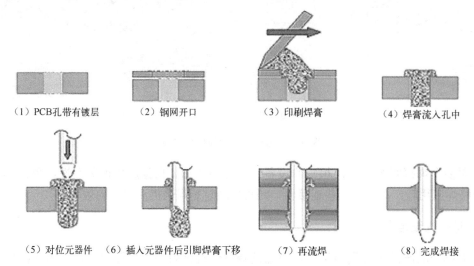

（1）PCB孔带有镀层　　（2）钢网开口　　　　（3）印刷焊膏　　　（4）焊膏流入孔中

（5）对位元器件　（6）插入元器件后引脚焊膏下移　　　（7）再流焊　　　（8）完成焊接

图 1-29　通孔插装再流焊工艺

2．通孔插装再流焊的优点和应用

通孔插装再流焊虽已经得到广泛应用，但因为不像再流焊、波峰焊那么成熟，还应注意一定的应用技巧。

（1）通孔插装再流焊工艺的特点

① 因为 PTH 元器件采用了通孔插装再流焊工艺，从而避免波峰焊、浸焊或者手工焊。

② 对于双面都有 PTH 元器件的组装非常有用。

（2）通孔插装再流焊与波峰焊相比的优点

① 通孔插装再流焊可以控制焊膏的量，从而保证焊点的填充。

② 焊接质量好，DPPM 可低于 20。虚焊、连锡等缺陷少，返修率低。

③ PCB 布局的设计无须像波峰焊工艺那样特别考虑。

④ 工艺流程简单，设备操作简单。

⑤ 设备占地面积小。

⑥ 无锡渣的问题。

⑦ 再流焊机器为全封闭式，生产车间干净而且无异味。

⑧ 设备管理及保养简单。

（3）通孔插装再流焊工艺的应用

① 对于印制电路板组件上大多数是 SMT 元器件，只有极个别的 PTH 元器件，这种情况 PTH 元器件组装可以采用通孔插装再流焊工艺，例如，计算机主板上的 RS-232 接口、网络接口等通孔插装元器件可以使用通孔插装再流焊工艺。

② 不能用 SMT 元器件，而选用同等功能的 PTH 元器件时；选用的 SMT 元器件价格高，而采用相同功能的 PTH 元器件替代时；或者因使用通孔插装再流焊工艺，而可以去除波峰焊工艺时。

③ 双面 SMT 工艺而 PTH 元器件安装于第二面，或者 PTH 和 SMT 元器件在同一面采用一次再流焊工艺。

④ PTH 元器件本体部分必须能够承受再流焊温度的要求，如个别元器件不能满足且周围有足够空间，可以采用小治具罩住元器件以避免受热。选择、设计元器件和孔的大小应满足通孔插装再流焊的工艺。

⑤ 降低制造成本的最好方法是减少制造流程。尽可能地优化元器件选择以简化生产流程。比如一个印制电路板上只有 1 个 PTH 连接器，就要想办法将这个连接器替换为 SMT 封装。

图 1-30 所示为采用通孔插装再流焊的印制电路板组件，完全取消了波峰焊工艺的应用：在印制电路板通孔上印刷焊膏，元器件插入通孔后经过再流焊。

3．通孔插装再流焊的填充和焊膏量

通孔插装再流焊的工艺目标是再流焊后 100%填充孔。IPC 标准中通孔焊接的填充要求如图 1-31 所示。IPC-A-610 标准规定二级和三级接收标准是大于 75%的孔填充，一级没有要求。但是孔内填充达到 75%是很难检测的，因为元器件装入后就很难从上面观察到焊锡的填充，借用 X 光检测也有很大的局限性。而采用通孔再流焊工艺，在电路板下表面看到焊锡就意味着焊锡已经贯穿整个孔形成焊点，达到全部填充。

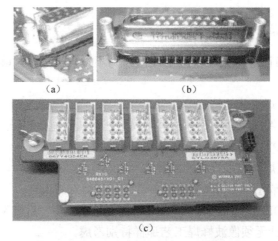

（a）　　　　　　　　　　（b）

（c）

图 1-30　采用通孔再流焊的印制电路板组件

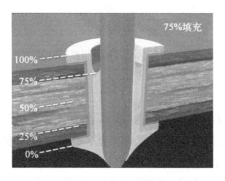

图 1-31　IPC 标准中通孔焊接的填充要求

通孔再流焊的工艺关键是保证足够量的焊膏涂覆在焊盘上用以填充，如果焊膏印刷钢网设计得合理，100%的孔填充是完全可以实现的。通孔再流焊的焊膏印刷和孔填充如图 1-32 所示，焊接后通过切片可以看出焊点已经达到 100%孔填充。

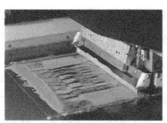

（a）焊膏印刷在通孔上

（b）通孔印刷的钢网

（c）通孔再流焊接后电路板上表面的焊点

（d）通孔再流焊焊点切片

图 1-32　通孔再流焊的焊膏印刷和孔填充

　　通孔再流焊工艺的关键就是要精确控制印刷焊膏量。通孔再流焊工艺的焊膏计算方法是，首先根据理想固态金属焊点的结构计算出固态金属焊点的体积，然后再计算所需要印刷的焊膏体积。理想的固态金属焊点如图 1-33 所示。理想的固态金属焊点要求固态金属完全覆盖（润湿）焊接面（底面）和元器件面（顶面）的焊盘，形成半月形的焊点，同时要求固态金属 100%填充插装孔。

　　由于不同焊料合金组分、引脚形状、再流特点等因素的变化，很难准确地计算焊接润湿角的形状和体积，因此可以采用较简易的近似方法来确定固态焊点的体积。

　　理想固态金属焊点的体积计算参考下面的公式：

　　焊点体积（V_j）= 焊接面和元器件面润湿角固态金属体积（$A_1 + A_2$）+ 通孔中固态金属体积（B）

　　式中，V_j 为焊点（Joint）的体积；$A_1 = A_2$，为焊点体积，即焊点所包含引脚部分的体积，如图 1-33（b）所示（沿元器件引脚焊点爬升角为 45°）；B 为孔的体积，即焊点所包含引脚部分的体积（焊点所包含引脚部分的体积：如果元器件引脚的形状是圆形，焊点所包含的引脚部分就是圆柱；如果元器件引脚的形状是方形，焊点所包含的引脚部分就是立方体），如图 1-33（c）所示。

　　当计算出焊点的固态金属体积后，再计算所需要的焊膏的体积，这是合金类型、流量密度和焊膏中金属质量分数的函数。由于常用的印刷焊膏中焊料合金约占总体积的 48%～60%，我们可以计算为 50%，另外的 50%为助焊剂、溶剂和其他添加剂，它们在焊接温度下会挥发、消失在空气中，所以

　　　　　　理想的焊点焊膏需求量 V = 固态金属焊点的体积 V_j×2

　　如果采用点涂焊膏工艺，焊料合金与助焊剂的体积比更低，焊膏的体积还需增加，大约为

　　　　　　理想的焊点焊膏体积 = 固态金属焊点体积的 2.5 倍

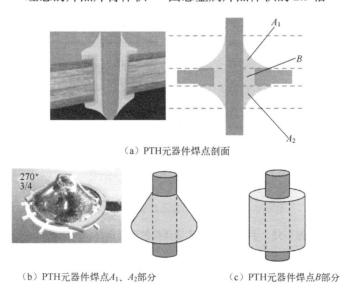

（a）PTH元器件焊点剖面

（b）PTH元器件焊点A_1、A_2部分　　　　　　（c）PTH元器件焊点B部分

图 1-33　通孔再流焊理想的固态焊点示意图

　　焊膏印刷量的多少取决于钢网开孔。已知需要的焊膏体积，再根据选好的钢网的厚度

计算出应开孔面积。尽可能在引脚间互不干涉的情况下达到开孔面积。一般根据印制电路板的实际布局因地制宜，尽可能使得印刷在每个通孔的焊膏量一致。一些通孔再流焊印刷焊膏后的形状实例如图 1-34 所示。如果采用普通钢网印刷后不能满足焊膏量，也可以采用阶梯钢网，局部加厚。例如，采用的钢网厚度为 0.12mm，对于需要通孔再流焊的元器件局部采用 0.15mm，或者使用相同厚度的钢网，刮刀印刷两次。在元器件的引脚定位孔印刷焊膏时，钢网开孔适当保留孔的贯通，焊膏印刷在孔的周围呈梅花状，有助于插装 PTH 元器件，如图 1-34（a）所示。

 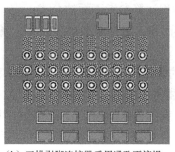 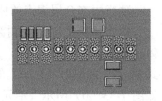

（a）VGA连接器采用通孔再流焊　　（b）三排引脚连接器采用通孔再流焊　　（c）单排引脚连接器采用
工艺的焊膏图形　　　　　　　　　工艺的焊膏图形　　　　　　　　通孔再流焊的焊膏图形

图 1-34　通孔再流焊印刷焊膏后的形状实例

4．元器件的插装

用于通孔再流焊的元器件有两种插装方式，一种是采用特殊的吸嘴用贴装机贴装，另外一种就是手工插装。因为 PCB 厚度比较薄，在手工插装时会导致板子弯曲，影响其他已经贴装好的元器件，所以会使用辅助夹具，把印制电路板转移到夹具上插件防止 PCB 变弯，或者改造传送接驳输送台，增加气缸和顶针支撑 PCB。在用手工插装时为了防止手碰到其他元器件，可以采用辅助的透明罩盖在印制电路板上方，留出插装的元器件孔辅助装配。手工插装 PTH 元器件的辅助夹具和透明罩如图 1-35 所示。

图 1-35　手工插装 PTH 元器件的辅助夹具和透明罩

1.4.6　手工焊

在自动化程度越来越高的电子组装工艺中，传统手工焊技术由于具备成本低、灵活性强的优势，在一些行业仍在广泛使用，一般是以下原因。

① 设备能力不足；

② SMT 元器件不耐温，不能经过再流焊；

③ 电路板设计不合理，SMT 元器件离板边太近；

④ 双面有 PTH 元器件；

⑤ 第二面元器件太重；

⑥ 第二面元器件太高不能用选择性波峰焊；

⑦ 非常少的 SMT 元器件，在第二面不值得使用整条自动生产线；

⑧ 产品出现缺陷需要返修。

手工焊的主要工具是电烙铁。电烙铁的种类很多，有直热式、感应式、恒温电烙铁、智能电烙铁、吸锡枪、热风焊台、电热夹等。手工焊应根据被焊元器件种类，选择电烙铁的功率和温度，根据焊点大小选择烙铁头的形状和尺寸。

应尽量避免采用手工焊，原因如下。

① 这种工艺最大的缺点就是在焊接过程中很难控制焊接时间、焊接温度和焊接的一致性。这些因素都会增加焊接缺陷的产生和影响可靠性。

② 手工焊对操作员的技能要求比较高，同时还要有良好工具和工艺步骤。一个经验不足的操作员可能会带来可靠性的问题。中国劳动力成本上升，劳动力相较机器设备的成本优势正在逐渐丧失。

③ 因为更小的引脚间距和更高的引脚数，手工焊表面贴装元器件有时比手工焊通孔插装元器件更具挑战性。

1.4.7　浸焊

浸焊是将导线、元器件引脚或插装好元器件的 PCB 浸在熔融的锡槽中，使导线、元器件引脚或焊点上锡的一种多点焊接方法。浸焊大量应用在导线上锡、元器件引脚上锡和插件工艺，与手工焊相比提高了生产效率。如插装元器件的引脚很长，没办法过普通的波峰焊，就会选择采用浸焊加剪脚。

（1）手工浸焊

手工浸焊是由人手持夹具夹住插装好的 PCB 进行浸焊，其操作过程如下：

① 加热锡炉温度控制在 250～280℃。

② 在 PCB 上涂一层（或浸一层）助焊剂。

③ 用夹具夹住 PCB 浸入锡缸中，使焊锡表面与 PCB 接触，浸过 PCB 的锡厚度以 PCB 厚度的 1/2～2/3 为宜，浸焊的时间约 3～5s。

④ 以 PCB 与焊锡表面成 5°～10° 的角度使 PCB 离开锡面，略微冷却后检查焊接质量。如有较多的焊点未焊好，可以重复浸焊一次；如只有个别不良焊点，可用手工补焊。

注意： 要经常去除锡缸内锡渣，保持良好的焊接状态，避免因锡渣过多影响 PCB 的洁净度及引起清洗问题。

手工浸焊的特点：设备简单、投入少，但效率低，焊接质量与操作人员熟练程度有关，易出现漏焊，在焊接带有贴片元器件的 PCB 时较难取得良好的效果。

（2）机器浸焊

机器浸焊是用机器代替手工夹具夹住插装好的 PCB 进行浸焊。PCB 先经过泡沫助焊剂槽被喷上助焊剂，加热器将助焊剂烘干，然后经过熔化的锡槽进行焊接，冷却凝固后再送到切头机剪去过长的引脚。

机器浸焊的过程如图 1-36 所示。用夹具夹住 PCB 的边缘，以与锡槽内的焊锡成 30°～45°的倾角，且与锡液面平行浸入锡槽内，浸入深度为 PCB 厚度的 1/2～2/3，浸焊时间为 3～5s，然后 PCB 离开浸焊区域，完成焊接。

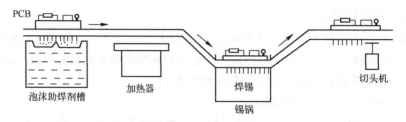

图 1-36 机器浸焊的过程

1.4.8 焊锡机器人

1. 简介

焊锡机器人又名自动焊锡机，是一种能代替手工焊的设备，是由多个机械手、送锡丝装置、控制系统和烙铁系统组成的设备，应用于焊锡焊接工位，主要针对手工焊的工艺制程。主要代替简单且重复性强的手工焊的设备。当前主要为桌面式焊锡机器人、在线式焊锡机器人和 SCARA 式焊锡机器人，一般有单头、双头、双工位的。各种焊锡机器人如图 1-37 所示。

（a）桌面型单头焊锡机器人　　（b）桌面型双头焊锡机器人　　（c）在线式焊锡机器人　　（d）SCARA式焊锡机器人

图 1-37 焊锡机器人

2. 优点和缺点

焊锡机器人的最大优势为焊点产品焊点一致，品质稳定性好。同时针对很多产品，一人可操作多台设备，效率远远大于手工焊，具有提高效率和保证焊点稳定一致的优势。但是并非所有无法过波峰焊的产品都适合用焊锡机器人来焊接，对于一些定位比较困难或者焊锡工艺难以实现的产品，焊锡机器人的焊锡良率也不高。

3．与波峰焊的区别

针对手工焊工位的替代，当前市面上可选的自动设备包括选择性波峰焊和焊锡机器人。选择性波峰焊主要针对通孔插装元器件，选择性地设置焊接点来满足生产需要。选择性波峰焊的特点决定了其设备要求的精密度非常高，所以市面上真正稳定可靠的设备只有少数几家可供选择，且价格昂贵。焊锡机器人的工作方式与选择性波峰焊相反，针对通孔插装产品，元器件用工装固定，引脚向上，从上方进行焊接。工装固定元器件用于焊锡机器人如图 1-38 所示。

　　　　（a）PCB放入工装夹具中定位元器件　　　　　　　　　　　（b）局部放大

图 1-38　工装固定元器件用于焊锡机器人

焊锡机器人已经成功应用于汽车电子、数码电子、LCD、印制电路板等生产行业，能提高生产的整体水平和自动化水平。另外，减少了人员的投入，也就是降低了企业的生产成本，设备也可以采用流水线作业模式一体化生产。

1.5　应用在电子组装的其他技术

随着新型元器件的出现，一些新技术、新工艺也随之产生，在电子组装的层级之间的交叉应用也越来越广泛。之前用于 1 级封装的技术也用到了 2 级和 3 级封装中，打破了传统的层级界限，从而极大地促进电子组装技术的改进、创新和发展。下面就简单介绍几种交叉技术的应用。

1.5.1　埋入技术

在多层板中预埋电阻 R、电容 C、电感 L、滤波器组成复合元件或复合印制板，在制造多层板时，不仅可以把电阻、电容、电感、ESD 元件等无源元件做在里面，需要时可以把它们放在靠近集成电路引脚的地方，甚至能够把一些有源器件做在 PCB 里面。这样不仅可以保证电路板的小、薄、轻，而且性能更好。埋入式元器件被制作为印制板中不可分割部分的分立或有源器件。传统电子组装和元器件埋入式组装方式如图 1-39 所示。

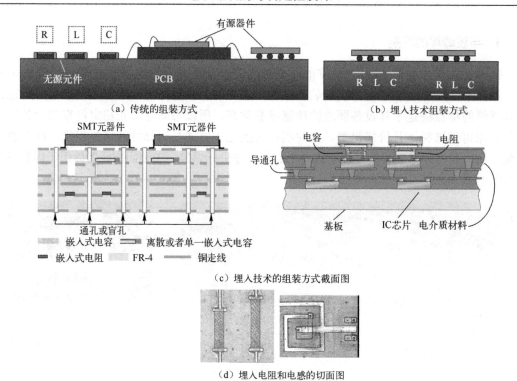

（a）传统的组装方式　　　　　　　（b）埋入技术组装方式

（c）埋入技术的组装方式截面图

（d）埋入电阻和电感的切面图

图1-39　传统电子组装和元器件埋入式组装方式

1.5.2　底部填充工艺

底部填充工艺（Underfill）一直用于元器件封装工艺中，就是对 Flip-Chip 芯片的底部进行填充；目前也同样用于电子组装中，对 BGA/CSP 封装的芯片，在经过再流焊之后将化学胶水（主要成分是环氧树脂）材料填充到器件与基板之间、芯片与基板之间的缝隙。Underfill 是利用了毛细作用使得胶水迅速流过 BGA 底部的球间隙，然后用加热的固化形式，将 BGA 底部的空隙填满从而达到加固的目的，增强 BGA 封装芯片和 PCBA 之间的抗振动、抗跌落性能。当然这种胶水现在已经有可以返修的了，如乐泰 3515、乐泰 3568。近来为了改善 CSP 焊点的可靠性，底部填充工艺被越来越多地应用，如手机电路板上的 CSP 也采用底部填充来增加其连接强度。

BGA/CSP 芯片的主成分硅（Si）的热膨胀系数（CTE）为 $2.8×10^{-6}/℃$，PCB 材质环氧玻璃 FR-4 的 CTE 为 $15.8×10^{-6}/℃$，焊点的 CTE 为 $25×10^{-6}/℃$，填充环氧树脂就是为了降低硅芯片和有机基板之间的 CTE 不匹配问题，因为在功率循环与热循环工作中，CTE 失配会导致焊点热应力，从而发生疲劳失效。为了增强 BGA 芯片的可靠性，防止在受热和应力的作用下拉伸焊点，填入底部填充胶水。底部填充工艺如图 1-40 所示。

图1-40　底部填充工艺

适合底部填充的 PCB 焊盘设计和良好的 PCB 设计可以减少或消除气孔、填充不完全的质量缺陷。以下是底部填充工艺对 PCB 焊盘设计的基本要求。

① PCB 设计时尽可能避免把不需要底部填充的器件布局在距方形芯片边缘 200μm 以内。

② 适当缩小焊盘面积，尽可能拉大焊盘间距以增大待填充的间隙。

③ 底部填充器件与周围元器件的最小间距应大于点胶针头的外径（0.7mm），如图 1-41 所示。

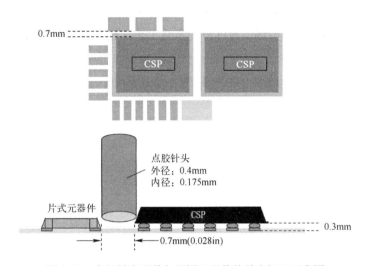

图 1-41　底部填充器件与周围元器件的最小间距示意图

④ 所有的半通孔需要填平，并在其表面覆盖阻焊膜。开放的半通孔可能会产生空洞。

⑤ 阻焊膜需覆盖焊盘外所有的金属基底。

⑥ 减少弯曲，确保基板的平整度。

⑦ 尽可能消除沟渠状的阻焊膜开口以确保一致的流动性，确保阻焊膜一致、平整，没有细小间隙。

⑧ 减少 BGA 球周围暴露的材料，阻焊膜开口尺寸公差配合好，避免产生不一致的润湿效果。

1.5.3　点涂焊膏工艺

除了焊膏印刷工艺外还用到点涂焊膏，点涂焊膏有很大的灵活性，可三维点涂并且非常容易控制焊膏点的大小，自动更换机种，节省焊膏，不需要印刷钢网和其他治具，是一种非常清洁的工艺。由于点涂焊膏工艺有许多优点，因此正在被越来越多的生产厂商所采纳。

点涂焊膏的优点：

① 点涂焊膏工艺不需要钢网。

② 点涂焊膏工艺可作为一种非常有效的返修手段，用于中、大批量生产中，可以精确地将焊膏点涂到某一个元器件位置。对于又小又复杂的板，由于无法用手工组装和返修，这一点就显得非常重要。例如，BGA 器件返修时，周围元器件密集没有足够的空间放置迷你钢网，为保证印刷质量，点涂焊膏就很方便，而且不需要对每个 BGA 器件制作钢网。

③ 与模板印刷相比，点涂的最大优点在于其灵活性。另外在一些不能印刷的场合也只能采用点涂，例如，在通孔内点涂焊膏（SPOTT）时，以及移动电话和汽车电子中采用的现代 3D 电路等。3D 电路需要在不同高度平面点涂焊膏，这对于模板印刷而言是根本无法做到的。

实例：电路板利用特殊工艺粘在散热铜底板上，如图 1-42（a）所示。在电路板上组装的大功率元器件需要很好的散热，功率元器件底部直接连接散热铜板，两个翼型引脚焊接在电路板上，如图 1-42（b）所示。普通的钢网印刷是无法实现在元器件底部焊盘的焊膏涂布，可以采用放置预制焊片的方法，但常因预制焊片不平整而抬高元器件，导致元器件焊点开路或焊片振落而元器件底部少锡。像这样的组装工艺，在电路板的底部焊盘点涂焊膏，再进行再流焊很容易达到。

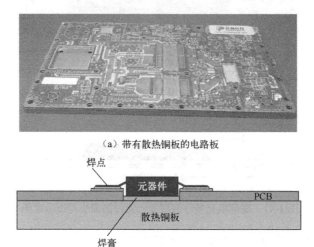

（a）带有散热铜板的电路板

（b）元器件组装在带有散热铜板的电路板上

图 1-42　点涂焊膏用于元器件组装

④ 可以对模板印刷起辅助作用，增加特殊焊点的焊膏量，防止再流焊缺陷发生。

1.5.4　堆叠装配技术

在 1.3.2 节中讲到堆叠封装（POP）是元器件的一种封装形式。在板级电路组装焊接中也出现了类似的堆叠装配技术。堆叠装配技术是 PCB 组装与半导体组装的最新结合交叉形式，是 PCB 电路高密度组装的最新成果。POP 技术在 PCBA 的应用举例如图 1-43 所示。

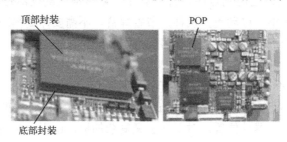

图 1-43　POP 技术在 PCBA 的应用举例

1. POP 的组装工艺

底部的封装元器件与组装板上的其他元器件一起印刷焊膏，上面堆叠的元器件采用浸蘸膏状助焊剂或焊膏的方法堆叠在底部元器件上。浸蘸膏状助焊剂的方法与晶圆级封装（WL-CSP）的贴装工艺基本相同。POP 堆叠在 PCB 上的组装如图 1-44 所示。

（a）POP的顶部和底部封装元器件　　（b）底部封装贴装在PCB上，顶部封装再堆叠　　（c）POP焊接后

图 1-44　POP 堆叠在 PCB 上的组装

2. POP 装配的工艺关注点

① 控制顶部封装元器件助焊剂和焊膏量。要求与倒装芯片浸蘸工艺相同，蘸取 1/2 焊球直径的高度。

② 控制贴装过程中基准点的选择和压力。底部元器件以全域基准点来校正没有问题，顶层元器件应选择其底部元器件表面上的局部基准点。

③ 底部元器件焊膏印刷工艺的控制。底部元器件球间距为 0.5mm 或 0.4mm 的 CSP，需要优化 PCB 焊盘的设计。

④ 再流焊工艺的控制。由于无铅焊接的温度较高，较薄的元器件和基板（小于 0.3mm）在再流焊过程中很容易产生热变形，升温速度建议控制在 1.5℃/s 以内。同时监控顶部和底部元器件内部的温度，既要考虑元器件表面温度不要过高，又要保证元器件的球和焊膏熔化充分，形成好的焊点。

3. 是否考虑底部填充

为了提高产品的可靠性，POP 可以考虑进行底部填充工艺。对于两层堆叠，可以对上层元器件进行底部填充，也可以两层元器件都做填充。如果上、下层元器件外形尺寸相同，就没有空间单独对上层元器件进行底部填充。对上、下层元器件同时进行底部填充时，填料能否在两层元器件间完整流动需要关注。正确的点涂路径和精准的胶量，可以有效控制填料中的气泡，再流焊过程中过多的助焊剂残留会影响填料在元器件下的流动，导致气孔的产生。

1.5.5　无焊压接式连接技术

PCBA 无焊压接式连接技术，又称压入式连接技术（Press Fit），是将弹性可变形插针或硬性插针嵌入印制板的金属化孔内形成的一种无焊连接，在插针与金属化孔之间形成紧密的接触点，靠机械连接实现电气连接。

随着电子产品的不断发展，产品的一致性和高密度化要求越来越高。对于细间距、多排插针的连接器，焊接技术无法完成。压接技术具有较高的可靠性、插接安全性以及易操作性，因此，压接技术至今仍然被广泛应用于通信、汽车、机车和军事行业。

1. 压接与焊接工艺性能比较

压接技术与焊接技术相比，压接连接的特点和优势体现在：

① 在电路板和连接器上无热应力。

② 没有影响连接器可靠连接的焊接气体和焊剂残渣，环保。

③ 可靠性高，国际电工技术委员会规范认为此产品至少比焊接和刺破式连接器（IDC）可靠 10 倍。

④ 无焊接点短路、虚焊等缺陷。

⑤ 连接器压接后，一般无须再用螺钉与 PCB 固定。

⑥ 使用长插针连接器压接时，PCB 背后伸出的针脚可作为背面插针，实现双面连接。

⑦ 快速和简单的装配工艺，压接效率高、成本低。

⑧ 非破坏性的快速检查。

⑨ 确定的接触阻抗（良好的高频特性）。

2. 压接式连接器接端种类

压接式连接器的接端（压接的插针）分为刚性插针与柔性插针，如图 1-45 所示。在连接器压入过程中刚性插针不产生变形，PCB 的孔会变形；在连接器压入过程中柔性插针会挤压而变形，PCB 的孔不变形。

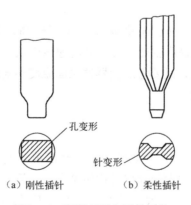

（a）刚性插针　　　　（b）柔性插针

图 1-45　刚性插针与柔性插针

3. 压接区的结构

不同厂家生产的压接式连接器，其压接区的结构也不一样，常用的压接连接器和压接区的界面结构如图 1-46 所示。其中，鱼眼孔端子（Eye of Needle）是应用最为广泛的端子结构。

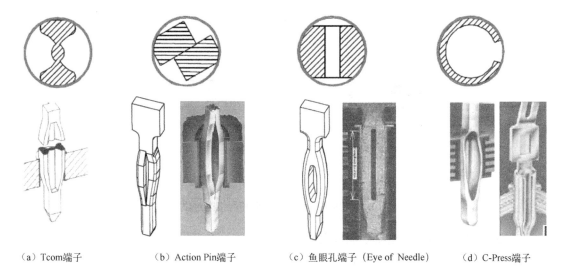

（a）Tcom端子　　　　（b）Action Pin端子　　　　（c）鱼眼孔端子（Eye of Needle）　　　　（d）C-Press端子

图 1-46　常见压接连接器和压接区的界面结构

4．压接原理

连接器插针压接时，在插针的金属部分和其他金属之间产生类似于原子熔融的状态而使金属连成一体。通过金属相互之间压接，保持连接的电气和力学性能。

当插针受到压力时，插针和金属孔壁之间产生非常大的挤压力，使插针和金属孔壁同时受外力而发生塑性变形，保持紧密接触。当压力消失后，插针的弹性恢复原状，产生对金属孔壁的压力而形成电接触。压接原理示意图如图 1-47 所示。

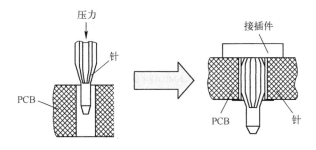

图 1-47　压接原理示意图

5．压接连接器的设备和工艺

压接连接器的设备和压接区对位如图 1-48 所示。压接时，将连接器放置到印制板对应的位置上，并确保压接上模、连接器、印制板和压接下模对齐，否则可能损坏印制板和连接器。

对压接的工艺要求如下：

① 压接模具要与连接器相对应，不能混用。

② 印制板的重复压接一般不超过三次。

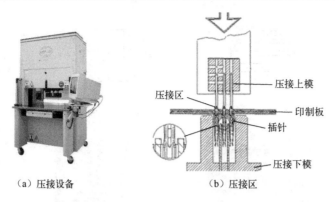

（a）压接设备　　　　　　　　　　（b）压接区

图 1-48　压接连接器的设备和压接区对位

③ 返工时退出来的连接器不能再使用。

④ 平压模和针压模不能混用。

1.5.6　三维模塑互连器件技术

三维模塑互连器件（Three Dimensional Molded Interconnect Devices，3D-MID）是指在注塑成型的塑料壳体的表面上，制作有电气功能的导线、图形，然后安装元器件，从而使普通的电路板具有的电气互连功能、支承元器件功能和塑料壳体的支撑、防护等功能，以及由机械实体与导电图形结合而产生的屏蔽、天线等功能集成于一体，形成所谓三维模塑互连器件，简称共形电路。3D-MID 技术的应用如图 1-49 所示。

（a）采用3D-MID技术的产品

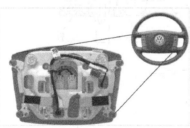

（b）传统的塑料开模制作的方向盘
（通过繁杂的电源线及多个传感器件
组合实现功能化）

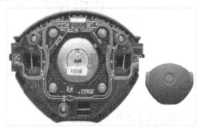

（c）通过基于激光打印的3D-MID制作技
术的方向盘（直接在产品表面制作立体传
感器件和立体电路图案）

图 1-49　3D-MID 技术的应用

1．优势

（1）设计方面的优势

① 三维电路载体，可供利用的空间增加；

② 元器件更小、更轻；

③ 功能更多，设计自由度更大，有可能实现创新性功能。

（2）制造方面的优势

① 采用塑料为材料，通过模具注塑成型形成基体，基础技术成熟可靠；

② 减少了零部件数目，更为经济合理；

③ 导电图形加工步骤少，制造流程短；

④ 减少了组装层次，简化了安装，可靠性更高。

（3）生态经济方面的优势

① 制造流程短，直接用壳体作为互连载体，投入制造的材料数量和种类都有所下降，环境友好性好；

② 循环利用和处理容易；

③ 有害物质排放少。

2．材料的选择和设计

采用 LDS 技术制作 3D-MID，市场上有不同品种、性能的热塑性塑料原料和供货渠道，可以根据 3D-MID 的应用需求进行选择。

PA6/6T（芳香化聚酰胺）是基于 BASF 的 Ultramid 尼龙，抗热形变好，适合再流焊（包括无铅再流焊）；机械性能好。

聚酯类热塑性塑料 PBT、PET 及其共混聚合物是基于 Bayer 的 Pocan，机械性能、电气性能好；PET 的聚合物抗热形变性能好。

LCP（Liquid Crystal Polymer）液晶聚合物是基于 Ticona GmbH 的 Vectra，流动性好；在热应力下，抗热变形性能好。

PC/ABS（聚碳酸酯/丙烯青丁二烯苯乙烯共聚物）表面性能好，机械性能好。

3．工艺流程

① 注塑成型：以可激光化的改性塑料为原料，采用普通的注塑成型设备、模具和技术注塑出塑料本体。

② 激光活化：用聚焦激光束投照塑料表面需要制作导电图形的部位，活化、粗糙图形部位表面。

③ 金属化：用化学方法在被激光活化的图形部位沉积上导电金属，从而实现在三维塑料件上制造导电图形，形成互连器件。

4．应用

3D-MID 技术在美日欧等发达国家、地区已被较广泛应用，主要应用于通信、汽车电子、计算机、机电设备、医疗器械等行业领域，产品主要有连接器、电池、EM 屏蔽壳、装配电子元器件、WLAN 天线、LED、机械开关、电容开关、接触开关等。

第 2 章　可制造性设计简介

2.1　先进的产品设计理念

电子产品从研究到报废存在一定的生命周期，产品生命周期各阶段的定性表示如图 2-1 所示。在产品生命周期中产品开发阶段涵盖了产品规划、产品设计和产品测试，其中设计技术直接决定了产品开发的时间，决定产品推向市场的速度，设计时间缩短那么产品在市场上的时间就相对加长。产品制造的质量和成本对产品的价格起着重要的作用，所以先进的设计技术和先进的制造技术是非常重要的。

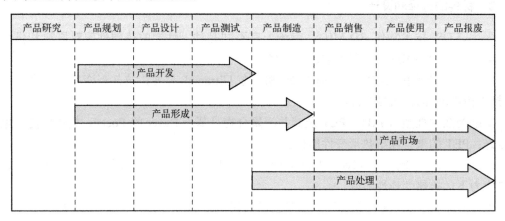

图 2-1　产品生命周期各阶段的定性表示

2.1.1　采用先进的设计技术和先进的制造技术

先进的设计技术和先进的制造技术具体包括以下几点。

① 并行工程（Concurrent Engineering，CE），其关键技术包含：

- 计算机辅助技术（Computer Aided X，CAX），如计算机辅助设计（Computer Aided Design，CAD）、计算机辅助工程（Computer Aided Engineering，CAE）、计算机辅助工艺过程设计（Computer Aided Process Planning，CAPP）和计算机辅助制造（Computer Aided Manufacturing，CAM）。
- 面向 X 的设计（Design for X，DFX），或为 X 着想的设计，如 DFC、DFM、DFA、DFE 和 DFS。
- 产品数据管理（Product Data Management，PDM）是对工程数据管理、文档管理、产品信息管理、技术数据管理、技术信息管理、图像管理等新管理技术的一种概括与总称。
- 大批量定制设计（Design for Mass Customization，DFMC）。

② 虚拟制造（Virtual Manufacturing，VM）和虚拟设计（Virtual Design，VD）。

③ 智能制造（Intelligent Manufacturing，IM）和智能设计（Intelligent Design，ID）。

④ 敏捷制造（Agile Manufacturing，AM）和快速设计（Rapid Design，RD）。敏捷性的 3 个要求是可重组（Reconfigurable）、可重用（Reusable）和可缩放（Scalable）。

⑤ 绿色制造（Green Manufacturing，GM）和绿色设计（Green Design，GD）。

⑥ 企业过程重组（Business Process Re-engineering，BPR）、可重组制造系统（Reconfigurable Manufacturing System，RMS）和可重组设计（Reconfigurable Design，RD）。

2.1.2　产品设计阶段的重要性

产品设计阶段的重要性体现在以下三个方面。

1. 产品设计决定了产品的成本

产品设计阶段的成本仅占整个产品开发投入成本的 5%，但产品设计决定了 75% 的产品成本。产品设计在很大程度上决定材料、劳动力和管理成本，如果没有产品设计的优化，材料、劳动力和管理对于降低产品成本影响很小，如图 2-2 所示。

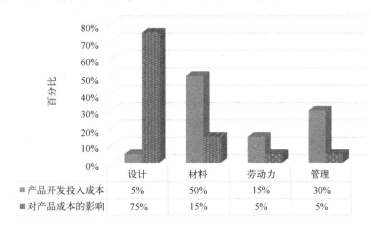

	设计	材料	劳动力	管理
■ 产品开发投入成本	5%	50%	15%	30%
▨ 对产品成本的影响	75%	15%	5%	5%

图 2-2　产品设计加工过程对产品成本的影响

2. 产品设计决定了产品的质量

首先我们问质量从哪里来。

质量不是检验出来的，检验只是事后把关，把不合格品挑出来。

质量不全是制造出来的，制造仅仅实现了设计的要求。

质量是设计出来的，设计决定了产品的基因，设计无 DFX 导致潜在的缺陷。

所以对质量有了以下的结论：

日本人田口玄一对质量的定义：产品质量首先是设计出来的，然后才是制造出来的。

德国人对质量的定义：优秀的产品设计加上精致的制造。

二八原则：80% 左右的产品质量问题是由设计造成的。

3．产品设计决定了产品的开发周期

在图 2-1 所示的产品生命周期中，整个产品从产品研究的构思到产品报废的时间是一定的，产品报废意味着淘汰或者更新换代，很多企业就是因为产品更新不够快丧失了很多市场机会，导致竞争力下降。所以产品的开发和产品形成阶段决定了产品的开发时间，决定了产品推向市场的时间，缩短开发时间尤为重要。如何缩短产品的开发时间，一个自然的想法就是把原来串行设计转变成并行设计。

2.1.3　并行设计优于串行设计

1．串行设计

传统的设计方法是串行设计，如图 2-3 所示，研发人员先设计，然后交给制造人员新品试制，批量生产中发现问题，然后再回到研发部门重新修改设计，再回到制造。这样的反复造成制造批量性质量问题，大量浪费，同时设计产品的周期很长，由此产生的产品成本相对过高。

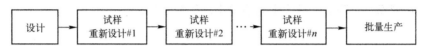

图 2-3　串行设计方法

（1）传统设计方法的特点

① 抛墙式设计如图 2-4 所示。研发部门负责设计，制造部门负责制造，设计从来不考虑制造的要求，直接把文件抛给制造部门。

② 反反复复修改直到把事情做好。

③ 产品设计修改多，开发成本高，周期长，产品质量低。

（2）传统设计方式的问题

传统的设计方式问题主要表现在以下几个方面：

① 造成大量焊接缺陷；

② 增加 PCB 维修和返修工作量，浪费工时，延误工期；

③ 增加工艺流程，浪费材料；

图 2-4　抛墙式设计

④ 返修可能会损坏元器件和印制板；

⑤ 返修后影响产品的可靠性；

⑥ 造成可制造性差，增加工艺难度，影响设备利用率，降低生产效率；

⑦ 严重时重新设计，导致产品开发周期长。

2．并行设计

与传统设计方法相比较，现代设计采用并行设计制造，如图 2-5 所示。从产品开发设计开始就考虑到 DFX，使设计与制造之间紧密联系，实现从设计到制造一次成功的目的，具有缩短开发周期、降低成本、提高产品质量等优点。

图 2-5　并行设计

2.2　电子组装可制造性的提出

电子组装技术的迅速发展同样迫使设计水平提高，制造能力提升，电路板设计优化，元器件选择合理，可靠性加强，等等。这使得 DFX 成为必要，不论是什么产品，无论产品的顾客是内部的还是外部的，他们对产品的要求都是一致的，即优良的品质、相对较低的成本和较短而及时的交货期。产品的设计人员、生产工艺人员和质量人员对以上的三个方面是绝对有影响和控制能力的。目前，新一代的工程师的职责已不是单纯地把产品的功能和性能设计和制造出来那么简单，而是必须对以上所提到的三方面负责，并做出贡献。

DFM 始创于 20 世纪 70 年代初，在机械行业用于简化产品结构和降低加工成本。1991年，DFM 的应用对美国制造业竞争优势的形成做出了贡献。美国总统布什给 DFM 的创始人 G.布斯劳博士和 P. 德赫斯特博士颁发了美国国家技术奖。DFM 很快被汽车、国防、航空、计算机、通信、消费类电子、医疗设备等领域的制造企业采用。

1994 年表面组装技术协会（SMT Association，SMTA）首次提出 DFM 概念，2000 年左右开始在一些跨国公司电子组装中应用 DFM。在我国，随着电子组装技术的飞速发展，DFM 也开始成为电子产品研发和制造工厂的重点关注对象，特别是进入 21 世纪后，随着各跨国企业开始把研发转移到中国以及中国本土企业的研发实力上升，企业为了节省成本，提高质量，纷纷导入 DFM，国内一些著名电子厂家已经有自己的 DFM 指南，并引入了 DFM 专用软件。

新产品开发的成功率是衡量企业产品开发和创新能力的一个重要标志。大量设计成果不能或难以有效地转化为商品，其中的重要原因之一是没有一个合理的产品开发过程，图样上的产品不能或难以按设计要求制造出来，或不得不用很高的成本才得以制成。DFM 是改变这一现状，提高企业产品开发和创新能力的一个关键。

2.3　DFX 的种类

DFM 的提出推动了整个电子行业的成熟性发展，同时也不断扩展范围。DFX 就是Design for X（面向产品生命周期各/某环节的设计）的缩写。其中，X 可以代表产品生命周期或其中某一环节，如装配（M 代表制造，T 代表测试）、加工、使用、维修、回收、报废等；也可以代表产品竞争力或决定产品竞争力的因素，如质量、成本、时间等。DFX 不是单纯的一项技术，从某种意义上，它更像一种思想，包含在产品实现的各个环节中。

DFX 是并行工程的关键技术。鉴于 DFX 系列规范在改善可制造性、降低成本等方面的卓越贡献，DFX 系列规范越来越受到企业的青睐。虽然 DFX 已被各种各样地定义，但总的来说包括以下几种：

DFM：Design for Manufacture，可制造性设计。

DFT：Design for Test，可测试性设计。

DFD：Design for Diagnosibility，可诊断分析性设计。

DFA：Design for Assembly，可装配性设计。

DFA：Design for Automation，可自动化组装设计。

DFR：Design for Reliability，可靠性设计。

DFE：Design for Environment，为环保性着想的设计。

DFF：Design for Fabrication of the PCB，为 PCB 制造着想的设计。

DFP：Design for Procurement，可采购性设计。

DFS：Design for Serviceability，可服务性设计。

DFC：Design for Cost，面向成本的设计。

DFX 中最重要的就是 DFM、DFA、DFR 和 DFT，DFM 大多包含了 DFA，通常被合在一起称为 DFMA。

2.4 可制造性设计的作用

DFM 主要研究产品本身的物理设计与制造系统各部分之间的相互关系，并把它用于产品设计中以便将整个制造系统融合在一起进行总体优化。

DFM 涉及 PCB 产业链上的很多环节，包括设计厂商、PCB 制造厂商、组装厂商、测试厂商和系统厂商。在寻求解决方案的过程中，正是由于标准的欠缺导致了各个环节之间沟通不畅，使我国整个 PCB 产业设计水平低下、产能不高。

首先，由于标准的欠缺，设计人员一般都是按照自己的喜好和习惯进行设计，一旦设计人员更换，一块电路板的设计需要完全重新进行，这包括材料的选择和布局布线等，无形之中浪费了大量的人力物力。

其次，由于标准的欠缺、设计人员和生产厂商等对 DFM 重视不够、沟通不畅等问题使得设计人员的产品到制造商环节时品质和可靠性得不到很好的控制，因而带来废品率高、可靠性差、测试时间长等问题。即使是同样一个设计，在不同的厂家，甚至是同一厂家不同批次进行生产时都需要花费很长的时间进行调试，因而造成了效率低下。

实施 DFM 可以降低产品的开发周期和成本，使之能更顺利地投入生产。换言之，DFM 就是在整个产品生命周期中及早发现问题并解决问题，通过这一方法降低成本、缩短产品投入市场的时间、提高产品质量、提高产品的可制造性、缩短生产时间、提高工作效率。

研究表明，75%的制造成本取决于设计，产品总成本的 60% 取决于最初的设计，70%~80%的生产缺陷是由于设计原因造成的。可见，DFM 的重要性。

2.4.1 实施 DFM 的价值

实行 DFM 能带来很大的价值，这些价值概括起来主要如下。

① 减少产品设计修改次数。产品具有很好的可制造性和可装配性，有助于产品制造和装配顺利，设计修改少，把设计修改集中在产品设计阶段。产品设计阶段设计修改灵活性高，修改容易；产品制造和装配阶段以及量产阶段设计修改灵活性低，修改困难。传统设计

和 DFM 设计在各阶段的灵活性如图 2-6 所示。

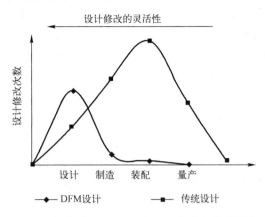

图 2-6　传统设计和 DFM 设计在各阶段的灵活性

② 缩短产品开发周期。实行 DFM 有助于确保第一次就把事情做好，相比传统产品开发，缩短 39%的开发周期。DFM 要求投入较多的时间和精力在产品设计过程中。

③ 降低产品成本。在设计阶段进行 DFM，容易进行成本分析，降低产品成本。DFM 通过以下几点影响成本。

● 简化产品设计，合理选择元器件、材料，降低产品物料成本；

● 简化零件设计，降低零件制造成本；

● 减少装配工序和装配时间，降低装配成本；

● 降低产品不良率，减少成本浪费。

低成本、高产出和良好的供货能力是所有电子产品制造商永恒的追求目标；另外，高可靠性也是产品长期成本降低的基础；DFM 提供的是最有效、经济的解决方案，实施 DFM 规范可有效地利用资源，低成本、高质量、高效率地制造出产品；如果产品的可制造性差，往往需要花费更多的人力、物力、财力才能达到目的，同时，还要付出延缓交货和失去市场的沉重代价。通过 DFM 优化电路板的尺寸节省成本例子如图 2-7 所示。

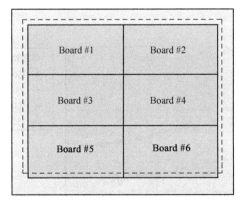

由于PCB外形尺寸设计偏大，在印刷电路板制造母板上最多只能做成4拼板，板5和板6就超出了母板区域，造成50%的成本浪费

（a）DFM前的设计

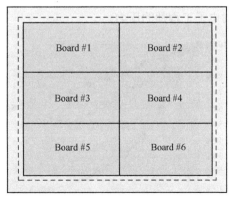

建议缩小PCB外形尺寸，使得在母板上布局6片PCB

（b）DFM后的设计

图 2-7　通过 DFM 优化电路板的尺寸节省成本

④ 有利于生产制造流程的标准化和自动化，提高生产效率。DFM 在企业部门间起到了一个良好的桥梁作用，它把设计和制造及产品部门有机地联系起来，达到信息互递的目的，使设计开发与生产准备能协调起来，统一标准，易实现自动化，提高生产效率。同时也可以实现生产测试设备的标准化，减少生产测试设备的重复投入。随着工业 4.0 和中国制造 2025 的提出，组装自动化也成为设计必须考虑的内容。

⑤ 有利于技术转移，简化产品转移流程，加强公司间的协作沟通。现在很多企业受生产规模的限制，大量的工作需外加工（EMS/CM 电子制造承包商）来进行，通过实施 DFM，可以使加工单位与外发加工单位之间制造技术平稳转移，快速地组织生产。设计与制造的通用性，有助于企业实施全球化策略。

⑥ 降低新技术引进成本，减少测试工艺开发的庞大费用。

⑦ 新产品开发及验证的基础。在设计的最初阶段没有采用 DFM 规范，往往会在产品开发的后期，甚至在大批量生产阶段才会发现这样那样的组装问题，此时想通过更改设计来修改缺陷，无疑会增加开发成本并延长产品推向市场的时间，失去主动权，所以新品开发除了要注重功能第一之外，DFM 也是很重要的。

⑧ 适合电子组装工艺新技术日趋复杂的挑战。现在，电子组装工艺新技术的发展日趋复杂，为了抢占市场，降低成本，公司开发一定要使用最新最快的组装工艺技术，通过 DFM 规范化，才能跟上其发展的脚步。

2.4.2 DFM 对生产工艺的作用

DFM 对生产工艺有着非常多的作用，可以提升产品的制造良率、降低成本、缩短制造周期、提高产品制造的柔性。

SMT 产品的复杂性提高对工艺的要求增加，主要表现在两方面：一是 PCB 尺寸逐渐增大，相应元器件数目越来越大；二是 PCB 尺寸越来越小，元器件密组装密度增大。产品的焊点数与良率之间的关系如图 2-8 所示。横坐标是 DPPM（Defect Part Per Million，每百万缺陷机会中的不良品数）水平，纵坐标是良率，曲线代表不同的焊点数。如果工艺水平保持在 80DPPM，当产品的焊点数从 2500 增加到 15000 后，良率就从 82% 降到了 32%。这就增加了对电子工程师的压力。

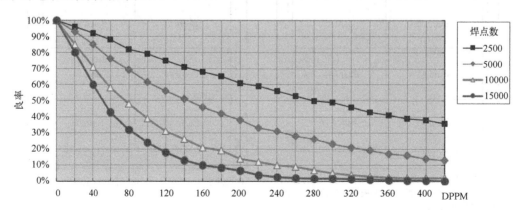

图 2-8　产品的焊点数与良率的关系

　　既然大多数的缺陷来自设计，那么制造工艺工程师就应该具备设计的知识，学会辨别哪些缺陷是制造工艺过程中的问题，哪些问题是设计所产生的，通过建议设计人员更改来解决质量问题，或者通过改进工艺来弥补设计的缺陷。

　　下面我们举两个实际生产中的例子来说明制造缺陷来源于设计。

　　案例 1：一款产品的 PCB 上有 8 个滤波电容，外形尺寸是 0805 的长方体，如图 2-9（a）所示，该元件的中间的焊盘大两端的焊盘小，中间有凹陷。最初的焊盘是根据元件的端子形状设计的，如图 2-9（a）中右图 Gerber 图形所示，钢网开孔按照焊盘大小尺寸。在焊接后发现两端的焊点开路，缺陷率几乎是百分之百，需要返工修理。经过分析发现在焊接的过程中，中间焊盘聚集的焊锡多，在浸润过程中元件被轻微托起，两端的焊锡高度低焊接不到，在冷却时受到的拉力就不平衡，在端子处形成焊点开路，如图 2-9（b）所示。工艺上想尽各种方法，更改钢网设计分割中间大焊盘为小矩阵形状，减少中间焊锡量，加大两端钢网开孔，调节再流焊曲线，等等，但缺陷率仍然高达 60%以上。即使焊锡焊到了元件两端的引脚，在做振动性实验时焊点几乎又全部开裂。最后通过设计更改焊盘的大小和分布位置，把中间的焊盘分割成两部分与两端焊盘大小尺寸相同的形状，如图 2-9（c）所示，这样在焊接的过程中，来自四个方向的浸润力几近相同，保证焊接面相同，形成很好的焊点，完全解决了问题。

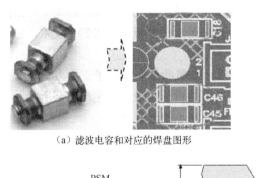

（a）滤波电容和对应的焊盘图形

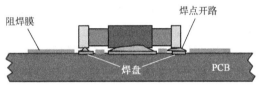

（b）焊接后焊点开路
（哑铃状的滤波电容，两端焊盘设计小，中间焊盘大，焊接时中间顶高造成两端焊点开路）

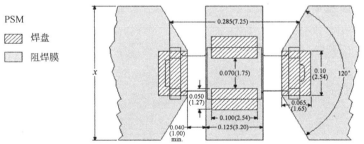

（c）DFM方案：改变焊盘设计，由3部分改为4部分，4个焊盘的大小尺寸一样，在焊接的过程中受力均匀　　　　　单位：in(mm)

图 2-9　DFM 更改焊盘实例

　　案例 2：如图 2-10 所示的实例中，在设计阶段选用元器件时，使用 PTH 元器件比用 SMT 元器件价格低$0.50，整个 PCB 上用到 8 个同样的元器件（图中标注颜色），总体价格可以节省$4.0，而在制造加工中使用焊膏通孔再流焊（Pin in Hole Reflow，PIHR），生产工艺选择和完全 SMD 一样。

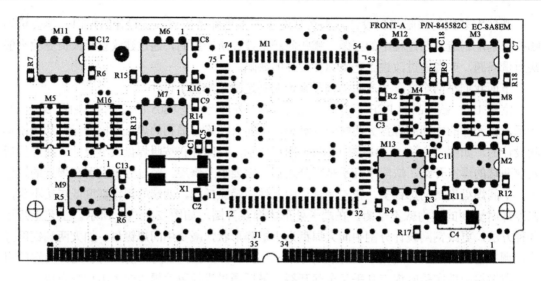

图 2-10　元器件选择的 DFM 实例

可见，DFM 对 SMT 产品的作用越来越明显。作为一名 STM 设计师，必须具备很多方面的知识，如元器件和组装寿命等数十种科目。而 SMT 生产工程师也必须了解设计，往往花费很大人力物力后不能解决的问题却源自设计。所以说任何一项良好的设计都离不开生产的参与，任何一款脱离生产的设计都是不切实际的行为。而本书中谈到的 DFM 技术，也正是当今 SMT 工程师必备的知识之一。

本书结合具体生产中所碰到的问题着重讲述 DFM，以帮助更多的电子工程人员在解决问题时换一种方位去思考，使复杂的问题简单化，使更多的设计人员了解生产工艺所求，以便生产的产品质量更高，成本更低，产品周期更短，达到产品的最优化。

第 3 章　可制造性设计的实施流程

在了解了 DFM 的重要性后，就要考虑如何实施 DFM。在实施可制造性设计的之前必须注意以下几点。

第一，必须认识到 DFM 的必要性。需要管理、研发和制造多方面都确信 DFM 的必要性。

第二，在不影响产品功能的前提下考虑的内容包括组装、测试、检验和返修，降低整个产品的制造成本（特别是元器件和加工工艺）、简化工艺流程；选择高通过率的工艺，选择标准元器件和工艺；减少治具及工具的复杂性；降低成本。产品设计和可制造性设计的优先级如图 3-1 所示，首先是产品性能，在考虑可靠性的基础上实行可制造性设计，适当考虑产品的可服务性。产品的可服务性是指当产品出现缺陷时，要易于返修，拆卸元器件。

第三，制定统一的内部 DFM 标准指南。

DFM 整个过程的目标：

① 降低整个产品的制造成本和减少加工使用的设备工具数量；

② 缩短产品推向市场的时间；

③ 提高产品的质量；

④ 提高产品制造的柔性；

⑤ 缩短制造周期；

⑥ 最小地影响设计计划和减少不必要的浪费；

⑦ 选用最少数量的元器件和标准的元器件；

⑧ 减少附加的固定件；

⑨ 核实组装的公差。

图 3-1　产品设计和可制造性考虑优先级

本章主要讲述 DFM 的实施阶段、实施流程以及所使用到的工具。

3.1　可制造性设计的实施阶段

新产品在开发过程中往往分为方案设计阶段、初步设计阶段、工程设计阶段、样板和试生产阶段、批量生产阶段等几个环节。

与产品设计相应的 DFM 按时间分为四个阶段：协作性设计（Collaborative Design）、综合分析（Comprehensive Analysis）、打样前分析（Basic Pre-release Analysis）、打样后分析（Post-release Review），如图 3-2 所示，图中阿拉伯数字分别代表 4 个阶段。

在不同的阶段实施 DFM 对生产成本的影响也是不同的。时间越早，节省成本越多。在不同的分析阶段，所能影响的内容也不同，越早参与越能从设计的最初阶段影响可制造性。图 3-2 所示的 4 个阶段所对应的可制造性分析的内容如下：

第 1 阶段主要是绘制原理图，包含定义 PCB 外形，选择元器件和基材，定义焊盘及建立 CAD 数据库；

　　第 2 阶段主要是定义元器件的组装，包含定义元器件间距、工具孔，以及生产设备的边缘留空；

　　第 3 阶段主要是定义文件和 BOM，包含优化 PCB 设计便于制造和组装，测试点分布；

　　第 4 阶段是打样，主要评估新元器件的可制造性、设计的合理性。

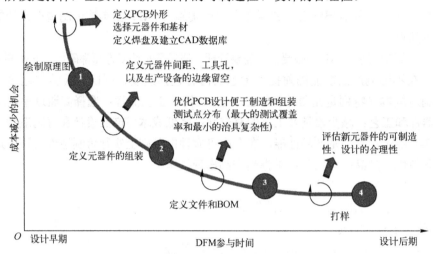

图 3-2　DFM 4 个阶段对成本降低的机会

3.1.1　协作性设计阶段

　　协作性设计是在新产品调研、分析与立项过程中，产品设计师和工艺师应根据标准和技术要求分别规划产品功能、外观造型设计和应该采用的工艺方法及建议，分析所有的设计要素，贯穿整个设计过程，包括 DFT、DFP、从原理图到 PCB 布线的检查、BOM 分析、调查替换的设计选择。在完成外形设计和结构设计的基础上，规划出印制电路板外形图，该图主要规划出印制板的长宽和厚度要求，以及结构件装配孔大小位置、应预留边缘尺寸等，使电路设计师能在有效范围内进行布线设计。

3.1.2　综合分析阶段

　　综合分析是在设计周期的早期阶段最小地影响设计而最大地提升设计，包括 DFF、DFA、PCB 布线、成本和质量的考虑、BOM 分析、调查替换的设计选择，这一阶段在印刷电路布线之前开始。在电路设计师设计过程中，依据各种标准和手册进行详细布线，实现功能。

3.1.3　打样前分析阶段

　　打样前分析是在设计文件已定，准备打样之前检查设计内容。根据设计资料加工 SMT、印制板，验证设计功能是否达到和满足工序要求，从 DFM、DFT 和设计文件方面去检查。须提供各公司的标准 DFM 报告，并标明问题的严重性。这时的 DFM 问题一定要跟踪直至更改，否则会造成不必要的成本浪费和设计周期的延长。

3.1.4　打样后分析阶段

　　打样后分析是根据样品试制过程中发现的问题和根据结果加以分析，是把打样的过程中碰到的问题反馈给设计师。问题的反馈最好包括打样报告和设计建议。

在电子产品（含印制板设计）的各个阶段，设计师应经常对自己的设计进行自我审查，工艺师也应经常进行复审，提出建议和解决办法。

为什么在现代化的管理中，DFM 在设计阶段的表现特别重要呢？主要是因为设计是整个产品寿命的第一站。从效益学的观点上来说，问题越是能够早解决，其成本效益也就越高，问题对公司造成的损失也就越低。在电子生产管理上，曾有学者做出这样的预测，即在每一个主要工序上，其后工序的解决成本费用为前一道工序的 10 倍以上。例如，设计问题如果在试制时才给予更正，其所需费用将会比在设计时解决高出超过 10 倍，而如果这设计问题没法在试制时解决，当它流到再下一个主要工序的批量生产时，其解决费用就可能高达 100 倍以上。此外，对于设计造成的问题，即使厂内拥有最好的设备和工艺知识，也未必能够很完善地解决。所以基于以上的原因，把设计工作做好是门很重要的管理学问。所谓把设计做好，包括产品功能、性能、可制造性和质量各方面。

3.2　可制造性设计的分析流程

随着原始设备制造（Original Equipment Manufacture，OEM）和电子承包制造（Electronics Manufacture Service，EMS）公司之间的合作越来密切，产品愈来愈多外包生产，最好让 EMS 的 DFM 工程师尽早参与产品的设计。现在也有专业的 DFM 公司提供 DFM/DFA/ DFT 服务，但基本的流程相同，DFM 的流程如图 3-3 所示。在图中列出了 OEM 和 EMS 两种企业类型的分析流程，从产品设计到相关的设计内容，再到新品种打样，然后是样机测试分析，最后是批量生产。在产品设计过程中有产品定型前 DFM 分析和定型后 DFM 分析。

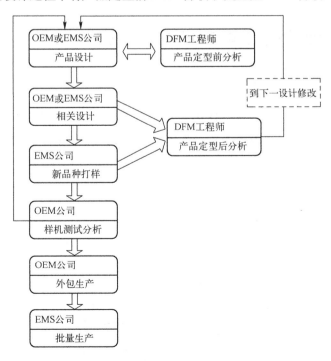

图 3-3　DFM 的流程

在 DFM 的分析过程如图 3-4 所示，输入内容是各种 DFM 所需的信息资料和所用工具，在 DFM 工程师进行全面的分析后，做相应的 DFM 报告，反馈给设计部门做相应的更改。

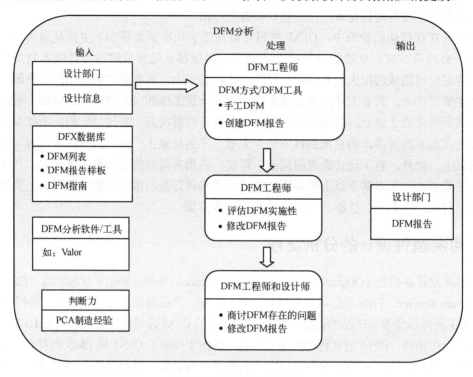

图 3-4　DFM 的分析过程

3.3　PCB 设计包含的内容和 DFM 实施程序

3.3.1　PCB 设计包含的内容

PCB 设计包含了基板和元器件材料的选择、元器件的选择、印制板电路设计、可制造性设计、可靠性设计、降低成本考虑等。PCB 设计包含的内容如图 3-5 所示。本书的讲解内容也是结合 PCB 设计的顺序。

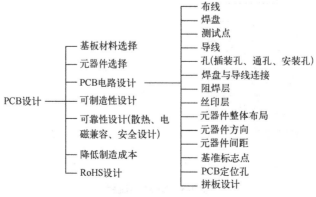

图 3-5　PCB 设计包含的内容

3.3.2　DFM 实施程序

DFM 的实施程序分为以下步骤。

① 确定电子产品的功能、性能指标及整机的外形尺寸的总体目标。

② 电原理和机械结构设计，根据整机结构确定 PCB 尺寸和结构。

③ 表面组装方式及工艺流程设计。工艺流程设计的合理与否，直接影响组装质量、生产效率和制造成本。

④ 根据产品的功能、性能指标及产品的档次选择 PCB 材料和电子元器件。

⑤ 设计印制电路板。

⑥ 编制表面贴装生产需要的文件。

⑦ 审核可制造性，结合可制造性设计的 4 个实施阶段。

⑧ 对印制板厂商提出加工要求。

⑨ 进行样机制作和试生产。

3.4　编制 DFM 检查表和制定 DFM 指南

3.4.1　编制 DFM 检查表

DFM 需要考虑的内容很多，为了更好地辅助 DFM 分析需要编制 DFM 检查表。因为 DFM 是贯穿于整个电子产品的设计过程，所以 DFM 检查表的内容就要参考 PCB 设计的内容。

在 DFM 的开始就应该建立 DFM 检查表，以便于系统、全面地分析产品设计。结合 PCB 设计的内容，DMF 检查表至少包括检查条目、关键点。内容上讲主要包含以下方面。

① 数据和记录，产品信息、数据（如电路原理图、印刷电路设计图、组装图、CAD 文件等）；

② 选择定义制造与加工流程，如 AI、SMT、PTH、通孔再流焊（PIHR）、波峰焊、选择性波峰焊、手焊、压接，浸焊、焊锡机器人焊接等；

③ 电路板尺寸与生产能力的对比；

④ 元器件的选择；

⑤ 元器件布局与焊盘设计；

⑥ 定位孔和通孔；

⑦ 印制电路板的外形（层数、基准点、阻焊膜、丝印层等）；

⑧ 机械组装要求。

在附录 B 有 DFM 检查表供参考。本书从第 4 章开始，基本按照 DFM 检查表中内容的顺序来详细讲解。

在附录 B 的 DFM 检查表中，上面部分是客户名称、产品的信息。当然每家企业也可以根据自己实际情况编制自己的检查表，方便使用为最好。

3.4.2　制定 DFM 指南

设计规范对产品寿命、质量、成本和交货期有影响，该采用什么设计规范或标准呢？

检查表中的设计规范依据 DFM 指南。DFM 指南是为产品制定预期结果基线所必需的，同时也是设计与制造之间的桥梁，一般参照 IPC 标准及 SMEMA 的标准，结合本企业的实际制造能力、工艺水平及设计规范而制定。这是因为，SMT 工艺是复杂的科技学问，企业内各个工厂往往有着不同的技术和设备能力，不同的产品也需要不同的工艺，另外，有限的资源等制约因素，都要求企业建立自己的 DFM 系列规范。由于因素众多，也随时间在改变，所以要找到两家完全一样的工厂的机会是很微小的。既然设计规范优化情况下是必须配合工艺和设备能力等方面的，也就是说设计标准都有其范围，越是要优化其适用范围就越小。所以如果要很好地使用设计来解决问题，一套适用于本身的规范标准是必须按本身特有的条件而开发的。

由于 DFM 指南是基于企业及业界当前的制造设备和技术水平而制定的，所以，选择组装技术时，需综合考虑当前和未来工厂的制造能力。DFM 指南一般应涵盖文件数据和 DFM 记录、工艺流程、PCB 概况、元器件选择、表面组装要求、机械孔与 PCB 连接孔、PCB 层板、阻焊层、丝印层、机械组装件、测试、机械装配方法、防潮设计、维修与升级、清洗和检验等。

DFM 指南开始可以是一页简单的合理的行动列表，类似于 DFM 检查表。后来，可能进化成一本更复杂和更全面的手册，定义每一个有用的部分和加工过程。当然，最好开始简单，使得 DFM 指南方便交流、容易理解和马上可用作参考。信息越复杂，越可能被放在某个人的书架上，而不是在新产品设计时实际地查阅。和其他任何文件一样，DFM 指南必须得到维护，以使其准确地描述制造者的能力。当生产自动设备被替换、更新或新技术引入时，这一点特别重要。

本书也完全可以作为 DFM 指南。

第 4 章　用于 DFM 的数据和记录

从本章开始的内容就是 DFM 指南，讲述的顺序基本按照附录 B 中的 DFM 检查表。在 DFM 检查表中，列出了 13 大项，包括用于 DFM 的数据和记录、组装工艺流程定义、元器件选择、电路板形状及拼板设计、PTH 组装、组装和 SMT 贴装、机械孔与通孔、PCB 外层、阻焊层、布线和丝印、电路板结构、在线测试、机械装配等。DFM 指南参考一栏就是本书中涉及该项内容的章节。

以本章为例，第 4 章包含的内容见表 4-1，也就是附录 B 的一部分。第一列为序列号；"检查项目"一列的粗体字就是第 4 章的章名，即 DFM 的大项；"检查内容"一列就列出了重点检查项或关键点；"优先级"一列表示问题的严重度，1 为最优先，2 为次之，3 为一般性；"检查人"就是从事 DFM 的工程人员；"DFM 标注"列出发现的问题点；"DFM 指南参考"列出要参照的本书对应章节。

表 4-1　数据和记录 DFM

序号	检查项目	检查内容	优先级	检查人	DFM 标注	DFM 指南参考
		数据和记录				
1	用于 DFM 的数据文件	需要 CAD 数据、AVL、BOM、组装图、PCB 文件、元器件规格书	1			4.1 用于 DFM 的数据文件
2	以往的 DFM 记录	有没有相似的产品？第二或第三次审核？系列产品数量？	2			4.2 以往的 DFM 记录
3	与设计有关的问题	是否 RoHS，重新设计还是对现有产品的工程更改（ECN）？	1			4.3 与设计有关的问题

4.1　用于 DFM 的数据文件

在 DFM 之前先看一下有没有完全提供所需的文件数据。这些文件通常包括电路板外形图、电路原理图、采购和供应商清单（AVL）、物料清单（BOM）、组装图纸、PCB 设计/制造规范、Gerber（电路板行业图像转换的标准格式，标准的 Gerber 格式可分为 RS-274、RS-274X 和 Gerber X2 三种）、Artwork 档案（工艺图）、元器件的规格尺寸、工艺和材料规范、测试要求等。

① CAD 数据。电路板外形图用于审核孔的尺寸、板的大小厚度、拼板形状、边缘空隙等。

② 电路原理图便于应用于 DFT。

③ AVL 和元器件的规格尺寸则可以帮助找到元器件的形状用以比对焊盘的设计，了解供应商的封装形式，包装形式。

④ BOM 要求含有料号、数量、元器件描述、标准值和包装形式，可以帮助确认相同的元器件。

⑤ 组装图用于 DFA 和公差尺寸的确认、工艺需求以及是否需要新设备。

⑥ PCB 设计制造规范用于印制电路板的整体分析。

⑦ Gerber 和 Artwork 文件是计算机设计后生成的文件，可以用于导出贴装机的坐标值，在 DFM 过程中便于直接量取电路板上的信息尺寸。

⑧ 工艺和材料规范是指组装的特殊要求和特殊材料，便于我们分析和确定是否需要新的设备和治具。

4.2　以往的 DFM 记录

往往新产品的设计需要几次的重复设计或者是在其他旧的版本上更新。所以 DFM 分析后要做好相应的记录以便下次参考。在每次 DFM 前先查看以前有没有 DFM 的记录在案，这有利我们更好更快地了解产品。特别是以前所提出的问题和建议有没有执行，以及实施后对质量、生产时间、成本有没有影响。如果是以前产品的更新，应特别注意工程更改单的内容。

4.3　与设计有关的问题

了解要 DFM 的产品是全新的产品，还是对现有产品的工程更改，比如存在以下生产的问题：

① 质量问题，主要是产品的良率低，存在因为设计不良而造成的缺陷，通过工艺方法很难从根本上解决。

② 生产时间，如手工操作时间、不畅的加工流程。

③ 供应链问题，如元器件存在质量问题、单一供应商、交货周期长等。

第5章　电子组装的方式和工艺流程设计

在电子产品的组装中，工艺流程设计是否合理直接影响组装质量、生产效率和制造成本。在现实中，往往是制造工程师根据设计好的电路板来制定加工工艺流程，如何最佳地选择和定义流程却很难做到，甚至有时还有手工焊带来的质量隐患。其实产品的加工工艺流程在产品设计时就已经由设计工程师定义了，元器件的选择和布局完全决定了用什么工艺来加工。例如，选择 PTH 元器件就可能使用波峰焊工艺，选择双面布局表面贴装元器件就会有两次再流焊。所以，设计者在产品设计时就必须考虑产品如何加工，用什么工艺制造，这就是要先了解基本的组装工艺并考虑加工流程。

5.1　电子组装的基本工艺

1．印制电路板组装的基本工艺流程

典型的电子组装方式有全表面组装、单面混装、双面混装。全表面组装是指 PCB 双面全部都是表面贴装元器件（SMC/SMD）；单面混装是指 PCB 上既有 SMC/SMD，又有通孔插装元器件（THC），THC 在主面，SMC/SMD 可能在主面（上表面），也可能在辅面（下表面）；双面混装是指双面都有 SMC/SMD，THC 在主面，也可能双面都有 THC。

印制电路板组装的基本工艺流程见表 5-1。

2．电子整机组装的工艺流程

印制电路板组装是电子整机组装的一部分，印制电路板组装完成后还要经过检验、机械装配、在线测试、功能测试、总检等流程。典型电子整机组装工艺流程如图 5-1 所示，对于双面印制电路板需要循环焊膏印刷、焊膏印刷检查 SPI、贴装、再流焊、AOI 检验等工序，其中虚线框里面的工艺步骤表示可选择性的工艺流程，应根据实际的产品而定。

表 5-1　印制电路板组装的基本工艺流程

复杂因素	元器件分布	工艺流程	受热冲击次数	元器件分布示意图
工艺简单	单面 SMC/SMD，无 PTH 元器件	焊膏印刷—贴装—再流焊	1	
	单面 SMC/SMD，通孔再流焊的 PTH 元器件	焊膏印刷—贴装—插件—再流焊	1	
	双面 SMC/SMD	焊膏印刷—贴装—再流焊—翻板—焊膏印刷—贴装—再流焊	2	
	双面 SMC/SMD，通孔再流焊 PTH 元器件	焊膏印刷—贴装—再流焊—翻板—焊膏印刷—贴装—插件—再流焊	2	
	单面 SMC/SMD，波峰焊 PTH 元器件	焊膏印刷—贴装—再流焊—PTH—波峰焊	2	
	双面 SMC/SMD，压接连接器	焊膏印刷—贴装—再流焊—翻板—焊膏印刷—贴装—再流焊—压接	2	
	双面 SMC/SMD，仅 PTH 元器件用选择波峰焊	焊膏印刷—贴装—再流焊—翻板—焊膏印刷—贴装—再流焊—翻板—PTH—选择波峰焊	3	
	单面 SMC/SMD，波峰焊 PTH 和背面的点胶 SMT	焊膏印刷—贴装—再流焊—翻板—点胶—贴装—固化—翻板—PTH—波峰焊	3	
	双面 SMC/SMD，选择波峰 PTH 和部分点胶 SMT	焊膏印刷—贴装—再流焊—翻板—焊膏印刷—贴装—再流焊—翻板—PTH—选择波峰焊	3	
工艺复杂	双面 SMC/SMD，选择波峰焊 PTH，压接连接器	焊膏印刷—贴装—再流焊—翻板—焊膏印刷—贴装—再流焊—PTH—选择波峰焊—压接连接器	3	

注：1. 尽量选用简单的工艺。此外，当选择最具成本效益的工艺时应考虑良率。

2. 通孔再流焊接已经被成功应用于 1.6mm(0.063in) 以下的 PCB，对于 1.6mm(0.063in)~2.5mm(0.100in) 的 PCB 有些局限性。成功应用的要素在于通孔再流焊引脚间距和板上其他元器件的种类是否影响焊膏印刷钢网的厚度。

3. 波峰焊接应对无铅工艺是最大的挑战。

4. 有铅和无铅混合组装增加了额外的复杂程度，工艺控制窗口较窄，可能会影响焊点的可靠性。

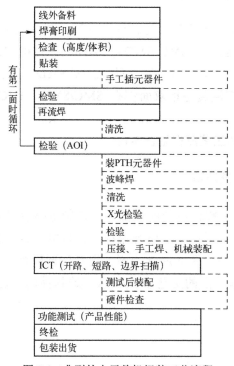

图 5-1　典型的电子整机组装工艺流程

5.2　电子组装的工艺流程设计

在表 5-1 中列举了主要的印制电路板组装的加工流程,是什么决定了组装的工艺流程呢?当然,对于单面全部是 SMC/SMD 或是双面全是 SMC/SMD 的电路板,工艺是很容易的。当电子工程师拿到一个 PCBA,上面有 SMC/SMD、PTH 元器件,是选用先再流焊,再波峰焊,还是有其他更好的工艺呢?一个产品在设计之初就定义工艺流程,所以 DFM 首先就是要先定义和设计工艺流程。

5.2.1　组装工艺的设计准则

电子组装的工艺流程在印制板设计的时候就已经定义了,而往往设计人员缺乏工艺流程的知识,所以设计的产品加工流程复杂,而每增加一道工序都会产生质量的缺陷,工序越多,直通率就越低,造成加工成本高的同时也降低了质量。多工序的直通率举例见表 5-2,传统工艺流程有 4 个主要工序,直通率为 90%,而采用通孔再流焊替代波峰焊,从而减少一道工序,直通率就变成 97%,质量提升很明显。

表 5-2　多工序的直通率举例

流程	印刷焊膏	贴装	再流焊	波峰焊	直通率
采用波峰焊的传统工艺流程	99.99%	99%	98%	93%	90%
采用通孔再流焊工艺流程	99.99%	99%	98%	100%	97%

电子装配过程中需要考虑印制电路板组件(PCBA)加工的生产成本。通常,电子产品设计过程中元器件的选择和布局就决定了其装配的复杂性和加工成本,所以电子产品设计初期就要考虑采用什么组装工艺。下列准则通常有助于组件成本下降、组装质量提升。

① 选择自动化程度最高、劳动强度最小的工艺。

② 选择工艺流程路线最短、工艺材料种类最少的工艺。

③ 避免因 SMC/SMD、PTH 元器件混装而需要手工装配组件。

④ 避免因为布局或元器件选择而采用额外的工艺,例如胶背面的成分、焊锡喷泉高度、独立的附加标签、跨装连接器、封装和保形涂层。

⑤ 在组装生产线具备 SMT 再流焊和波峰焊两种设备的条件下,尽量采用再流焊,因为再流焊比波峰焊具有以下优越性。

● 元器件受到的热冲击小。

● 能控制焊料量,焊接缺陷少,焊接质量好,可靠性高。

● SMT 再流焊组件比波峰焊元器件有更好的产量,适合自动化生产,生产效率高。

● 焊料中一般不会混入杂质,能正确地保证焊料的组分。

● 有自校准效应(Self-alignment):当元器件贴装后偏移在 25%内,再流焊过程中在表面张力和润湿力的相互作用下对中焊盘的特征。BGA 器件和片式元器件的自校准效应如图 5-2 所示。

● 可在同一基板上,采用不同焊接工艺进行焊接。

● 工艺简单，维修 PCB 工作量极小，从而节省了人力、电力、材料。

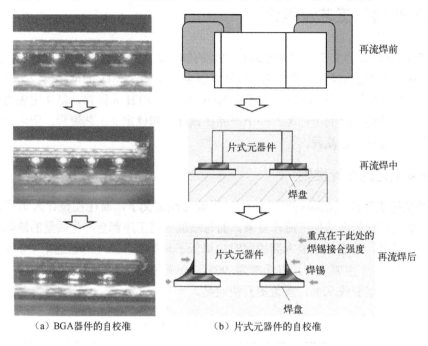

再流焊前

片式元器件

再流焊中

焊盘

重点在于此处的
焊锡接合强度

片式元器件

再流焊后

焊锡

焊盘

（a）BGA 器件的自校准　　　　　　（b）片式元器件的自校准

图 5-2　BGA 器件和片式元器件的自校准效应

⑥ 混装情况下尽量选择插件、贴装在同一面，其次选择贴装在两面，插件在一面。

⑦ 尽量不要使用双面混装，避免手工焊接元器件。

⑧ 元器件的布局、方向和间距非常重要，要遵守可制造性设计。

5.2.2　PTH 元器件组装的工艺设计因素

虽然目前表面组装技术已经成为电子组装技术的主流，但是由于以下原因，PTH 元器件在电子组装中仍占有一席之地。

① 一些连接器、传感器、变压器和屏蔽罩等 PTH 元器件的使用仍是难以避免的。

② 由于成本的原因，不少企业在元器件的选择上仍会考虑 PTH 元器件。

③ 在某些可靠性要求非常高的行业，例如国防军工、汽车电子和高端通信传输，为了追求焊点的极限条件下的可靠性，PTH 元器件仍是最佳选择。

由于上述原因，在表面组装和通孔焊接技术的选择上出现两个方向。一是 PCB 上所需焊接的 PTH 元器件越来越少；二是 PTH 元器件的焊接难度越来越大（大容量的电路板和细间距的元器件），可靠性的要求越来越高。在无铅的焊接工艺中这样的方向更为明确。

在可预见的将来，PTH 元器件在电路板的设计选择中不会消失，PTH 元器件会长久存在。随着电路板设计的复杂性增加，PTH 元器件将存于混装电路板的设计中。在考虑生产技术与工艺时，必须充分估计混装电路板给 PTH 元器件带来的难度。

电子产品设计时采用 PTH 元器件会使得组装工艺变得复杂。PTH 元器件组装时可以采用波峰焊、选择性波峰焊、通孔再流焊、压接、手工焊等。设计为哪一种工艺主要由 PCB 厚度、PTH 元器件引脚的间距、引脚对应的 PCB 孔的直径这三个主要因素决定。同时，影响因素还有 PTH 元器件引脚长度、引脚尺寸和形状、元器件热容性、有无托高（Standoffs）、引脚表面和 PCB 表面镀层，而这些基本都是在设计阶段就定义了，所以说设计决定了工艺。下面就关键的影响因素进行说明。

1．PCB 厚度

对于厚度小于或等于 1.6mm（0.063in）的 PCB，采用波峰焊和通孔再流焊都是可以的。

对于厚度在 1.6mm（0.063in）到 2.5mm（0.100in）的 PCB 也可以采用通孔再流焊，另外还要考虑的关键因素是元器件引脚间距、其他表面贴装元器件对于焊膏印刷钢网的厚度限制。

如果 PCB 的厚度大于 2.36mm（0.093in），不太推荐使用通孔再流焊，因为焊点很难贯穿通孔，即使采用波峰焊工艺也比较难达到足够的孔填充。

对于厚度较大的 PCB，就要考虑压接工艺，特别是一些多引脚的连接器。

2．PTH 元器件引脚的间距

PTH 元器件引脚的间距指的是引脚的中心距，推荐值如下：

波峰焊 PTH 元器件引脚最小间距为 1.78mm（0.070in），通孔再流焊 PTH 元器件引脚最小间距为 2.54mm（0.100in），SMT 最小间距为 0.5～0.635mm（0.020～0.025in）。

3．PCB 孔的直径

PTH 元器件采用波峰焊和通孔再流焊的工艺不同，所对应的 PCB 孔的大小尺寸也不一样。具体的设计尺寸在孔的设计中会详细讲解。

4．表面器件镀层

压接工艺时元器件引脚的镀层必须和 PCB 镀层兼容，OSP 不建议用于压接。

5．PTH 元器件引脚长度、形状、大小

PTH 元器件再流焊时，引脚截面形状推荐为圆形和方形，不建议使用平头、矩形、十字形，如图 5-3（a）所示。通孔再流焊工艺仅适用于有限的孔的大小，需要正确的相对大小的引脚。

用于通孔再流焊，引脚顶部应锥形以防止焊膏被推到孔的底部，如图 5-3（b）所示。

PTH 元器件焊接的关键是装配正确的引脚长度超出电路板厚度，特别是波峰焊。

（a）PTH元器件引脚的截面形状　　（b）PTH元器件引脚的顶部形状要求

图 5-3　PTH 元器件引脚形状

5.2.3　对于新的特殊工艺需要验证

在进行 DFM 过程中，检查产品组装是否使用一些特殊的工艺，或者是本公司之前没有使用到的工艺。这些工艺因为特殊或者从来没有使用经验，可能需要验证，还要考虑是否增加新的设备或者操作时间，判断是否存在产品转移或量产的局限。对于每个新产品，要确认是否有其他特殊的工艺要求，如激光焊接、灌封、喷涂三防漆，底部填充等。对于每个型号，都要检查是否用到特殊的工艺辅料，如用于固定散热器的材料，低温的附件和返修需使用特殊的焊锡丝，手工操作需要新的设备和工具，组装和返修孔在焊盘内的元器件等。

5.3　挠性电路板组装工艺

5.3.1　FPC 的特点和应用

柔性电路板（Flexible Printed Circuit，FPC），又称软性电路板、挠性电路板，简称软板、FPC。柔性电路板通常是以聚酰亚胺或聚酯薄膜为基材制成的一种高可靠性、可挠性的印制电路板。

1．FPC 的特点

与硬板相比，FPC 具有配线密度高、质量小、厚度薄的特点。
（1）FPC 的优点
① 成本低一些；
② 超薄性，缩减体积和减小质量；
③ 机械和电性能保持一致性；
④ 具备可挠性、能移动、弯曲、扭转而不损坏导线。
（2）FPC 的缺点
① 产品返工比较困难；
② 不具备 PCB 的表面硬度；
③ 不具备 PCB 尺寸的稳定性。

2．应用场合

FPC 主要应用在空间小、需弯曲的地方，以及与硬板间的连接处，如掌上电脑、数码产品、照相机、摄影机、CD-ROM、DVD、触摸屏、硬驱、笔记本电脑、电话、手机、打印机、传真机、电视机、医疗设备、汽车电子、LED 灯条、航空航天及军工产品等场合。

5.3.2　FPC 的表面组装工艺设计

FPC 表面组装的工艺要求与传统硬板 PCB 的表面组装工艺解决方案有很多共同之处，要想做好 FPC 的表面组装工艺，最重要的就是 FPC 预烘烤和治具的定位。因为 FPC 的硬度不够，较柔软，如果不使用专用载板，就无法完成固定和传输，也就无法完成印刷、贴装、过炉等基本 SMT 工序。FPC 的表面组装工艺如图 5-4 所示。

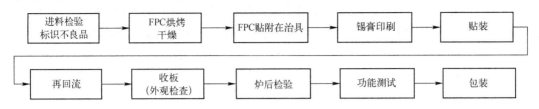

图 5-4　FPC 的表面组装工艺

1. FPC 的预处理

FPC 较柔软，需要加防护后真空包装。如果不是真空包装，在运输和存储过程中易吸收空气中的水分，需在 SMT 生产前作预烘烤处理，将水分缓慢强行排出。否则，在再流焊的高温冲击下，FPC 吸收的水分快速汽化变成水蒸气，易造成 FPC 分层、起泡等不良。

预烘烤条件一般温度为 80～100℃，时间为 4～8h，特殊情况下，可以将温度调高至 125℃以上，但需相应缩短烘烤时间。烘烤前，一定要先作小样试验，以确定 FPC 是否可以承受设定的烘烤温度，也可以向 FPC 制造商咨询合适的烘烤条件。烘烤时，FPC 堆叠不能太多，10～20 片比较合适。有些 FPC 制造商会在每片之间放一张纸片进行隔离，需确认这张隔离用的纸片是否能承受设定的烘烤温度，如果不耐温，需将隔离纸片抽掉以后，再进行烘烤。烘烤后的 FPC 应没有明显的变色、变形、起翘等不良，须由 IQC 抽检合格后才能投线。

2. FPC 载板的设计制作

根据电路板的 CAD 文件，读取 FPC 的定位孔数据，来制造高精度 FPC 定位模板和专用载板，使定位模板上定位销的直径和载板上定位孔、FPC 上定位孔的孔径相匹配。很多 FPC 因为要保护部分线路或是设计上的原因并不是同一个厚度的，有的地方厚而有的地方薄，有的还有加强金属板，所以支撑载板和 FPC 的结合处需要按实际情况进行打磨挖槽，保证印刷和贴装时 FPC 是平整的。FPC 的载板材质要求轻薄、高强度、吸热少、散热快，且经过多次热冲击后翘曲变形小。

常用的载板材料有合成石、铝、硅胶、特种耐高温磁化钢等。FPC 载板如图 5-5 所示。使用硅胶载板或磁性载板时，FPC 的固定要方便很多，不需要使用胶带，而印刷、贴装、焊接等工序的工艺要点是一样的。

（a）工程塑料/合成石载板　　　（b）铝质载板　　　　（c）硅胶载板　　　　（d）磁性载板

图 5-5　FPC 载板

（1）普通载板

普通载板设计方便，打样快捷。常用的普通载板材料为工程塑料（合成石）、铝板等，工程塑料载板寿命有 3000～7000 次，具有操作性方便、稳定性较好、不易吸热、不烫手的优点，价格是铝板的 5 倍以上。铝质载板吸热散热快，内外无温差，变形可简单修复，价格便宜，寿命长；主要缺点是烫手，要使用隔热手套取送。

（2）硅胶载板

硅胶载板具有自黏性，FPC 直接粘在上面，不用胶带，而且取下也较容易，没有残胶，又耐高温。硅胶载板在使用过程中，采用化学过程，硅胶材料在使用过程中会老化黏性下降，使用期间未清洁时黏性也会下降，寿命较短，最多 1000～2000 次，价格也比较高。

（3）磁性载板

磁性载板采用的是特种耐高温（350℃）钢片，经过了加强磁化性能处理，保证再流焊过程中"永磁"，弹性好，平整度好，高温不变形。因为加强磁化性能处理的钢片已经把 FPC 表面压紧压平，FPC 在再流焊时就可避免被热风吹起而导致焊接不良，保证焊接质量稳定，提高成品率。只要不是人为破坏和事故破坏，磁性载板可以永久使用，寿命长。磁性载板同时对 FPC 进行隔热保护，取载板时不会对 FPC 产生任何破坏。但磁性载板设计复杂，单价高，大批量生产时才具成本优势。

5.3.3　FPC 组装的流程

1. FPC 的固定

在进行 SMT 之前，首先需要将 FPC 精确固定在载板上。特别需要注意的是，从 FPC 固定在载板上以后，到进行印刷、贴装和焊接之间的存放时间越短越好。

载板有带定位销和不带定位销两种。不带定位销的载板，需与带定位销的定位模板配套使用。先将载板套在模板的定位销上，使定位销通过载板上的定位孔露出来，将 FPC 一片一片套在露出的定位销上，再用胶带固定，然后让载板与 FPC 定位模板分离，进行印刷、贴装和焊接。带定位销的载板上已经固定有长约 1.5mm 的弹簧定位销若干个，可以将 FPC 一片一片直接套在载板的弹簧定位销上，再用胶带固定。在印刷工序，弹簧定位销可以完全被钢网压入载板内，不会影响印刷效果。

方法一（单面胶带固定）：用薄型耐高温单面胶带将 FPC 四边固定在载板上，不让 FPC 有偏移和起翘，胶带黏度应适中，再流焊后必须易剥离，且在 FPC 上无残留胶剂。如果使用自动胶带机，能快速切好长短一致的胶带，可以显著提高效率，节约成本，避免浪费。

方法二（双面胶带固定）：先用耐高温双面胶带贴在载板上，效果与硅胶板一样，再将 FPC 粘到载板，要特别注意胶带黏度不能太高，否则再流焊后剥离时，很容易造成 FPC 撕裂。在反复多次过炉以后，双面胶带的黏度会逐步变低，黏度低到无法可靠固定 FPC 时必须立即更换。

固定 FPC 的工位是防止 FPC 脏污的重点工位，需要戴手指套作业。载板重复使用前，需作适当清理，可以用无纺布蘸清洗剂擦洗，也可以使用防静电粘尘滚筒，以除去表面灰尘、锡珠等异物。取放 FPC 时切忌太用力，FPC 较脆弱，容易产生折痕和断裂。

采用磁性载板固定 FPC 的方法共分为 4 个步骤，如图 5-6 所示。

（a）第1步：确认定位底座

（b）第2步：放基板治具，基板
治具和底座上的机型名需方向一致

（c）第3步：放基板在治具上
（基板定位孔需卡在治具定位柱上）

（d）第4步：盖磁性固定片

图 5-6　采用磁性载板固定 FPC 的方法

2．FPC 的焊膏印刷

FPC 对焊膏的成分没有很特别的要求。因为载板上装载 FPC，FPC 上有定位用的耐高温胶带，使其平面不一致，所以 FPC 的印刷面不可能像 PCB 那样平整和厚度硬度一致，所以不宜采用金属刮刀，而应采用硬度在 80～90 的聚氨酯型刮刀。印刷工位也是防止 FPC 脏污的重点工位，需要戴手指套作业，同时要保持工位的清洁，勤擦钢网，防止焊膏污染 FPC 的金手指和镀金按键。

3．FPC 的再流焊

应采用强制性热风对流红外再流焊炉，这样 FPC 上的温度能较均匀地变化，减少焊接不良。如果是使用单面胶带的，因为只能固定 FPC 的四边，FPC 中间区域因在热风状态下变形，焊盘容易形成倾斜，熔锡（高温下的液态锡）会流动而产生空焊、连焊、锡珠，不良率较高。

4．检验和分板

由于载板在炉中吸热，特别是铝质载板，出炉时温度较高，所以最好是在出炉口增加强制冷却风扇，帮助快速降温。同时，作业员需戴隔热手套，以免被高温载板烫伤。从载板上拿取完成焊接的 FPC 时，用力要均匀，不能使用蛮力，以免 FPC 被撕裂或产生折痕。

取下的 FPC 放在 5 倍以上放大镜下目视检验，重点检查表面残胶、变色、金手指沾锡、锡珠、IC 引脚空焊、连焊等问题。由于 FPC 表面不可能很平整，使 AOI 的误判率很高，所以 FPC 一般不适合作 AOI 检查，但通过借助专用的测试治具，FPC 可以完成 ICT、FCT 的测试。FPC 的分板和测试治具实例如图 5-7 所示。

（a）FPC冲压分板模　　　　　　　　　（b）FPC功能测试治具

图 5-7　FPC 的分板和测试治具

由于 FPC 以拼板（Panel）居多，可能在作 ICT、FCT 的测试以前，需要先做分板。虽然使用刀片、剪刀等工具也可以完成分板作业，但是作业效率和作业质量低下，报废率高。如果是异形 FPC 的大批量生产，建议制作专门的 FPC 冲裁分板模具，进行冲压分割，可以大幅提高作业效率，同时冲裁出的 FPC 边缘整齐美观，冲压切板时产生的内应力很低，可以有效避免焊点锡裂。

5.3.4　FPC 和硬板的连接

FPC 和硬板（即普通 PCB）之间的连接有多种方式，如图 5-8 所示。热压熔锡焊（Hot Bar）是脉冲加热再流焊的俗称，此工艺就是将两个预先上好助焊剂、镀锡的零件加热到足以熔化的温度，冷却固化后形成永久电气连接。

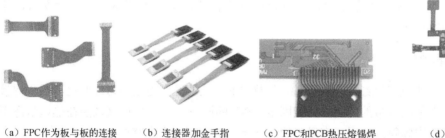

（a）FPC作为板与板的连接　　（b）连接器加金手指　　（c）FPC和PCB热压熔锡焊　　（d）FPC和硬板结合

图 5-8　FPC 和硬板之间的连接

第6章　元器件的可制造性选择

在电子组装可制造性考虑上，元器件的选择始于对封装的了解。元器件的封装种类繁多，也各有各的长处。作为制造和设计人员，对这些封装技术应该有一定的认识，才有能力在可选择的范围内做出最优化（即适合高质量高效率的生产）和最适当的选择。要很好地做出选择，设计人员应该要有对 DFM 知识的基础认识。本章主要讲述基于可制造性考虑的元器件选择要求。

6.1　元器件可制造性选择的要求

6.1.1　元器件选择的基本原则

①　元器件选择应符合特定客户要求、设计要求、合适的电性能、可靠性和使用要求，并符合企业内组装测试设备能力状况；元器件应有价格优势并无供应问题。

②　尺寸、形状标准化，并具有良好的尺寸精度和互换性。

③　在选择元器件时，尽量考虑加工工艺，使得工艺简单，加工成本降低。

- 应优先选择可自动装配的元器件 SMT 元器件优先于 PTH 元器件。应尽可能地使用 SMT 元器件，元器件的中心上表面应为一个平坦面，易于贴装机的真空吸嘴吸取，尽量避免选择异形元器件；手工插装元器件的成本大于自动插装元器件，减少通孔插装元器件和手工插装元器件的使用。
- 尽量避免 SMT/PTH 混装，特别是尽量避免在 PCB 两面均安装 PTH 元器件，使得有些 PTH 元器件只能手工装配，使得成本增加而质量降低。如果 PTH 元器件必须安装在 PCB 双面，则应使其物理上尽量靠近以便一次完成防焊胶带的遮蔽与剥离操作。
- 避免使用需要独特工艺的布局或组件，例如胶背面的成分、焊锡喷泉高度、独立的附加标签、跨装连接器、封装和保形涂层。
- 尽量使元器件均匀地布局在 PCB 上，以降低翘曲并有助于焊接时热量分布均匀。

④　SMT 元器件要具有一定的机械强度，能承受贴装机的贴装应力和基板的折弯应力。

⑤　避免在同一产品中选用有铅和无铅混用的元器件，这样焊接的可靠性很难保证。对于无铅元器件的标识和标签参照 IPC/JEDEC JESD97《识别无铅组件、元件和器件的记号、符号和标识》标准。

⑥　需要焊接的元器件焊接端和导线的可焊性（熔融焊料对镀层的润湿程度）应符合 IPC/EIA J-STD-002《元器件引线、焊端、焊片、端子及导线的可焊性试验》标准或等效文件的可焊性要求，印制板应当满足 J-STD-003《印制电路板可焊性测试》标准或等效文件的可焊性要求。在焊接前或焊接后，当按文档化的组装工艺进行可焊性检查操作时，这些操作可替代可焊性测试。

⑦ 元器件应能够承受的再流焊和波峰焊温度参照 IPC/JEDEC-J-STD-020《非气密表面贴装器件潮湿/再流焊敏感度分级》标准的要求，可以循环 2～3 次，对焊接参数如最大温升速率、冷却速率、高温停留时间、最大元器件本体温度、波峰焊的板面温度等应有明确的规范约束，以保持焊接缺陷良好的可重复性。所有元器件能承受工艺温度。

⑧ 应有完整的 MSD（Moisture Sensitive Device，湿度敏感元器件、湿敏元器件）规范。湿敏等级（Moisture Sensitivity Level，MSL）清楚地标识在元器件标签上。操作、包装、运输和使用参照 IPC/ JEDEC JSTD-033《潮湿、再流和工艺敏感器件的操作、包装、运输及使用》标准的要求。

⑨ 满足静电放电的要求。

如果有任何包含 ESD 敏感元器件或部件的组件，制造商应当按照 ANSI/ESD S20.20、IEC 61340-5-1、MIL-STD-1686 标准或用户与供应商之间的协议，执行 ESD 控制程序。应当保留必要的有效程序文件，以备审核。

⑩ 应符合企业默认的元器件封装/尺寸，如果可能尽量少使用小于 0402 的片式元器件、大于 1812 的片式元器件、MELF 元器件及其他需要特殊处理的元器件。例如，异形元器件的安装需要借助于手工操作或专门设备，可组装性、可测试性（包括目视检查）差。

⑪ 异形元器件如连接器、开关等应采用阻燃设计，避免热变形和热开裂。

⑫ 如果产品需进行清洗，元器件应能承受水清洗工艺。

⑬ 轴向元器件和跳线的引脚间距的种类应尽量少，以减少元器件的成型和安装工具。

⑭ 锰铜丝等作为测量用的跳线的焊盘要做成非金属化。若是金属化焊盘，那么焊接后，焊盘内的那段电阻将被短路，电阻的有效长度将变小而且不一致，从而导致测试结果不准确。

⑮ 除非实验验证没有问题，否则不能选用和 PCB 热膨胀系数差别太大的无引脚SMT，这容易引起焊盘拉脱现象。

⑯ 除非实验验证没有问题，否则不能选用非 SMT 作为 SMT 使用。因为这样可能需要手工焊接，效率和可靠性都会很低。

⑰ 多层 PCB 侧面局部镀铜作为用于焊接的引脚时，必须保证每层均有铜箔相连，以增加镀铜的附着强度，同时要通过实验验证没有问题，否则双面板不能采用侧面镀铜作为焊接引脚。

⑱ 元器件种类应最少化，以提高集成度、简化工艺和物料管理。

每一种类的物料都要有相应的供应商、相应的采购人员和储存空间，以及一定的交货周期。元器件的种类尽量少可缩短更换料的时间，缩短加工时间，降低加工成本，降低物料运输成本和管控的成本。

⑲ 元器件数量最少化。

元器件总的数量多少同样影响电路板组装成本。尽量减小元器件数量可以缩短组装时间，PCBA 上元器件少，那么出错率就会低，产品的质量就相应高些，返修就少。

可采用下面的方法，尽量减少板上使用元器件的种类和数量。

● 用排电阻代替单个电阻，用一个六针连接器取代两个三针连接器。

● 如果两个元器件的值很相似，但公差不同，则两个位置均使用公差较低的那一个。

- 如果可能，应使用晶体管或电容器组而不是单个晶体管或电容器。
- 如果可能，探讨 ASIC/FPGA 代替大的胶合逻辑（Glue Logic）和小的可编程器件。
- 使用相同的螺钉固定 PCB 上各类散热器、子 PCB 等。

6.1.2　新型封装元器件需要验证

在设计之初，要看选用的元器件是不是新型封装的或者在本企业有没有使用过的。例如，一些新型的封装 CSP、BGA、QFN、MCM 等，是不是需要全新的引线整型。如果对本企业来说是全新的元器件，需要在使用前做相应的验证，需要考虑的因素如下。

① 工具：如印刷钢板的设计，贴装机使用吸嘴还是吸抓，再流焊要求等。

② 工艺控制：如印刷参数、波峰焊参数、压接力的设置、焊接温度曲线、返修要求等。

③ 组装可靠性：在元器件和印制电路板间机械互连的整体性，如焊点、压接连接等。

在实际板上验证的样品数根据工艺要求而定，元器件验证数量的举例如图 6-1 所示。

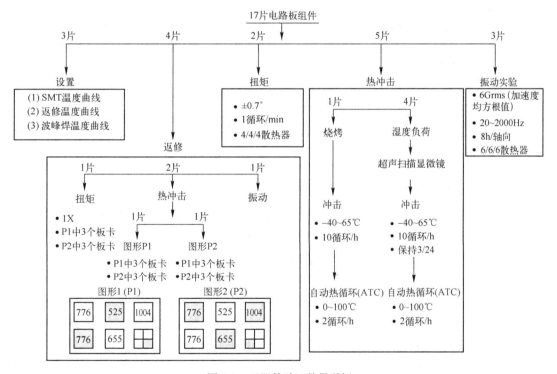

图 6-1　元器件验证数量举例

当元器件需要验证时，元器件供应商需要根据以下标准提供测试报告。

① 可焊性测试，参照 IPC/EIA J-STD-002 标准。

② 焊点的可靠性测试，参照 IPC-9701《表面贴装锡焊件性能试验方法与鉴定要求》。

③ 机械冲击和振动，参照 AEC-Q100《汽车集成电路（IC）的重要应力测试标准》、MIL-STD 833《微电子器件试验方法与程序》。

④ 高温保存，参照 JESD22-A103《高温储存寿命》标准。

⑤ 无铅元器件还需对锡须生长进行模拟测试，要对纯锡电镀层和纯度大于 95% 的锡镀

层进行测试。不用考虑电镀表面的锡球。锡须测试应该按照 NEMI 的锡须测试接受标准要求执行。

⑥ 湿敏元器件等级确定，参照 IPC/JEDEC J-STD-020 标准。

⑦ 最大封装尺寸耐再流焊温度见表 6-4（或参照 IPC/JEDEC J-STD-020 标准的表 4-1）。

⑧ 同时验证元器件还要考虑和组装工艺中辅料的匹配兼容性，如采用免清洗焊膏、水洗焊膏、波峰焊助焊剂等。

6.1.3　元器件的编号和 BOM 要一致

1．供应商料号

为了方便研发、生产、物流管理，每个元器件都有相对应的料号。在采用无铅工艺时，RoHS 符合或豁免必须清晰可辨，这种标识必须容易和有铅物料区分。要优先考虑行业标准的标识方法，现有的术语和标记的标准是 IPC/JEDEC JESD97《识别无铅组件、元件和器件的记号、符号和标识》。

新的可以采购的供应商编号需要是无铅和 RoHS。RoHS 豁免元器件也须遵守以下内容。

① 没有向后兼容元器件，也就是说，元器件已经是 RoHS 但还在采用传统的有铅工艺，特别是一些军工航天产品，这种变化需要修改传统的锡铅合金制造工艺参数。了解这个流程对于选择元器件以适应组装非常关键。随着无铅化的推进，现在反而有铅的物料难以采购，在设计过程选择无铅的元器件就要评估可制造性。

② 没有追溯性，指在元器件本体上没有制造日期追溯，或者是小元器件的最小包装标签上没有标识。

2．物料清单（BOM）

在产品设计之后要创建相应的物料清单（Bill of Material，BOM）。BOM 详细记录一个项目所用到的所有下层材料及相关属性，包含料号、单位用量、元器件描述、单位、标准值和包装形式，可以分为几个级别用以描述产品零件、半成品和成品之间的从属关系。BOM 也被称为材料表或配方料表。

BOM 是计算机可以识别的产品结构数据文件，也是企业资源计划（Enterprise Resource Planning，ERP）的主导文件。ERP 系统要正确地计算出物料需求数量和时间，必须有一个准确而完整的产品结构表，来反映生产产品与其组件的数量和从属关系。BOM 使系统能够识别产品结构，也是联系与沟通企业各项业务的纽带。ERP 系统中的 BOM 的种类主要包括 5 类：缩排式 BOM、汇总的 BOM、反查用 BOM、成本 BOM、计划 BOM。BOM 用作采购依据，用于财务核算产品成本、贴装机程序编辑、计划创建工单、生产领料、组装等。在所有数据中，BOM 的影响面最大，对它的准确性要求也相当高。在完成设计之后一定要检验 BOM 的准确性，去除非产品的部件。通常在一种产品设计好之后，在实际的生产中会发现以下几种元器件会被错误地加了在了 BOM 中。

① 有些只用于研发测试的接插件的针（Header Pin）加在了 BOM 里面，如示波器的探针。

② 插座（Socket）加入了 BOM，例如在测试中用于频繁烧录程序的插座。

③ 诊断连接器，例如逻辑分析连接器。

④ 电路板之间连接测试的小的接插件、连接器。

另外在 BOM 中还经常发现位号、物料编号不正确，电路板上有而在 BOM 中遗漏的元器件，元器件数量不对等。

6.1.4　尽量避免选择不推荐使用的元器件

如果可能，尽量避免选用以下不推荐使用的元器件：

① 间距小于 0.4mm（0.016in）SMT 元器件阵列或公称直径小于 0.25mm（0.010in）球栅阵列器件。

② 间距小于 0.4mm（0.016in）的周围带引脚 SMT 元器件。

③ 共面性大于 0.10mm（0.004in）的 SMT 引脚元器件。

④ 小于英制 0201 片式元器件的封装。

⑤ 采用 MELF 元器件会使得产品良率较低。

⑥ 元器件没有极性和厂家标识。

⑦ 元器件不能自动贴装，或者需要特殊的工具用于贴装或插装。

⑧ 元器件需要特殊工艺预加工，如引脚切角和整型。

⑨ 插座用于批量生产，除非有要求，比如版本升级。

⑩ 插座不允许手持测试探针触碰引脚。

⑪ 尺寸高的 SMT 元器件往往会影响 PCB 在传送带的正常传输，这在大批量生产过程中尤为重要。

6.1.5　满足 RoHS 和 WEEE 的要求

1. 满足 RoHS 的要求

RoHS 是《关于在电子电气设备中限制使用某些有害物质指令》（Restriction of the use of certain hazardous substances in electrical and electronic equipment）的英文缩写。

RoHS 1.0 指令是在 2003 年发布的 2002/95/EC 指令，要求自 2006 年 7 月 1 日起，投放欧盟市场的电子产品不能含有 Pb、Hg、Cd、六价 Cr、多溴联苯（PBB）、多溴二苯醚（PBDE）等有害物质。

RoHS 2.0 是 RoHS 1.0 的升级版本，是 2011 年 7 月发布的 2011/65/EU 指令，2013 年 1 月 3 日实施。2015 年 6 月 4 日，欧盟对 2011/65/EU 指令进行修订，发布了 2015/863/EU 指令，将四种邻苯二甲酸盐（DEHP、BBP、DBP 和 DIBP）正式列入到限用物质清单中，限值均小于或等于 0.1%，2019 年 7 月 23 日实施。

RoHS 兼容：应用于元器件和组装。这是一个法令术语，表明所有材料（PCB、元器件、化学品等）满足 RoHS 指令中列出的所有的成分要求。

（1）RoHS 指令要点

在电子产品的制造中，不可机械分离的均匀材料中，10 种物质的含量不能超过表 6-1 中的标准。

表 6-1　RoHS 2.0 要求的 10 种物质含量标准

化学物质	质量分数限值	浓度限值
铅（Pb）	0.10%	$1000×10^{-6}$
汞（Hg）	0.10%	$1000×10^{-6}$
镉（Cd）	0.01%	$100×10^{-6}$
六价铬（Cr^{6+}）	0.10%	$1000×10^{-6}$
多溴联苯（PBB）	0.10%	$1000×10^{-6}$
多溴二苯醚（PBDE）	0.10%	$1000×10^{-6}$
邻苯二甲酸二（2－乙基己基）酯（DEHP）	0.10%	$1000×10^{-6}$
邻苯二甲酸丁苄酯（BBP）	0.10%	$1000×10^{-6}$
邻苯二甲酸二丁酯（DBP）	0.10%	$1000×10^{-6}$
邻苯二甲酸二异丁酯（DIBP）	0.10%	$1000×10^{-6}$

　　所要使用的元器件和 PCB 除了满足上述的成分含量要求外，还必须考虑无铅焊接的良率。影响良率的原因有元器件表层的镀层、无铅焊接的高温造成的弯曲、焊接的温度承受、无铅焊接后的可靠性等。了解客户产品的 RoHS 要求，客户必须确认 BOM 和 PCB 符合工艺要求。

　　（2）RoHS 对产品的分类

　　RoHS 针对所有生产过程中以及原材料中可能含有上述 10 种有害物质的电气电子产品进行了分类。

　　① 大型家用电器：冰箱、洗衣机、微波炉、空调和热水器等。

　　② 小型家用电器：吸尘器、电熨斗、电吹风、烤箱、钟表、DVD、CD 和电视机等。

　　③ 信息技术和远程通信设备：计算机、传真机、电话机、手机等。

　　④ 消费类设备：收音机、电视机、录像机、乐器等。

　　⑤ 照明器具：除家庭用照明外的荧光灯等，照明控制装置。

　　⑥ 电气和电子工具：电钻、车床、焊接、喷雾器等。

　　⑦ 玩具、休闲和运动设备。

　　⑧ 医疗设备。

　　⑨ 监测和控制设备包括工业用监测和控制设备。

　　⑩ 自动售货机。

　　⑪ 其他任何不在上述类别范围内的电子电气产品。

　　（3）RoHS 2.0 对特殊产品类别的要求

　　考虑到企业满足新的有害物质要求需要一定时间，所以 2015/863/EU 中规定了 DEHP、BBP、DBP、DIBP 过渡期。自 2019 年 7 月 22 日起电子电气设备须满足新要求（1~7 类，10、11 类）。自 2021 年 7 月 22 日起医疗设备和监控设备（8、9 类）须满足新要求。但此限制不适用于以下情况：

　　① 2019 年 7 月 22 日前投放市场的电缆和供维修、再使用、更新功能或升级容量用的配件。

　　② 2021 年 7 月 22 日前投放市场的医疗器械，如外部诊断医疗设备，包括工业监测和控制设备在内的监测和控制设备。

③ 关于 DEHP、BBP 和 DBP 的限制不适用于已符合 REACH 附件XVII第 51 条关于 DEHP、BBP 和 DBP 限制的玩具。

（4）成分的要求

无铅（Lead Free）：定义为不使用锡铅（Sn-Pb）合金焊料的制造工艺。这种更换的合金是锡银铜（SAC），要求元器件耐温在 260℃。通常，相应材料（PCB、元器件、化学品等）中不含铅。

行业的发展趋势是要求产品越来越绿色环保，参照 EIA（电子工业协会）JIG-101《联合产业指南电子产品材料成分表》中所列出有意添加和非有意添加材料的成分。必要的时候要求供应商提供相应的附加成分报告。例如，SMT 元器件中含有 JIG 所列成分潜在的位置如图 6-2 所示。

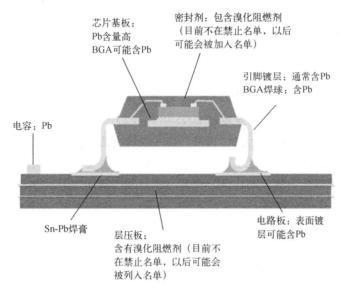

图 6-2　SMT 元器件中含有 JIG 所列成分的潜在位置

元器件各组成材料中铅（Pb）的质量分数均小于或等于 0.1%，包括：
① 封装体内部连接点和连接引线；
② 封装体；
③ 引脚；
④ 引脚镀层。

2. RoHS 豁免

RoHS 豁免：RoHS 指令限制在电器和电子产品及其组件中使用某些有害物质，但是目前禁止使用的某些有害物质在技术上或科学上不可行，则这些应用可免于 RoHS 指令限制。

豁免产品的清单是可以修改的，但被豁免的产品新方案的通过，必须由欧盟技术咨询议会集中各国意见。另一方面，只要对提出豁免的产品有足够的理由，并提出申请，经过欧盟议会的讨论审批后，都有可能得到豁免而进入新的清单。

RoHS 违禁物质豁免的 3 个条件：

① 在技术和科学上，通过改变设计方案，无法把这些有害物质去掉或者用其他物质取代；

② 替代品会给环境、健康或者用户的安全带来的不良影响，已经超过了去掉有害物质所带来的好处；

③ 在目前的工业或是商业的产品销售范围中，可行的替代品并不存在。

举例：铅含量超过 85% 的高 Pb 焊料获得豁免？这是由于铅含量超过 85% 的焊料熔点高，特别是 5Sn-95Pb 成分焊料熔点在 300～314℃。获得豁免的理由是：①焊料的熔点高达 300℃，这一高熔点的特性特别适合于元器件封装，因为在后续的无铅再流焊和波峰焊中温度一般在 270℃以下，不会使封装的焊点熔化；②研究结果表明在无铅焊料领域还找不到合适的替代品，因此只好豁免。

在 2015/863/EU 指令发布后，一直都在更新 RoHS 附件的豁免清单，可登录欧盟 RoHS 动态查询网址和 RoHS 豁免及后续新增物质评估动态查询网址查询。

3. 满足 WEEE 的要求

2003 年 2 月 13 日，欧盟公布 2002/96/EC 号指令《报废电子电气设备》（*Waste Electrical & Electronic Equipment*，*WEEE*），规定从 2005 年 8 月 13 日起，欧盟市场上流通的电子电气设备的生产商必须在法律上承担起支付保费产品回收费用的责任，同时欧盟各成员国有义务制定自己的电子产品回收计划，建立相关配套回收的设施，使电子电气产品的最终用户能够方便并且免费地处理报废设备。2012 年 8 月 13 日发布新的 2012/19/EU 指令替代旧的指令，2018 年 8 月 15 日开始实施。

（1）WEEE 指令要点

① 对电子废弃物要分类回收；

② 要按照标准来处置废弃物；

③ 设定回收率指标，对 IT 及通信类产品（3 类）和家用消费电子产品（4 类），到 2006 年底，产品回收率（Recovery Rate）要达到产品质量的 75%，材料再循环利用率（Recycle Rate）要达到产品质量的 65%；

④ 电子废物的制造者（生产商或代理商）要承担回收费用；

⑤ 销售商负责废物回收；

⑥ 用户免费退还电子废物。

（2）RoHS 指令和 WEEE 指令的关系

① RoHS 指令是对 6 种已被证明有剧毒物质在电子产品中限制使用的指令，RoHS 2.0 增加为 10 种。

② WEEE 指令是对电子电器废弃物的处理指令，它包含了电子产品中使用的所有材料的范畴。

产品设计和制造时就要符合 RoHS 要求，对废弃的电子电气设备要进行分类和鉴别，大部分的部件经过处理或特别处理，或经过再生循环利用，其不能再回收的物质加一级处理后不能回收物质的质量要求小于产品总质量的 30%～40%。甚至要求 30%～40% 不能回收的物质还要经过最终处理，如降解处理、变成肥料、燃料等有益物质。

6.1.6 元器件焊接耐温的要求

高温对元器件的影响非常大，首先要考虑高温对元器件本身封装的影响。由于传统的表面贴装元器件的封装只要耐 240℃高温就可以满足有铅焊接的要求，而转化成无铅以后焊接温度高达 260℃，必须考虑元器件封装的耐热性。

另外还要考虑高温对元器件内部连接的影响。集成电路内部的连接方法有金丝球焊、超声压焊、倒装焊等，特别是 BGA、CSP 和组合式复合元器件、模块等新型元器件，它们的内部连接用的是与表面贴装相同的焊料，也是使用再流焊工艺。例如，倒装 BGA、CSP 内部封装芯片凸点用的焊膏是 Sn-3.5Ag 焊料，熔点 221℃，如果这样的元器件用于无铅焊接，那么元器件内部的焊点与表面贴装的焊点几乎同时再熔化、凝固，这对于元器件的内部的可靠性是非常有害的。因此，无铅元器件的内部连接材料也要符合无铅焊接的要求。

表 6-2 是参照 IPC/JEDEC J-STD-020《非气密表面贴装器件潮湿/再流焊敏感度分级》标准，总结的印制电路板组装工艺温度要求。

表 6-2 印制电路板组装工艺温度要求

焊接工艺	参数	有铅	无铅
再流焊和 SMT 自动返修	预热温度	最低 100℃，最高 150℃，60～120s	最低 150℃，最高 200℃，60～120s
	峰值温度	≤235℃	≤260℃
	熔融时间	60～150s，183℃以上	60～150s，217℃以上
	爬升斜率	≤3℃/s	≤3℃/s
	降温斜率	≤6℃/s	≤6℃/s
	25℃到峰值温度时间	最大 6min	最大 8min
波峰焊和浸焊	锡炉峰值温度	≤275℃	≤275℃
	PTH 元器件上表面引脚温度	≤275℃	≤275℃
	接触时间（波峰焊）	≤10s	≤10s
	接触时间（浸焊）	≤30s	≤30s
其他	胶固化	≤160℃，3min	
	水洗	≤110℃，5min	

注：1. 这些都是元器件应能承受而不损坏允许的最大值，在生产中的实际温度分布可能会低于这个值。

2. 较低的最高峰值温度是较大体型元器件可接受的（220℃是有铅，245℃或250℃是无铅）。参照 J-STD-020 详细说明。

不同的元器件，其耐温的模式是不一样的，有的是耐冲击不耐高温，有的是耐高温不耐冲击。例如，陶瓷片式电容器、电阻、铁氧体的电感器、玻璃体的二极管属于耐高温不耐冲击的，升温或降温斜率太陡会导致裂纹和开裂；钽电容、铝电解电容，以及厚度大、封装体尺寸大的器件不耐高温。通常元器件的供应商会给出包含三个指标的耐温曲线：元器件的耐热冲击性，即升温斜率（单位℃/s）；元器件能够承受的最高温度；元器件在最高温度时的承受时间。元器件供应商提供的耐温曲线举例如图 6-3 所示。

表 6-3 是元器件供应商提供的焊接过程中热度指标的要求举例。

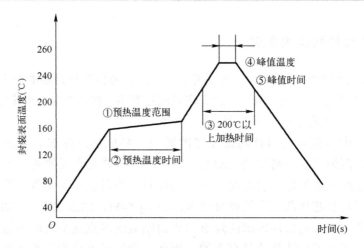

图 6-3　元器件供应商提供的耐温曲线举例

表 6-3　元器件供应商提供的焊接过程中热度指标的要求举例

符号	预热		主加热		
	温度范围（℃）	时间（s）	200℃以上加热时间（s）	峰值温度（℃）	峰值时间（s）
1R50	160～180	60～120	≤60	250	≤10
1R60	160～180	60～120	≤60	260	≤10

参照 J-STD-020 标准，元器件封装耐再流焊峰值温度要求见表 6-4。

有铅焊接时，再流焊为 235℃±5℃，10～15s；波峰焊为 260℃±5℃，5s±0.5s。

无铅焊接时，再流焊为 260℃±5℃，10～15s；波峰焊为 260℃±5℃，10s±0.5s。

表 6-4　元器件封装耐再流焊峰值温度

	封装厚度	封装体积<350mm³	封装体积≥350 mm³	
Sn-Pb 共晶	<2.5mm	235℃	220℃	
	≥2.5mm	220℃	220℃	
	封装厚度	封装体积<350mm³	封装体积为 350～2000mm³	封装体积≥2000mm³
无铅	<1.6mm	260℃	260℃	260℃
	1.6～2.5mm	260℃	250℃	245℃
	≥2.5mm	250℃	245℃	245℃

注：1. 元器件的分类是由制造商定义的，用户参照元器件的湿敏标签上的标称规定判定适用于哪种温度的焊接。

　　2. 除非标签定义，所有的湿敏等级一级的 SMD 封装考虑在 220℃。

　　3. 如果供应商允许，元器件耐焊接温度可以超出表内的温度。

6.1.7　元器件湿敏性的要求

1. 元器件湿敏性

湿敏元器件（Moisture Sensitive Device，MSD）就是对湿度敏感的元器件，空气中的水分会通过渗透进入一般性组件包装材料。元器件吸收了水分，在表面组装技术的焊接过程中，MSD 会接触到超过 200℃的高温，高温焊接时，组件中的水分迅速膨胀，体积增大进而把元器件本体挤开，破坏元器件的性能，会使 MSD 内部断裂和分层。因为损坏严重的外形与爆米花相似，故也叫"爆米花现象"，如图 6-4 所示。

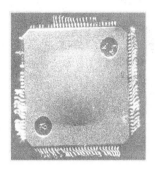

图 6-4　元器件受潮引起的爆米花现象

元器件受潮损坏的机理如图 6-5 所示。

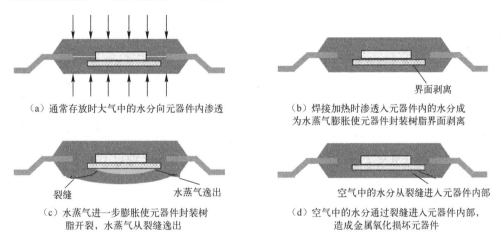

（a）通常存放时大气中的水分向元器件内渗透　　　（b）焊接加热时渗透入元器件内的水分成为水蒸气膨胀使元器件封装树脂界面剥离

（c）水蒸气进一步膨胀使元器件封装树脂开裂，水蒸气从裂缝逸出　　　（d）空气中的水分通过裂缝进入元器件内部，造成金属氧化损坏元器件

图 6-5　元器件受潮损坏的机理

许多元器件可能是 SMD，包括塑性封装元器件，如 QFP、PBGA、LED 和半导体元器件。通常陶瓷元器件不是 SMD，但也可能会对温度敏感。PCB 同样也属于湿敏元器件。这类元器件来料都是防潮袋（Moisture Barrier Bag，MBB）真空密封，包装里面有干燥剂和湿度敏感性指示卡（Humidity Indicator Card，HIC），要求来料检验包装的完整性和 HIC 的颜色变化。

防潮袋的使用须符合 MIL-PRF-81705 类型 1 中的要求。

干燥剂须符合 MIL-D-3464 类型 2 中的要求。它应封装在可透气的小袋里，每袋干燥剂的用量应视防潮袋的表面积和水蒸气传递速率（Water Vapor Transmission Rate，WVTR）而定。25℃时能保持 MBB 内部的相对湿度小于 10%，干燥剂可以重复使用。干燥剂可以按照供应商的建议烘烤后重新使用，建议只重复使用一次。

湿度指示卡是一种涂有潮湿感应化学元素的卡片，当相对湿度超出范围时，该卡片会由蓝色转变为粉红色或浅色。J-STD-033 标准中湿度指示卡的样本如图 6-6 所示。

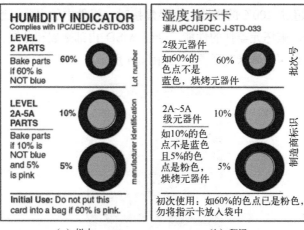

（a）样本　　　　　　　　　　　　（b）翻译

图 6-6　湿度指示卡样本及翻译

MSD 的包装要求见表 6-5。

表 6-5　MSD 的包装要求

湿敏等级（MSL）	装袋前干燥	防潮袋	干燥剂	标贴
1	可选择	可选择	可选择	可选择
2	可选择	需要	需要	需要
2a~5a	需要	需要	需要	需要
6	可选择	可选择	可选择	需要

HIC 可以烘烤后重复使用，须待 5% 刻度完全变蓝色可使用。建议 HIC 在 125℃ 烘烤 2 小时，只重复使用一次。

2. 元器件的湿敏等级

标准 J-STD-020 中定义了元器件的湿敏等级（MSL），分 6 个等级，见表 6-6。在这个标准中定义了不同等级元器件在打开真空密封包装后可以在生产车间使用多长时间，条件是环境温度低于 30℃、湿度小于 60%RH（Relative Humidity，相对湿度）。大多数元器件属于第 3 级，也就是打开真空封装后在温度低于 30℃、湿度小于 60%RH 的环境中可以使用的时间是 168h。

表 6-6　元器件的湿敏等级（MSL）

湿敏等级（MSL）	元器件拆封后置放环境条件	元器件拆封后必须使用的期限（标签上最低耐受时间）
1 级	≤30℃，<85%RH	无限期
2 级	≤30℃，<60%RH	1 年
2a 级	≤30℃，<60%RH	4 周
3 级	≤30℃，<60%RH	168h
4 级	≤30℃，<60%RH	72h
5 级	≤30℃，<60%RH	48h
5a 级	≤30℃，<60%RH	24h
6 级	≤30℃，<60%RH	按标签上写的时间

在选择元器件的时候要考虑湿敏等级，尽量选用湿敏等级低的元器件和湿敏工艺元器件，这类元器件的限制使用条件相对宽松，工艺控制也比较松；选择湿敏等级高的元器件会增加制造的成本。增加成本的主要原因如下。

① 元器件需要贴装和再流焊前烘烤。

② 返修前烘烤 PCB。

③ 打开真空封装后跟踪和控制元器件的暴露使用时间。

④ 需要优化温度曲线和较小的控制窗口。

⑤ 如果温度和其他工艺限制就不能在批量生产中实现，而需要手工组装湿敏元器件。

MSD 的 MSL 高于 4 级的（小于 3 天的使用期限）应清楚地定义在设计文档中，并在制造过程中验证其影响。超过这个时间必须烘烤去除水分。烘烤温度参照 J-STD-033 标准，见表 6-7。使用时间在烘烤后重新计算。

表 6-7　MSD 烘烤条件

封装本体	MSD 级别	125℃烘烤		90℃且≤5%RH 烘烤		40℃且≤5%RH 烘烤	
		暴露时间>72h	暴露时间≤72h	暴露时间>72h	暴露时间≤72h	暴露时间>72h	暴露时间≤72h
厚度≤1.4mm	2	5h	3h	17h	11h	8 天	5 天
	2a	7h	5h	23h	13h	9 天	7 天
	3	9h	7h	33h	23h	13 天	9 天
	4	11h	7h	37h	23h	15 天	9 天
	5	12h	7h	41h	24h	17 天	10 天
	5a	16h	10h	54h	24h	22 天	10 天
1.4mm<厚度≤2.0mm	2	18h	15h	63h	2 天	25 天	20 天
	2a	21h	16h	3 天	2 天	29 天	22 天
	3	27h	17h	4 天	2 天	37 天	23 天
	4	34h	20h	5 天	3 天	47 天	28 天
	5	40h	25h	6 天	4 天	57 天	35 天
	5a	48h	40h	8 天	6 天	79 天	56 天
2.0mm<厚度≤4.5mm	2	48h	48h	10 天	7 天	79 天	67 天
	2a	48h	48h	10 天	7 天	79 天	67 天
	3	48h	48h	10 天	8 天	79 天	67 天
	4	48h	48h	10 天	10 天	79 天	67 天
	5	48h	48h	10 天	10 天	79 天	67 天
	5a	48h	48h	10 天	10 天	79 天	67 天
BGA 封装（>17mm×17mm）或芯片堆叠封装	2～6	96h	参照以上封装厚度和湿敏等级	不适用	参照以上封装厚度和湿敏等级	不适用	参照以上封装厚度和湿敏等级

3．MSD 的控制

MSD 的控制指对不同湿敏等级的 MSD 物料的搬运、包装、运输和使用，进行标准方法的控制，避免物料受潮而高温回流时导致产品质量和可靠性下降。

（1）MSD 来料时须检查是否防潮包装

① 检查封袋日期和保存期限。

② 检查防潮袋是否封装严密，无开口、破裂现象，袋上是否有 MSD 警示标签。

③ 包装袋内是否有干燥剂和湿度指示卡（HIC）。

④ 开袋抽样检查时，开口应在袋的边缘原封装旁边，暴露时间控制在 30min 内。

⑤ 打开包装袋须立即读 HIC，HIC 变色则必须烘烤或联系供应商处理。

（2）判断 MSD 是否受潮

① 存储时间大于 12 月。

② 暴露时间超过允许使用时间。

③ HIC 上指示的颜色变成粉色。

④ 无法追踪和判断元器件的状态。

（3）烘烤注意事项

① 高温烘烤应确保包装材料经得起 125℃的高温。

② 烘烤次数应小于允许的最多烘烤次数。

● 2a 级的元器件最多允许烘烤 3 次。

● 3～5 级的元器件最多允许烘烤 2 次。

● 5a 级的元器件最多允许烘烤 1 次。

③ 烘烤温度为 125℃±5℃时，多次烘烤累计时间最多不得超过 48h。

④ 如果烘箱在中途打开，应确保在 1h 内恢复到原来设定状态。

（4）短期暴露原则

① 2～4 级的元器件，暴露时间小于 12h，可以将元器件存放在小于 5%RH 的保干箱内，时间达到暴露时间的 5 倍，MSD 的暴露时间重新计算。

② 5 和 5a 级的元器件，暴露时间小于 8h，可以将元器件存放在小于 5%RH 的保干箱内，时间达到暴露时间的 10 倍，MSD 的暴露时间重新计算。

6.1.8　元器件引线镀层的兼容性

目前绝大多数工艺都是无铅的，元器件的引线镀层非常多，焊点的可靠性就必须要考虑各种金属成分的兼容性。对于军工、航天、医疗和一些高可靠性产品仍然采用有铅的工艺，无铅和有铅的兼容性更是至关重要。所以在选择元器件的时候要充分了解元器件的引线镀层。元器件引线一般有两种成分，42 号合金和铜元素，然后在外面电镀金属。元器件引线的镀层必须和 PCB 的表面镀层、助焊剂、焊锡化学成分兼容。无铅助焊剂的活性要比有铅工艺的助焊剂强。为了了解不同化学和冶金反应的结果，对一些新的元器件进行验证是必要的。

1. 元器件引线镀层

在有铅工艺中推荐使用 Sn-Pb 电镀用于焊接，不推荐使用浸银和银钯（Pd）工艺，是因为它们的可焊性差；浸金价格虽然比较贵，但是可以用于高可靠性或压接工艺。

无铅工艺对元器件封装、器件内部连接和焊接端表面镀层都有专门的要求。与无铅电路板焊盘镀层一样，由于无铅焊接材料的合金成分和助焊剂成分发生了变化，焊接温度和工艺发生了变化，因此无铅元器件引线焊接端表面镀层也要适应无铅焊接合金和助焊剂的变化，否则焊接时同样会发生不兼容的情况，造成无铅焊接缺陷。

无铅工艺中，推荐使用 SAC（Sn-Ag-Cu）合金成分的焊料。当选择元器件时，无铅焊接对元器件引线焊接端表面镀层的要求如下。

① 所有无铅元器件符合 RoHS 要求，或者 RoHS 豁免的元器件必须考虑合金兼容。

② 推荐选用铜引线，表面镀层抗氧化。任何镀层是 42 号合金（Fe-42Ni）是不可接受的，Cu 的柔性比 42 号合金的柔性好，相应可吸收更多的变形，焊点可靠性好。42 号合金与硅芯片的 CTE 匹配特性好。

③ 无铅元器件的标记和标签参照 IPC/JESD97 标准。

④ 如果有很强的技术支持，其他材料和组合也可以考虑。任何包含锡的表面镀层必须根据 NEMI 要求做锡须测试（参照 NEMI "对无铅表面镀层用于高可靠性产品的建议"），并备份数据。

⑤ 与无铅焊料生成良好的界面合金。

目前，无铅元器件引线合金镀层标准还没有完善，因此无铅元器件引线焊接端表面镀层的种类很多。有铅和无铅元器件引线焊接端表面镀层的材料比较见表 6-8。

表 6-8　有铅与无铅元器件引线焊接端表面镀层材料比较

有引线元器件引线材料	有引线元器件焊接端表面镀层材料		无引线元器件焊接端表面镀层材料	
	有铅	无铅	有铅	无铅
Cu	Sn-Pb（少量 Ni-Au）	Sn 或 Sn-0.5Ni	Sn-Pb（少量 Pd-Ag、Ni-Pd-Au）	Sn 或 Sn-0.05Ni
		Ni-Au		Ni
Ni		Ni-Pd-Au		Ni-Pd-Au
		Sn-Ag		Sn-Ag
42 号合金		Sn-Ag-Cu		Sn-Ag-Cu
		Sn-Bi 或 Sn-Ag-Bi		Sn-Bi 或 Sn-Ag-Bi

美国和中国台湾地区电镀纯 Sn 和 Sn-Ag-Cu 的比较多，而日本和韩国的元器件焊接端镀层种类比较多，各家公司有所不同，除电镀纯 Sn 和 Sn-Ag-Cu 外，还有电镀 Sn-Cu、Sn-Bi 等合金的。由于电镀 Sn 的成本比较低，因此采用电镀 Sn 的工艺比较多。但由于 Sn 的表面容易形成很薄的氧化层，加电后产生压力，在不均匀处会把 Sn 推出来，形成锡须。锡须在细间距的 QFP 等元器件处容易造成短路，影响可靠性。对于低端产品及寿命要求小于 5 年的元器件，可以电镀 Sn；对于高可靠性产品及寿命要求大于 5 年的元器件，先电镀一层厚度约为 1μm 以上的 Ni，然后再电镀 2～3μm 厚的 Sn。

日本和韩国有的元器件电镀 Sn-Bi，必须在无铅焊料中使用。如果焊料中有 Pb，Bi 在凝固过程中会发生偏析，在焊缝底部界面形成 Sn-Bi-Pb（93℃）三元低熔点共晶层，导致焊缝起翘，也称为焊点剥离现象（Fillet-Lifting），将严重影响可靠性。

对于表面电镀 Au 的元器件，在焊接时 Au 溶解到焊点中，必须控制焊点中 Au 的质量分数低于 3%～5%；

对于如多层陶瓷电容、电阻、感应器等陶瓷器件，其金属端子常用 Ag 或 Ag-Pd，为了防止 Ag 溶解到焊料中，在其上涂 Ni-Sn 或 Ni-Au。

无铅元器件焊接端镀层材料的种类最多最复杂，可能会存在某些失配现象，造成可靠性问题。在产品设计时应根据产品的特性选择相适合的镀层。

2. 有铅、无铅的兼容性

无铅兼容（Pb-Free Compatible）：兼容（非标准）适用于元器件和印制电路板，随着焊接温度的升高，兼容（260℃）时需要使用无铅（SAC）焊料，但不符合 RoHS 的其他要求。

向后兼容性（Backward Compatibility）：定义为组装无铅端子元器件应用到锡铅（Sn-Pb）焊膏的印制电路板组装工艺。

向前兼容性（Forward Compatibility）：定义为组装有铅元器件到无铅焊膏工艺的印制电路板组装工艺。

在有铅向无铅转化的过程中，虽然使用的是无铅工艺，但有些元器件的表面镀层仍然是 Sn-Pb 合金的，这种就是用新的工艺来兼容之前的物料（也叫向前兼容）。同时目前还有很多军工航天企业在用有铅工艺，而有铅的元器件却越来越难买到，就出现了使用有铅工艺焊接无铅元器件（也称为向后兼容）的情况。这两种兼容都必须要考虑合金成分的材料兼容性，包含焊料合金和助焊剂，焊料和元器件，焊料和 PCB 焊盘涂镀层。

无铅焊接与混用都必须注意材料的兼容性。表 6-9 是 BGA 焊锡球合金成分与无铅、有铅工艺的兼容性参考。

表 6-9　BGA 焊锡球合金成分与无铅、有铅工艺的兼容性

焊球合金	向前兼容（无铅工艺）	向后兼容（有铅工艺）	工艺优点	工艺难点
Sn-Pb（锡铅）	PBGA 不可以	是	优良的可焊性	RoHS 不兼容
			优良的焊点可靠性	
			好的锡须减少	
			低共晶点	
			Sn-Pb 兼容	
SAC（锡银铜）	是	形成的焊点合金取决于焊接时间和温度，兼容的可靠性有待研究	好的可焊性	较锡铅焊点不容易检验
			好的焊点强度	
			优质的可靠性	
Sn-Ag（锡银）	是	否	差的可焊性	
			BGA 球平整性	
Sn-Cu（锡铜）	否	否	BGA 球平整性	
Sn-Bi（锡铋）	是，接受的表面镀层 Bi 3%～5%	否	可靠性问题	

无铅焊料与有铅 PBGA、CSP 混用时"气孔多"，因为在再流焊时，元器件焊球上的有铅焊料先熔化，覆盖 PCB 焊盘，PCB 焊盘上印刷焊膏的助焊剂排不出去，在焊球中产生气孔，如图 6-7（a）所示。

有铅焊料与无铅 PBGA、CSP 混用，如果采用有铅焊料的温度曲线，焊点连接可靠性是最差的。这是由于有铅焊料与无铅元器件球的熔点不相同，因有铅焊料的熔点低先熔化，而无铅元器件球不能完全熔化，容易造成 PBGA、CSP 一侧焊点失效。如图 6-7（b）所示。

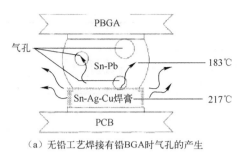
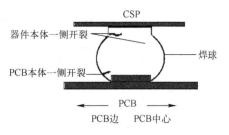

（a）无铅工艺焊接有铅BGA时气孔的产生　　　　（b）有铅工艺焊接无铅BGA失效

图 6-7　无铅焊料与有铅 PBGA、CSP 混用放气孔的产生

无铅焊料与有铅元器件混用时，有铅元器件引线和焊接端镀层只有几微米厚，焊接端或引线镀层中微量 Pb 在无铅焊料与焊接端界面容易发生 Pb 偏析现象，形成 Sn-Ag-Pb 的 174℃的低熔点层，可能发生焊缝起翘（Lift-off）现象，影响焊点长期可靠性，如图 6-8 所示。Pb 在 1%左右的微量时发生焊点剥离的概率最高。这意味着来自元器件、PCB 镀层的微量 Pb 混入，将容易发生起翘。

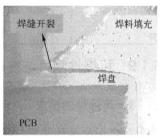

（a）焊点起翘的现象1　　　　（b）焊点起翘的现象2　　　　（c）焊料填充起翘的显微剖面图

图 6-8　焊缝起翘现象

有铅焊料与无铅元器件混用时，因为焊接端镀层非常薄，一般工艺上没有什么问题。例如，应用最多的镀 Sn 层厚度为 3～7μm，Sn 的熔点为 232℃，与 63Sn-37Pb 合金焊接时，一般情况下峰值温度比焊接有铅元器件略微高 5℃左右即可。但是有一点要特别警惕，镀 Sn-Bi 元器件只能应用在无铅工艺中，不能用到有铅工艺中。这是由于有铅焊料中的 Pb 与 Sn-Bi 镀层在引线或焊接端界面形成 Sn-Pb-Bi（熔点 93℃）的三元低熔点共晶层，容易引起焊接界面剥离、空洞等问题，导致焊接强度劣化。元器件的引线、焊端合金成分与有铅无铅的兼容性见表 6-10。

表 6-10　元器件引线、焊端镀层的兼容性

元器件引线、焊端镀层	向前兼容（无铅工艺）	向后兼容（有铅工艺）	工艺优点	工艺难点
Sn-Pb（锡铅合金）	无 RoHS 符合要求和 RoHS 豁免的元器件	是	优良的可焊性，优良的焊点可靠性，好的锡须减少低共晶点，Sn-Pb 兼容	符合 RoHS
SAC（锡银铜）	是	是	好的可焊性，好的焊点强度，优质的可靠性	较锡铅焊点不容易检验
Sn-Ag（锡银合金）	是	是		差的可焊性

元器件引线、焊端镀层	向前兼容（无铅工艺）	向后兼容（有铅工艺）	工艺优点	工艺难点
纯锡镀层或浸锡	是	是	简单的镀层，好的可焊性，好的焊点强度，优质的可靠性	有锡须的可能
镀光泽纯锡	否	否	好的可焊性	差的可靠性，锡须
Sn-Cu 锡铜	否	否		
Au 金	是	是		
Ag 银	否	否		
Zn 锌	否	否	通常好的可焊性	可靠性差，存在开裂的风险，锌须的风险
In 铟	否	否		可靠性问题
Ni 镍（纯镍）	否	否		开裂的可靠性风险
Ag-Pd 银钯	是	是		差的可焊性
Sn-Bi 锡铋	是，接受的表面镀层 Bi 3%～5%	否	Bi 增加了抗胡须能力（当 Bi 含量为 2%～10%），形成牢固的接缝	无铅波峰焊不用 Sn-Bi，差的润湿
Ni-Pd 镍钯	是	是	成熟工艺，无晶须风险	差的可焊性
Ni-Pd-Au 镍钯金	是	是	成熟工艺，无晶须风险	不太常见的饰面；可能更高的 MSL 等级 4；加速试验中发现腐蚀，在侵蚀性操作环境中，对可靠性的影响未知

6.1.9 可焊性和可洗性的要求

1. 可焊性的要求

在电子产品的装配焊接工艺中，焊接质量直接影响整机的质量，焊点一直被认为是薄弱环节，同时无铅焊料的引入并不能降低这一风险。元器件引线（电极端子）的可焊性是影响产品焊接可靠性的主要因素，导致可焊性发生问题的主要原因是元器件引脚表面氧化。因此，为了提高焊接质量，除了严格控制工艺参数外，还需要对印制电路板和电子元器件进行科学的可焊性测试。可焊性测试一般是用于对元器件、印制电路板、焊料和助焊剂等的可焊接性能做一个定性和定量的评估。

事实上对可焊性的评估，国际上各大标准组织 IEC、IPC、DIN、JIS 等推荐了各种方法，但是无论从试验的重复性和结果的易于解读性，润湿平衡法（Wetting Balance）都是目前公认的进行定性和定量分析的可焊性测试方法。测试方法和标准参考如下：

J-STD-002《元器件引线、焊端、焊片、端子及导线的可焊性试验》。

J-STD-003《印制电路板可焊性测试》。

IPC-TM-650 2.4.14《金属表面可焊性》。

2. 可洗性的要求

通常印制电路板焊接后，其表面总是存在不同程度的助焊剂残留物及其他类型的污染物，如堵孔胶、高温胶带残留胶、手汗和灰尘等，即使使用低固态含量的免清洗助焊剂，仍会有一些残留物。

组装板上离子污染（如 K^+、Na^+、卤化物离子）将降低表面绝缘电阻（SIR），引起电化学失效问题；对于免清洗工艺，一定要注意测试 SIR。

对于一些高可靠性和长寿命的产品，或者是用于易潮、烟雾、多尘环境中的电子产品，为了保证产品的可靠性，清洗印制电路板是非常重要的，可以清除由不同制造工艺和处理方法造成的污染，有助于减轻焊接助焊剂残留物对元器件和焊点的腐蚀。

组装完成的 PBA 需要清洗工艺时，要保证最低的焊点间隙高度，一方面保证能清洗到任何地方，同时保证要完全烘干，就应该所考虑选择的元器件有托高（Standoff）。拖高的详细定义见 6.4.4 节。托高的值要综合考虑元器件对角线和元器件的表面积。推荐的元器件托高值见表 6-11。

表 6-11　推荐的元器件托高值

元器件对角线长度	元器件表面积	元器件托高
≤50mm	≤2500mm^2	≥0.5mm
≤25mm	≤625mm^2	≥0.3mm
≤12mm	≤144mm^2	≥0.2mm
≤6mm	≤36mm^2	≥0.1mm
≤3mm	≤9mm^2	≥0.05mm

如果托高的尺寸偏小，有可能积聚污垢在元器件下面。由于表面张力作用，清洗液难以进入器件底部清洗，同时难以烘干。

对于高挥发性的 CFC 清洗，元器件托高的高度不是主要问题。

对于免清洗工艺，自然不存在托高问题，但一定要进行 SIR 测试。

对于超声清洗，一是注意对元器件内部引线键合焊盘的损伤，二是注意能量不能太高。对 LED、SOT-23，避免其引脚的固有频率与超声波发生器的频率接近。

如果不能达到最小的托高，就不可能对元器件底部进行适当的清洁，这种情况下推荐使用免洗助焊剂。

6.1.10　元器件包装形式的要求

元器件包装形式的选择也是影响自动贴装机生产效率的一项关键因素。必须结合贴装机送料器（Feeder）的类型和数目进行最佳选择。选择元器件的包装形式要符合组装工艺和组装设备的要求，并保证元器件的可持续性供应。在实际生产中，我们会遇到很多次来料由编带换成管状包装，但振动送料器的个数不够，导致不能正常生产或是调整计划，再就是把一些元器件改用手工放置，直接影响质量和效率；或是振动送料器选用太多，贴装机上摆不下那么多送料器。元器件的包装形式有编带包装（Tape and Reel）、管状包装（Tube）、托盘包装（Tray）、散装（Bulk）等，如图 6-9 所示。

（a）编带包装　　　（b）管状包装　　　（c）托盘包装　　　（d）散装
(Tape and Reel)　　　(Stick)　　　　(Tray)　　　　(Bulk)

图 6-9　元器件包装形式

　　① 编带包装：除大尺寸的 QFP、PLCC、LCCC、BGA 外，其余元器件均可采用。编带宽度有 8mm、12mm、16mm、24mm、32mm、44mm、56mm、72mm 等，是应用最广、使用时间最长、适应性最强、贴装效率高的一种包装形式。

　　② 管状包装：主要用于 SOP、SOJ、PLCC、PLCC 的插座。通常用于小批量生产，以及用量较小的场合。

　　③ 托盘包装：主要用于 SOP、QFP、BGA 等。

　　④ 散装：用于矩形、圆柱形电容器、电阻器。

　　元器件需要的包装形式见表 6-12。

表 6-12　元器件需要的包装形式

种类	建议包装形式
分立元器件	编带包装
SOP、J 引线	编带包装
小尺寸 BGA	大于或等于 32mm 宽的编带包装
细间距元器件	托盘包装
BGA、CSP、QFN	编带包装，托盘包装
连接器（SMT 或 PTH）	管状包装（包含真空吸拾块）或编带包装（包含真空吸拾块）
SMT 感应器	编带包装（大尺寸的感应器可以使用管状包装）
轴向机器插接元器件	编带包装（卷轴包装，扇状盒装）
无极性的立式机器插接元器件	编带包装（卷轴包装，扇状盒装）
有极性的立式机器插接元器件	编带包装（扇状盒装）
表面涂覆 SIP	编带包装或散料装
PTH 电感器	托盘包装，管状包装
DIPS	管状包装（第一引线点方向一致）
塑料/陶瓷 SIP	管状包装（第一引线点方向一致）

注：所有的托盘包装必须满足标准在 125℃烘烤 24h 的要求。

　　生产线选择元器件包装形式的原则如下。

　　第一，应该尽量选用编带包装。考虑多引线和细间距的要用托盘包装。编带包装已经标准化，适应性强，编带包装每盘包装的数量一样，每盘使用时间最久，不需要频繁续料，是贴装效率最高的一种包装形式。

　　第二，如果贴装机配置了多层自动托盘机，QFP、细间距 SOP 等共面性要求高的，或大尺寸的元器件，尽量选择托盘包装，这样可以提高料站位置的利用率，相当于增加了贴装机喂料站的数量。

　　第三，对于小批量生产，可以选用管状包装。在批量大时不建议使用管状包装，因为包装成本和供料器的成本相对较高。

6.2　半导体器件的可制造性选择

　　为适应表面组装技术的发展，各类半导体器件，包括分立器件中的晶体二极管、晶体三极管、场效应管，集成电路中的小规模、中规模、超大规模集成电路及特种半导体器件，如气敏、色敏、压敏、磁敏和离子敏等器件，正迅速地向表面组装化方向发展，成为新型的表面组装元器件。

6.2.1　片式二极管和晶体管的选择

1．片式二极管

片式小外形二极管（Small Outline Diode，SOD）的引线有 J 形和 L 形。L 形的 SOD123 外形如图 6-10（a）所示。

2．SOT 系列片式晶体管

小外形晶体管（Small Outline Transistor，SOT）系列的封装引线都是"翼形"的，有三脚、四脚、五脚、六脚和特殊封装。SOT 系列片式晶体管的封装如图 6-10 所示。小外形晶体管元器件的类型采用 JEDEC 的封装形式，包装为 12mm 或 8mm 的卷盘。这类元器件需要耐五次再流焊循环，峰值温度 260℃至少保持 10s。

三脚"翼形"引线的 SOT 可用于三极管，也可用于二极管。用于二极管时，大多数用于复合二极管、开关二极管和高压二极管。用于三极管时，多用于小功率晶体管、场效应管和带电阻网络的复合晶体管。

SOT23（SC-59）封装的外形如图 6-10（b）所示，引线的材质为 42 号合金，强度高，但可焊性差。

SOT89 的三条薄的短引线分布在晶体管的一端，另一端为较大铜片，与晶体管芯片相连，以增加散热能力。SOT89 常用于大功率器件，如功率晶体管等，外形如图 6-10（c）所示。

SOT143 有四条"翼形"短引线，引线中宽度偏大一点的是集电极，其外形封装如图 6-10（d）所示。SOT143 的散热性能与 SOT 基本相同，常用于射频、双栅场效应管及高频晶体管。

SOT223 和 SOT89 类似，只是引线为"翼形"以更小的封装尺寸满足散热要求。SOT223 的外形如图 6-10（e）所示。这些封装常用于双二极管和达林顿晶体管。

TO252 有三条引线分布在晶体管的一端，中间较短的为集电极，且与另一端的较大铜片相连，以增加散热能力。它用于各种功率晶体管，其外形如图 6-10（f）所示。

（a）SOD123　　　　　（b）SOT23　　　　　（c）SOT89

（d）SOT143　　　　　（e）SOT223　　　　　（f）TO252

图 6-10　SOT 器件的封装

6.2.2　集成电路的选择

1. SOP 和 SOJ 小外形塑料封装

小外形塑料封装 SOP 和 SOJ 是由传统的双列直插封装 DIP 转换过来的，SOP、SOJ 是 DIP 的缩小型，与 DIP 功能相似。SOP 是翼形引线，外形如图 6-11（a）所示。SOJ 的引线为 J 形，外形如图 6-11（b）所示。J 形引线只有 1.27mm 间距，与翼形引线相比，引线比较粗，不易变形，但由于 J 形引线在器件四周底部位置，在选择使用这种器件时，检测和维修不方便。

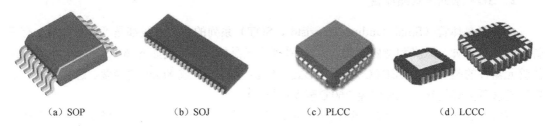

（a）SOP　　　　　　　（b）SOJ　　　　　　　（c）PLCC　　　　　　　（d）LCCC

图 6-11　SOP、SOJ、PLCC、LCCC 的封装外形

2. PLCC 塑封有引线芯片载体

带引线的塑料芯片载体（Plastic Leaded Chip Carriers，PLCC）封装的外形特点是四面都有引线，外形如图 6-11（c）所示。PLCC 与相同引线的 QFP 相比较，占 PCB 面积小，引线不易变形，但由于 J 形引线在器件四周底部位置，故检测和维修不方便。PLCC 的包装选用方式为托盘，16～44mm 塑料编带、管状。

3. LCCC 陶瓷芯片载体

LCCC 是陶瓷全密封封装，为城堡形引线。LCCC 价格昂贵，主要用于高可靠性的军用组件产品中，而且必须考虑器件与电路板之间的热膨胀系数（CTE）问题。LCCC 大多是正方形，也有长方形的。外形如图 6-11（d）所示。

6.2.3　QFP 和 BGA 器件的选择

QFP 和 BGA 器件的外形结构尺寸要符合 JEDEC 定义，遵循 JEDEC 标准中的 JEP95 设计指南。

1. QFP 和 BGA 器件的比较

随着电子组装的高密度化，选用引线间距是 0.5mm（0.020in）或更小间距的表面组装元器件是必不可少的，但是它们在组装中的困难要比其他元器件高。比如，元器件引线共面性不好、弯曲，容易造成少锡、短路、桥接等缺陷。这类元器件中 BGA 和 QFP 都已经广泛应用，BGA 相对于 QFP 具有引线短、引线电感和电容小、引线多、引出端子数与本体尺寸的比率高；焊点中心距大、组装成品率高；引线牢固、共面性好等特点。对于 QFP 器件，产品组装的良率与元器件引线间距相关。不同引线间距 QFP 和 PBGA 按照器件数量的缺陷率（单位常用 ppm，即 Part Per Million，百万分之一，$1×10^{-6}$）如图 6-12 所示，引脚间距越小，良率越低，PBGA 的良率好于 QFP。

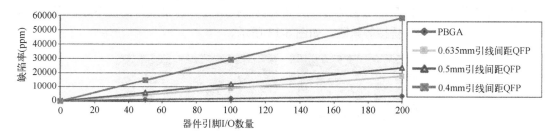

图 6-12　不同引线间距 QFP 与 PBGA 按照器件数量的缺陷率

当选择 BGA 和 QFP 这类器件时，假设 1.0mm 引线间距 BGA 的缺陷率是 1，那么 0.5mm 引线间距 QFP 的缺陷率就是 7.5 倍，0.4mm 引线间距 QFP 的缺陷率就是 15 倍，见表 6-13。

表 6-13　QFP 和 BGA 的缺陷率对比

BGA，1.0mm（0.04in）引线间距或更大	1 倍缺陷
QFP，0.5mm（0.020in）引线间距	7.5 倍缺陷
QFP，0.4mm（0.016in）引线间距	15 倍缺陷

通常如果器件的 I/O 引脚数量大于 208 时，BGA 器件略显成本效应。一般来讲电子行业组装缺陷率 QFP 为 20ppm，BGA 为 3.5ppm。假设元器件有 240 个端子：

QFP 缺陷率：$(1 − 20×240/1000000)×100\% = 99.5\%$，也就是 0.5%的器件，即每贴装 200 器件有一个焊端缺陷。

BGA 缺陷率：$(1 − 3.5×240/1000000)×100\% = 99.9\%$，也就是 0.1%的器件，即每贴装 1000 器件有一个焊端缺陷。

由此可见，元器件端子多时，选择 BGA 要比 QFP 良率高。但同时也必须考虑成本的因素，成本的因素主要如下：

① 器件成本，BGA 比 QFP 价格稍贵。

② BGA 需要更多的电路板层来布置导线，提高了电路板的成本。

③ BGA 的组装良率高于 QFP，但是 QFP 的返修相对 BGA 容易。

④ 返修成本，包括补锡、去除和更换器件，通常 BGA 需要更长的时间。

⑤ QFP 在搬运中容易造成引脚变形，贴装时会有抛料，而且引脚容易断裂而报废。

⑥ BGA 可以通过重新置焊球来加以修复，减少报废。

有铅的 PBGA（Plastic Ball Grid Array）焊球是典型的 63Sn-37Pb 合金，和焊膏的合金成分完全一致，在再流焊后形成单一均质的焊点。大多有铅的 CBGA（Ceramic Ball Grid Array）器件的焊球是 90Sn-10Pb 合金，焊接时需要严格控制焊膏的量才能达到好的润湿爬升，在生产过程中一定要测焊膏量。

2. QFP 器件引线的共面性

在实际应用中，由于运输、储存和包装中都可能会造成引线的弯曲变形，而贴装过程中很难通过影像识别来判断，这也是目前对贴装机的挑战之一。引线共面性不好、弯曲，容易造成焊接少锡、短路、桥接等缺陷，如图 6-13 所示。

（a）J形引线弯曲造成焊点开路　　　（b）鸥翼形引线弯曲造成焊点开路

图 6-13　QFP 器件的引线翘曲造成的焊接缺陷

通常，表面贴装的扁平鸥翼形 QFP 器件的引线翘曲尺寸（共面性）要小于 0.10mm（0.004in）。QFP 器件引线的翘曲尺寸如图 6-14 中的 d 所示。

① 用于波峰焊工艺时引线翘曲尺寸要求小于 0.12mm。

② 采用再流焊工艺时，非细间距（引线间距大于 0.4mm）QFP 的引线翘曲尺寸小于 0.1mm。

③ 细间距（引线间距小于 0.4mm）QFP 的引线翘曲尺寸小于 0.08mm。

图 6-14　QFP 器件的引线翘曲

6.3　无源元件的可制造性选择

无源元件是在不需要外加电源的条件下，就可以显示其特性的电子元器件。无源元件主要是电阻器、电感器和电容器，它的共同特点是在电路中无须加电源即可在有信号时工作。电子产品中的无源元件可以按照所担当的电路功能分为电路类元件、连接类元件。

电路类元件主要包括电阻器、电阻排、电容器、电感器、转换器、继电器、按键、渐变器、谐振器、滤波器、蜂鸣器、混频器和开关等。

连接器类元件主要包括连接器、插座、连接电缆、印制电路板等。

6.3.1　片式阻容元件的选择

随着技术的发展，元器件尺寸越来越小，但并不是元器件越小越好，片式电阻器、电容器都应尽量避免选用小于 0402 的，片式电阻器、电容器缺陷率实验数据如图 6-15 所示。同等情况下，电阻器的缺陷率要比电容器小，0603（英制）和 0402（英制）尺寸的电阻差别不大，但 0402 尺寸的电容器比 0603 的电容器缺陷率要高。贴片电容器（多层片式陶瓷电容器）是目前用量比较大的常用元件。贴片陶瓷电容器常见的失效是断裂，这是其自身介质的脆性决定的。由于贴片陶瓷电容器直接焊接在电路板上，直接承受来自电路板的各种机械应力，而引线式陶瓷电容器则可以通过引脚吸收来自电路板的机械应力。因此，对于贴片陶瓷电容器来说，由于热膨胀系数不同或电路板弯曲所造成的机械应力将是导致贴片陶瓷电容器断裂的最主要因素。一般电子产品在选用片式元器件时，尽量不选尺寸 0402 以下规格的。当然对于数码产品和手机等高密度组装的电子产品还是继续选用小尺寸的片式元器件，只是在电路板设计和加工工艺上要更加严格管控。后面也会提及更小元器件的设计和工艺控制。

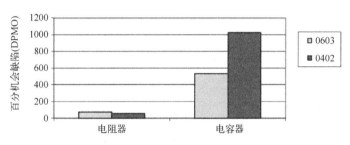

图 6-15　0603 与 0402 片式电阻器、电容器组装缺陷率实验数据

在使用电容器时，钽电容器和电解电容器主要用于电容量大的场合，薄膜电容器用于耐热要求高的场合，云母电容器用于 Q 值高的移动通信领域。电容 Q 值实质上就代表该电容的品质因数。电容器的选择要求见表 6-14。

表 6-14　电容器的选择要求

种类	要　求
陶瓷电容器	● 电容器尺寸大于 1210，需要另外分析热膨胀系数（CTE）的不匹配并了解潜在的可靠性影响； ● 如果使用大尺寸就要利用网络电容器来设计； ● 避免使用高电压的 SMT 陶瓷电容器，它们需要特殊的工艺防止跳火； ● 不是所有的陶瓷电容器都能过波峰焊，要参考供应商的规格书
叠加薄膜电容器	● 不推荐，因为焊接性差和返修难； ● 不像其他分立元器件，薄膜电容器是湿敏的； ● 不适合波峰焊
缠绕薄膜电容器	与 SMT 工艺不兼容，不推荐，但优于叠加薄膜式电容器
片式钽电容器	● 模组电容器优于涂覆元件，电容器必须 50% 降低电压级别使用，例如，25V 电容器使用 12V 输入； ● 低电压（<10V）氧化铌电容器可以考虑提供类似的电气性能，更安全可靠，降额 20%
铝电解电容器	对通孔插装电容器的清洗，工艺要求托高大于 0.38mm（0.015in）

6.3.2　其他无源元件的选择

1. 可调元件的选择

尽量不要选用可调节的元件，如可调电阻器、可调电容器、可调电感器，因为在正常工作前需要调节这些元件。当使用这种元件时，设计人员应该提供调节的程序文件，避免在测试的过程中调节多个这种元件。

2. 电池的选择

选择电池和电池架组合，防止电池安装的时候方向朝后，导致装入的时候相对难装，并且不便于检验。贴片电池架如图 6-16 所示。

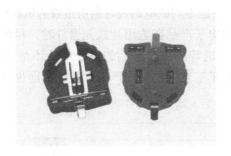

图 6-16　贴片电池架

3. 手工焊线的选择

避免手工焊线到 PCB 上这种工艺，因为会导致多余的操作时间，并且一般会增加缺陷。只有在临时用于测量的情况下使用这种方法，应将连线放置在元器件面，避免干扰在线测试（ICT）的测试点。如果一定要放置在反面，注意不要接触到测试点。不要将导线或电缆线直接接到 PCB 上，而应使用连接器。如果导线一定要直接焊到 PCB 上，则导线末端要用一根导线对 PCB 的端子进行端接。从 PCB 连出的导线应集中于 PCB 的某个区域，这样可以将它们套在一起避免影响其他元器件。

使用不同颜色的导线以防止装配过程中出现错误，各公司可采用自己的一套颜色方案，如所有产品数据线的高位用蓝色表示，低位用黄色表示等。

（1）跳线的选用

在选择用于跳线的导线时，要考虑以下几方面的因素：

① 跳线长度大于 25mm（0.984in），可能会在焊盘间或元器件引线间造成短路时，选用绝缘线。

② 不应该使用镀银多股线。因为在某些情况下，这种导线会发生腐蚀。

③ 在满足电流负载的情况下，选用最小线径的导线。

④ 导线的绝缘皮经受得住焊接温度、耐磨，其绝缘阻抗等于或大于印制板基材的绝缘阻抗。

⑤ 推荐使用镀锡铜芯绝缘硬导线。

⑥ 硬导线剥线时使用的化学溶剂、膏剂和霜剂，不会降低导线性能。

（2）跳线的布线注意点

除了有高速和高频要求，跳线尽可能取直走最短的路线，避开测试点，到达终结端，如图 6-17（a）所示。

① 须有足够的线长用于布线、剥线和固定。

② 同一编号部件上的跳线布局应该相同。

③ 应当为每个独立编号的跳线制定布线文件，并无偏差地执行。

④ 不允许跳线穿过或跨过元器件，但可以跨越黏结在 PCB 上的散热板、托架和元器件等。

⑤ 跳线允许跨越焊盘，只要跳线足够松弛以便更换元器件时能从焊盘上移开即可。

⑥ 应当避免接触装在产生高温的元器件上的散热器。

⑦ 除装在板子边缘的连接器外，跳线不能通过元器件引线区，除非组件板面布局禁止在其他区域布线。

⑧ 不允许跳线跨越作为测试点的图形或通孔。

 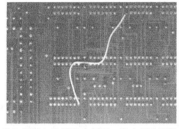 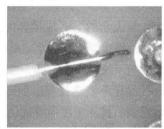

（a）合格的条线布线和固定　　　（b）缺陷：使用黏合剂时，黏合剂未固化　　　（c）缺陷：搭焊连接不良

图 6-17　跳线正确方法和不良缺陷

（3）跳线的固定

跳线可用黏合剂或胶带（点状或带状）固定在基材（或整体热压板或机械零部件）上。所有黏合剂在进行验收前必须已充分固化。在选择合适的固定方式时要考虑后续工艺的兼容性以及最终产品的使用环境。涂胶量要足以固定导线，却又不因过量而溢出到毗邻的连接盘或元器件上。不应当将固定点安排在可拆卸或插在插座上的元器件上。跳线不应当固定在任何可移动的部件上或与其接触。要在跳线所有拐弯的弯曲半径内加以固定。不良缺陷的例子如图 6-17（b）所示。

（4）搭焊连接

当可用接触区域至少为 3 个导线直径时，焊接连接的延伸最少 3 个导线直径。导线在焊料中可辨识。搭焊的导线上形成焊料填充，导线至少搭接在连接盘边缘到引线弯曲处的75%。搭焊的导线不能超过元器件引线的膝弯处。

当可用接触区域小于 3 个导线直径时，焊接连接小于连接盘或连接盘/引脚的 100%就是缺陷，如图 6-17（c）所示。

4．电缆的选择

避免直接焊接电缆到 PCB。使用连接器，电缆有着手工焊线同样的问题。大的电缆还会有 ICT 测试时的夹具冲突问题。

5．开关和跳线的选择

对于有些 PCBA，可以通过调整组装开关来改变产品性能配置，优先选用跳线开关，因为跳线需要一个单一的装配操作。避免调整开关和跳线，达到尽可能消除不正确设置开关和连接的可能性。在分析过程中，由于每个调整都需要时间来执行，而导致增加时间和成本。对这种器件的调整优先顺序如下：

① 装配后不再做调整，保留开关位置；

② 在装配、测试和运输后单一调整；

③ 任何测试阶段之前进行一次调整；

④ 在测试阶段进行多次调整（不是首选）。

6.3.3 连接器的要求和可制造性选择

1. 选择连接器要考虑的性能要素

从大量的各式连接器中选择出符合一系列要求的连接器，不是一件简单容易的工作。例如，连接器外形大小、结构、绝缘材料类别、接出件的金属材料以及端接技术方法等，都直接与系统的留出空间、性能要求和互连要求有关。

尽量不要选择复杂的连接器，因为太过复杂的连接器会带来成本的增加，如需要特殊的安装工具，工艺需要优化，增加作业员培训等，同时会使得组装的良率下降。可以通过对连接器的基本了解，并从性能出发（如电性能、机械性能、环境性能和端接技术），选择出合适的连接器。

（1）电性能要求

在选择电连接器时，首先要考虑电压和电流要求，其次要考虑的电性能如下。

● 接触电阻：对于低阻抗电路，连接器串联在电路中时，接触电阻是关键参数。

● 最大电流：受电连接器及其端接的导线所限制。

● 最高电压：取决于电路间的间隙（即接触件间距和爬电距离）及连接器中所采用的绝缘材料。

（2）机械性能要求

在选用连接器时，除了考虑连接器所占据的空间和尺寸限度外，还须考虑下列机械参数。

● 振动和冲击：根据预期的振动和冲击要求选择相应的连接器。随着飞机或导弹飞行速度增加，振动和冲击加剧，会引起绝缘安装板裂纹、导线与接触件连接处（焊接或压接）断裂，甚至引起连接件的分离，尤其在谐振时更为剧烈。绝缘安装圈与外壳间的胶圈及弹性绝缘安装板有减振或缓冲作用。

● 锁紧方式：为防止振动引起连接器的分离，必须选用安全可靠的锁紧方式。一般的锁紧方式是螺纹连接附加安全熔断器。卡口锁紧方式不仅抗振性能好，而且连接迅速，如汽车中的线束和内饰等都采用锁扣。

● 定位键：为了防止类似的连接器的错插合，可以同时选用几种定位针结构。

● 安装方法：说明是先安装还是后安装。

● 维修要求：由于维修的实际情况可能与预计的连接与分离不一致，所以要考虑可能的维修条件来选择相适应的端接方法、安装方式、允许的插合力等。

（3）环境性能要求

连接器在使用和运输过程中所处的环境对其性能有显著影响，所以要根据预期的环境条件选用相应的连接器。

环境温度：由连接器中的金属材料和绝缘材料决定着连接器的工作环境温度。

潮湿或水渗：用于设备外部的连接器，常常要考虑潮湿、水渗和污染的环境条件。这种情况下应选用密封性好的连接器。

气压：在空气稀薄的高空，耐电压性能下降。通常高度极限约达 30km。

腐蚀环境：根据不同的腐蚀环境，选用由相应金属、塑料、镀层结构的连接器。

（4）连接器的 CTE

对于大型焊接连接器（SMT 和 PTH），连接器外壳材料的 CTE 应为电路板的 CTE 大约两倍。对于 FR-4 基材的 PCB，连接器的 CTE 为 $20×10^{-6}～45×10^{-6}/℃$。所需的 CTE 将取决于 PCB 的厚度、PCB 的尺寸、连接器放置的数量和密度，以及连接器尺寸。

2．连接器固定的考虑

如选择的连接器有固定机构，要考虑固定机构的目的。对于 PCB 设计，带有固定机构的连接器可以作为机械和电气功能的连接。考虑可制造性，典型的目的是辅助元器件插入，防止连接器方向错误，并起到固定的作用以便于焊接。因为一些固定机构返修困难，要考虑到便于返修。

① 螺钉、铆钉、铆接螺钉可能需要额外的装配时间，这包括硬件安装和波峰焊前贴住螺丝。

② 波峰焊后可能需要重新紧固螺钉。

③ 不推荐使用铆钉，因为返修时需要把铆钉钻去才能移除连接器，增加返修时间，并会造成报废。

④ 选择带锁扣的连接器要容许 PCB 的公差（典型的是±10%）。PCB 太厚，连接器可能卡不住；PCB 太薄，连接器就会在焊接过程中被抬高浮起。

⑤ 当使用螺丝固定时，建议使用卡式螺母或压铆螺母、带手动功能的螺栓（如打印机接口的连接器）。

⑥ 对于需要焊接的 SMT 和 PTH 连接器，一些需要安装在连接器上的硬件要在焊接前装好，以避免焊接后对焊点产生应力。

⑦ 不推荐使用通过变形才能插入的连接器，如超声连结，这需要专用设备，会增加组装时间和成本。

⑧ 为了辅助连接器插入，连接器上的辅助导向机构需要遵循以下几点。

● 导向机构应具有导向或锥度，并且该机构的长度大于功能引脚的长度，如图 6-18 所示。

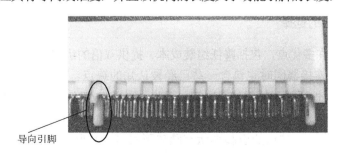

导向引脚

图 6-18　带导向引脚的连接器

● 导向机构插入 PCB 时需要很小的力，目的是插入 PTH 时比较容易发现功能引脚弯曲。

● 为了减少 PTH 连接器引脚弯曲的产生，在功能引脚穿过 PCB 的孔前没必要施加最大的力到导向机构。

3．连接器的种类

根据组装到 PCB 的方式分类有 4 种典型的连接器：SMT 连接器、PTH 连接器、压接连接器、跨骑式连接器。考虑到对 PCB 的影响（如表面镀层）和组装，连接器的选择取决于设计和应用的需要，需要考虑所选择连接器要尽量减少组装工艺的复杂性。适用于组装工艺的连接器技术要求见表 6-15。选择的连接器如果不满足以下几点会影响成本、可靠性、产品良率和返修率。

① 对于有极性连接器，在装配到 PCB 后要极性可见。

② 所使用的连接器引脚、插针、壳体和强度满足器件的组装要求，测试拔插而不会被损坏。

③ 避免铆接接头。

④ 要求供应商使用 ESD（防静电）包装连接器，以便于在 ESD 防护的生产线使用。

⑤ 插针不需要润滑。

⑥ 确保连接器图纸包含引脚长度、引脚间距、引脚宽度和厚度/直径、元器件有 Standoff、引脚材料和镀层材料、本体材料、位置和极性标识等。

表 6-15 连接器技术要求

连接器类型	应用	最小间距	最小/最大 PCB 厚度	最大连接器本体长度	最大连接器高度
SMT 连接器	SMT 连接器用到单面 PCB，最大 35g	推荐最小间距 0.5mm（0.020in），引脚最大翘曲度 0.10mm（0.004in）	N/A	自动贴装 149.86mm（5.9in），含引脚最大长度 120mm（4.7in）	14.27mm（0.562in），具体参照 SMT 设备能力
PTH 连接器（锡铅焊接工艺）	PTH 连接器焊接到 PCB	推荐 1.78 ～ 2.54mm（0.070～ 0.100in）	推荐最大 2.36mm（0.093in）	小于 150mm（6.0in）	76.20mm（3.0in）
PTH 连接器（无铅焊接工艺）	PTH 连接器焊接到 PCB	推荐 2.54mm（0.100in）	推荐最大 2.36mm（0.093in）	小于 150mm（6.0in）	76.20mm（3.0in）
压接	厚板或有双面 PTH 连接器	1.27mm（0.050in），2.0mm（0.079in）间隙阵列	最小 1.57mm（0.062in）	N/A	N/A
跨骑式连接器	不推荐	最小 1.27mm（0.050in）	厚度和公差和 PCB 一致	N/A	N/A

注：所有 PTH 连接器引脚伸出电路板长度要求 0.508mm（0.020in），为了实现这一点，引脚长度应该是 0.508mm（0.020in）＋110%板厚度＋元器件的托高＋引线长度公差。

4．SMT 连接器的选择

SMT 连接器有许多优点，包括降低组装成本、提供双倍的组装密度和改善高速性能的完整性。但是，SMT 连接器同时也包含一些已经被认知的缺点，从可靠性问题（如连接器从 PCB 上脱落）到共面性所导致的组装问题等。因此，选择 SMT 连接器时不妨考虑以下几点：

（1）引脚形状

根据形状和用途，较常见的引脚形状有鸥翼形引脚、J 形引脚、平行式等，如图 6-19 所示。鸥翼形引脚是最常见的一种引脚形状。J 形引脚虽可以提供更好的焊接厚度和接口，但制造 J 形引脚往往要使用比较复杂和昂贵的弯角工艺才能完成；成品后，却又不能为用户提供任何技术和工艺上的优势。平行式的引脚形状缺少引脚线与焊盘接触应有的表面积，影响引脚与焊盘的接触的可靠性。实践证明，平行式引脚在焊接后所能提供的抗拉力小于鸥翼形引脚或 J 形引脚的一半。

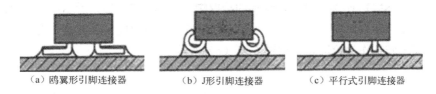

（a）鸥翼形引脚连接器　　　（b）J形引脚连接器　　　（c）平行式引脚连接器

图 6-19　SMT 连接器引脚形状

（2）共面性

引脚的错位或弯曲不良，会导致引脚偏离 PCB 上的焊盘从而在焊接过程中产生虚焊和桥接。鸥翼形引脚是将引脚弯曲成垂直的 90°角。其常见的问题是引脚成型时和成型后对其弯曲角度的误差的控制和保持。目前，行业对弯角误差的允许值一般为 0°～7°（即引脚角度不大于 90°，不小于 83°）。

（3）SMT 连接器机械定位

选用机械固定的 SMT 连接器对组装工艺具有很大挑战性，缺少机械固定的连接器和焊接后再机械固定的连接器都会带来焊点的过早失效。焊接后机械固定，比如铆接，可能会在焊点引起残余应力。

对于细间距带有铆钉机械定位的 SMT 连接器，连接器必须在再流焊前完成铆接。如果不这样做，将不能保证所有引脚接触 PCB 的表面。以图 6-20 所示的细间距带铆钉的 SMT 连接器为例。铆接完后必须保证所有引脚接触到焊膏，不然会带来组装的缺陷，同时在再流焊前，采用机械固定的方式需要一定的插入力（如开口销或"鱼叉"），这样可能很难使用自动贴装设备完成，会使得装配成本增加。

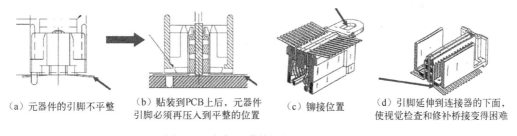

（a）元器件的引脚不平整　（b）贴装到PCB上后，元器件　（c）铆接位置　（d）引脚延伸到连接器的下面，
　　　　　　　　　　　　　 引脚必须再压入到平整的位置　　　　　　　　　　 使视觉检查和修补桥接变得困难

图 6-20　细间距带铆钉的 SMT 连接器

（4）优选的组装流程

对于 SMT 连接器推荐的组装流程应该是标准的 SMT 工艺，即焊膏印刷→自动贴装→再流焊，没有焊接后多余的动作或者另外的操作，或在 SMT 再流焊时另外局部加热焊接连接器都是不可取的。

① 如果 SMT 连接器有极性，应具有能被自动光学检测系统（Automotive Optical Inspection，AOI）检测的特点。

② 所有的焊点能够便于目检或者手工修补，除非焊点的良率小于 5DPMO（Defects Per Million Opportunities）。

③ 对于使用标准 SMT 工艺组装的连接器，引脚上焊锡要足够，不再需要再对焊点加锡。

④ SMT 连接器上部要有平整的表面或拾取帽便于贴装机真空拾取，最小直径 7.5mm（0.300in）。许多 SMT 连接器具有可移动的拾取帽，如图 6-21（a）所示，侧真空拾取方式的 SMT 连接器侧面表面要平坦，否则需要定制拾取装置或只能手工放置。有时也会在这类连接器上贴高温胶带作为拾取点，如图 6-21（b）所示。

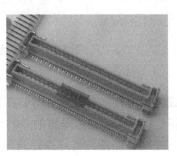

（a）带有可移动拾取帽的SMT连接器　（b）高温胶带作为拾取点的SMT连接器

图 6-21　带有可移动拾取帽的 SMT 连接器

5．PTH 连接器的选择

选择 PTH 连接器时按照以下要求：

① 使用坚固的引脚，细弱的引脚容易在运输、操作和装配时弯曲损坏。

② 牢固的固定销用以确保元器件本体和引脚之间移动最小。

③ 优选自动组装。

PTH 元器件组装要求和可制造性选择详见 6.4 节。

6．压接连接器的选择

装配好的压接连接器如图 6-22 所示，以下要求用于压接连接器到 PCB 通孔。

图 6-22　压接连接器

① 压接连接器引脚需要伸出 PCB 底部至少 0.508mm（0.020in），所以选择连接器引脚要比 PCB 厚度长 1.02mm（0.040in）。

② 确保引脚的尖部很容易通过电路板上的装配通孔，防止压接中引脚弯曲。

③ 连接器本体可以承受最大 3t 的压力。

④ 如果有可能，尽量去除或更换只有单个引脚的连接器，或者只有一排引脚的压接连接器，通常压接的连接器有 5～8 排引脚。

⑤ 压接连接的孔设计公差不要超过±0.076mm（±0.003in），需要确认 PCB 供应商有这个加工能力。

⑥ 连接器的引脚表面镀层和 PCB 表面镀层兼容。

7．跨骑式连接器的选择

跨骑式连接器的特点就是两排引脚分别焊接在电路板的 BOT 面与 TOP 面。对比其他连接器，跨骑式连接器因为组装复杂降低产品的良率。这类连接器在计算机硬盘的电路板上应用较多。条件允许尽量减少这类连接器的选用，而使用 SMT 连接器、PTH 连接器或压接连接器。

（1）采用跨骑式连接器的建议

当不得不选用跨骑式连接器时应按照以下几点建议操作。

① 连接器的两端增加导槽起到定位的作用，方便连接器组装在 PCB 上。两端带有塑性材料导槽的跨骑式连接器如图 6-23 所示。

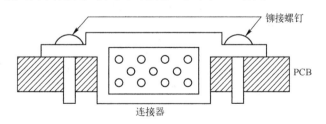

图 6-23　两端带塑性材料导槽的跨骑式连接器

② 使用供应商推荐的铆接螺钉固定连接器，如图 6-24 所示。

图 6-24　铆接螺钉固定连接器在 PCB 上

③ 推荐组装过程中采用机械方法先固定连接器，可以采用连接器本体自带的倾斜式的卡槽固定；如果连接器本身没有倾斜式的卡槽就需要做辅助夹具来实现。

④ 确保连接器和 PCB 厚度公差匹配，PCB 公差一般是±10%。

⑤ 可以考虑在连接器的引脚上预先涂足够的焊料形成可接受的焊点，预涂覆的焊膏接近引脚与焊盘接触点，避免焊盘润湿不良造成少锡。

（2）组装工艺

跨骑式连接器的组装工艺是典型的 SMT 焊接后再局部再流焊（热风或热电极）。如果用手工焊，速度慢而且连锡多，外观也不好看，也可以附带在 SMT 再流焊中，流程如下：

① PCB 下表面印刷焊膏。

PCB 下表面（BOT 面，即双面板第一次过再流焊的面）印刷焊膏，在连接器引脚对应的 PCB 焊盘上也需要印刷焊膏。需要控制焊膏量，因为焊膏焊接后会成为一个弧形焊点，该焊点有一些高度，可能会将连接器引脚翘起。在焊膏印刷钢网上进行优化设计，基本上是在焊盘的两侧开孔，中间部分留出一些，以便让连接器更好地插装。

② PCB 上表面印刷焊膏后，将连接器插装上去。

在 PCB 上表面（TOP 面）印刷焊膏后，将连接器插装上去。连接器插好后放在固定的治具中，这样就能保证组装其他元器件时不会因为振动导致连接器移位，在炉前还需要再确认一下。当然也可以在贴装后在炉前插件，这样放置元器件品质可能会受影响。

③ 过再流焊炉后完成产品焊接。

这里需要注意的方面如下。

● PCB 下表面印刷焊膏钢网的设计。

● 插件的标准，是否需要治具。

● 必须用治具固定住 PCB 和元器件。

6.4 PTH 元器件组装要求和可制造性选择

SMT 元器件的功率都比较小。大功率器件、机电元件和特殊器件的片式化还不成熟，还要采用通孔插装（PTH）元器件。

6.4.1 PTH 元器件选择的基本原则

选用 PTH 元器件时除了遵守 6.1.1 节中提到的相关基本原则外，还要注意以下几点。

① 避免使用双列直插式封装（DIP）插座，除了延长组装时间外，这种额外的机械连接还会降低长期使用可靠性。只有因为维护的原因需要双列直插式封装插座现场更换时，才使用。

② 避免用一些需要机器压力的零部件，如导线别针、铆钉等。除了安装速度慢以外，这些部件还可能损坏 PCB，而且它们的可维护性也很低。

③ 应对购买的大多数手工 PTH 元器件定出规格，使电路板焊接面上的引线伸出长度不超过 1.5mm，这样可减少元器件准备和引脚修整的工作量，而且电路板也能更好地通过波峰焊设备。

④ 避免使用卡扣安装较小的座架和散热器，因为组装速度很慢且需要工具，应尽量使用套管、塑料快接铆钉、双面热带或者利用焊点进行机械连接。

6.4.2 PTH 元器件组装的要求

1．轴向元器件安装的要求

将轴向引线元器件水平安装到板表面时，应该将其大致放于两个安装孔的中间。整个元器件本体应该接触板表面。元器件本体与印制板之间的最大间隙不应当超过 0.7mm（0.03in）。要求离开板面安装的元器件应当与板面至少相距 1.5mm（0.06in）。安装于非支撑孔内和要求离开板面安装的元器件应当在靠近板面处提供引线成型或其他机械支撑。对于没有采用夹固、黏结及其他加固方式加固的轴向引线元器件，至少有一端引线应当有应力释放，如图 6-25 所示。当元器件采用了夹固、黏结或其他加固方式加固时，所有的轴向引线应当有应力释放。

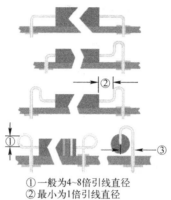

①一般为4~8倍引线直径
②最小为1倍引线直径
③最小为2倍引线直径

图 6-25　元器件引线应力释放示例

垂直安装在非支撑孔中的轴向引线元器件，应当通过引线成型或其他机械支撑方式安装。

垂直安装在支撑孔的轴向引线元器件的安装高度应当符合设计要求。从板到元器件本体的间隙（C）应当满足表 6-16 的要求。

表 6-16　元器件本体与板之间的间隙

间隙（C）	1 级	2 级	3 级
最小 C	0.1mm（0.004in）	0.4mm（0.016in）	0.8mm（0.03in）
最大 C	6mm（0.24in）	3mm（0.12in）	1.5mm（0.06in）

无支撑物，如仅靠引线支撑的径向引线元器件，其安装间隙应当在 0.3mm（0.01in）～2mm（0.08in）之间。元器件与 PCB 之间的间距不应当违反最小电气间隙。当径向引线元器件使用垫片时，安装应当满足表 6-17 的要求。

表 6-17　使用垫片的径向引线元器件

条　件	1 级	2 级	3 级
支撑孔上的垫片与板面和元器件完全接触	可接受	可接受	可接受
支撑孔上的垫片接触到板面及元器件但没有完全接触	可接受	可接受	制程警示
支撑孔上的垫片没有接触到板及元器件	可接受	制程警示	缺陷
非支撑孔上的垫片与板面及元器件完全接触	可接受	可接受	可接受
非支撑孔上的垫片没有完全接触	缺陷	缺陷	缺陷
垫片装反	无要求	缺陷	缺陷

2. 引线成型

在组装或安装之前，零件和元器件引线应该按照最终的形状要求进行预成型，引线最终的弯折或定位弯折不包括在内。引线从元器件体或熔接部位至引线内弯半径开始处的延伸长度至少应当为引线直径或厚度的 1 倍，但不得小于 0.8mm（0.03in），如图 6-26 所示。

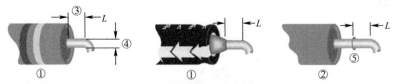

① 标准弯曲　② 熔接处弯曲　③ 直伸段长度为引线直径/厚度的1倍，但不小于0.8mm(0.03in)
④ 直径/厚度　⑤ 熔接处

图 6-26　元器件引线成型

引线成型过程不应当损伤元器件的引线密封、熔接处或元器件的内部连接，引线的割伤或变形不应当超过其直径、宽度或厚度的 10%，但扁平引线除外。引线成型的不良缺陷举例如图 6-27 所示。

（a）引线的损伤超过了引线　（b）引线熔接处、焊料球或元器　（c）引线由于多次或粗心
　　直径或厚度的10%　　　　件本体引线密封处有裂缝　　　　弯曲产生变形

图 6-27　引线成型的不良缺陷举例

引线的内弯方式如图 6-28 所示，引线的内弯半径应当符合表 6-18 的规定。

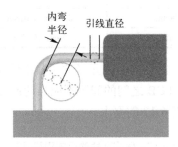

图 6-28　引线内弯方式

表 6-18　引线的内弯半径

引线直径或厚度	最小内弯半径（R）
<0.8mm（0.03in）	1 倍直径或厚度
0.8mm～1.2mm（0.03in～0.05in）	1.5 倍直径或厚度
>1.2mm（0.05in）	2 倍直径或厚度

3．收尾要求

支撑孔内的元器件引线的末端可以直插、部分弯折或完全弯折方式收尾。弯折应该足以在焊接过程中提供机械固定。可任意选择与任何导体相关的弯折方向。DIP 引线应该至少有两个对角线上的引线向外部分弯曲。非支撑孔中的引线至少应当弯折 45°。如果引线或导线已弯折，其弯折区域应当被润湿。焊接连接中的引线外形轮廓应该可辨识。

4．PTH 元器件的引脚形状和间距要求

（1）PTH 元器件引脚的形状

PTH 元器件采用通孔再流焊时，元器件引脚的截面形状推荐为圆形、正方形，不建议使用平头、长方形、十字形。PTH 元器件采用通孔再流焊仅适用于尺寸和大小有限范围的孔，需要正确的相应大小的引脚。

用于通孔再流焊的 PTH 元器件，引脚顶部应锥形，防止焊膏被推到孔的底部。

（2）PTH 元器件引脚间距的要求

① 推荐波峰焊最小间距为 1.78mm（0.070in）；

② 通孔再流焊最小间距为 2.54mm（0.100in）；

③ SMT 最小间距为 0.5～0.635mm（0.020～0.025in）。

5．PTH 元器件引线伸出长度

对于 PTH 元器件焊接的关键是，装配后 PTH 元器件引线伸出 PCB 的长度，特别是波峰焊工艺更要注意这一点。

所有的 PTH 元器件焊接后都需要引线伸出焊点长度有一个最小的值，使用下面的公式来确定所需的最小引线长度：

最小引线长度 = 最小引线伸出焊盘长度 + PCB 厚度 + 元器件托高（Standoff）+ 引线长度公差

所有的 PTH 元器件要求引线超出焊点 0.508mm（0.020in），为了达到这个要求，引线的长度应该比 PCB 厚度长出 1.02mm。PTH 元器件引线伸出 PCB 的长度如图 6-29 所示，引线伸出长度是由焊盘垂直测的长度。

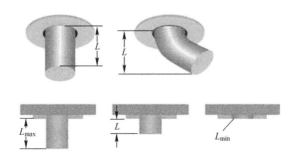

图 6-29　PTH 元器件引线伸出 PCB 的长度

引线的伸出不应当违反最小电气间隙要求。引线的伸出应当符合表 6-19 支撑孔的要求或符合表 6-20 非支撑孔的要求。

表 6-19　引线在支撑孔中的伸出

L	1 级	2 级	3 级
L_{min}	焊料中的引线末端可辨识		
L_{max}	无短路危险	2.5mm（0.0984in）	1.5mm（0.0591in）

注：对于已预先确定引线长度，且其小于板厚的元器件，元器件或引线与板面齐平，在后续形成的焊接连接中不要求引线末端可见。

表 6-20　引线在非支撑孔中的伸出

L	1 级	2 级	3 级
L_{min}	小引线末端在焊料中可辨识		足够弯折
L_{max}^{*}	无短路危险		

* 如果可能违反最小电气间隙，或在后续处理或操作环境中由于引线偏斜或刺穿静电防护包装而损伤焊点，则引线伸出长度不应该超过 2.5mm（0.1in）。

焊料中的引线末端要能辨识，如果违反最小间隙，可能由于引线被碰撞而损伤焊接连接，或在后续操作或工作环境中引线刺穿静电防护包装。引线伸出 PCB 长度不应该超过 2.5mm（0.0984in）。

如果不违反最小电气间隙，可免除对于连接器引线、继电器引线、回火引线和直径大于 1.3mm（0.5in）的引线的最大伸出长度要求。

6. 引线修整

只要剪切刀具不会因机械冲击损伤元器件或焊点，可以在焊接后修整引线。但回火后的引线不应当修整，除非图纸中有规定。完成焊接后引线的修整，焊点应当再次再流焊，或者在 10 倍放大镜下目检，以确认原来的焊点没有被损伤（如破裂）或变形。修整引线时焊料填充部位被剪切的焊点应当再次再流，如图 6-30 所示。元器件引线的再次再流，可视为焊接过程的一个工序而不是返工。该要求不适用于设计上要求在焊接后要去除部分引线的元器件（例如可掰离的联体条）。

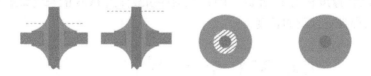

图 6-30　PTH 元器件焊接后引线修整

7. 层间连接

用于层间连接的没有引线的 PTH 元器件不需要用焊料填充。

8. 焊料中的弯月面涂层

作为表 6-21 的例外，对于 1 级、2 级产品，在焊接终止面上的弯月面可被焊料覆盖；但在焊接起始面上应当看到 360°的焊料润湿，并在焊料中看不到弯月面涂层。对于 3 级产品，弯月面不应当嵌入焊料中，焊接连接应当符合表 6-21 的要求。

表 6-21　有元器件引线的支撑孔的最低可接受条件

	条件	1 级	2 级	3 级
A	14 根以下引线未接触到内部散热面的元器件焊料垂直填充，见①和图 6-31	未规定	75%	75%
	14 根以下引线的元器件，每根接触内部散热面的引线的焊料垂直填充①②		50%或 1.2mm（0.05in）取较小值	
	14 根或以上引线的元器件的焊料的垂直填充①②			
B	焊接终止面引线和孔壁四周的润湿	未规定	180°	270°
C	焊接终止面的连接盘被润湿的焊料覆盖的百分比	0%		
D	焊接起始面引线和孔壁的填充和润湿		270°	330°
E	焊接起始面的连接盘被润湿的焊料覆盖的百分比③	75%		

① 未填充高度包括起始面和终止面的焊料下陷总和。

② 对于 2 级产品，50%或 1.2mm（0.05in）的焊料垂直填充，取两者中的较小值是允许的，只要在焊接起始面焊料 360°润湿电镀通孔引线及孔壁。

③ 润湿的焊料指任何焊接过程包括通孔再流焊所施加的焊料。对于通孔再流焊，连接盘和引线之间可能没有外部填充。

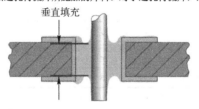

图 6-31　垂直填充示例

6.4.3　采用波峰焊时 PTH 元器件的选择

在选用 PTH 元器件采用波峰焊工艺时，要考虑的因素有很多，如最小引线间距、引线超出 PCB 的长度、孔的直径、耐温性等。采用波峰焊时 PTH 元器件的选择要求汇总见表 6-22。

表 6-22　采用波峰焊时 PTH 元器件的选择要求汇总

选择关键	无铅工艺波峰焊	有铅工艺波峰焊
最小引线间距	推荐 2.54mm（0.100in）；可以小于 2.54mm（0.100in），但会降低良率	推荐 1.78mm（0.070in）；可用 1.27mm（0.050in），但会降低良率
引线伸出 PCB 长度最小值	0.5mm（0.020in）	
引线伸出 PCB 长度最大值	当引线间距小于 2.54mm（0.100in）时，为 1.27mm（0.050in）；当引线间距大于 2.54mm（0.100in）时，为 1.91mm（0.075in）	当引线间距小于 2.54mm（0.100in）时，为 1.52mm（0.060in）；当引线间距大于 2.54mm（0.100in）时，为 2.03mm（0.080in）
通孔直径	最大引线直径+0.38mm（0.015in）～0.64mm（0.025in）	最大引线直径 + 0.38mm（0.015in）～0.51mm（0.020in）
最小托高	0.25mm（0.010in），没有托高值会导致焊点空洞	
最大元器件高度	见 11.1.3 节"元器件的高度限制"	
元器件本体形状	元器件本体的上表面应该平整以便于必要时简单的治具夹紧	
元器件固定	如果元器件长度大于 127mm（5.00in），间隔为 127mm（5.00in）	
元器件焊接预热温度	130～145℃	100～125℃
元器件焊接保温温度	180～200℃	150～180℃
焊接峰值温度	最高 265℃时 2～10s	250～260℃时 2～10s

注：1. 引线超出 PCB 长度是组装良率的关键因素，必须考虑引线长度的变化和 PCB 的厚度。最小引线超出长度 = 最小引线长度-最大 PCB 厚度，最大引线超出长度 = 最大引线长度-最小 PCB 厚度。如果元器件有托高，引线长度一定要从元器件的托高底部开始算起。

2. 避免波峰焊后引线修剪。

6.4.4 采用通孔再流焊时 PTH 元器件的选择

通孔再流焊是印刷焊膏在孔和孔焊盘上，插装 PTH 元器件到孔里，再流焊后形成焊点。最为关键的是 PCB 设计要符合这种工艺。采用通孔再流焊时 PTH 元器件的选择要求汇总见表 6-23。

表 6-23 采用通孔再流焊时 PTH 元器件的选择要求汇总

选择关键点	通孔再流焊组装
最小引线间距	推荐 2.54mm（0.100in），允许焊膏印刷超出焊盘，能够填满焊料的细间距元器件是可以接受的
最小引线伸出焊盘长度	0.5mm（0.20in）
引线直径	见 9.11.2 节"PTH 元器件再流焊时通孔焊盘设计"
最小托高	（钢网厚度×1.8）+ 0.076mm（0.003in），如果钢网厚度不知道，托高用最小值 0.44mm（0.017in）
最大元器件高度	见 11.1.3 节"元器件的高度限制"
元器件本体形状	上表面平整是自动放置元器件的首选，侧面表面平坦对侧真空拾取方式是可以接受的。否则需要定制拾取装置或只能手工放置
元器件固定	避免使用咬合引线固定元器件，这样会把焊膏挤出孔

注：引线超出 PCB 长度是组装良率的关键因素，必须考虑引线长度的变化和 PCB 的厚度，最小引线超出长度 = 最小引线长度−最大 PCB 厚度；如果元器件有托高，引线长度一定要从元器件的托高底部开始算起。

在 IPC-T-50 标准中托高（Standoff）的定义是：有助于抬高基板表面上的表面贴装元器件的柱形托架或凸起物。

大部分元器件都有托高，片式元器件除了电阻、QFN、D-Pack、R-Pack 之外都有托高值。BGA 的托高就是球的直径，在焊接的过程中，焊膏中的助焊剂和溶剂受热后由液态变成气态，通过元器件本体和印制电路板之间的间隙挥发出去，以减少在焊点中的空洞。

PTH 元器件无论是采用波峰焊工艺还是通孔再流焊工艺，都具有托高，主要是在焊接的过程中，避免助焊剂挥发的气体排不出，而在元器件焊点中形成气孔从而影响焊点的强度。无托高元器件焊接气孔如图 6-32 所示，虚线上面是元器件没有托高，虚线下面是 PCB。由于助焊剂中挥发的气体无法排除，在每个引线的焊点中都有明显的气孔产生。

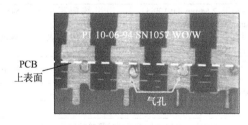

图 6-32 无托高元器件焊接气孔

元器件托高的位置和类型对于形成一个好的焊点非常重要。表 6-22 和表 6-23 中都规定了托高的高度要求。

PTH 元器件的几种托高如图 6-33 中 H 所示，图 6-33（a）表示边角的引线有环状托高，直接压在焊膏上面，这种不推荐；图 6-33（b）是托高在元器件的本体可能会触碰到相邻引线焊盘印刷后的焊膏，这种可以接受但不是最好；图 6-33（c）、（d）是在元器件的两端有托高，离元器件引线有足够的距离避免触碰到焊膏，推荐使用。

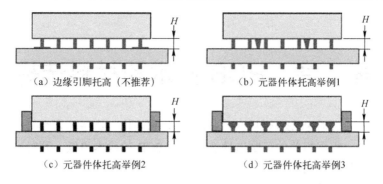

（a）边缘引脚托高（不推荐）　　　　（b）元器件体托高举例1

（c）元器件体托高举例2　　　　　　（d）元器件体托高举例3

图 6-33　PTH 元器件的几种托高

PTH 元器件再流焊时托高不能碰到相邻引线焊盘印刷后的焊膏。

$$最小托高 = 0.076mm（0.003in）+（钢网厚度×1.8）$$

推荐值为 0.9mm（0.035in）；

可接受的值为 0.5mm（0.020in）；

最小值为 0.38mm（0.015in）。

PTH 元器件无论是采用波峰焊工艺还是通孔再流焊工艺，在实际的 PTH 元器件中，托高存在的位置各种各样，托高实例如图 6-34 所示，箭头所指的部位就是连接器的托高。

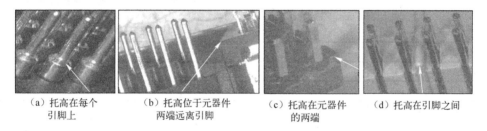

（a）托高在每个　　　（b）托高位于元器件　　　（c）托高在元器件　　　（d）托高在引脚之间
　　引脚上　　　　　　　两端远离引脚　　　　　　的两端

图 6-34　PTH 元器件托高位置实例

第7章 PCB技术和材料选择

本章内容包含设计时 PCB 材料的可制造性选择和结构，这些因素直接影响了 PCB 的成本和产品的可靠性。根据相关的可制造性选择使得 PCB 的成本最低，同时可以咨询 PCB 加工供应商根据他们的推荐来选择。

电子产品根据应用大致可以分为：基本消费类产品（Consumer Basic）、高性能的消费类产品（Consumer Performance）、高端设备（Advanced）、前沿技术的产品（Leading Edge）等四大种类。为了帮助理解这种定义，表 7-1 简单地列出这些类别之间的相互关系、地域和市场的应用、产品产量，以及代表的组装技术等。

表 7-1 根据应用对产品分类和对应的组装技术

描述	基本消费类产品	高性能消费类产品	高端设备	前沿技术产品
市场	消费类电子、Hi-Fi、TV、家用计算机			
	通信交换机、路由器、高级终端服务器等			
	笔记本电脑、基站等			
产品产量（台/月）	>1000	100～10000	10～1000	1～100
最小无源元件（英制）	0402	0402	0201	0201
最小 QFP 引脚间距（mm）	0.5	0.4	0.3	0.2
最小连接器引脚间距（mm）	0.5	0.4	0.4	0.4
最小 CSP/BGA 间距（mm）	0.75	0.5	0.5	0.4
最小 LGA 间距（mm）	0.75	0.5	0.5	0.4
典型 PCB 尺寸（mm×mm）	≥300×300	≤300×300	≤100×100	≤30×30

这四类产品的可靠性和功能性要求不同，所选用的元器件和组装密度也不同，所以 PCB 的成本会不同，本章内容会介绍这些不同带来的成本不同，以帮助设计者理解成本取决于设计。

7.1 PCB 的分类和加工技术

7.1.1 PCB 的分类

1. 分类

印制电路板按结构分为刚性印制电路板（简称刚性板）、挠性印制电路板（简称挠性板）、刚挠结合印制电路板（简称刚挠结合板），根据电路的复杂程度，这三类板又分为单面板、双面板、多层板，如图 7-1 所示。

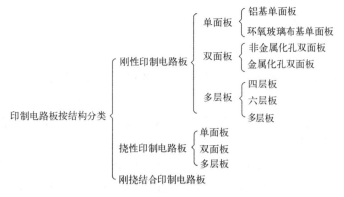

图 7-1　印制电路板分类

按阻燃性能分为阻燃型（UL94-V0，UL94-V1）和非阻燃型（UL94-HB 级），表 7-2 是综合了基板材料的印制电路板分类汇总。

表 7-2　综合了基板材料的印制电路板分类汇总

印制电路板		非阻燃型	阻燃型
刚性板	纸基板	XPC、XXXPC	FR-1、FR-2、FR-3
	复合基板	CEM-2、CEM-4	CEM-1、CEM-3、CEM-5
	玻纤布基板	G10、G11	环氧树脂玻璃基 FR-4、FR-5
		聚酰亚胺树脂（PI）、PTFE 板、双马来酰亚胺三嗪树脂（BT）板、PPE（PPO）板、CE 板等	
		涂树脂铜箔（RCC）、金属基板、陶瓷基板等	
挠性板		聚酯薄膜挠性覆铜板、聚酰亚胺薄膜挠性覆铜板	

2．刚性、挠性和刚挠结合印制电路板

（1）刚性印制电路板

刚性印制电路板是指在具有绝缘隔热、不易弯曲的刚性聚合物的基材表面上覆铜箔层压工艺制成的印制电路板。刚性印制电路板如图 7-2（a）所示。

（2）挠性印制电路板

挠性印制电路板是指在挠性超薄聚合物的基材表面上覆铜箔层压工艺制成的印制电路板，它能够弯曲、扭转而不会损坏导线，简称 FPC。挠性印制电路板如图 7-2（b）所示。

（3）刚挠结合印制电路板

刚挠结合印制电路板是指以上两种的结合型。主要用于刚性印制电路板和挠性印制电路板的电气连接处。刚挠结合印制电路板如图 7-2（c）所示。

（a）刚性印制电路板　　　（b）挠性印制电路板　　　（c）刚挠结合印制电路板

图 7-2　刚性、挠性、刚挠结合印制电路板

3. 单面板、双面板和多层板

（1）单面板

单面板是指导电图形和焊盘集中在一面的电路板。因为导线只出现在其中的一面，所以称为单面板。

单面板在设计线路上有许多严格的限制，因为只有一面，布线间不能交叉而必须绕独自的路径，因此只能用于简单的电路。

为了将元器件固定或焊接在 PCB 焊盘上，需要在 PCB 上打孔，这样就可以将元器件的引线穿过 PCB 到达另一面。PCB 的正反面分别称为元器件面（也称 Top 面）和焊接面（也称 Bottom 面）。

PCB 表面的绿色或棕色是阻焊膜（Solder Mask），这层是绝缘的防护层，其作用是保护铜线，也可以防止元器件被焊到不正确的地方。

在阻焊层上还会印刷一层白色的丝印层（Silk Screen），这层是一些文字和符号用来标示元器件在 PCB 上的位置和极性方向，文字主要包括元器件位号、规格、PCB 的型号版本等。

（2）双面板

双面板是指电路板的两面都有导电图形。双面板的两面导线的互联是通过导通孔（Via）实现的。导通孔是指在 PCB 上打小孔，并在小孔内壁电镀铜，与两面的导线产生电气连接，因此导通孔能够实现电路间的连接作用。

因此双面板的布线面积比单面板扩大一倍，所以布线可以互相交错（可以绕到另一面），它更适用于比单面板复杂的电路中。

（3）多层板

多层板是指为了增加布线面积，使用多片单面或双面布线板材经过层压加工的印制板。多层板使用数片双面板，并在每层板之间放进一层绝缘层后压合贴牢。板子的层数就代表了有几层独立的布线层，通常层数都是偶数，并且包含最外侧的两层。大部分的 PCB 都是 4～8 层的结构，目前国际最高水平可以做到近 100 层。大型超级计算机大多使用超多层的主机板，但因为这类计算机已经可以用许多普通计算机的集群代替，因此，已经逐渐不再使用超多层板。

在双面板中提到的导通孔（Via），是用于层间导通连接的金属化孔。但在多层板中，导通孔可能会浪费一些其他层的线路空间，因此需要采用埋孔（Buried Via）和盲孔（Blind Via）技术，埋孔和盲孔只穿透其中几层。盲孔是将几层内部 PCB 与表面 PCB 连接，无须穿透整个板子，埋孔是只连接内部的 PCB，所以从 PCB 的表面看不到埋孔。

在多层板中，整层都直接连接地线与电源，所以将各层分类为信号层（Signal）、电源层（Power）、接地层（Ground）。如果 PCB 上的元器件需要不同的电源供应，这类 PCB 通常会有两层以上的电源与电路层。

如果要将两块 PCB 相互连接，需要在 PCB 的一个边缘加工与插槽相对应的铜焊盘，这些铜焊盘也是 PCB 布线的一部分。为了保证良好的电气连接，需要电镀金保护铜焊盘，这种结构俗称"金手指"的边接头（Edge Connector）。连接时将其中一片 PCB 上的金手指插进另外 PCB 上合适的插槽中，一般叫作扩展槽（Slot）。在计算机中，显卡、声卡或其他类似的接口卡，都是借着金手指来与主机板连接的。

7.1.2　PCB 加工技术及其发展趋势

1．PCB 制造行业目前加工技术

PCB 制造行业目前加工技术能力见表 7-3。

表 7-3　PCB 制造行业目前加工技术能力

PCB 类型	项目	目前行业技术能力
常规刚性板	层数	2-68L
	板厚（mm）	0.2～14
	最大完成尺寸	1000mm×600mm（单板） 1320mm×600mm（背板）
	内层最小线宽/线距（mil）	1.5/1.5
	外层最小线宽/线距（mil）	1.5/1.5
	阻抗公差控制	±5%
	板厚孔径比	40：1
	最小机械钻孔孔径（mil）	4
	孔到导体距离（mil）	3
	背钻 STUB（mil）	6
	图形到边公差（mil）	±2
HDI	三阶 $3+C+3^*$	量产
	四阶 $4+C+4$	量产
	五阶 $5+C+5$	试验
	激光盲孔电镀填孔	量产
	最小激光钻孔孔径（mil）	3
刚柔板	层数/挠性层数	36/10
	内层线宽/线距（mil）	2.0/2.0
	外层线宽/线距（mil）	2.0/2.0
	板厚孔径比	30：1
	阻抗公差控制	±5%
	孔到导体距离（mil）	5.5
特种板/工艺	金属基板	铝基、铜基
	金属基控深铣板能力（mm）	±0.05
	阶梯板控深铣板能力（mm）	±0.1
	厚铜板加工（oz）	10

* $3+C+3$，C 表示常规通孔板层；3 表示阶数。

　　板子的层数并不代表有几层独立的布线层，在特殊情况下会加入空层来控制板厚，通常层数都是偶数，并且包含最外侧的两层。大部分的 PCB 为 4～8 层的结构，不过技术上理论可以做到近 100 层。表 7-3 中的层数是多数 PCB 厂家可以做到的。大型的超级计算机大多使用相当多层的主板，不过因为这类计算机已经可以用许多普通计算机组成的集群来代替，超多层板已经渐渐不被使用了。

　　为了使产品良率最高和成本最低，应避免使设计超越 PCB 的加工技术。根据所设计产

品的不同对应的 PCB 加工技术见表 7-4。

表 7-4　根据产品不同对应的 PCB 加工技术

	特点	基本消费类产品	高性能消费类产品	高端设备	前沿技术产品
最小外部导线宽度	1/2oz（无阻抗线）	0.127mm（0.005in）	0.102mm（0.004in）	0.089mm（0.0035in）	0.076mm（0.003in）
	1/2oz（有阻抗线）	0.127mm（0.005in）	0.102mm（0.004in）	0.076mm（0.003in）	0.064mm（0.0025in）
	1oz	0.152mm（0.006in）	0.127mm（0.005in）	0.102mm（0.004in）	0.102mm（0.004in）
最小外部铜到铜间隙	1/2oz	0.127mm（0.005in）	0.102mm（0.004in）	0.102mm（0.004in）	0.089mm（0.0035in）
	1oz	0.152mm（0.006in）	0.127mm（0.005in）	0.114mm（0.0045in）	0.114mm（0.0045in）
最小内部导线宽度	1/2oz	0.102mm（0.004in）	0.102mm（0.004in）	0.076mm（0.003in）	0.064mm（0.0025in）
	1oz	0.127mm（0.005in）	0.127mm（0.005in）	0.102mm（0.004in）	0.102mm（0.004in）
	埋孔[1]	—	0.127mm（0.005in）	0.102mm（0.004in）	0.102mm（0.004in）
最小内部铜到铜间隙	1/2oz	0.127mm（0.005in）	0.102mm（0.004in）	0.076mm（0.003in）	0.076mm（0.003in）
	1oz	0.152mm（0.006in）	0.127mm（0.005in）	0.102mm（0.004in）	0.076mm（0.003in）
	埋孔[1]	—	0.127mm（0.005in）	0.102mm（0.004in）	0.076mm（0.003in）
最多层数		6	12	20	>20
最小介电厚度[2]	标准	0.127mm（0.005in）	0.102mm（0.004in）	0.076mm（0.003in）	0.051mm（0.002in）
	埋孔	—	0.127mm（0.005in）	0.102mm（0.004in）	0.102mm（0.004in）
	埋电容（1oz 铜）	—	—	0.051mm（0.002in）	0.051mm（0.002in）
最小阻焊桥宽度[3]		0.127mm（0.005in）	0.102mm（0.004in）	0.076mm（0.003in）	0.076mm（0.003in）
最小阻焊膜间隙[4]		0.064mm（0.0025in）	0.051mm（0.002in）	0.051mm（0.002in）	0.038mm（0.0015in）
最小导线阻焊膜覆盖[5]		0.064mm（0.0025in）	0.051mm（0.002in）	0.051mm（0.002in）	0.038mm（0.0015in）
最小导线到阻焊膜开口的距离[6]		0.127mm（0.005in）	0.102mm（0.004in）	0.102mm（0.004in）	0.076mm（0.003in）
最小机械钻孔		0.406mm（0.016in）	0.356mm（0.014in）	0.254mm（0.010in）	0.203mm（0.008in）

① 埋孔层是与显影蚀刻一起生成，具有较大的线宽和间隙要求。

② 电源和接地平面之间介质厚度小于 0.127mm（0.005in）时，需要特别考虑。

③ 仅表示制造能力。阻焊桥又称绿油桥、阻焊坝，是为防止元器件引脚短路而做的"隔离带"。

④ 阻焊膜间隙被定义为从阻焊膜开口到暴露铜的距离。

⑤ 导线阻焊膜覆盖定义为阻焊膜覆盖铜导线边缘。

⑥ 最小导线到阻焊膜开口的距离是指从导线边到阻焊开口边缘的距离。要满足这个最小值，以确保导线表面仍然是被阻焊膜覆盖的。

铜厚的特征尺寸见表 7-5。

表 7-5　铜厚的特征尺寸

特征	铜　厚			
	2oz	3oz	4oz	5oz
最小外部导线宽度	0.127mm（0.005in）①	0.178mm（0.007in）	0.203mm（0.008in）	0.254mm（0.010in）②
最小外部铜到铜间隙	0.127mm（0.005in）①	0.178mm（0.007in）	0.203mm（0.008in）	0.254mm（0.010in）②
最小内部导线宽度	0.127mm（0.005in）①	0.178mm（0.007in）	0.203mm（0.008in）	0.254mm（0.010in）②
最小内部铜到铜间隙	0.127mm（0.005in）①	0.178mm（0.007in）	0.203mm（0.008in）	0.254mm（0.010in）②

注：1. 避免在每个芯料和外层使用混合铜箔（不同的铜厚）。这些要求有特殊的刻蚀能力，并可能增加材料的交付周期和制造过程中出现错误的机会。

　　2. 确保电介质间距允许有足够的树脂含量。特定设计的最小介电厚度能力咨询 PCB 供应商。

① 0.102mm（0.004in）导线宽度和间距的能力属于前沿技术。

② 0.254mm（0.010in）导线宽度和间距的能力属于前沿技术，某些供应商可能会以高价提供。

2．PCB 的孔类型

印制板上的孔，按作用来分，可分为两类：一类是用于各层间的电气连接；另一类是用作于通孔插装元器件的固定或定位。

通常，印制板有 5 种孔。

① 定位孔（Location Hole）：在印制板加工或装配时用于印制板精确定位固定的孔。

② 安装孔（Mounting Hole）：用于印制板的机械支撑与固定，或将元器件机械连接到印制板上的孔。机械安装孔是非电镀的孔。

③ 元器件孔（Component Hole）、引线安装孔（Lead Mounting Hole）：又称插装孔，用于将元器件端子（包括插针和导线）固定于印制板及导电图形电气连接。

④ 隔离孔（Clearance Hole）：也称余隙孔，需要金属化。对于不和铜层相连的通孔信号，就需要在电源和地层使用隔离焊盘，不要让信号与这些层短路。

⑤ 导通孔（Via）：也称过孔、贯穿孔，是金属化孔，用于内层连接的金属化孔，但并不用于插装元器件引线或其他增强材料。孔径为 0.3～0.5mm 的称为小孔（Small Via），孔径小于或等于 0.15mm 的称为微导通孔（Micro Via）。

从制程工艺上分，导通孔分为通孔、埋孔、盲孔 3 种，如图 7-3 所示。

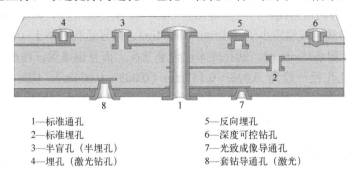

1—标准通孔　　　　　5—反向埋孔
2—标准埋孔　　　　　6—深度可控钻孔
3—半盲孔（半埋孔）　7—光致成像导通孔
4—埋孔（激光钻孔）　8—套钻导通孔（激光）

图 7-3　PCB 的导通孔

① 通孔（Through Via）：两端均与外层相通，从印制板的一个表层延展到另一个表层的导通孔。

② 埋孔（Buried Via）：任何一端均不与外层相通即为埋孔，是在多层板内部连接两个或两个以上内层的镀覆孔。

③ 盲孔（Blind Via）：仅有一端与外层相通即为盲孔，连接多层板表（外）层与一个或多个内层间的镀覆孔。

3．PCB 技术的发展趋势

在整个电子组装技术应用中，印制电路板技术可以算是较落后的。预计印制电路板技术的发展趋势如下：

① 使用高性能玻璃布基纤维的覆铜板，降低介电常数 ε 和介质损耗 $\tan\delta$；

② 使用改良环氧树脂，提高 FR-4 玻璃布覆铜箔层压板材料的 T_g 温度；

③ 层压技术已开始成熟，PCB 向更大和更厚（用于更多层基板）发展；

④ 将 CTE 相对小的材料或 CTE 性能相反的材料叠加使用，减小整体的热膨胀系数；

⑤ PCB 超更细的引线和间距工艺，高密度互联（High Density Interconnect，HDI）技术发展；

⑥ 挠性 CCL 印制电路板的应用越来越广；

⑦ 更好的热传导性能（已经开始研究通过辐射散热）；

⑧ 更好的尺寸和温度稳定性；

⑨ 可控基板阻抗；

⑩ 氧化保护工艺的改革（焊膏成分有可能改变）。

这些发展趋势意味着技术有可能在将来有大的变革，设计师应对这方面的动向保持关注，做好需求改变的准备。

7.1.3　高密度互连印制电路板

随着 0.8mm 及以下引线中心距 BGA、BTC 类电子元器件的使用，传统的层压印制电路制造工艺已经不能适应精细间距元器件的应用需求，从而开发了高密度互连（High Density Interconnect，HDI）印制电路板制造技术。高密度互连印制电路板常简称 HDI 板。HDI 板含有微小盲孔和/或埋孔构成的导通孔，以及精细线路，并由积层工艺制作。HDI 板有内层线路和外层线路，再利用钻孔、孔内金属化等工艺，使各层线路内部实现连接。

HDI 板一般指线宽或线距小于 0.1mm（0.004in）、微导通孔径小于 0.15mm（0.006in）的 PCB。当钻孔达到 0.15mm 时，钻孔成本已经非常高，而且很难保证精度。HDI 板的孔是激光钻孔的，钻孔孔径一般为 0.076～0.152mm（0.003～0.006in），HDI 板的线宽一般为 0.076～0.10mm（0.003～0.004in），焊盘的尺寸可以大幅度地缩小，所以单位面积内可以实现更多的线路分布，高密度互连由此而来。

1. 采用 HDI 板的优点

一般来说采用 HDI 板有以下优点。

① 降低 PCB 成本：当 PCB 超过 8 层后，以 HDI 来制造，其成本将较传统复杂的压合制程低。

② 增加线路密度。

③ 有利于先进组装技术的使用。

④ 拥有更佳的电性能及信号正确性。

⑤ 可靠度较佳。

⑥ 可改善热性质。

⑦ 可改善射频干扰/电磁波干扰/静电释放（RFI/EMI/ESD）。

⑧ 增加设计效率。

2. HDI 板的定义和分类

HDI 板叠层的分类一般按照阶数来分，而阶数是以盲孔的层数来确定的。例如，1-2 为一阶；1-2、2-3 为二阶；1-2、2-3、3-4 为三阶，以此类推。HDI 板的分类和定义见表 7-6。

表 7-6　HDI 板的分类及定义

分类	定义	命名规则	举例
一阶	有一阶盲孔，有且仅有一层直接连接相邻两层的 HDI 孔，如第 1 层与第 2 层连接和第 1 层与第 n 层连接（n 代表板的层数，下同）	1+C+1 ① "1"，代表阶数； ② "C"，代表内层通孔层的层数； ③ "C"，左右各有一阶 "1"，代表一次一阶	4 层板（1+2+1）；6 层板（1+4+1）；8 层板（1+6+1）；10 层板（1+8+1）
二阶	有二阶盲孔，直接连接相邻三层的 HDI 孔，指有第 1 层与第 3 层连接和第 n 层与第 $(n-2)$ 层连接或和第 1、2、3 层相互连接或和第 n、$(n-1)$、$(n-2)$ 层相互连接的 HDI 孔。	2+C+2 ① "2"，代表阶数； ② "C"，代表内层通孔层的层数； ③ "C"，左右各有一阶 "2"，代表两阶	6 层板（2+2+2）；8 层板（2+4+2）；12 层板（2+8+2）
m 阶（m 代表阶数）	有直接连接相邻 $(m+1)$ 层的 HDI 孔，指有第 1 层与第 $(m+1)$ 层连接和第 n 层与第 $(n-m)$ 层连接或相互连接第 1、2、……、m、$(m+1)$ 层，$(n-1)$、……、$(n-m)$ 层相互连接的 HDI 孔	m+C+m ① "2"，代表阶数； ② "C"，代表内层通孔层的层数； ③ "C"，左右各有一阶 "m"，代表 m 阶	12 层 4 阶板（4+4+4）

3．HDI 板的应用和结构

HDI 板发展的主要驱动力来自移动通信产品、高端计算机产品和封装用基板。这几类产品在技术上的需求完全不同。根据组装密度和电子产品应用的不同，HDI 板大致可分为以下三种类型。

① 小型化 HDI 板的尺寸和质量都缩减，这是通过提高布线的密度设计，使用 CSP、倒装芯片等小型器件，以及 6 层或 8 层板内部互连采用埋孔工艺来实现的。

② 封装用高密度 IC 基板的 HDI 板主要是 4 层或 6 层板，层间采用埋孔工艺实现互连，其中至少两层有微孔。该技术适用于倒装芯片（Flip Chip）或者引线键合（Wire Bonding）用的基板。微孔工艺为高密度倒装芯片提供了足够的间距。

③ 高层数 HDI 板通常是第一层到第二层或第一层到第三层有激光钻孔的传统多层板，采用必需的顺序叠层工艺，在玻璃增强材料上进行微孔加工。该技术的目的是预留足够的元器件空间，以确保要求的阻抗水平。

HDI 板的结构如图 7-4 所示。

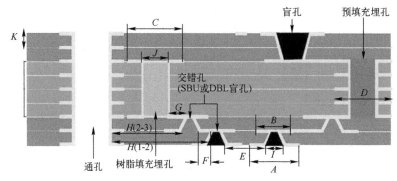

图 7-4　HDI 板的结构

4．技术特征

根据产品种类不同，HDI 板的供应商制造能力的技术特征见表 7-7。$A \sim K$ 参考图 7-4。

表 7-7　HDI 板的供应商制造能力的技术特征

参考	描述	基本消费类产品	高性能消费类产品	高端设备	前沿技术产品
A	外层焊盘尺寸	—	钻孔 +0.203mm（0.008in）	钻孔 +0.152mm（0.006in）	钻孔 +0.127mm（0.005in）
B	焊盘尺寸 1-2	—	钻孔 +0.203mm（0.008in）	钻孔 +0.152mm（0.006in）	钻孔 +0.127mm（0.005in）
C	埋孔边缘焊盘尺寸	—	钻孔 +0.254mm（0.010in）	钻孔 +0.254mm（0.010in）	钻孔 +0.203mm（0.008in）
D	埋孔内部焊盘尺寸	—	钻孔 +0.254mm（0.010in）	钻孔 +0.254mm（0.010in）	钻孔 +0.203mm（0.008in）
E	孔边缘 1-2 到孔边缘 1-2	—	0.254mm（0.010in）	0.254mm（0.010in）	0.254mm（0.010in）
F	孔边缘 1-2 到孔边缘 2-3	—	0.203mm（0.008in）	0.152mm（0.006in）	0.152mm（0.006in）
G	孔边缘 1-2 到机械埋孔边缘	—	0.254mm（0.010in）	0.203mm（0.008in）	0.152mm（0.006in）
H（1-2）	孔边缘 1-2 到机械通孔边缘	—	0.305mm（0.012in）	0.254mm（0.010in）	0.254mm（0.010in）

续表

参考	描述	基本消费类产品	高性能消费类产品	高端设备	前沿技术产品
F	孔边缘 2-3 到孔边缘 2-3	—	0.254mm（0.010in）	0.152mm（0.006in）	0.152mm（0.006in）
G	孔边缘 2-3 到孔边缘 2-3	—	0.254mm（0.010in）	0.152mm（0.006in）	0.152mm（0.006in）
H（2-3）	孔边缘 2-3 到机械通孔边	—	0.305mm（0.012in）	0.254mm（0.010in）	0.254mm（0.010in）
I	最小孔径 1-2	—	0.127mm（0.005in）	0.102mm（0.004in）	0.102mm（0.004in）
I	最小埋孔径 2-3	—	0.127mm（0.005in）	0.102mm（0.004in）	0.102mm（0.004in）
J	最小埋孔孔径（机械钻孔）	—	0.254mm（0.010in）	0.203mm（0.008in）	0.203mm（0.008in）
K	最大堆积层厚度 1-2 或 2-3	—	0.063mm（0.0025in）	0.076mm（0.003in）	0.102mm（0.004in）
K/I	最大的堆积层的纵横比	—	0.5	0.6	0.8
	最小阻焊膜开口	—	0.3mm（0.012in）	0.25mm（0.010in）	0.2mm（0.008in）

注：1. 铜和铜的分布很重要，外层和内层铜层应该对称平衡以降低介电层厚度的变化。原因是介质厚度较小，以及用于铜填充树脂数量的限制。

2. "1-2" 是指微孔设计的层数。

3. 电镀前孔尺寸参照 I 和 J。

4. 阻焊膜不应完全覆盖镀孔，要考虑阻焊膜开口的偏差。

7.2　PCB 的基板材料和参数

7.2.1　PCB 常用基板材料的特点和应用

一般印制板用基板材料可分为两大类：刚性基板材料和柔性基板材料。

表 7-8 是美国电子制造协会（National Electrical Manufacturers Association，NEMA）对 PCB 基板材料的分类特性和主要用途的介绍。

表 7-8　PCB 基板的分类、材质、特性和主要用途

板材	基材	树脂	特性	主要用途
XPC	纸基	酚醛树脂	非阻燃	用于低电压、低电流、不会引起火源的消费性电子产品，如玩具、收音机、电话机、计算器、遥控器、钟表等
XXXP	纸基	酚醛树脂	非阻燃	
FR-1	纸基	酚醛树脂	阻燃	用于电流及电压比 XPC 稍高的电器产品，特别是家用电器，如彩色电视机、监视器、VTR、家庭音响、洗衣机、吸尘器等
FR-2	纸基，棉纸	酚醛树脂	阻燃	
FR-3	纸基，牛皮纸	环氧树脂	阻燃	用于比 FR-1、FR-2 耐流、耐电压更高的电器产品，如工业电器
FR-4	玻纤布基	环氧玻璃布基	阻燃	一般用于多层板
FR-5	玻纤布基	环氧玻璃布基	阻燃，高 T_g	用于高频板
G10	玻纤布基	环氧玻璃布基	非阻燃	一般用于多层板
G11	玻纤布基	环氧玻璃布基	非阻燃	一般用于多层板，耐热性比好
CEM-1	玻纤布 + 牛皮纸	酚醛 + 环氧树脂	阻燃	用于单面板
CEM-3	玻纤布 + 牛皮纸	环氧树脂	阻燃	用于双面板
Polyimide	（PI）	聚亚酰胺	挠性	用于软板
Aramid		聚酰胺	尺寸稳定	用于手机板
PTFE（Teflon）		聚四氟乙烯	高 T_g	用于基地台板
BT	玻纤布	BT	高 T_g	用于 BGA

　　基板是覆铜箔层压板（Copper Clad Laminate，CCL）是将电子玻纤布或其他增强材料浸以树脂，一面或双面覆以铜箔并经热压而制成的一种板状材料。覆铜箔层压板简常称为基板、覆铜板、层压板。

1. 纸基覆铜箔层压板

　　纸基覆铜箔层压板（简称纸基板）是采用纤维纸 + 黏合剂，经烘干→覆铜箔→高温高压工艺制成的。纸基板分为酚醛树脂纸基板和环氧纸基板。

　　纸基板的特点：

① 纸基疏松，只能冲孔，不易钻孔；

② 吸水性高；

③ 介电性能和机械性能不如环氧板；

④ 价格低；

⑤ 只适合制作单面板。

2. 环氧玻纤布基覆铜箔层压板

　　环氧玻纤布基覆铜箔层压板（简称环氧玻纤布基板）是采用环氧玻璃纤维布 + 黏合剂，经烘干→覆铜箔→高温高压工艺制成的。

　　（1）特点

① 综合性能优良；

② 吸水性低；

③ 易高速钻孔；

④ 机械性能、电气性能好。

　　另外，环氧玻纤布基板具有强度高、耐热性好、介电性好、通孔可金属化的特点，实现双面和多层间的电路导通。环氧玻纤布基板是所有覆铜板中用途最广、用量最大的一类。

　　（2）应用

　　环氧玻璃布基覆铜箔层压板广泛用于多层板、移动通信、数字电视、卫星、雷达等中高档电子产品中。在全世界各类覆铜板中，纸基板和环氧玻纤布基板约占92%。

3. 复合基覆铜箔层压板

　　面料和芯料由不同的增强材料构成的刚性覆铜板，称为复合基覆铜板，简称 CEM，结构如图 7-5 所示。其中 CEM-1（环氧纸基芯料）和 CEM-3（环氧玻璃无纺布芯料）是 CEM 中两个重要的品种。CEM 具有优异的机械加工性，适合冲孔工艺。由于增强材料的限制，一般板材厚度最薄为 0.6mm，最厚为 2.0mm。

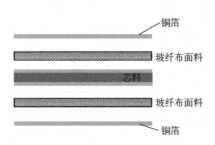

图7-5　复合基覆铜箔层压板结构

　　（1）CEM-1

　　CEM-1 覆铜板的结构：由两种不同的基材组成，即面料是玻纤布，芯料是纸或玻璃纸，树脂均是环氧树脂。产品以单面覆铜板为主，可用于制作频率特性要求高的 PCB，是 FR-3 的理想替代品。

CEM-1 覆铜板的特点：产品的主要性能优于纸基覆铜板，具有优异的机械加工性，成本低于玻纤覆铜板。

（2）CEM-3

CEM-3 是性能水平、价格介于 CEM-1 和 FR-4 之间的复合型覆铜板层压板，这种板材用浸渍环氧树脂的玻纤布作板面，环氧树脂玻纤纸作芯料，单面或双面覆盖铜箔后热压而成。CEM-3 厚度精度不如 FR-4，焊接加热后，扭曲程度也比 FR-4 高。CEM-3 是 FR-4 的近似产品，具有很大的价格优势，适用于多种电子产品。

4. 金属基覆铜箔层压板

金属基覆铜箔层压板是由金属层（铝、铝合金、铜、铁、钼、矽钢等金属薄板）、绝缘介质层（改性环氧树脂、PI 树脂、PPO 树脂等）和铜箔（电解铜箔、压延铜箔等）三位一体复合制成的金属基覆铜板（Metal Base Copper Clade Laminates），并在金属基覆铜板上制作印制电路的一种特殊印制电路板，也被称为金属基印制电路板，简称为金属基板（MCPCB）。采用金属基板的 PCB 如图 7-6 所示。

图 7-6　采用金属基板的 PCB

（1）特点

优异的散热性能、机械加工性能、电磁屏蔽性能、尺寸稳定性能、磁力性能及多功能性能。

（2）用途

计算机用无刷直流电动机、全自动照相机用电动机、混合集成电路、汽车、摩托车、办公自动化、大功率电器设备、高频微波板、承重板、电源设备、高性能软盘驱动器及一些军用尖端科技产品。特别是在半导体 LED 封装和 LED 灯具产品中作为底基板得到广泛的应用。

5. 陶瓷基板

陶瓷基板是指铜箔在高温下直接键合到氧化铝（Al_2O_3）或氮化铝（AlN）陶瓷基片表面（单面或双面）上的特殊工艺板。一般采用 95%以上的高铝瓷基板，具有耐高温、气密性、热膨胀系数（CTE）低、不变形、化学稳定性好等优点。因此，陶瓷基板已成为大功率电力电子电路结构技术和互连技术的基础材料。

（1）特点

① 机械应力强，形状稳定；高强度、高热导率、高绝缘性；结合力强，防腐蚀。

② 热循环性能非常好，循环次数达 5 万次，可靠性高。

③ PCB（或 IMS 基片）一样可刻蚀出各种图形的结构，超薄型（0.25mm）陶瓷基板可替代 BeO（氧化铍），无环保毒性问题。

④ 使用温度宽，-55～850℃；热膨胀系数接近硅，简化功率模块的生产工艺。可节省过渡层钼（Mo）片，省工、节材、降低成本。

⑤ 减少焊层，降低热阻，减少空洞，提高成品率。

⑥ 优良的导热性，使芯片的封装非常紧凑，从而使功率密度大大提高，改善系统和装置的可靠性。

⑦ 具有很大的载流能力。在相同载流量下 0.3mm 厚的铜箔线宽仅为普通印制电路板的 10%。100A 电流连续通过 1.0mm 宽 0.3mm 厚铜体，温升约 17℃；100A 电流连续通过 2.0mm 宽 0.3mm 厚铜体，温升仅 5℃左右。

⑧ 热阻低，以 10mm×10mm 陶瓷基板的热阻为例，0.63mm 厚度陶瓷基片的热阻为 0.31K/W，0.38mm 厚度陶瓷基片的热阻为 0.19K/W，0.25mm 厚度陶瓷基片的热阻为 0.14K/W。

⑨ 绝缘耐压高，保障人身安全和设备的防护能力。

⑩ 可以实现新的封装和组装方法，使产品高度集成，体积缩小。

（2）用途

① 大功率电力半导体模块、半导体致冷器、电子加热器。

② 功率控制电路、功率混合电路、智能功率组件。

③ 电子封装、混合微电子、多芯片模块。

④ 高频开关电源、固态继电器。

⑤ 汽车电子、航天航空及军用电子组件。

⑥ 太阳能电池板组件，电信专用交换机、接收系统，激光产品等工业领域。

陶瓷基板的缺点是打孔困难，加工成本高。

6．BT 树脂基覆铜板基板

双马来酰亚胺三嗪树脂（Bismaleimide-Triazine resin，BT）也叫 BT 树脂，也是热固型树脂，通常和环氧树脂混合而制成基板。

（1）优点

① T_g 高达 180℃，耐热性非常好。

② 抗撕强度（Peel Strength），挠性强度也非常理想，钻孔后的胶渣（Smear）甚少。

③ 可进行难燃处理，以达到 UL94V-0 的要求。

④ 介电常数及介质损耗小，因此对于高频及高速传输的电路板非常有利。

⑤ 耐化性、抗溶剂性良好。

⑥ 绝缘性佳。

（2）应用

① COB 设计的电路板，由于引线键合（Wire Bonding）过程的高温，会使板子表面变软而致引线键合失败，BT/EPOXY 高性能板材可克服此缺点。

② BGA、PGA、MCM-L 等半导体封装的基板，半导体封装测试中，有两个很重要的常见问题，一是漏电现象，或称 CAF（Conductive Anodic Filament），二是爆米花现象（受湿气及高温冲击）。这两点也是 BT/EPOXY 板材可以避免的。

7．挠性覆铜板

挠性基板是在聚合物的基材表面上覆铜箔，经高温高压工艺制成的，在挠性基板上刻蚀出铜电路或印制聚合物厚膜电路。目前已经可以加工成单面、双面、多层和刚-挠组合的FPC。FPC 单面板和双面板结构如图 7-7 所示。

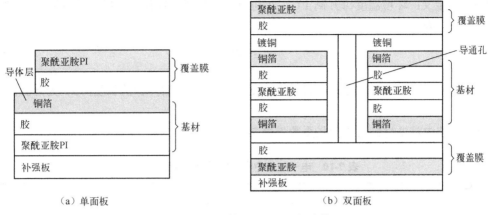

（a）单面板　　　　　　　　　　　　　（b）双面板

图 7-7　FPC 单面板和双面板结构

挠性基板材料主要有聚酯薄膜型覆铜板、聚酰亚胺覆铜板。

聚酰亚胺（Polyimide）简称 PI，具有耐高温、抗药性强、电绝缘性能好等特点。用挠性基板制成的 FPC 具有超薄性，能移动、弯曲、扭转而不会损坏导线，可以承受数万次的动态弯曲，还可以根据空间和特殊封装加工成不同形状，可作为三维空间立体电路板，主要应用在小型或薄形的电子设备内空间小、需弯曲的地方，以及与硬板间的连接等领域。

聚酯薄膜型覆铜板（Polyester）简称 PET。它与 PI 在软板中的作用是一样的，起机械支撑和电气绝缘作用。与 PI 相比，PET 的价格要便宜很多，但是它的尺寸稳定性不好，耐温性也较差，不适合 SMT 贴装或波峰焊，一般只用于插拔的连接排线。

7.2.2　PCB 基材的技术参数

无论采用什么压合结构，印制电路板最终的成品都表现为铜箔与介质的叠层结构，影响电路性能与工艺性能的材料主要是介质材料，因此选择 PCB 板材主要是选择介质材料，包括半固化和芯板。PCB 基材的技术参数名称和影响因素见表 7-9。

表 7-9　PCB 基材的技术参数名称和影响因素

技术参数名称	影响因素
介电常数（D_k、ε_r、ε）	值越小，信号传输速度越快
介质损耗（D_f）	值越小，信号传输质量越高
热膨胀系数（CTE）	值越小，尺寸稳定性越好
玻璃转化温度 T_g	值越高，尺寸稳定性和机械强度保持率越好
热导率	值越大，散热性能越好
PCB 分解温度 T_d	值越高，材料越稳定
绝缘电阻	值越大，绝缘性能越好
耐电压	值越大，绝缘性能越好
抗剥强度	值越大，黏合强度越好

1．热膨胀系数

不同的材料在升温时有着不同的膨胀率，这就是热膨胀系数（Coefficient of Thermal

Expansion，CTE），是材料的一种物理特性。电子组装元器件（引线、封装、芯片、固定胶、金线）、PCB、金属、焊点等材质在温度升高时都会膨胀，温度越高，膨胀越大。

CTE 的定义：环境温度每升高 1℃，单位长度的材料所伸长的长度，单位为 10^{-6}/℃。

计算公式为

$$\alpha_1 = \frac{\Delta L}{L_0 \Delta T}$$

式中，α_1 为热膨胀系数；L_0 为升温前原始长度；ΔL 为升温后伸长的长度；ΔT 为升温前后的温差。

电子组装中常见材料的热膨胀系数见表 7-10。

表 7-10　电子组装中常见材料的热膨胀系数

材料	热膨胀系数（10^{-6}/℃）
PCB（FR-4）	16～25（16）
焊料（63Sn-37Pb）	24～26（23）
硅（底部填充材料）	2.8（20）
Al_2O_3 无引线陶瓷体元器件	6.4
环氧树脂半固化片	13～15
多层 PCB（Z 轴方向）	50～100

随着印制电路板精密化、多层化以及 BGA、CSP 等技术的发展，对于覆铜板的尺寸稳定性提出了更高的要求。覆铜板的尺寸稳定性虽然和生产工艺有关，但主要还是取决于构成覆铜板的三种原材料：树脂、增强材料、铜箔。通常采取的方法是：①对树脂进行改性，如改性环氧树脂；②降低树脂的含量比例，但这样会降低基板的电绝缘性能和化学性能。铜箔对覆铜板的尺寸稳定性影响比较小。

SMT 要求低的 CTE，再流焊过程中，当温度升高时，多层结构的 PCB 的 Z 轴与 X、Y 方向层压材料、玻璃纤维，以及与 Cu 之间的 CTE 不匹配，将在 Cu 上产生很大的应力，严重时会造成金属化孔镀层断裂失效。这是一个复杂的问题，因为它取决于很多变量，如 PCB 层数、厚度、层压材料、焊接曲线，以及 Cu 的分布、过孔的集合形状等。

2. 玻璃转化温度

聚合物在一定的温度条件下，基材结构发生变化：在这个温度下，基材又硬又脆，为玻璃态；在这个温度以上，基材变软，机械强度明显变低，呈橡胶态或皮革态。这种决定材料性能的临界温度称为玻璃转化温度（Transition Temperature，T_g）。

除陶瓷基板和金属基板外，其他的电路板都含有聚合物，T_g 是选择这类基板材料的一个关键参数。一般要求 T_g 高于电路的工作温度。传统 SMT 常用的基板材料 FR-4 中环氧树脂的 T_g 在 125～140℃。SMT 再流焊过程中，焊接温度远远高于 PCB 基板的 T_g，容易造成 PCB 在 SMT 焊接过程中变形，严重时会损坏元器件。应适当选择 T_g 较高的基材。在无铅工艺中，由于焊接温度需要提高 30℃左右，因此传统 FR-4 基材在某些情况下不能满足无铅工艺要求。PCB 热应力损坏元器件的示意如图 7-8 所示。

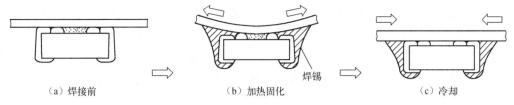

（a）焊接前　　　　　　　　（b）加热固化　　　　　　　　（c）冷却

焊锡

图 7-8 PCB 热应力损坏元器件的示意图

从图中可以看出：再流焊时随着温度升高，当超过 PCB 基板的 T_g 温度时，PCB 会不同程度地产生变形，温度越高，变形越严重；特别是当 PCB 厚度小、尺寸过大、元器件重或大小元器件分布不均时，更容易加重变形。在焊料未熔化及熔融时只是变形，但当焊料冷却凝固时，由于元器件、PCB、焊点之间的热膨胀系数不匹配（陶瓷元器件体 CTE<5×10^{-6}/℃，PCB CTE<20×10^{-6}/℃，焊点 CTE≈24×10^{-6}/℃），PCB 和焊点的收缩大，而陶瓷体元器件的收缩小，如果冷凝时降温速率过大，PCB 与焊点的收缩力就会对陶瓷体元器件产生压力，从而损坏元器件。

从以上分析可以看出：PCB 基板的 T_g 温度过低，高温使 PCB 变形，过大的热应力会损坏元器件；同时，PCB 的厚度与尺寸比、元器件的布局、再流焊升温、降温速度过快等不恰当因素，都会加重损坏元器件。

因此，提高 T_g 是提高 FR-4 耐热性的一个主要方法。其中一个重要手段就是提高固化体系的关联密度或在树脂配方中增加芳香基的含量。在一般 FR-4 树脂配方中，引入部分三官能团及多功能团的环氧树脂或是引入部分酚醛型环氧树脂，把 T_g 值提高到 160～200℃左右，具有良好的尺寸稳定性和通孔可靠性、低 CTE、优异的机械加工性及耐溶剂性能，并具有高温下机械强度高保持率等特征。

3．PCB 分解温度

T_d（Thermal Decomposition Temperature）是树脂的物理和化学分解温度。T_d 是指当 PCB 加热到其质量减少 5%时的温度。相同 T_g 的 PCB，树脂、结构的不同，它们的 T_d 也不同。T_d 的测试方法参照标准 ASTMD3850。

4．耐热性

SMT 要求二次再流焊 PCB 不变形。

① 传统有铅工艺要求：$t_{260℃}$≥50s。
② 无铅要求更高的耐热性：$t_{260℃}$>30min，$t_{288℃}$>15min，$t_{300℃}$>2min。

5．电气性能

随着电子技术的迅速发展，信息处理和信息传播速度提高，为了扩大通信通道，使用频率向高频领域转移，它要求基板材料具有较低的介电常数 ε 和低介电损耗正切 tanδ。只有降低 ε 才能获得高的信号传播速度，也只有降低 tanδ，才能减少信号传播损失。

（1）介电常数

介电常数 D_k（Permittivity，不规范称 Dielectric Constant）又称电容率。介质在外加电场时会产生感应电荷而削弱电场，介质中电场与原外加电场（真空中）的比值即为相对介电常数。

介电常数是相对介电常数与真空中绝对介电常数乘积。如果有高介电常数的材料放在电场中，电场的强度会在电介质内有可观的下降，理想导体内部由于静电屏蔽场强总为零，故其介电常数为无穷。介电常数以 ε 表示，$\varepsilon = \varepsilon_r \times \varepsilon_0$，是高频电路所用基材的一项重要指标。$\varepsilon$ 大的基材其信号传输速度会受到衰减，易发生信号失真及干扰。几种基材的介电常数和应用参照表 7-11。

表 7-11　几种基材的介电常数和应用

介电常数	2.2	3	3.8	4.8
选用板材类型	聚四氟乙烯	聚四氟乙烯 + 陶瓷	FR-4	陶瓷基板
应用范围	微带、高频 300MHz～40GHz		正常 1MHz～1GHz	高压、高频 800MHz～12GHz

（2）介质损耗

介质损耗（Dissipation Factor，D_F）是信号线中已漏失到绝缘板材中的能量。PCB 基板材料的散失因素越大，介质层吸收波长和热损失就越大，在高频下这种关系就更明显表现出来，它直接影响高频传播信号的效率。

在交变电场作用下，电介质内流过的电流相量和电压相量之间的夹角（功率因数角 Φ）的余角 δ 称为介质损耗角。介质损耗角正切值 $\tan\delta$ 偏大，会引起基板发热，高频损耗增大。当电路工作频率大于 1×10^3Hz 时，通常要求基材的 $\tan\delta<0.02$。

（3）抗电强度

要求板材厚度大于或等于 0.5mm 时的击穿电压大于 40kV。

（4）绝缘电阻（见表 7-12）

潮湿后，表面电阻大于 10^4MΩ；高温下（E-24/125），表面电阻大于 10^3MΩ。

潮湿后，体积电阻大于 10^4MΩ·cm；高温下（E-24/125），体积电阻大于 10^3MΩ·cm。

表 7-12　印制电路板基材的绝缘电阻

	IPC-6012B			GJB 362A-96	QJ201A-99
	I	II	III		QJ831A-98
验收态	维持电功能	500MΩ	500MΩ	≥500MΩ	≥10^{10}MΩ
交变湿热后	维持电功能	100MΩ	500MΩ	≥500MΩ	≥10^8MΩ

（5）抗电弧性能

抗电弧性能要求大于 60s。

（6）吸水率

PCB 吸水率要求小于 0.8%。

6. 耐离子迁移

随着电子工业的飞速发展，电子产品轻、薄、短、小化，PCB 的孔间距和线间距就会变得越来越小，线路也越来越细密，这样一来 PCB 的耐离子迁移性能就变得越来越重要。

（1）离子迁移的机理

离子迁移（Conductive Anodic Filament，CAF）的英文直译为导电性阳极丝生长。CAF 的现象如图 7-9 所示。

（a）走线之间的CAF

（b）走线到层之间的CAF

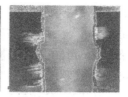
（c）孔之间的CAF

图 7-9　CAF 的现象图片

当电子产品处于长时间直流电压通电的高温潮湿的环境下，在 PCB 的层与层间、线路与线路间、孔与孔之间、孔与线路间形成一个电场，而 PCB 湿制程很多，居高电位阳极的铜金属会氧化产生 Cu^+ 或 Cu^{2+} 离子，并沿着已存在的不良通道的玻璃纤维纱束向阴极慢慢迁移生长，而阴极的电子也会往阳极移动，路途中铜离子遇到电子即会还原成铜金属，并逐渐沿着玻璃纤维表面出现铜丝树枝状生长的现象，故又被称为"铜迁移"。离子迁移的常见路径如图 7-10 所示。它最早是由美国贝尔试验室的 Kohman 等人于 1955 年发现的，他们发现在电话交换机的连接件中，有些镀在铜接线柱上的银在酚醛树脂基板内有析出，他们证实是银离子的迁移。

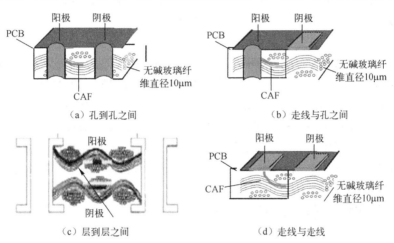

（a）孔到孔之间　　　　　　　　　　（b）走线与孔之间

（c）层到层之间　　　　　　　　　　（d）走线与走线

图 7-10　离子迁移的常见路径

CAF 描述了导电纤维的生长从阳极到阴极沿玻璃环氧树脂的界面。这种增长会导致相邻的导体之间绝缘性能下降甚至造成短路，严重的情况下也可能发生分层。耐 CAF 受电镀工艺、通孔的尺寸、层压材料（偶联剂）和钻孔质量的影响。

（2）为什么会提出耐离子迁移性

CAF 测试通过监控测试单元的电阻，当 CAF 发生时，绝缘层的绝缘性能下降，电阻也随之下降，由此可判断 CAF 的失效。

特别是在潮湿环境下，由于基材的吸潮性，玻璃与树脂界面结合处为最薄弱点，基材中可水解的游离离子缓慢聚集，这些离子在电场作用下在电极间移动而形成导电通道。电极间距离越小，形成通道时间越短，基材绝缘破坏越快。

过去由于线路密度小，电子产品使用 10 万小时以上也没有问题；现在线路密度高，也许 1 万小时就发生绝缘性能下降的现象。因此对基材提出了耐离子迁移的问题。

（3）离子迁移对电子产品的危害

① 电子产品信号变差，性能下降，可靠性下降；

② 电子产品使用寿命缩短；

③ 能耗提高；

④ 绝缘破坏，可能出现短路而发生火灾安全问题。

（4）影响离子迁移的因素

影响离子迁移的因素很多，其中主要分为两部分。

① 层压板方面。覆铜板层压板（Copper Clad Lamiators，CCL）对离子迁移的影响包括其基材型号、使用的原材料和 CCL 加工工艺等。基材的耐离子迁移性能优劣依次排序为玻纤布基聚酰亚胺>玻纤布基三嗪树脂>玻纤布基环氧树脂>纸基环氧树脂>纸基酚醛树脂。树脂、玻纤布、铜箔为覆铜板的三大原材料。树脂纯度要高，导电离子的含量不能太高。玻纤布与树脂的结合程度要好，这样可以使得玻璃纱被充分填满，不容易形成气泡，从而减少导电离子迁移的几率。铜箔尽量采用低粗糙度的，减少铜瘤，提高板材的绝缘性。CCL 生产时要注意浸胶与层压工艺，因为板材内部的气泡必须被充分赶尽。

② PCB 方面。PCB 加工工艺对离子迁移的影响很大，在钻孔的时候，下钻速度和转速要适当，不要造成纤维丝松动，影响耐离子迁移性能。表面脏污去除时要注意药水的配方，不要刻蚀过度，形成灯芯效应，加速离子迁移的形成。

（5）离子迁移测试方法

IPC-9691 是关于 CAF 的使用指南，它提供了关于 CAF 的信息，并告知如何应用其试验方法。离子迁移的测试方法很多，CAF 的测试标准执行 IPC-TM-650 的 2.6.25 节。常用的方法有两种，一种是在线测试，另一种是离线测试。在线测试即为样品在高温潮湿环境通上一定的电压，利用仪器连续测试样品在恶劣环境下的绝缘电阻值。离线测试为每隔一段时间从潮湿环境中取出，置于室温环境下，静置一段时间，然后测试其电阻值。综合评价这两种测试方法，在线测试比较严格，在线测试的标准为大于 $10^6\Omega$，离线测试则要求大于 $10^8\Omega$。

7.3　PCB 基板材料可制造性选择

7.3.1　电子组装对 PCB 的一般要求

电子组装中需要经过焊接，因此对整个 PCB 有一定的要求，主要如下：

① 外形尺寸稳定，翘曲度小于 0.0075mm/mm（超高密度板，翘曲度要求控制在 0.5% 以内）。翘曲度 =（最高单角翘曲高度÷基板对角线长度）×100%。

② 焊盘镀层平坦，满足 SMD 共面性要求。

③ 热膨胀系数小，导热系数高。

传统 FR-4 的 T_g 约在 125～140℃，已被使用多年，但近年来由于电子产品各种性能要求愈来愈高，所以对材料的特性也要求日益严苛，如抗湿性、抗化性、抗溶剂性、抗热性、尺寸稳定性等都要求改进，以适应更广泛的用途，而这些性质都与树脂的 T_g 有关。T_g 提高之后上述各种性质也都自然变好。例如，T_g 提高后：

● 耐热性增强，使基板在 X 及 Y 方向的膨胀减小，使得 PCB 在受热后铜线路与基材之间附着力不致减弱太多，使线路有较好的附着力。

● 在 Z 方向的膨胀减小后，使得通孔的孔壁受热后不易被底部材料所拉断。

T_g 提高后，其树脂中架桥的密度必定提高很多，使其有更好的抗水性及防溶剂性，使板子受热后不易有白点或织纹显露，而有更好的强度及介电性。至于尺寸的稳定性，由于自动插装或表面装配的严格要求就更为重要了，因而近年来重点关注如何提高环氧树脂的 T_g。

④ 足够的机械强度（如扭曲、振动和撞击等），弯曲强度达到 25kg/m^2，铜箔的黏合强度一般达到 1.5kg/cm^2。

⑤ 可焊性好。

⑥ 带有 BGA、CSP 等元器件的高密度 PCB，采用埋孔或盲孔工艺的多层板。

⑦ 能承受多次的返修（焊接）工作。

⑧ 选择 PCB 基板材料的要求。

⑨ 根据产品的功能、性能指标及产品的档次选择 PCB 基材。

⑩ 对于一般的电子产品，采用 FR-4 环氧玻璃纤维基板。

⑪ 考虑低成本的无铅电子产品，可选择 CEM-1 和 CEM-3。

⑫ 对于使用环境温度较高或挠性电路板，采用聚酰亚胺玻璃纤维基板。

⑬ 对于散热性要求高的可靠性电路板，采用金属基板。

⑭ 对于高频电路，需要采用聚四氟乙烯玻璃纤维基板。

⑮ 高可靠板及厚板采用 FR-5。

⑯ 电气性能要求，高频电路时要求选择介电常数高、介质损耗小的材料；绝缘电阻、耐电压强度、抗电弧性能都要满足产品要求。

7.3.2　PCB 材料选择流程

层压板材料应当在布设总图中规定。推荐的材料选择流程图如图 7-11 所示。

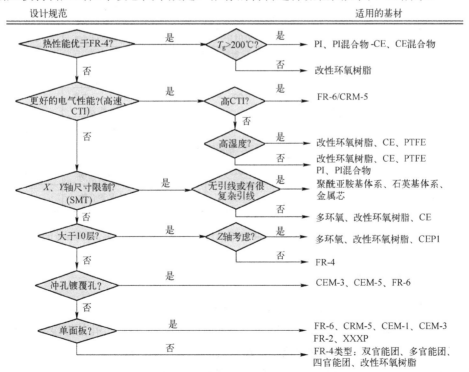

图 7-11　PCB 材料选择流程图

7.3.3　PCB 基板材料的应用选择

1. PCB 基板材料的参数和应用

当选择基板材料时要考虑的因素有玻璃转化温度 T_g、阻抗的要求介电常数 D_k 和介质损耗 D_F。当选择层压板应用于不同类型的产品时，参照表 7-13 根据已经选择的 T_g 来保证 D_k 和 D_f。

表 7-13　PCB 基板材料参数以及应用

成本	基板材料	玻璃转化温度	介电常数	介质损耗角正切 tanδ	应用	备注	材料举例（公司：型号）
低	通用						
	FR-4，低 T_g	125～135℃	4.3 ～4.7	0.03	通用	FR-4 双功能的环氧树脂	Isola: FR402 Nelco: 4000-2
	FR-4，中 T_g	140～150℃	4.3 ～4.7	0.03	通用	FR-4 四功能的环氧树脂，比低 T_g 更稳定	Isola: FR404 Nelco: 4000-4 Polyclad: FR226
	FR-4，高 T_g	170～190℃	4.3 ～4.7	0.03	通用	FR-4 高性能环氧树脂，比中 T_g 稳定	Isola: FR406 Nelco: 4000-6 Polyclad: FR370
	高速/低损耗应用的增强性能的材料						
	FR-4＋	190～220℃	3.7 ～3.9	0.012	高速应用	比 FR-4 低的 D_k 和 D_F	Isola: GEtek / Megtron FR408 Nelco: N4000-13 BT Laminates: PR370 Turbo
	聚四氟乙烯 PTFE	≈220℃	2.6	0.004	非常高速的应用	比以上都低的 D_k 和 D_F，PTFE 聚四氟乙烯，No glass	Gore: Speedboard Nelco: 9000
	CE	≈250℃	3.7	0.011	高温应用	Cyanide Ester	Nelco:8000
	射频应用						
	陶瓷填充材料 + 型芯材料	>200℃	3.3 ～3.8	0.004 ～ 0.009	射频应用	通常用于外层，射频层压用 FR-4，注意 D_k 和 D_F	Rogers: 4350
	APPE	≈210℃	3.5	0.004	高速应用	APPE - 聚苯醚	Megatron 5 Nelco: N6000
	军事、刚挠结合应用						
	聚酰亚胺树脂 PI	>220℃	3.8	0.015	高速、军事、挠性板	吸收水分，需要提前烘烤	Nelco: N7000
高	LCP	≈280℃	3.8	0.015	高速和挠性板	液晶聚合物	

注：1. 举例中的材料如果是无铅的，需符合 RoHS 要求。
　　2. 如果使用的基材是设计手册推荐的还需要和供应商确认性能。比如，较低的 D_K 是需要满足特定的阻抗要求，配置独特的 D_F 要求与特定的介电材料相关。

2. 无铅工艺基板材料选择

当使用无铅工艺时因为焊接温度升高，选择印制板基材注意以下几点：

① 无铅工艺要求高玻璃化转变温度 T_g（150～170℃）的 FR-4，孔的厚度直径比≥10，选用高 T_g 的板材。如果 PCB 的层数较多，建议选用高 T_g 的板材。

② 要求低热膨胀系数 CTE（径向、纬向尺寸变化），稳定性好。

③ 要求高的 PCB 分解温度 T_d（340℃）。

④ 高耐热性：$t_{288℃}$（耐 288℃的高温剥离强度不会分层）高。

⑤ 湿度敏感：PCB 吸水率小（PCB 吸潮也会造成焊接缺陷）。

⑥ 耐 CAF。

基于组装可靠性、用于组装的复杂技术和 PCB 的物理特性（厚度、层数和铜层的质量）的要求，无铅印制板基板材料选择需要考虑基材的特性见表 7-14。虽然表 7-14 中包含了 PCB 描述的典型技术，但在选择基材时首要考虑的还是可靠性的要求。

表 7-14　无铅印制板基材的特性

设计输入			层压板特性			
	可靠性	技术描述	分解温度	Z 轴膨胀	耐 CAF（阳极离子迁移）	其他
等级 1	高		>350℃	≤3.0%	高	非双氰胺，材料专门针对无铅/RoHS 工艺件，T_g>165℃，高速度
	IPC Class 3：关键是持续的性能（军事、生命支持） IPC Class 2：理想的不间断性能（企业级服务器、电信设备）	≥18 层，厚度≥0.090in				
等级 2	中		>350℃	≤3.5%	高	非双氰胺，材料专门针对无铅/RoHS 工艺，T_g>165℃
	IPC Class 2：要求不间断地运行（路由器、基站）	10～16 层，厚度 0.060～0.090in				
等级 3	低		>350℃	3.5%～4.0%		非双氰胺，材料专门针对无铅/RoHS 工艺，T_g>165℃
	IPC Class 1 或 2：消费类产品（一般电子）	2～10 层，覆铜板>1oz，厚度 0.080～0.120in				
等级 4	IPC Class 1 或 2：消费类产品（一般电子）	2～10 层板，≤1oz 覆铜板，厚度≤0.080in 组装峰值温度（T_p）>245℃①	>350℃	3.5%～4.0%		非双氰胺，材料专门针对无铅/RoHS 工艺，T_g>165℃
		2～10 层板，≤1oz 覆铜板，厚度≤0.080in 组装峰值温度（T_p）>245℃*	优选 >350℃	4.0%～4.5%		非双氰胺，无卤材料可用，T_g>150～170℃
			可接受 310～340℃	4.0%～4.5%		双氰胺或非双氰胺，填充材料可用，T_g>165℃

注：1. 对于价格敏感的物料和单独的物料进行测试；

　　2. 第 4 等级使用的双氰胺 FR-4 材料可能需要含水率控制和 MSD 存储和处理；

　　3. 耐高温性能的材料可能应用于特定的产品设计；

　　4. 组装峰值温度（T_p）参照 J-STD-020 中定义。

* 温度高于 245℃时需要大面积散热。

7.3.4　PCB 基板检验和测试标准

PCB 供应商过渡到无铅焊接工艺时，最低可接受的要求参考以下推荐的标准，这些标准在以下条件下一般企业是可以接受的。

① 再流焊选用 Sn-Ag-Cu 合金，波峰焊使用 Sn-Ag-Cu 合金或 Sn-Cu。

② SMT 再流焊峰值温度为 260℃；波峰焊峰值温度为 275℃。

③ 都是免清洗工艺和水溶性助焊剂。

常用的 PCB 测试标准如下：

- IPC-EIA JSTD-003 *Solderability Tests for Printed Boards*《印制电路板可焊性测试》我国的标准一般参照国际标准翻译或略加修改：GB-T 4677《印制板测试方法》，对应 IEC 603262。
- IPC-4101 *Specification for Base Materials for Rigid and Multilayer Printed Boards*《刚性及多层印制板用基材规范》
- IPC-JSTD-6011 *Generic Performance Specification for Printed Boards*（*as applicable to product offering*）《印制板通用性能规范》
- IPC-SM-840 *Qualification and Performance of Permanent Solder Mask*《永久性阻焊膜的鉴定及性能》
- IPC-A-600 *Acceptability of Printed Boards*《印制电路板接受标准》
- IPC-2221 *Generic Standard on Printed Board Design*《印制板设计通用标准》
- IPC-TM-650 *Test Methods Manual*，*Section 2 Printed Wiring Board Test Method*《试验方法手册，第二部分　印制电路板测试方法》
- UL94 *Test for Flammability of Plastic Materials for Parts in Devices and Appliances*《设备和器具部件用塑料材料易燃性的试验》

7.4　铜箔厚度的选择

铜箔（Copper Foil）作为 PCB 各层线路的导体，铜箔的质量除以铜的密度和表面积即为铜箔厚度，其厚度有 1/3oz、1/2oz、1oz、2oz、3oz 等，其中内层铜箔 2oz 和 1oz 比较常用。对于单信号层，推荐 1oz 厚度的铜箔，除非组装密度间距小于 0.127mm（0.005in）才会考虑更薄的铜箔。内层铜箔厚度见表 7-15。

表 7-15　内层铜箔厚度

覆铜板铜箔厚度	内层铜箔初始的厚度
0.5oz	等于或大于 0.018mm（0.0007in）
1oz	等于或大于 0.036mm（0.0014in）
2oz	等于或大于 0.072mm（0.0028in）

注：内层覆铜板的厚度要比初始的厚度略小 2.54~5.08μm（0.0001~0.0002in）。

为了解决基板和元器件之间温度膨胀系数匹配的问题，目前采用一种金属层夹板的技术。在基板的内层夹有铜和另一种金属（常用的为殷钢，也有的用 42 号合金或钼），这中间层可用作电源和接地板。通过这种技术，基板的机械性能、热导性能和温度稳定性都可以得到改善。最有用的是，通过对铜和殷钢金＝属比例的控制，基板的温度膨胀系数可以得到控制，使其和采用的元器件有较好的匹配，从而延长了产品的寿命。

7.5　PCB 表面处理工艺的选择

为了防止 PCB 表面铜焊盘氧化，实现好的焊接，在元器件焊接端和印制板焊盘上进行表面处理。虽然每种表面处理都有其特点，但业界普遍认为，焊料是焊膏焊接所用的最好的表面处理方式。这些表面处理的作用之一是在组装之前保护焊接端和焊盘，另一个作用是在再流焊或波峰焊时实现表面的润湿。PCB 表面处理要满足诸如 IPC-4552《印制板化学镀镍/浸金（ENIG）镀覆性能规范》、IPC-4553《印制板浸银规范》、IPC-4554《印制板浸锡规范》和 IPC-4556《印制板化学镍/化学钯/浸金（ENEPIG）镀层规范》等标准；而元器件焊接端镀层都没有标准，需要考虑的是引线镀层的兼容性。

7.5.1　PCB 表面处理的基本工艺

PCB 表面处理的基本工艺主要有电镀、化学镀和浸镀。

在铜焊盘上进行表面处理的金属材料主要有 Sn-Pb 合金、Sn、Ni、Au、Pd 和 Ag。

（1）电镀

电镀工艺是利用特有的电流，将金属电解，通过控制电流、温度、时间，在金属制件表面形成良好的金属或合金沉积层。镀层厚度取决于金属材料和工艺参数，可达到 10μm。涂层可以起抗氧化和抗腐蚀作用。电镀的工艺复杂，质量好，价格高，主要用于高可靠性产品和军品。

（2）化学镀

化学镀工艺是将电镀液中金属盐的金属离子经化学反应还原，形成金属沉积在铜板上，它要求在镀槽中加入合适的、丰富的还原剂。化学反应严格、简单，速度快。一般选择电镀 Ni/镀金（沉 Ni/镀金），Ni 层厚度为 5～7μm，金层厚度为 1～1.3μm。

（3）浸镀

浸镀工艺在镀槽中不需要使用电流，不需要还原剂，在基板表面重新沉积一层新的金属表面，取代原来的金属。当原来的金属表面被完全覆盖时涂覆过程停止，因此通过浸镀工艺得到的涂层厚度是有限的。化学反应严格，因此镀液的质量、温度很重要。浸镀 Au 厚度为 0.05～0.3μm。

7.5.2　PCB 表面处理的种类及应用

现在有许多 PCB 表面处理方式，常见的是热风整平、有机涂覆、化学镀镍/浸金、浸银、浸锡和电镀镍金等。没有一种方式是完美的，各有特点，应根据 PCBA 的工艺特性进行选择。常见 PCB 表面处理的种类如图 7-12 所示。

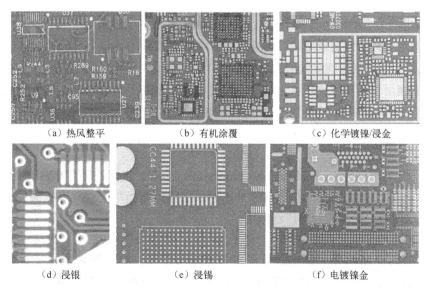

|（a）热风整平|（b）有机涂覆|（c）化学镀镍/浸金|
|（d）浸银|（e）浸锡|（f）电镀镍金|

图 7-12　常见 PCB 表面处理的种类

1. 热风整平

热风整平又名热风焊料整平（Hot Air Solder Leveled，HASL）。HASL 表面处理的 PCB 如图 7-12（a）所示。它是在 PCB 表面涂覆熔融锡铅（无铅采用锡银铜）焊料并用加热压缩空气整（吹）平的工艺，使其形成一层既防止铜氧化，又可提供良好的可焊性的涂覆层。该涂覆层的可焊性好，热风整平时焊料和金属铜在结合处形成铜锡金属间化合物。

（1）工艺流程

PCB 进行热风整平时要浸在熔融的焊料中；风刀在焊料凝固之前吹平液态的焊料；风刀能够将铜面上焊料的弯月状最小化和阻止焊料桥接。热风整平分为垂直式和水平式两种，一般认为水平式较好，主要是水平式热风整平镀层比较均匀，可实现自动化生产。热风整平工艺的一般流程：微蚀→预热→涂覆助焊剂→喷锡→清洗。

（2）特点

热风整平工艺比较脏、难闻、危险，因而不是令人喜爱的工艺，但热风整平对于尺寸较大的元器件和间距较大的导线而言，却是极好的工艺。在密度较高的 PCB 中，热风整平的平坦性将影响后续的组装；故 HDI 板一般不采用热风整平工艺。目前一些工厂采用有机涂覆和化学镀镍/浸金工艺来代替热风整平工艺；技术上的发展也使得一些工厂采用浸锡、浸银工艺。

HASL 焊料的厚度和焊盘的平整度（圆顶形）很难控制，很难用于细窄间距元器件贴装。无铅 HASL 是用非铅金属或无铅焊料合金取代 Sn-Pb。

（3）应用场合

目前 Sn-Pb 合金热风整平工艺仅仅应用于 RoHS 指令豁免的产品以及军用产品，如通信产品的单板（Line Card）与背板（Back Plane），适用于器件引脚中心距大于或等于 0.5mm 的 PCBA。无铅热风整平替代 Sn-Pb，适用于器件引脚中心距大于或等于 0.5mm 的 PCBA。

（4）不足之处

① 不适用于引脚间距小于 0.5mm 的器件，因为容易发生桥接。

② 不适用于共面度要求比较高的地方，如中高引脚数的 BGA。因为 HASL 工艺镀层厚度变化比较大，焊盘与焊盘的共面度较差。

③ 由于镀层相对厚度比较大，必须对钻孔孔径（DHS）进行补偿，以获得希望的成品金属化孔径（FHS），典型 FHS 比 DHS 小 4～6mil。

2. 有机涂覆保护

有机涂覆工艺（Organic Solderability Preservative，OSP）表面处理的 PCB 如图 7-12（b）所示。不同于其他表面处理工艺，OSP 是在铜和空气间充当阻隔层；有机涂覆工艺简单、成本低廉，这使得它能够在业界广泛应用。

（1）工艺流程

早期的有机涂覆的分子是起防锈作用的咪唑和苯并三唑，最新的分子主要是苯并咪唑。在后续的焊接过程中，如果铜面上只有一层有机涂覆层是不行的，必须有很多层。这就是为什么化学槽中通常需要添加铜液。在涂覆第一层之后，涂覆层吸附铜；接着第二层的有机涂覆分子与铜结合，直至二十甚至上百次的有机涂覆分子集结在铜面，这样可以保证进行多次再流焊。试验表明：最新的有机涂覆工艺能够在多次无铅焊接过程中保持良好的性能。

有机涂覆工艺的一般流程：脱脂→微蚀→酸洗→纯水清洗→有机涂覆→清洗，过程控制相对其他表面处理工艺较为容易。

（2）应用场合

有机涂覆推荐用于安装有大量精细间距器件（小于 0.63mm）以及对共面性要求比较高的产品。估计目前约有 25%～30% 的 PCB 使用有机涂覆工艺，该比例一直在上升（很可能有机涂覆现在已超过热风整平居于第一位）。有机涂覆工艺可以用于低技术含量的 PCB，如单面电视机用 PCB；也可以用于高技术含量的 PCB，如高密度芯片封装用板。对于 BGA 方面，有机涂覆应用也较多。PCB 如果没有表面连接功能性要求或者储存期的限定，有机涂覆将是最理想的表面处理工艺。

（3）不足之处

① 在 PCB 厂要求特殊工艺。

② 在首次再流焊接后，必须在 OSP 厂家规定的期限内完成其余的焊接操作，一般要求在 24h 内完成。

③ 不太适用于有 EMI 接地线的区域、安装孔、测试焊盘的单板，也不太适用于有压接孔的单板。

3. 化学镀镍/浸金

化学镀镍/浸金工艺（Electroless Nickel Immersion Gold，ENIG）与有机涂覆不同，它主要用在表面有连接功能性要求和较长的储存期的板子上，如按键区、路由器壳体的边缘连接区和芯片处理器弹性连接的电性接触区。由于热风整平的平坦性问题和有机涂覆助焊剂的清除问题，20 世纪 90 年代化学镀镍/浸金使用很广；后来由于黑焊盘、脆的镍磷合金的出现，化学镀镍/浸金工艺的应用有所减少，不过目前几乎每个高技术的 PCB 厂都有化学镀镍/浸金生产线。考虑到除去铜锡金属间化合物时焊点会变脆，相对脆的镍锡金属间化合物处将出现很多的问题，因此，便携式电子产品（如手机）几乎都采用有机涂覆、浸银或浸锡形成的铜锡金属间化合物焊点，而采用化学镀镍/浸金形成按键区、接触区和 EMI 的屏蔽区。估计目前大约有 10%～20% 的 PCB 使用化学镀镍/浸金工艺。

（1）工艺流程

化学镀镍/浸金工艺表面处理的 PCB 如图 7-12（c）所示。工艺是化学镀镍、闪镀金，俗称水金板。化学镀镍/浸金是在铜面上包裹一层电性良好的镍金合金，这可以长期保护 PCB；另外它也具有其他表面处理工艺所不具备的对环境的忍耐性。镀镍的原因是金和铜之间会相互扩散，而镍层能够阻止金和铜之间的扩散；如果没有镍层，金将会在数小时内扩散到铜中去。ENIG 表面焊盘层间结构示意如图 7-13 所示。化学镀镍/浸金的另一个好处是镍的强度，仅仅 5μm 厚度的镍层就可以限制高温下 Z 方向的膨胀。此外化学镀镍/浸金也可以阻止铜的溶解，这将有益于无铅组装。

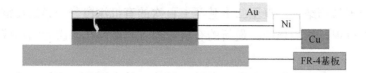

图 7-13　ENIG 表面焊盘层间结构示意图

化学镀镍/浸金工艺的一般流程：酸性清洁→微蚀→预浸→活化→化学镀镍→化学浸金，主要有 6 个化学槽，涉及近 100 种化学品，因此过程控制比较困难。

（2）应用场合

化学镀镍/浸金具有良好的可焊性。适用于安装大量精细间距器件（小于 0.63mm）以及共面度要求比较高的 PCBA，也可用作 OSP 表面的选择性镀层、按键盘。

（3）不足之处

① 焊点、焊缝存在脆化的风险。

② 存在"黑焊盘"失效风险。

③ 浸金层很薄，不能承受 10 次以上的机械插拔。

（4）黑焊盘现象的产生原因

Ni 作为隔离层和可焊的镀层，要求厚度大于或等于 3μm。Au 是 Ni 的保护层，Au 能与焊料中的 Sn 形成金属间共价化合物（$AuSn_4$）。在焊点中金的含量超过 3%会使焊点变脆，过多的 Au 原子替代 Ni 原子，因为太多的 Au 溶解到焊点里（无论是 Sn-Pb 还是 Sn-Ag-Cu）都将引起"金脆"。所以一定要限定 Au 层的厚度，用于焊接的 Au 层厚度小于或等于 1μm（ENIG：0.05～0.3μm）。

如果镀镍工艺控制不稳定，会造成"黑焊盘"现象，如图 7-14 所示。

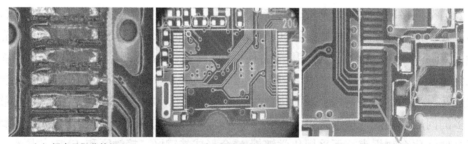

（a）焊点已脱落的焊盘　　　　（b）对应的未焊接焊盘　　　　（c）金镀层刻蚀后"黑焊盘"现象

（d）焊点的金相切片　　　　（e）刻蚀掉金镀层的焊盘的SEM照片

图 7-14　"黑焊盘"现象实例

图 7-14（a）所示是焊接后元器件脱落现象，可以看到焊盘发黑；

图 7-14（b）所示是没有焊接 QFP 器件之前电路板上的焊盘；

图 7-14（c）所示是放大后 QFP 器件对应的空焊盘有发黑的现象；

图 7-14（d）所示是在器件引线和焊盘的金相切片，焊接的接触面上出现了裂纹；

图 7-14（e）所示是针对焊盘上做的 SEM 扫描电镜分析，可以看到镀镍层有粗糙空隙产生。

① PCB 焊盘镀金层和镀镍层结构不够致密，表面存在裂缝，空气中的水容易进入，以及浸金工艺中的酸液容易残留在镍镀层中。在镀金时，由于 Ni 原子半径比 Au 的小，因此在 Au 原子排列沉积在 Ni 层上时，其表面晶粒就会呈现粗糙、稀松、多孔的形貌，形成众多空隙，而镀液就会透过这些空隙继续和 Au 层下的 Ni 原子反应，使 Ni 原子继续发生氧化，而未熔走的 Ni 离子就被困在 Au 层下面，形成了氧化镍（Ni_xO_y）。当镀镍层被过度氧化侵蚀时，就形成了所谓的黑焊盘。

② 镍镀层磷含量偏高或偏低，导致镀层耐酸腐蚀性能差，易发生腐蚀变色，出现"黑焊盘"现象，使可焊性变差，PH 值为 3～4 较好。

③ 镀镍后没有将酸性镀液清洗干净，长时间 Ni 被酸腐蚀。

④ 焊接时，作为可焊性保护性涂覆层的薄薄的 Au 层很快扩散到焊料中，露出已过度氧化、低可焊性的 Ni 层表面，势必使得 Ni 与焊料之间难以形成均匀、连续的 IMC，影响焊点界面结合强度，并可能引发沿焊点/镀层结合面开裂，严重的可导致表面润湿不良使元器件从 PCB 上脱落或镀镍面发黑，俗称"黑镍"。

大量研究和实际情况表明，镀层中 P 的含量是整个镀层质量的关键。当 P 含量在 7%～10% 时，Ni 层的质量比较好。

4. 浸银

浸银工艺（Immersion Silver，I-Ag）表面处理的 PCB 如图 7-12（d）所示。

（1）工艺流程

工艺比较简单、快速；在铜表面沉积一层薄（0.1～0.4μm）而密的银保护膜，不像化学镀镍/浸金那样复杂，也不是给 PCB 穿上一层厚厚的盔甲，但是它的电性能仍然很好。银仅次于金，即使暴露在热、湿和污染的环境中，银仍然能够保持良好的可焊性，但会失去光泽。浸银工艺没有化学镀镍/浸金所具有的好的物理强度，因为银层下面没有镀镍层。另外浸银有好的储存性，浸银后放几年组装也不会有大的问题。

浸银工艺的一般流程：除油→水洗→微蚀→水洗→预浸→沉银→抗氧化→水洗 →水平烘干。

浸银工艺是置换反应，它几乎是亚微米级的纯银涂覆。有时浸银工艺中还包含一些有机物，主要是防止银腐蚀和消除银迁移的问题；一般很难测量出来这一薄层有机物，分析表明有机体的质量分数小于 1%。

成本低，与无铅兼容，储存期 12 个月。

（2）应用场合

适用于安装大量精细间距器件（小于 0.63mm）以及共面度要求比较高的 PCBA。

浸银工艺比化学镀镍/浸金成本低，如果 PCB 有连接功能性要求和需要降低成本，浸银工艺是一个好的选择；加上浸银工艺具有良好的平坦度和接触性，那就更应该选择浸银工艺。在通信产品、汽车、计算机外设方面浸银应用得很多，在高速信号设计方面浸银也有所应用。由于浸银工艺具有其他表面处理所无法匹敌的良好电性能，它也可用在高频信号中。EMS 推荐使用浸银工艺是因为它易于组装和具有较好的可检查性，但是由于浸银存在诸如失去光泽、焊点空洞等缺陷使得其增长缓慢（但没有下降），估计目前大约有 10%～15% 的 PCB 使用浸银工艺。

（3）不足之处

① 潜在的界面微空洞。

② 与镀金的压接连接器不兼容，因为两者之间的摩擦力比较大。

③ 非焊接区域容易高温变色。

④ 易于硫化（对硫敏感）。

⑤ 存在贾凡尼效应，一般沟槽深度会电镀 10μm 左右。

⑥ 因贾凡尼效应沟槽露铜，在高硫环境下容易发生爬行腐蚀。

（4）贾凡尼效应

在正常条件下，由于银与铜之间发生置换反应，由于不同金属元素化学置换电动势差异，低电势元素会被高电势元素所氧化（丢电子），而高电动势元素得到电子而还原，在沉银缸中，Ag 离子在此反应得到电子还原（$2Ag^+ + 2e \longrightarrow 2Ag$，半反应电动势 $E_0 = 0.799V$），铜被氧化丢电子（$Cu \longrightarrow Cu^{2+} + 2e^-$，半反应电动势为 0.340V），这样，铜的氧化和银离子的还原同时进行，形成均匀的镀银层，如图 7-15（a）所示。然而，在沉银过程中，如果阻焊层和铜线路之间出现"缝隙"，缝隙里银离子的供应就会受限，阻焊层下面的铜可以被腐蚀为铜离子，为裂缝外的铜焊盘上的银离子还原反应提供电子，然后在裂缝外的铜表面上发生沉银反应，也就是浸银板的贾凡尼效应，如图 7-15（b）所示。

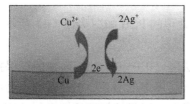
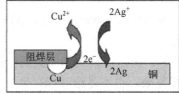

（a）正常的置换反应　　　　　　　　　　（b）贾凡尼效应

图 7-15　浸银的置换反应和贾凡尼效应

由于所需的电子数量与还原的银离子数量成比例，贾凡尼效应的强度随暴露铜焊盘表面积及镀银层厚度而增加。

由于铜厚度不足，沉银板的贾凡尼效应造成的主要缺陷为开路，主要有以下两种：

① 焊盘和被阻焊膜覆盖的线路连接的颈部位置开路，如图 7-16 所示。

对于此种贾凡尼效应的风险可以通过以下方法防止或减少。

● 控制浸银微蚀在要求的微蚀量范围内；

● 在设计中避免大的铜面和细小铜线路结合，增加泪滴设计；

● 通过优化阻焊涂覆工艺的前处理、曝光、固化、显影及使用抗化学阻焊油墨来提高阻焊膜的结合力，避免出现侧蚀或阻焊膜脱落的现象。

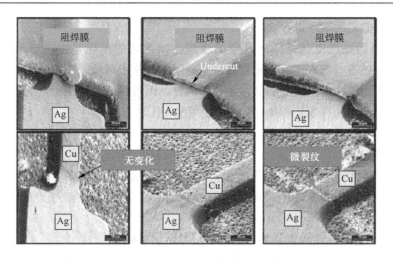

图 7-16　贾凡尼效应导致线路开路

② 盲孔在浸银工艺后出现空洞导致开路。

贾凡尼效应导致盲孔出现空洞开路，如图 7-17 所示。

图 7-17　贾凡尼效应导致盲孔出现空洞开路

对于此种贾凡尼效应的风险可以通过以下方法防止或减少。

● 提高电镀孔铜层均匀性和孔铜厚度；

● 在保证产品正常沉银品质的情况下，尽量减少沉银前处理微蚀时间和沉银时间；

● 在前处理和沉银槽液中安装超声波或喷流器也有很大改善作用。

5. 浸锡

浸锡（Immersion Tin，I-Sn）表面处理的 PCB 如图 7-12（e）所示，浸锡也称为沉锡。由于目前所有的焊料都是以锡为基础的，所以锡层能与任何类型的焊料相匹配。从这一点来看，浸锡工艺极具有发展前景。但是以前的 PCB 经浸锡工艺后出现锡须，在焊接过程中锡须和锡迁移会带来可靠性问题，因此浸锡工艺的采用受到限制。后来在浸锡溶液中加入了有机添加剂，可使得锡层结构呈颗粒状，克服了以前的问题，而且热稳定性和可焊性比较好。

（1）工艺特点

浸锡工艺可以形成平坦的铜锡金属间化合物，这个特性使得浸锡工艺具有和热风整平工艺一样好的可焊性，而没有热风整平的平坦性问题；浸锡工艺也没有化学镀镍/浸金金属间的扩散问题，铜锡金属间化合物能够稳固地结合在一起。浸锡 PCB 不能存储太久，组装时必须根据浸锡的先后顺序进行。

锡被引入表面处理工艺是近十几年的事情，该工艺的出现是生产自动化的要求的结果。浸锡在焊接处没有带入任何新元素，特别适用于通信用背板。在板子的储存期之外锡将失去可焊性，因而浸锡需要较好的储存条件，另外，因浸锡工艺中由于含有致癌物质而被限制使用，估计目前大约有 5%~10% 的 PCB 使用浸锡工艺。

成本低，与无铅兼容，储存期 12 个月，可焊性高。

（2）应用场合

浸锡工艺推荐用于背板，特别适合于主要为压接连接器的 PCBA。浸锡工艺能够获得满意的压接孔径尺寸，很容易做到±0.05mm（±0.002mil），此外还具有一定的润滑作用。

（3）不足之处

① 由于手印及返修次数限制的原因，不推荐用于单板。

② 再流焊接后塞孔附近镀锡层易变色。这是因为阻焊剂容易塞孔、容易藏药水，再流焊接时喷出来与附件锡层反应的结果。

③ 有产生锡须的风险。锡须风险取决于浸锡使用的药水，有些药水制作的镀层容易产生锡须，有些则不太容易产生锡须。

④ 有些浸锡配方药水与阻焊剂不兼容，对阻焊剂侵蚀比较严重，不适用于精细阻焊桥。

6. 电镀镍金

电镀镍金（Electrolytic Nickel/Gold，ENEG）是 PCB 表面处理工艺的鼻祖，自从 PCB 出现它就出现，以后慢慢演化为其他方式。电镀镍金表面处理的 PCB 如图 7-12（f）所示。

（1）工艺特点

它是在 PCB 表面导体通过电流的作用先镀上一层镍，后再镀上一层金，镀镍主要是防止金和铜元素之间的扩散。现在的电镀镍金有两类：镀软金（纯金，金表面看起来不亮）和镀硬金（表面平滑和硬，耐磨，含有钴等其他元素，金表面看起来较光亮）。工艺流程是：除油→微蚀洗→预浸→镀镍→镀金。

考虑到成本，业界常常通过图像转移的方法进行选择性电镀以减少金的使用。目前选择性电镀金在业界的使用持续增加，这主要是由于化学镀镍/浸金过程控制比较困难。

正常情况下，焊接会导致电镀金变脆，这将缩短使用寿命，因而要避免在电镀金上进行焊接；但化学镀镍/浸金由于金很薄，且很一致，变脆现象很少发生。

（2）应用场合

镀软金工艺主要用于芯片封装时打金线。镀硬金（非焊接电镀镍金）主要用在非焊接处的电性互连，如印制插头（金手指）、触摸屏开关处、导轨安装边等耐磨要求的地方。

（3）优点

① 高延展性、耐腐蚀、耐磨损。

② 制程简单，易于管控。

③ 焊接性能好，可靠性佳

④ 操作温度低、时间短。

（4）缺点

① 焊点、焊缝存在脆化的风险。

② 特征（线、焊盘）侧面露铜，不能被完全包裹或覆盖。

③ 镀层在阻焊层之前完成。阻焊膜直接应用在金面，因此，阻焊层的黏合强度将受到一定损害。

7. 各种 PCB 表面处理的优缺点

几种 PCB 表面处理的优点和缺点见表 7-16，包括在组装工艺过程中的管控。

表 7-16　各种 PCB 表面处理的优点及缺点比较

处理	优点	缺点
OSP	① 可焊性特佳是各种表面处理焊锡强度的参照指标。 ② 对过期板子可重新涂覆（Recoating）一次。 ③ 平整度佳，适合 SMT 装配作业。 ④ 可用于无铅制程	① 打开包装袋后须在 24h 内焊接完毕，以免焊锡性不良。 ② 在作业时必须戴防静电手套以防止板子被污染。 ③ 再流焊的峰值为 220℃，对于无铅焊膏峰值温度要达到 240℃。 ④ 因 OSP 有绝缘特性，所以测试焊盘一定要加印焊膏作业以利于测试。对于有孔的测试焊盘，更应在钢网上用特殊的开孔印焊膏，使得焊接后只在焊盘及孔壁边上有焊锡而不盖孔，以减少测试误判。 ⑤ PCB 制作工艺无法使用 ICT 测试，因 ICT 针会破坏 OSP 表面保护层而造成焊盘氧化
喷锡板（HASL）	① 与 OSP 一样，其焊锡性也特佳，也同样是各种表面处理焊锡强度的参照指标（Benchmark）。 ② 由于锡铅板测试点与探针接触良好，测试比较顺利。 ③ 目前制程与 QC 手法无须改变。 ④ 由于喷锡多层板在有铅制程中占 90%以上，而且技术较成熟，而无铅喷锡目前与有铅喷锡的差异仅是喷锡设备的改良及材料（63Sn-37Pb 改 Sn-Cu-Ni）更换，故无铅喷锡仍是无铅制程的首选	① 平整度差，细间距 SMT 装配时容易发生锡量不一致性，容易造成短路或焊盘因锡量不足造成焊接不良情形。 ② 喷锡板在 PCB 制程时容易造成锡球（Solder Ball）使得 SMT 装配时发生短路现象
浸银（I-Ag）	① 平整度佳，适合 SMT 装配作业。 ② 适合无铅制程	① 焊锡强度不如 OSP 或 HASL。 ② 基本上不用烘烤，如要烘烤必在 110℃、1h 以内完成，以免影响焊锡性。 ③ 在空气中怕氧化、怕氯化及硫化，因此存放及作业场所绝对不能有酸、氯或硫化物，作业时希望能比照 OSP，在打开包装后 24h 焊接完毕（最长也须在 3 天内完成），以避免因水汽问题要烘烤时又被上述条件限制而进退两难。 ④ 包装材料不得含酸及硫化物
浸锡（I-Sn）	① 平整度佳，适合 SMT 装配作业。 ② 用于无铅制程	① 焊锡强度比浸银还差。 ② 适用无铅制程，因储存时和再流焊后金属间化合物（Intermetallic Compound，IMC）容易长厚而造成焊锡性不良。 ③ 基本上不用烘烤，如需烘烤必须在 110℃、1h 以内完成，以免影响焊锡性。 ④ 希望能比照 OSP 在打开包装后 24h 焊接完毕（最长也须在 3 天内完成），以避免因水汽问题要烘烤时又被上述条件限制而进退两难
化学镀镍/浸金	① 平整度佳，适合 SMT 装配作业。 ② 由于金导电性特性好，对于板周围须要良好的接触或对于按键用的产品如手机类，仍是最佳的选择。 ③ 可用于无铅制程	① 焊锡强度最差。 ② 容易造成 BGA 焊接后焊球出现裂纹

7.5.3　PCB 表面处理的关键属性

1. PCB 表面处理的厚度

几种 PCB 表面处理厚度的规格见表 7-17。

表 7-17　PCB 表面处理厚度的规格

PCB 表面处理工艺种类	镀层厚度
热风整平（HASL）	细间距小于 0.76mm（0.030in）的元器件和 BGA： 最小厚度为 2.5μm（100μin），在几何中心位置； 最大厚度为 25μm（0.001in），在峰谷； 最大厚度变化不超过 18μm（0.0008in） 其他类型焊盘： 最小厚度为 1.2μm（50μin），在几何中心； 最大厚度为 38μm（1500μin）
浸银（I-Ag）	表面镀层满足 IPC-4553：最小浸银厚度应当为 0.12μm（5μin），最大厚度应当为 0.4μm（16μin），且标准偏差与过程平均值为 4σ。以上测试在面积 2.25mm² 或者 1.5mm×1.5mm 焊盘上进行；典型值范围 0.2~0.3μm（8~12μin）
薄的 OSP	3~5nm
厚的 OSP	0.2~0.3μm（7.8~11.8μin）.
浸锡（I-Sn）	满足 IPC-4554 类型 3 最小 1μm（40μin），以上测试在面积 2.25mm² 焊盘上进行；典型值范围典型为 1.15~1.3μm（45.3~512μin）
化学镀镍/浸金（ENIG）	满足 IPC-4552 标准： 化学镀镍厚度为 3~6μm（118.1~236.2μin）； 浸金厚度最小 0.05μm（1.97μin），典型厚度 0.075~0.125μm（2.955~4.925μin）
电镀镍金（ENEG）	对焊接表面： 电解镍厚度应为 5~20μm（200~800μin），在中间的通孔中，需要至少 0.0001in 镍。 电解金的最小厚度应为 2μm，4σ 低于平均值；典型的范围是 0.076~0.38μm（3~15μin） 对接触金手指和 LGA 焊盘： 电解镍最小厚度为 2.5μm（100μin），电解金最小厚度为 0.76μm（30μin）

2. PCB 厂家加工属性

各种表面处理在 PCB 厂家的加工属性见表 7-18。由于存在界面裂缝的风险，建议避免使用化学镀镍/浸金 ENIG 表面处理，除非表中其他的替代品已被排除。

表 7-18　各种表面处理在 PCB 厂家的加工属性

属性	OSP	电镀镍金	化学镀镍/浸金	无铅热风整平	浸银	浸锡	热风整平
可用性（Availability）	可用于大多数 PCB 厂家	在亚洲的 PCB 供应商可以高产量，但应用不广	有限的可用性	有限的可用性，在大多数 PCB 厂家，常用于少量	大多数 PCB 厂家可用	有限的可用性，常依赖于厂家或代加工厂	仍然广泛应用
工艺可控性（Process Control）	简单	工艺必须具有较大的电镀能力	难以控制，自动分析/剂量不能在所有关键因素上进行	很少有问题。铜含量必须控制	全自动水平过程控制，少许工艺问题	全自动控制，厚度控制是关键	一般，厚度平整控制
供应商质量（Vendor Quality）	少	严格的厚度控制要求，以确保电镀	漏镀金，镍腐蚀，铜污染	未知，由于较快的溶解速率，潜在的薄铜	厚度，变色，有机污染	厚度，水污染	堵孔
电镀后热偏移（Thermal Excursion After Plating）	无	无	无	1+ 返修	无	无	1+ 返修

续表

属性	OSP	电镀镍金	化学镀镍/浸金	无铅热风整平	浸银	浸锡	热风整平
允许塞孔（Via Plugging Allowed）	不可以：化学残留风险，允许孔填充	可以：电镀后无风险	可以：塞孔必须在电镀后，可以孔填充	可以：塞孔必须在电镀后	不可以：化学残留风险，允许孔填充	不可以：化学残留风险，允许孔填充	可以：塞孔必须在电镀后
价格（Price）	低	高	中	低	中	中	低
耐储时间（Shelf Life）	6 个月	12 个月	12 个月	12 个月	6 个月	3 个月	12 个月
包装（Packaging）	首选真空包装	没有特殊要求	没有特殊要求	没有特殊要求	干燥剂不能装在板表面，双重包装要求	没有特殊要求	没有特殊要求
表面处理返修（Surface Finish Rework）	可以	不可以	不可以	可以	一些化学物质	不可以	可以

3. 组装加工属性

表 7-19 是各种表面处理在电子组装加工过程中的属性，主要是指加工过程中的焊接性、工艺性、焊接中的不良及焊接的可靠性问题。

由于存在界面裂缝的风险，建议避免使用化学镀镍/浸金 ENIG 表面处理，除非表中其他的替代品已被排除。

表 7-19　各种表面处理在电子加工过程中的属性

属性	OSP	电镀镍金	化学镀镍/浸金	无铅热风整平	浸银	浸锡	热风整平
SMT 焊接，焊盘润湿性	好	好	好	优	优	好，厚度至少大于 1μm	优
PTH 孔填充	差	好	好	优	优	好	优
镀层表面平整度[1]	好	好	好	差：优选水平工艺	好	好	差：优选水平工艺
多次再流焊	好，良	良	良	好	好，良	好，良	好
使用免清洗助焊剂	PTH/孔填充要小心	无影响	无影响	无影响	无影响	无影响	无影响
微孔在焊盘上和在 BGA 焊盘上	不可以	无报告	无报告	无报告	可以	无报告	无报告
焊缝裂纹（在焊点和焊盘间）	无	无	有	无	无	无	无
测试接触不良问题	高[2][3]	无	低	低	低	低	低
焊点可靠性	良	良	良：产线要避免黑焊盘	良	小心界面的微细空隙	良	良
PTH 返修时铜溶解	高	低	低	中	中	中	中
用在打金线键合	不可以	可以	不可以	不可以	只可打铝线	不可以	不可以
接触面应用	不可以	可以	可以	不可以	不可以	不可以	不可以
装配后外观	可接受	好	好	好	无焊盘变色（仅外观问题）	无焊盘变色（仅外观问题）	好
组装过程中取放	控制热漂移后的拿持时间	无特殊要求	无特殊要求	无特殊要求	控制热漂移后的拿持时间	控制热漂移后的拿持时间	无特殊要求

注：1. 对于细间距 SMT 元器件和小元器件（比如 0402 以下），要在组装过程中达到高质量，表面处理的平整度是非常重要的因素。

　　2. OSP 板的表面容易预热分解，残留物影响测试的接触性，造成测试精度误差。

　　3. 通常会增大治具上测试探针弹簧的压力，在 ICT 测试时选用尖锐的测试探针。

4. 组装过程风险

表 7-20 是各种 PCB 表面处理在组装焊接过程中针对不同的元器件或者应用场合存在的应用风险。

表 7-20　PCB 表面处理在应用上的风险

属性	OSP	电镀镍金	化学镀镍/浸金	无铅热风整平	浸银	浸锡	热风整平
大的陶瓷 BGA			焊缝裂纹	表面平整度			表面平整度
PTH 通孔填充大于 75%	差的填充						
内层设计缺少散热	金属化孔存在填充风险						
腐蚀环境		铜层边缘开裂和焊盘露铜			电迁移		
高电压应用					电迁移		
高可靠性，长寿命			焊缝裂纹		当厚度高时，界面的微细空隙便会出现香槟孔	锡须	
阻抗/射频连接器	金属化孔存在填充风险						
压接器件		高压力	高压力				
手持设备			焊缝裂纹				

使用浸银 PCB 时负面的影响有两个：其一是不易剥银返工，因为银的化学性要比铜贵，剥银过程中难免会伤到底铜，一旦过度粗糙则界面微洞（Inerfacial Microvoid）更加不可避免；其二是浸银层表面常附着上另外一层有机膜，目的是抑制银面在空气中的变色，以及防止银层快速迁移的不良效应，使得细间距中容易短路的问题大为减少。这种表面的有机膜在焊接中无法跟银一样可以快速溶入液锡之中。残余界面的有机膜在高温中必定会分解而挥发，一旦未充分挥发，就在界面形成众多微洞，故又称为"香槟孔"（Champagne Void），对焊点强度有很大危害。如图 7-18 所示，在焊点与焊盘的交接处出现很多气孔。

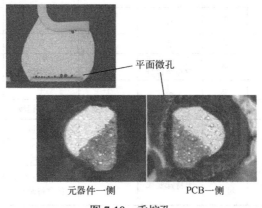

图 7-18　香槟孔

各种常用可焊表面处理焊接 BGA 后，尺寸约等于 1 美分（人民币 5 角）铜币大小的 BGA 试验样品如图 7-19 所示，经拉力试验所得强度比较见表 7-21。

图 7-19 表面处理焊接 BGA 试验样品

表 7-21 不同表面处理板 BGA 的焊点强度比较

表面处理	最小拉力（lbs）	平均拉力（lbs）	最大拉力（lbs）	落差（lbs）
OSP	384	395	404	20
热风整平	376	396	410	34
浸银	373	389	401	28
浸锡	350	382	404	54
化学镀镍/浸金	267	375	403	136

7.5.4 PCB 表面处理选择的依据

1．PCB 表面处理工艺的选择依据

选择 PCB 可焊性表面处理工艺时，要考虑焊料合金成分、可靠性、制造工艺和产品的用途。

（1）焊料合金成分

PCB 焊盘处理层与焊料合金的相容性是选择 PCB 可焊性表面处理的首要因素。这点直接影响焊点在焊盘一侧的可焊性和连接可靠性。例如，Sn-Pb 合金应选择 Sn-Pb 热风整平，无铅合金应选择非铅金属或无铅焊料合金热风整平。

（2）可靠性要求

高可靠性要求的产品首先应选择与焊料合金相同的热风整平，这是相容性最好的选择。

（3）制造工艺

选择 PCB 可焊性表面处理时还要考虑 PCB 焊盘处理层与制造工艺的相容性。热风整平工艺的可焊性好，可用于双面再流焊，能经受多次焊接。但由于焊盘表面不够平整，因此不适合细窄间距元器件。OSP 和浸锡（I-Sn）较适合单面组装、一次焊接工艺。

（4）产品的用途和成本

浸银（I-Ag）比化学镀镍/浸金（ENIG）的加工成本低，可替代 ENIG，用于消费类电子产品的接触开关焊盘。考虑成本，还可以尽量采用 OSP 和浸锡（I-Sn）表面处理方式。如果使用的是 OSP，在两次焊接以上的混装工艺中，再流焊和波峰焊时使用氮气或者腐蚀性很小的助焊剂，可以根据产品灵活掌握，如果使用 ENIG 就不需要使用氮气。在选择表面镀覆层时，要考虑氮气的使用、助焊剂的类型和对成本的影响。

2. 无铅 PCB 焊盘表面处理的兼容性

产品向无铅转化时，研发设计人员选择 PCB 表面处理工艺时考虑表 7-18，同时，还要满足 RoHS 和 WEEE 的要求，所有的表面处理要满足以下要求。

① 环境影响，满足 RoHS 中规定的成分要求。

② 必须满足多次焊接的温度要求，最高 260℃。

③ 一定要与元器件引线表面的镀层兼容，减少对金属间化合物（IMC）的影响。

④ 要有好的润湿性，满足 J-STD-003 和 IPC-A-610 标准的要求。

⑤ 结晶形成时电迁移应该极其小，无铅温度高会恶化。

⑥ 最好表面处理的同时可以满足有铅和无铅焊接工艺，但这也不是必需的。

无铅焊接要求 PCB 焊盘表面镀层主要用无铅金属或无铅焊料合金。在无铅高密度组装中，如在应用 0201、μBGA 等组装板的工艺中已不再使用 HASL。

7.5.5　采用多种 PCB 表面处理工艺的考虑

除了有金手指或 LGA 元器件的镀层，设计人员尽量不要将多种镀层设计在同一个 PCB 上，原因如下：

① 一般来说，双重的表面处理会增加工艺步骤和成本。

② 可能需要提供给 PCB 厂家特殊的设计规则以生产这种电路板。

③ 在生产制造过程中存在交叉污染的危险。

④ 因为要保护一种镀层，会造成可焊性差。

7.5.6　有压接连接器的 PCB 表面处理

有压接连接器的 PCB 表面处理工艺特殊考虑如下。

① 任何铜暴露都会导致引线氧化影响电气连接。

② 避免 Ag-Ag 结合，例如镀银的压接连接器引线插入浸银的 PCB 中。

③ 避免纯锡电镀到压接连接器的铜引线上，这会造成锡须，加镀镍可以减少锡须。

④ 热风整平的 PCB 如果要装入压接连接器，电镀孔的公差要变小，例如 ±0.05mm（±0.002in），具体参考元器件的规格参数。

⑤ 压接连接器必须和 PCB 表面镀层兼容。连接器的供应商需要提供推荐的 PCB 表面处理方式，以适应组装其元器件。表 7-22 中列出的是 PCB 表面镀层与相对应的连接器引线镀层的兼容性。

表 7-22　PCB 表面镀层与相对应的连接器引线镀层的兼容性

PCB	压接引脚
OSP	锡铅（Sn-Pb）浸焊
	金（Au）
	银（Ag）
	锡镍板
	85Sn-15Pb 镀层
	90Sn-10Pb 镀层

PCB	压接引脚
浸银	锡铅（Sn-Pb）浸焊
	金（Au）
	锡镍板
	85Sn-15Pb 镀层
	90Sn-10Pb 镀层
电镀镍金	锡铅（Sn-Pb）浸焊
	金（Au）
	银（Ag）
	锡镍板
	85Sn-15Pb 镀层
	90Sn-10Pb 镀层
浸锡	锡铅（Sn-Pb）浸焊
	金（Au）
	银（Ag）
	锡镍板
	85Sn-15Pb 镀层
	90Sn-10Pb 镀层
化学镀镍/浸金	锡铅（Sn-Pb）浸焊
热风整平	锡铅（Sn-Pb）浸焊
	金（Au）
	银（Ag）
	锡镍板
	85Sn-15Pb 镀层
	90Sn-10Pb 镀层

7.5.7　板边连接处的 PCB 表面处理

采用电路板的板边作为连接时，PCB 表面处理工艺注意以下设计规则。

采用板边连接要防止在插入另外连接器或放入测试治具时损坏，在再流焊或波峰焊时要保护金手指防止污染。

设计要说明一些规格，如最大厚度、最小厚度、孔隙率、表面镀层、材料纯度等。

减少镍金镀层的镍氧化的产生，使用最小的金厚度 0.76μm（30μin），镀金和镍的厚度见表 7-23。

表 7-23　板边连接的镀层厚度

应用	金厚度（μin）	镍厚度（μin）
闪金（Flash Gold）	2～6（浸金）	120～400（化学镀）
SIMM / DIMM（参照 JEDEC 要求）	30（化学镀）	70（化学镀）
性能应用	50（化学镀）	100（化学镀）
大型、振动应用	200（化学镀）	250（化学镀）

注：除非本表规定，不要使用闪金作为板边连接。

第 8 章 PCB 单板和拼板的可制造性设计

为了充分利用基材，提高贴装设备效率，可采用多块相同图形或不同图形的小型 PCB 组成拼板（Panel）；当 PCB 尺寸小于最小贴装尺寸时，必须采用拼板方式。PCB 单板和拼板的可制造性设计包含工艺边框、元器件的边缘留空、工具孔、基准点和局部基准点、坏板标记（Image Reject Marks，IRM）、部分合格板基准点（Partially Good Panel，PGP）、拼板的分板、板子的边角、料号（Part Number）标识等。

8.1 PCB 的可制造性要求

8.1.1 PCB 制作事项

在制作 PCB 时，按照设计有一些预定的条件，按照这些条件事项执行有优缺点，如果不按照会有一些影响。PCB 制作设计预定条件事项见表 8-1。

表 8-1 PCB 制作设计预定条件事项

制作设计预定条件	优点（★），缺点（↓），不符合预定条件的影响（■），其他（●）
孔径/焊盘比：焊盘尺寸至少比孔尺寸大 0.6mm（0.024in）[①]	★大焊盘区可以防止破坏，即孔与焊盘边缘交接（孔环不足）。 ↓大焊盘与最小间距，要求相抵触
焊盘与导线连接处做成泪滴盘	★提供附加区域，防止破坏。 ★可提高可靠性、振动或热循环以防止焊盘/导线界面裂开。 ↓可能与最小间距要求相抵触
板厚：一般为 0.8~2.4mm（0.031~0.0945in）（含铜）	■较薄板易翘曲，且需要特别处理通孔插装元器件。由于较厚板层与层之间重合度、合格率低，对于厚板，某些元器件没有足够长的引线
厚板孔径比（厚径比）：≤5∶1 为好*	★较小厚径比会使孔内镀层更均匀，孔易于清洁，钻孔少漂移。 ★较大孔壁，不易断裂
板厚方向对称：上半部是下半部的镜像，成为平衡结构	■不对称板易翘曲。 ●接地层/电源层的位置、信号线走向影响板的对称性。 ↓宜在整个板内分布大量区域的铜以使翘曲最小化
板尺寸	★较小板翘曲较小，层与层之间重合度较好。 ↓有些小的要素，大尺寸 PCB 要考虑层压或不定层的叠层。 ●在制板利用率决定了成本
导体间距：≤0.1mm（≤0.0039in）	■间距小，刻蚀液循环流动不畅，导致金属清除不完全
电路特性（导线宽度）：≤0.1mm（≤0.0039in）	■较小线宽在刻蚀时易破损或断开

* 这些制作事项虽然有价值，但对于某些通孔可能还不实用。具有较小直径焊盘的通孔，其连接盘直径不能比孔大 0.6mm（0.024in），因为这违反了板厚与电镀孔径（厚径比）建议。当几何形状事项要求使用较小连接盘时，厚径比问题变得极为重要且孔环问题宜作例外处理。

由于 PCB 生产中所涉及的设备，为要达到最优生产能力且使成本最低，需要考虑一些限制。另外，还有人员因素，如强度、作用和控制等，所以大多数 PCB 生产厂不能使用全尺寸在制板。

8.1.2　PCB 制造成本的考虑

电子产品的材料成本是设计必须考虑的。在 PCB 制作时，不同客户的产品不同，很少有共享性的产品。因此，PCB 报价前需要进行成本核算，参考 PCB 自动拼板计算，根据在标准尺寸的覆铜板上排版的板材利用率做出综合报价。板材利用率指的是原材料总的利用率，等于下料利用率与排版利用率的积。PCB 厂制作 PCB 时，首先要在覆铜板原材料上根据需要将基板裁剪为加工板，覆铜板尺寸一般为(12～21)in×(16～24)in。常见的一种 PCB 在母板上的布局示意图如图 8-1 所示。

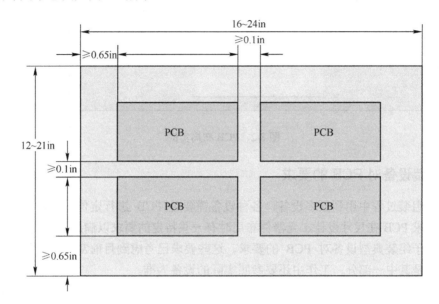

图 8-1　PCB 在母板上的布局

PCB 的板材利用率取决于 PCB 的尺寸、厂家的下料尺寸和排板、层压次数。只有工艺边影响到板材利用率（排板数量）时，优化工艺边的设计才具有意义。PCB 行业的成本计算是所有产业中最为特别、最为复杂的，从开料、压板、成型，一直到 FQC、包装、完工入库，需要依据每一个工序投入的材料费用、人工费用、制造费用等进行分步核算，再依据订单产品编号分批累计成本。并且不同类型的产品，其工序的标准费率都会有所区别。对于一些产品，例如盲孔和埋孔板、沉金板、压铜座板，因其工艺或所有材料的特殊性，要求必须采用一些特殊的计算方法。同理，钻孔工序所用钻头大小也会影响到产品的成本，这些都直接影响到 WIP 成本、报废成本的计算与评估。

PCB 的板材利用率高，成本就会降低，也就是在同一母板上布局的 PCB 数量多就会降低成本。下面举例说明。如图 8-2 所示，PCB 的尺寸是 8.622in×8.9in，如果设计成正方形的，在母板上可以摆放两片，如果在设计的时候边角去掉一些，就可以在母版上摆放 3 片 PCB，成本就会节省 33%。

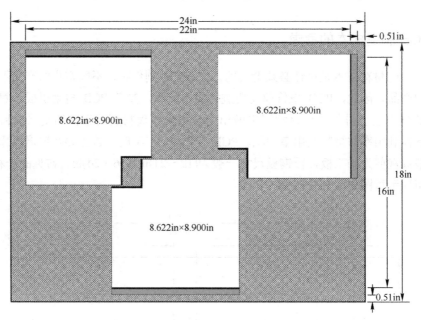

图 8-2　PCB 布局实例

8.1.3　组装设备对 PCB 的要求

在电子组装过程中用到很多设备，各种设备需要对 PCB 进行定位、运输、检测、测试等，这就要求 PCB 在尺寸设计、元器件布局时有一些特定的要求以满足设备的需要。表 8-2 中列出了电子组装典型设备对 PCB 的要求。这些要求已考虑到目前常用的各种设备型号的建议，但仅是其中一部分，工作中还要参照实际的设备为准。

表 8-2　电子组装典型设备对 PCB 的要求

设备	PCB 固定夹持边	基准点数量	基准点位置	定位孔数量和直径	定位孔位置	其他
DEK 焊膏印刷	通常 3mm（0.120in），有的要求 5mm（0.197in），因为 PCB 边缘印刷不良，没有细间距器件可以在 5mm（0.197in）内	至少两个	离 PCB 边缘至少 5mm（0.197in），否则设备夹持板或夹紧机构会盖住	无要求		
Fuji 焊膏印刷机	3mm（0.120in）	至少两个	离 PCB 边缘至少 5mm（0.198in），否则设备夹持板或夹紧机构会被盖住	推荐两个，直径为 3.18mm（0.125in）	沿底部边	
通用传输导轨	5mm（0.197in）					
Fuji 贴装机	5mm（0.197in）			需要两个，直径为 3.18mm（0.125in）	沿进板方向底部边 5mm（0.197in）	PCB 进板前后边没有缺口，没有切口在夹持边
Universal GSM 贴装机	3mm（0.120in）	至少两个，优选 3 个	板角	无要求		PCB 进板前后边没有缺口

设备	PCB 固定夹持边	基准点数量	基准点位置	定位孔数量和直径	定位孔位置	其他
Panasonic 贴装机	4mm（0.157in）	两个	离 PCB 边缘至少 5mm（0.198in），否则设备夹持板或夹紧机构会被盖住	推荐两个，直径为 4mm（0.157in）（+0.1mm/-0）	在 PCB 角，距离边 5mm（0.197in）	
Siemens 贴装机	4mm（0.157in）	至少两个，优选 3 个	离 PCB 边缘至少 5mm（0.198in），否则设备夹持板或夹紧机构会碰到元器件	无要求		
BTU 再流焊机	3mm（0.120in）					
Conceptronic 再流焊机	5mm（0.197in）					
CR Tech AOI	5mm（0.197in）	至少两个，优选 3 个	图形内的角，至少一个在左边，另一个在右边	无要求		夹持边没有缺口时,对于测试后组装,可以不需要检验基准点
SVS 焊膏检测设备	无要求	两个		无要求	无要求	
MVP（AOI）	5mm（0.197in）		3 个，在板角	无要求	无要求	无要求
Omron（AOI）	5mm（0.197in）		两个，在对角线上	无要求	无要求	
Electrovert 波峰焊机	使用治具时，最小 2.03mm（0.080in）；无治具时，最小 5.08mm（0.200in）					
Router 分板机	从分板边到元器件焊点或导线至少 2.0mm（0.080in）	优选 3 个	在 PCB 图形内的 3 个角上，离板边至少 5mm	板厚小于 3.81mm（0.150in），至少两个；板厚大于 3.81mm（0.150in），至少 3 个；直径为 3.18mm（0.125in）	必须在图形内对角上	需要铣刀分板的区域至少要有 2.54mm（0.100in）；元器件高于 15.88mm（0.625in），必须保留铣刀离元器件距离大于 22.23mm（0.875in），以避免碰到元器件
V 形槽分板机	根据 V 形槽的角度和 PCB 厚度					
剪切分板机	从图形边到最近的焊点或所有层的导线至少 1.0mm（0.040in）					
分离机	从分板的邮票孔外至少 1.9mm（0.075in）					
ICT	无，对于小的 PCB，如果底部有孔，定位需要 5mm（0.197in）	无		3 个非电镀孔；直径尺寸优选 3.99mm（0.157in），可以接受 3.18mm（+0.076mm/-0.0mm）[（0.125in（+0.003in/-0in）]	必须在图形内对角上	对于测试探针密集的区域，推荐增加定位孔

续表

设备	PCB固定夹持边	基准点数量	基准点位置	定位孔数量和直径	定位孔位置	其他
PTH自动插件机	5mm（0.197in）	无		两个	2个定位孔位于板的同一侧，与传送带运行方向一致，孔中心距板边 5.0～9.0mm（0.197～0.354in）	
X-ray（5DX）机	上表面 3mm（0.120in）下表面 5mm（0.197in）	建议3个，但并不是必须	直径至少 1mm（0.04in），阻焊膜离基准点 1.52mm（0.06in），至少离 SMT 基准点 5.08mm（0.2in）	无要求		基准点需镀锡，间隙要求由内部夹紧机构决定
8400飞针测试仪	上表面 5mm（0.197in）				无要求	
9400飞针测试仪	上表面 5mm（0.197in）	不需要			无要求	

8.1.4　PCB尺寸和厚度的设计

PCB的尺寸和厚度是设计过程开始就需要考虑的重要内容，应结合实际的设备加工能力，以避免PCB变形。

1. 尺寸

只要有可能，PCB的尺寸尽量一致，可以使PCB和组装件测试夹具通用。PCB的标准化示例如图8-3所示。标准化是为了使制作成本最低和每块在制板上印制板数量最多，以及PCB大小与标准生产在制板大小相匹配，并可以简化裸板测试（见IPC-D-322）。

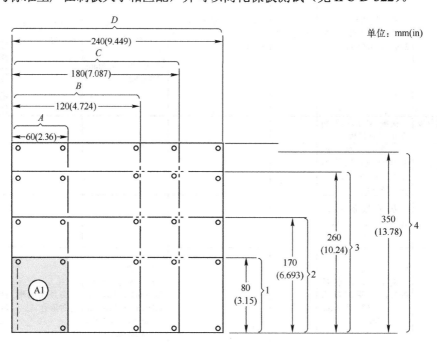

图8-3　PCB尺寸标准化示例

钻孔直径
3mm±0.10mm(0.12in±0.00394in)

板号	印制板尺寸 [±0.4mm(0.016in)]	板号	印制板尺寸 [±0.4mm(0.016in)]	板号	印制板尺寸 [±0.4mm(0.016in)]	板号	印制板尺寸 [±0.4mm(0.016in)]
A1	60mm×80mm(2.36in×3.15in)	B1	120mm×80mm(4.724in×3.15in)	C1	180mm×80mm(7.087in×3.15in)	D1	240mm×80mm(9.449in×3.15in)
A2	60mm×170mm(2.36in×6.693in)	B2	120mm×170mm(4.724in×6.693in)	C2	180mm×170mm(7.087in×6.693in)	D2	240mm×170mm(9.449in×6.693in)
A3	60mm×260mm(2.36in×10.24in)	B3	120mm×260mm(4.724in×10.24in)	C3	180mm×260mm(7.087in×10.24in)	D3	240mm×260mm(9.449in×10.24in)
A4	60mm×350mm(2.36in×13.78in)	B4	120mm×350mm(4.724in×13.78in)	C4	180mm×350mm(7.087in×13.78in)	D4	240mm×350mm(9.449in×13.78in)

图 8-3　PCB 尺寸标准化示例（续）

对于组装工艺，一般 PCB 单板或拼板的最大尺寸为 457mm×508mm（18in×20in），最小尺寸为 50mm×80mm（2in×3.2in）。可优化 PCB，使得在制造母板上的布局达到最大的利用率，节省成本。

PCB 的最大和最小尺寸一定要考虑贴装设备的加工能力。

● PCB 最大尺寸=贴装机最大贴装尺寸

● PCB 最小尺寸=贴装机最小贴装尺寸（50mm×50mm）

在设计大的 PCB 时，一定考虑指定加工厂商的贴装机尺寸，更换厂家时应避免引起质量波动。常用组装设备的最大 PCB 尺寸加工能力见表 8-3。

表 8-3　常用组装设备的最大 PCB 尺寸加工能力

设备类型	设备型号	最大尺寸（长×宽） （mm×mm）	最大尺寸（长×宽）（in×in）
焊膏印刷机	DEK 265SX，DEK Horizon，DEK Infinity	508×508	20×20
	DEK Infinity Api，DEK Europa	610×508	24×20
	MPM Accuflex	584×508	23×20
	MPM Ultraprint	457×508	18×20
	MPM Accela	558×508	22×20
	KME SP Printers	356×457	14×18
焊膏检测机	SVS 8100，Cyber Sentry SE200，SE300	457×508	18×20
	CyberOptics LSM，CyberOptics CyberSentry2，CKD/VIP450，Nagoya Electric NLS-250L	356×457	14×18
	Agilent SP50 Serial Ⅱ XL	610×610	24×24
点涂机	GL 541E	356×457	14×18
	Universal GDM	457×508	18×20
	KME BD-12，BD-30	254×330	10×13
	Camalot 1818	457×457	18×18
贴装机	常用贴装机	457×457	18×18
	Siemens，Universal GSM，Fuji，Panasonic，Mydata，	457×508	18×20
	KME Fuji Yamaha	356×457	14×18
	KME CMXXR-M，Fuji QP 132E，NP134	254×330	10×13
	NXT M6S，NXT double conveyor	534×610	21×24
	NXT single conveyor	534×508	21×20
	NXT single conveyor S	520×457	20.5×18

设备类型	设备型号	最大尺寸（长×宽） （mm×mm）	最大尺寸（长×宽） （in×in）
再流焊机	BTU Paragon150，BTU Pyramax150N	宽度 457mm	宽度 18in
	Speedline Omniexel	宽度 508mm	宽度 20in
自动光学 检测仪	Agilent SJ50 Serial Ⅱ	508×508	20×20
	Agilent SJ50 Serial Ⅱ XL	610×610	24×24
	RTI-6500/6520，MVP 1820，MVT SJ-10，CyberOptics KS50，Omron VT Win/RBT	457×508	18×20
	Samsung VSS-3BL，KME VC45D	356×457	14×18
X 射线 检测仪	Agilent 5D×S5000	457×610	18×24
	Dage XD-7000	508×610	20×24
	Pony 4100	457×457	18×18
	HP 5DX，CRX-1000/2000，Nicolet NXR-1400，1525，XTEK HMX160，Fein Focus，Softe×SFX-100	457×508	18×20
铣刀分板 机	Cencorp TR2100，Autolink R4200，Excellon 205DP，PTS（customized）	457×508	18×20
	Cencorp TR1000	419×419	16.5×16.5
	Getech	500×500	19.68×19.68
	Autolink	450×500	17.71×19.68
V 形槽 分板机	Maestr03	NA×450	NA×17.71
返修台	Conceptronics，Air Vac DRS24，PDR 600，Meisho/MS-9100	457×508	18×20
	SRT	450×550	17.71×21.65
	Freedom3000	508×508	20×20
	ERSA650	460×560	18.11×22
在线测试 仪	Teradyne/GenRad	483×635	19×25
	Agilent	381×635	15×25
	Flying Probe（Takaya）	400×不限	15.75×不限
	Flying Probe（Teradyne）	500×600	19.7×23.6
焊锡喷泉	Electrovert Soldapak，New Age RR2112，Air Vac PCBRM12/14，SSM9	457×508	18×20
选择性波 峰焊机	Panasonic Softbeam，ERSA Versaflow	457×508	18×20
波峰焊机	Electrovert Electra	宽度 508mm	宽度 20in
	Electrovert Electra 600	宽度 600mm	宽度 23.6in
	UltraPak，Soltec DeltaMax	457×508	18×20
	Electrovert EconoPak，Soltec Prisma，Delta，Sensbey IFL 450A，Tamura HC45	406×457	16×18
	Tamura，ERSA NWAVE330，Sensbey IFL-350	305×356	12×14
水洗机	Electrovert，Aquastorm，Westkleen，John Treiber，Hollis HS232	457×508	18×20
压接机	BMEP 5T	460×610	18×24
	MEP 12T	762×914	30×36
	FCI	350×NA	13.78×NA
	BEGR	350×NA	13.78×NA
	MEP-6T，AEP-12T，NEC Miyagi，NM-012	457×508	18×20

2. PCB 的厚度

拼板或者厚度尺寸大于 3.05mm（0.120in）的 PCB，可能需要特殊的处理。较薄的 PCB 更容易产生弯曲，在加工的过程中可能需要支撑的治具。PCB 厚度一般为 0.5～2.4mm。PCB 的厚度选用上没有最小限制，但 PCB 上装配有 BGA 器件时，推荐选用的最小的板厚为 1.57mm（0.062in），以避免搬运过程中的损坏。为减小 PCB 弯曲，PCB 的厚度遵循以下几点：

① 一般贴装机允许的板厚为 0.5～5.0mm。

② 只装配集成电路、小功率晶体管、电阻、电容等小功率元器件，在没有较强的负荷振动条件下，厚度为 1.6mm，尺寸在 500mm×50mm 之内。

③ 有负荷振动条件下，要根据振动条件采取缩小板的尺寸或加固和增加支撑点的办法，仍可使用 1.6mm 的板。

④ 板面较大或无法支撑时，应选择 2.0～3.0mm 厚的板。

根据 PCB 的尺寸大小推荐的最小板厚度要求见表 8-4。

表 8-4　根据 PCB 的尺寸大小推荐的最小板厚度要求

PCB 尺寸	最小板厚度
PCB 长度尺寸≤12.5cm（4.92in）和面积≤75cm^2（11.63in^2）	0.6mm（0.024in）
PCB 长度制板尺寸≤17.0cm（6.69in）和面积≤150cm^2（23.25in^2）	1.0mm（0.040in）
PCB 长度尺寸≤25.0cm（9.84in）和面积≤300cm^2（46.5in^2）	1.6mm（0.062in）
PCB 长度尺寸≤40cm（15.75in）和面积≤900cm^2（139.5in^2）	2.4mm（0.093in）
PCB 长度尺寸>40cm（15.75in）和面积>900cm^2（139.5in^2）	3.1mm（0.120in）

注：对于需要 X 射线检测的 PCB，厚度的变化要在±4%以内。

8.1.5　PCB 外形的设计

考虑到可制造性的要求，进行 PCB 设计时，首先要考虑 PCB 外形。PCB 的外形尺寸过大，印制线条长，阻抗增加，抗噪声能力下降，成本也增加；过小，则散热不好，且邻近线条易受干扰。同时 PCB 外形尺寸的准确性与规格直接影响生产加工时的可制造性与经济性。PCB 外形的设计要求内容包如下：

① PCB 的外形应尽量简单，一般为矩形，长宽比≤2，常用长宽比为 3：2 或 4：3；宽厚比小于或等于 150（这里宽度尺寸指 PCB 深度或高度中比较小的那个尺寸）。PCB 的尺寸应尽量接近标准尺寸，以便简化加工工艺，降低加工成本。

② 贴装机的 PCB 传输方式、贴装尺寸范围决定 PCB 的外形。

当 PCB 定位在贴装工作台上，通过工作台传输时，对外形没有特殊的要求。

当直接采用导轨传输 PCB 时，PCB 外形必须是笔直的，如果是异形的，必须设计工艺边使 PCB 的外形成直线。

8.1.6　PCB 工艺边的设计

1. 需要增加工艺边的情况

① PCB 边凹凸不齐时，缺口大于所在边长度 1/3，缺口尽量不要放置两端。

② 在传输轨道边（长边）SMT 元器件或焊点离板边小于 5mm（0.197in）时，一般需要加工艺边，小于 3mm 时就必须增加工艺边，如果在 3～5mm 之间可以预先评估是否必须加工艺边。

③ 当元器件超出板边时，可按照图 8-4（a）增加工艺边。

如同时出现第（2）种或第（3）种情况时，需按图 8-4（b）增加工艺边。

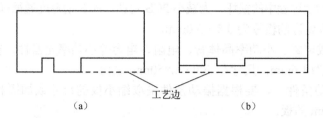

图 8-4　工艺边示意图

④ PCB 边有缺角或不规则的形状时，且不能满足 PCB 外形要求时，应加辅助块补齐使其规则，方便组装。不规则外形 PCB 补齐示意图如图 8-5 所示。

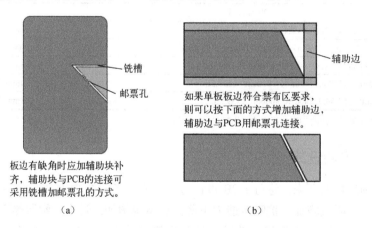

图 8-5　不规则外形 PCB 补齐示意图

2. 工艺边的设计

如果基准点放在板边上，基准点的外缘到 PCB 的边缘至少保留 3.5mm。在 PCB 工艺边上允许布放料号、基准点、组装定位孔等 PCBA 的内部特征。工艺边放置规则如图 8-6 所示。

图 8-6 中：

最小工艺边宽度：$W_{min}=A + B/2 + C_{min}$

推荐工艺边宽度：$W_{pref}=A + B/2 + C_{pref}$

对于所有特征推荐：$C_{pref}=3mm$（0.118in）

对于基准点和不良板基准点：$C_{min}=1mm$（0.039in）

对于工艺边上有定位孔：$C_{min}=3mm$（0.118in）

参数值 B 需要参考工艺边上的特征，如基准点、定位孔和不良板基准点。当多种特征都在工艺边上时，W 尽量选用最大值。如果主板上空间允许，采用宽的工艺边分板更容易。工艺边设计规格见表 8-5。

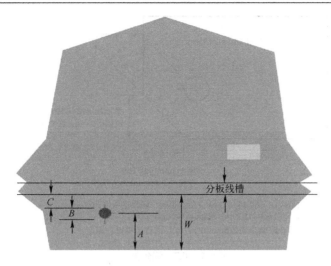

图 8-6　工艺边放置规则

当定位孔在工艺边上时，必须选用最小间隔距离（$C = 3\text{mm}$）以保证支撑平稳。

表 8-5　工艺边设计规格

工艺边的特征	推荐工艺边宽度（W_{pref}）	最小工艺边宽度（W_{min}）
没有特征	7mm（0.275in）	5mm（0.197in）
仅有不良板基准点或仅有基准点	11mm（0.433in）	9mm（0.354in）
仅有定位孔	10mm（0.393in）	10mm（0.393in）
定位孔和基准点或不良板基准点	11mm（0.433in）	10mm（0.393in）

8.1.7　PCB 倒角的设计

PCB 的形状一般为长方形，4 个边角一般做倒角或圆弧角处理，主要原因如下。

① 以防 PCB 在自动化组装生产线上损坏设备的传送纤维皮带；

② 可以避免传送带上运行时不跳动，防止在流水线上传输的过程中卡板；

③ 防止 PCB 棱角损伤手；

④ 避免 PCB 在碰到其他东西时边角被损坏。

最好将 PCB 加工成圆角或 45° 倒角，一般圆弧角的直径为 2.0～5.0mm，在这个范围内最好选择偏大的值，最好为 5.0mm。PCB 倒角的设计如图 8-7 所示。

8.1.8　PCB 层压结构的设计

1. 层压方法

PCB 层压方法一般有两种：一种是铜箔加芯板（Core），简称 Foil 法；另一种是芯板（Core）叠加，简称 Core 法，如图 8-8 所示。特殊材料多层板以及板材混压时可采用 Core 法。

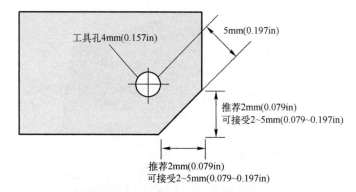

注：1. 倒角应在X方向和Y方向的尺寸相同，确保进板方向任意；
　　2. 半径在2mm(0.079in)～5mm(0.197in)可接受；
　　3. 工具孔距倒角斜边5mm(0.197in)，以便于支撑针固定。

图 8-7　PCB 倒角的设计

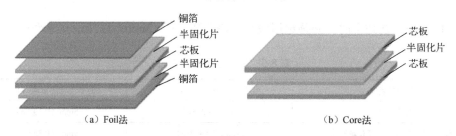

（a）Foil法　　　　　　　　　　　　　　（b）Core法

图 8-8　层压示意图

多层 PCB 主要由铜箔、半固化片、芯板组成。半固化片（Prepreg）要由树脂和增强材料组成，增强材料又有玻璃纤维布、纸、复合材料等几种。芯板是上下为铜箔，中间为玻璃纤维布加树脂做绝缘层压合而成的覆铜基板（CCL），其厚度为 0.075～3.2mm，常用厚度为0.8mm、1.0mm、1.2mm、1.6mm。基于加工工艺的四层 PCB 层压结构如图 8-9 所示，基板加工工艺考虑的叠层排列，其层压结构有两种：第一种是铜箔与芯板层压结构，如图 8-9（a）所示；第二种是芯板与芯板层压结构，如图 8-9（b）、（c）所示。

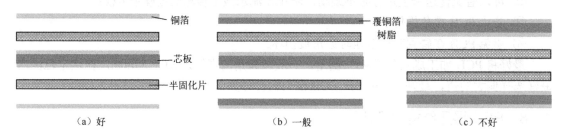

（a）好　　　　　　　　　　　（b）一般　　　　　　　　　　　（c）不好

图 8-9　基于加工工艺的四层 PCB 层压结构

PCB 外层一般选用 0.5oz 的铜箔，内层一般选用 1oz 的铜箔；尽量避免在内层使用两面铜箔厚度不一致的芯板。

2. 层压结构设计要求

① 压合结构设计应对称。为了保证层压品质，减少 PCB 的翘曲现象，PCB 压合结构

应满足对称性要求，即铜箔厚度、介质层类别与厚度、图形分布类型（线路层、平面层）、压合性等相对于 PCB 的垂直中心对称，如图 8-10 所示。

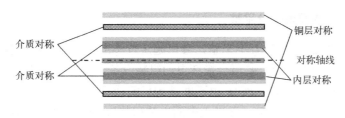

图 8-10　对称设计示意图

② 层中尽量不使用鸳鸯铜箔的内层板料。确保层压品质，易于控制翘曲度。

③ 图形空旷区域允许加铜点或铜箔。确保层压品质，防止流胶，产生褶皱。

④ 层间图形布局分布。在不影响电气性能的情况下，同一张内层板的两面应避免同时设计成信号层或同为接地层（有大铜面），最好是一面为信号层，一面为电/地层，使每张板在图形制作完成后内应力趋于一致，从而确保板件的翘曲度符合要求。

⑤ 内层介质层设计不要过薄。系统板设计有介质层厚度 3mil 甚至更低的要求。内层介质层过薄生产难度高，生产过程容易出现 PCB 板面褶皱、白点质量事故。对于成品板也容易出现微短、被电流击穿的质量隐患。建议客户在没必要的情况下，尽量不要采用过薄的介质厚度设计。

⑥ 尽量不要采用 2oz 厚铜。除非客户有特殊要求，尽量不要采用 2oz 厚铜。铜过厚容易导致流胶严重、介质层过薄，线路加工难度高。

⑦ HDI 激光钻孔推荐使用 LDP 材料。

3. 层排列

通常设计 PCB 时要考虑到地线层（Ground）、信号层（Signal）、电源层（Power）的平衡。在多层 PCB 中，整层都直接连接接地线与电源，如图 8-11 所示。

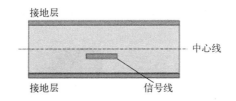

图 8-11　接地层和信号层

如果 PCB 上的元器件需要不同的电源供应，这类 PCB 通常会有两层以上的电源和电路层。为了防止弯曲，另外还要考虑：

① 保持对称介质厚度。

② 不要使用奇数层，设计 PCB 使用偶数层（如 2、4、6、8）。

③ 如果允许进行耐压 Hi-pot 测试和电气测试。

④ 避免介电层厚度小于 0.1mm（0.004in）。

⑤ 电源和地线层间薄介质小于 0.127mm（0.005in）时，使用两层叠加，如一定要使用单层，要在图纸上标明需要做 Hi-pot 测试，测试方法参照 IPC-TM-650 的 2.5.7 节。

8.1.9 PCB 平整度的要求

1. 为什么印 PCB 要求十分平整

在自动化组装线上，PCB 若不平整，会引起定位不准，元器件不能插装到 PCB 的孔中，不能贴装元器件到焊盘上，甚至会撞坏自动组装设备。装上元器件的 PCB 焊接后发生弯曲，元器件引脚很难剪整齐，PCB 也不能装到机箱或机内的插座上，所以，装配厂碰到 PCB 不平同样是十分烦恼。目前，已进入表面安装和芯片安装的时代，装配厂对 PCB 平整度的要求越来越严。

PCB 平整度是由产品的弓曲和扭曲（翘曲）两种特性来确定的。弓曲的特点是 PCB 的四个角处在同一平面上，大致呈圆柱形或球面弯曲的状况；而扭曲是 PCB 的变形平行于板的对角线，PCB 的一个角与其他三个角不在同一平面上。圆形或椭圆形的 PCB 必须评定最高点的垂直位移。PCB 的弓曲和扭曲可能会受板子设计的影响，因为不同的布线或多层板的层结构都会导致产生不同的应力或应力消除的条件。PCB 的厚度及材料性能是影响平整度的其他因素。PCB 的扭曲如图 8-12（a）所示。

2. 测试弓曲度和扭曲度的方法和标准

PCB 的合理设计、平衡分布线路和安排元器件，对于减少弓曲和扭曲程度是非常重要的。另外，截面的布局，包括芯板厚度、介质层厚度、内层面和单独的铜层厚度，也应尽可能地保持板中心对称。

如果对称结构和公差较窄都不能满足关键装配或性能要求，可能需要增强板或其他支撑物。

弓曲与扭曲值按照 IPC-TM-650 中方法 2.4.22 或国标 GB 4677—2010 进行测量。把 PCB 放到经鉴定的平台上，把测试滚针插到翘曲度最大的地方，以测试探针的直径除以 PCB 曲边的长度，就可以计算出 PCB 的翘曲度了。

弓曲度和扭曲度测量如图 8-12（b）、（c）所示。图中 1、2 点的弓曲度就是虚线到板的最大距离。

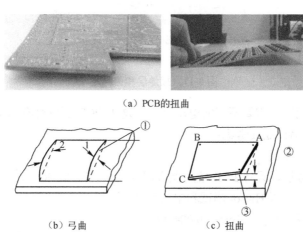

（a）PCB的扭曲

（b）弓曲　　　　　　　　（c）扭曲

图 8-12　PCB 的扭曲和弓曲度、扭曲度测量

① 弓曲；② A、B 与 C 点接触基座；③ 扭曲

弓曲度和扭曲度的标准在 IPC-2221 和 IPC-A-610 中都有规定。采用表面安装元器件的 PCB，焊接后的弓曲和扭曲不应超过 0.75%，其他 PCB 不应超过 1.5%。对于含多块印制板的在制板且以在制板形式组装然后分开的在制板也应符合这样的弓曲和扭曲要求。为了降低弓曲和扭曲造成焊接后的组装损伤或最终使用期间的损伤或影响外形、装配和功能，对于一些特殊的组装板也要遵循以下几点：

① 对于只有元器件的 PCB，弓曲度和扭曲度小于 1%（0.010in/in）；

② 对于使用表面组装技术的 PCB 弓曲度和扭曲度小于 0.7%（0.007in/in）；

③ 对于贴装使用球栅阵列（BGA）、柱栅阵列（CGA）和底部端子器件（BTC）的 PCB，弓曲度和扭曲度小于 0.5%（0.005in/in）；

④ 对于安装有芯片级封装（CSP）或倒装芯片技术的 PCB，弓曲度和扭曲度小于 0.3%（0.003in/in）；

⑤ 带插头处弓曲度和扭曲度小于 1.0%。

3. 制造过程中防止 PCB 弓曲和扭曲

（1）PCB 设计时应注意的事项

① 层间半固化片的排列应当对称，例如 6 层板，1～2 层和 5～6 层间的厚度和半固化片的张数应当一致，否则层压后容易翘曲。

② 多层板芯板和半固化片应使用相同供应商的产品。

③ 外层 A 面和 B 面的线路图形面积应尽量接近。若 A 面为大铜面，而 B 面仅走几根线，这种印制板在刻蚀后就很容易翘曲。如果两面的线路面积相差太大，可在线路稀疏的一面加一些独立的网格，以作平衡。

（2）下料前烘板

覆铜板下料前烘板（温度为 150℃，时间为 8h±2h）是为了去除板内的水分，同时使板材内的树脂完全固化，进一步消除板材中剩余的应力，这对防止板翘曲是有帮助的。目前，许多双面、多层板仍坚持下料前或后烘板这一步骤。但也有部分板材厂例外，目前不同 PCB 厂家规定的烘烤时间也不一致，4～10h 都有，建议根据印制板的档次和客户对翘曲度的要求来决定。剪成拼板后烘还是整块大料烘后下料，这两种方法都可行，建议剪料后烘板。内层板也应烘板。

（3）半固化片的经纬向

半固化片层压后经向和纬向收缩率不一样，下料和叠层时必须分清经向和纬向，否则，层压后很容易造成成品板翘曲，即使采用施加压力的方式进行烘烤 PCB 板也很难纠正。多层板翘曲的原因，很多就是层压时半固化片的经向和纬向没分清，乱叠放而造成的。

成卷的半固化片卷起的方向是经向，宽度方向是纬向；铜箔板的长边是纬向；短边是经向；如不能确定，可向生产商或供应商查询。

（4）层压后除应力

多层板在完成热压冷压后取出，剪或铣掉毛边，然后平放在烘箱内 150℃烘 4h，以使板内的应力逐渐释放并使树脂完全固化，这一步骤不可省略。

（5）薄板电镀时需要拉直

0.4～0.6mm 超薄多层板作板面电镀和图形电镀时应制作特殊的夹辊，在自动电镀生产线上的飞巴上夹上薄板后，用一条圆棍把整条飞巴上的夹辊串起来，从而拉直辊上所有的板子，这样电镀后的板子就不会变形。若无此措施，经电镀二三十微米的铜层后，薄板会弯曲，而且难以补救。

（6）热风整平后板子的冷却

PCB 热风整平时经焊锡槽（约 250℃）的高温冲击，取出后应放到平整的大理石或钢板上自然冷却，再送至后处理机做清洗，这样对防翘曲很有好处。有的工厂为增强铅锡表面的亮度，PCB 热风整平后马上投入冷水中，几秒钟后取出再进行后处理，这种一热一冷的冲击，使某些型号的 PCB 很可能产生扭曲、分层或起泡。另外，设备上可加装气浮床来进行冷却。

（7）扭曲 PCB 的处理

管理有序的工厂，印制板在最终检验时会作 100%的平整度检查。凡不合格的 PCB 都将挑出来，放到烘箱内，在 150℃及重压下烘 3～6h，并在重压下自然冷却。然后卸压把 PCB 取出，再做平整度检查，这样可挽救部分 PCB，有的 PCB 需作二到三次的烘压才能整平。若以上涉及的防扭曲工艺措施不落实，部分 PCB 烘压也没用，只能报废。

8.2 单板图形的可制造性设计

PCB 单板（Unit Board）具有设定印制板功能的独立一块成品板，是印制板的最小单元。拼板（Panel）把一种或多种印制板单元图形拼连在同一个平面，成为一个独立的加工工件。单元板（Set Board）为便于生产和装配而设定的单块板或多块板拼接在一起的交货单元。拼板内的 PCB 称为单元板，如图 8-13 所示。

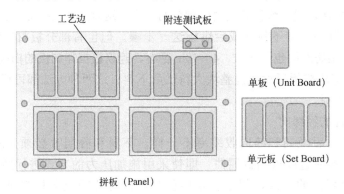

图 8-13　PCB 单板和拼板示意图

设计人员在设计单板时要考虑基准点、工具孔、边缘留空等。单板图形要求如图 8-14 所示，特殊的信息、边角倒角和基准点参照后面的章节。

所使用的电路板基准原点应该是一个非电镀的钻孔。一些设备可以被修改以适应电路板大于工厂指定的最大电路板长度。在这种感觉情况下，有特殊的基准点要求，参照图 8-14 推荐的基准点设计。

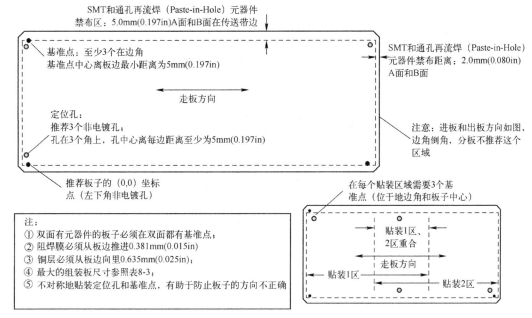

图 8-14 单板图形的可制造性要求

8.3 PCB 拼板的可制造性设计

拼板是在一块基板上布置一块或多块 PCB 使之起到易于制造（如工艺孔，基准点等）的工艺方式。拼板的 PCB 根据功能涉及加工所需的空间、PCB、测试点、PCB 之间用于分板的空间、附加的导线、用于边缘电镀的连接器等概念。

8.3.1 PCB 拼板的目的和步骤

1．拼板的目的

拼板的目的是满足设备的加工尺寸、降低成本及提高生产效率，一般以简单的方式将若干 PCB 单板拼接起来。

① 鉴于自动化贴装设备的最小尺寸一般为 50mm×50mm，当 PCB 的单板尺寸小于这个尺寸时，需要做成拼板；

② 同时为了提升自动化装配的效率，也通常会把尺寸较小的 PDB 或元器件少的 PDB 做成拼板；

③ 对于一些不规则的 PCB（如 L 形 PCB），采用合适的拼板方式可提高板材利用率，降低成本。一般长条形的铝基板会做成拼板，比如常用的 LED 灯管的灯板，这种板可以使用 "V" 形分板槽（V-cut）分板。其他类型的铝基板和陶瓷基板不使用拼板，因这种板会涉及分板的难度。

2．拼板的步骤

拼板的主要步骤如图 8-15 所示。

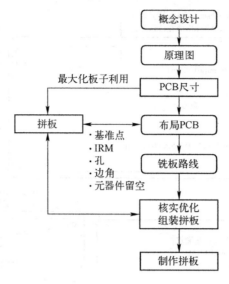

图 8-15　拼板的主要步骤

8.3.2　PCB 拼板的可制造性要求

在 PCB 拼板时还要考虑以下几点。

① 确定可以放置在母板上的单元板图像的数量最多。

② 确定每个拼板上的单元板的数量。

③ 确定单个单元板从拼板上的分板方式。

④ 在每个组装拼板的两个长边上增加工艺夹持边。

⑤ 创建所有维度的拼板装配面板图，包括单元板的外形尺寸。

⑥ 增加所有组装拼板的内部特征，包含料号、坏板标记、装配孔和边角的注意点。

⑦ 添加 PCB 图像内部特征到产品设计，包括 ICT 定位孔、基准点、料号、局部坏板标记（如果多图像组件面板）和元器件边缘留空。

拼板设计要保证整个板子强度足够以防止在组装焊接过程中变形。组装板坐标使用的是单元板上的坐标位置，所使用的 PCB 基准应该是一个非电镀的主要的钻孔。图 8-16 是多图形拼板的要求。

元器件本体与板子装配方向的两边之最小间距应符合要求，如 5mm（0.200in）。对于板子（单板或拼板）的基准孔应该是非电镀钻孔，基准孔为其他所有钻孔及冲孔提供定位参照，同时为 PCB 在组装设备上提供精确的定位、减少误差累计，其他所有孔的位置都是相对于这个点的公差±0.076mm（±0.003in）。

8.3.3　PCB 拼板的方式

若 PCB 要经过再流焊和波峰焊工艺，且单元板宽度大于 60mm，在垂直传送边的方向上单元板的数量不应超过 2 个，如图 8-17 所示。也就是说，在平行于传送边的方向上面，包含工艺边在内，不要超过 3 条分板槽。

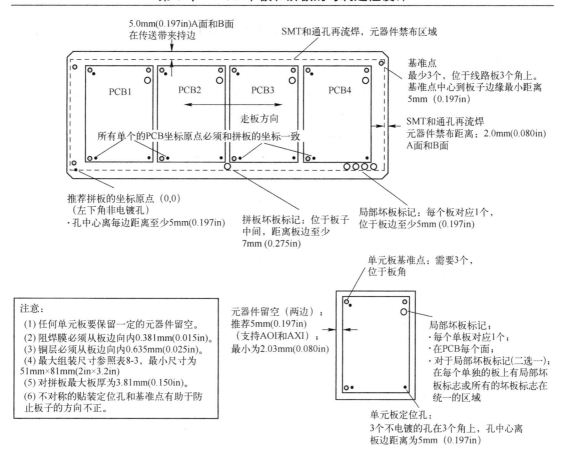

图 8-16　多图形拼板的要求

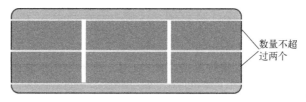

图 8-17　拼板单元板的数量示意图

如果单元板尺寸较小时，在垂直传送边的方向拼板数量可以超过 3 个，但垂直于单元板传送方向的总宽度不能超过 150mm，且需要在生产时增加辅助工装夹具以防止单元板变形，如图 8-18（a）所示。如果平行于传送边的方向上拼板数量超过两个，包含工艺边有 4 条，电路板容易变弯，影响焊点，如图 8-18（b）所示。

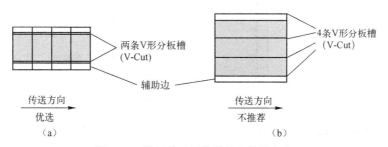

图 8-18　拼板单元板的数量和传送方向

推荐使用的拼板方式有同向拼板、中心对称拼板和阴阳拼板三种。

1．同向拼板方式

① 规则单元板，采用 V-Cut 拼板，如果满足禁布区域要求，则允许拼板不加辅助边，如图 8-19 所示。

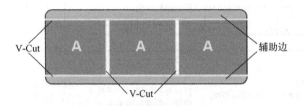

图 8-19　规则单元板拼板示意图

② 当单元板的外形不规则或有器件超过板边时，可采用铣槽加 V-Cut 的方式，如图 8-20 所示。

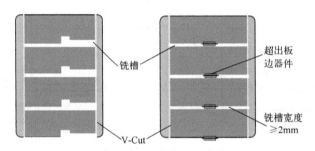

图 8-20　不规则单元板拼板示意图

2．中心对称拼板

中心对称拼板适用于两块形状较不规则的 PCB，将不规则形状的一边相对放置中间，使拼板后的形状变为规则。

不规则形状的 PCB 对称，中间必须开铣槽才能分离两个单元。

如果拼板产生较大的空缺时，可以考虑在拼板间加邮票孔连接的辅助块，如图 8-21 所示。

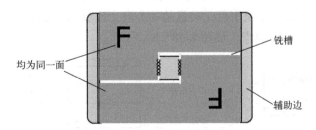

图 8-21　拼板紧固辅助设计

有金手指的插卡板，需将其对拼，将其金手指朝外，以方便镀金，如图 8-22 所示。

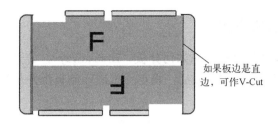

图 8-22　金手指拼板推荐方式

3. 镜像对称拼板

双面印制电路板正反面 SMT 都满足背面过再流焊要求时，才可采用镜像对称拼板，俗称阴阳板，如图 8-23 所示。

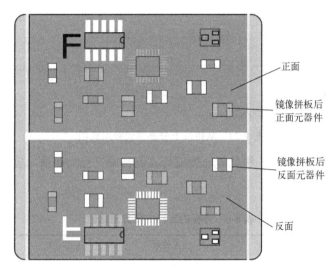

图 8-23　镜像对称拼板方式

（1）镜像对称拼板必须满足的条件

① PCB 正面和反面都有 SMT 元器件；

② 两面元器件没有太大的 IC（也就是引线数量大于 100）及较重的元器件；

③ 所有 SMT 元器件必须允许过两次再流焊。

（2）镜像对称拼板的优势

① 可以节省钢网。如两面都有 SMT 元器件的 PCB 采用常规拼板，需要两张钢网，而采用镜像对称拼板只需一张钢网。

② 可以节省 PCBA 加工生产线换线时间，不需要更换钢网和程序。

操作注意事项：镜像对称拼板需满足 PCB 光绘制程的正负片对称分布。以 4 层板为例，若其中第 2 层为电源/地的负片，则与其对称的第 3 层也必须为负片，否则不能采用镜像对称拼板。

采用镜像对称拼板后，辅助边的基准点必须满足翻转后重合的要求。

8.3.4　PCB 拼板的分板方式

在考虑设计成拼板之前要先考虑如何分板（Breakaway），分开拼板一般在测试前或测试后。分板就是在全部制作流程完成后，将单元板或印制板组件从拼板（Panel）上分开，如图 8-24 所示。

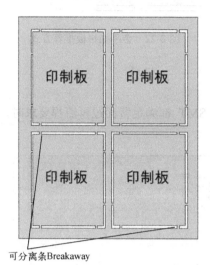

可分离条Breakaway

图 8-24　从拼板上分离单元板示意图

分板不能造成 PCB 弯曲、损坏元器件或焊点而影响产品的质量。表 8-6 为分板的五种主要方法比较。

表 8-6　分板的五种主要方法比较

分板方法	描述	工艺优点	工艺弊端	推荐使用	精度	价格
V 形槽（V-Cut）分板	徒手或将板的 V 形槽卡在走刀上分割开	① 操作简单便宜的一种方法；② 不需要夹具；③ 因为阻焊膜在加工前已经断开，分层比较少	① 比铣刀式分板机精度低；② 阻焊膜到板边需要 0.635mm（0.025in）空隙；③ 需要元器件留空；④ 板边粗糙，对元器件有潜在破坏	① 通常板厚小于或等于 2.36mm（0.093in）；② 无外观和精度要求	±0.38mm（0.015in）	低
手动分板	用手动或工具将连接切断	便宜的一种方法	板边粗糙，有突起，一般不采用	① PCB 大于 2.36mm（0.093in）；② 非矩形板；③ 没有外观和尺寸精度要求	除了分离的位置外，其余地方 ±0.13mm（0.005in）	低
气动钩刀（Nibble）分板	利用气源拉动钩状刀，拉断连接	效果很好	效率比较低			一般
曲线铣刀（Router）分板	由铣刀对连接的邮票孔逐一切断	能干净准确地切开所有的 FR-4 电路板，板边较好	① 需要治具；② 对于每种产品要有铣刀轮廓定义和程序；③ 高的成本；④ 工艺产生粉尘；⑤ 需要焊接好的 PCBA 编程序和试验	① 小尺寸板，复杂的外形，很多 PCB 单元板在一个拼板上；② PCB 厚度小于 3.81mm（0.150in）	±0.13mm（0.005in）；较便宜的设备的精度为±0.38mm（0.015in）	较高

续表

分板方法	描述	工艺优点	工艺弊端	推荐使用	精度	价格
冲床（Punch）分板	由冲头冲断连接，一次成功	允许对薄的板子快速分板，效果很好	① 边缘粗糙； ② 建议板子厚度小于 0.813mm（0.032in）； ③ 对 PCBA 产生大的冲击； ④ 但对于每种产品要有治具	外形简单和标称厚度小于 0.72mm（0.029in）的 PCB	±0.50mm（0.020in）	高

　　注：1. 陶瓷芯片电容器的位置应不超过 0.635mm（0.250in）的分离线。

　　　　2. 陶瓷芯片电容器应具有的非焊接的边缘平行于分离线，尽量减少因曲线铣刀分板的应力问题。

　　曲线铣刀分板是为了便于制造和组装过程中拼板的分割，用铣刀去除印制板部分材料，显现出印制板轮廓。当采用铣刀分板时，在拼板内的每个单元板的边角设定 0.79mm（0.031in）或 1.17mm（0.046in）的圆角半径，这允许使用直径 1.57mm（0.062in）或 2.38mm（0.094in）的铣刀并且缩短曲线铣切的时间。

　　针对常见的分板方式，有对应的一些设备。几种分板的方法采用的设备如图 8-25 所示。

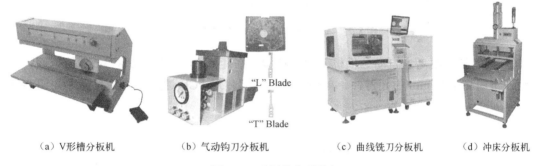

（a）V形槽分板机　　　（b）气动钩刀分板机　　　（c）曲线铣刀分板机　　　（d）冲床分板机

图 8-25　分板的典型设备

8.3.5　PCB 拼板连接的可制造性设计

1. V 形槽连接的设计

　　V 形槽拼板对应的连接方式主要有：PCB 双面对刻 V 形槽（V-Cut）、邮票孔、V 形槽＋邮票孔三种，视 PCB 的外形而定。

　　（1）双面对刻 V 形槽方式

　　V 形槽适用于外形形状为方形的 PCB。当 PCB 拼板之间为直线连接，边缘平整且不影响器件安装的 PCB 可用此种连接。V 形槽为直通型，不能在中间转弯。

　　V 形槽的特点是分离后边缘整齐、加工成本低，建议优先使用。

　　有 BGA 或 QFN 封装 IC 焊盘的 PCB，不适合采用双面对刻 V 形槽的拼板方式。

　　PCB 的 V 形槽的设计要求如图 8-26 所示。

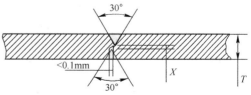

图 8-26　PCB 的 V 形槽的设计要求

（2）尺寸要求

① 开 V 形槽，设计要求的 PCB 推荐板厚小于或等于 3.0mm，一般按 30°（或 45°）的角度开 V 形槽，如图 8-26 所示。剩余厚度 X 应为 $T/4 \sim T/3$，T 为板厚；对承重较重的板子，可取上限；对承重较轻的板子，可取下限。X 须大于 0.30mm（0.012in），以保证足够的强度，防止在 SMT 过程中断裂；X 不要超过 0.70mm（0.0275in），以确保容易分板。

② 对于需要机器自动分板的 PCB，正面和反面的 V 形槽要求各保留不小于 1.0mm 的元器件禁布区，以避免在自动分板时损坏元器件，如图 8-27 所示。

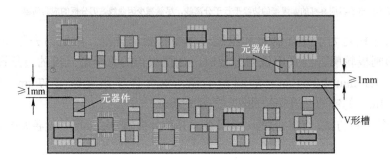

图 8-27　V 形槽自动分板 PCB 禁布要求

③ 同时还需要考虑自动分板机刀片的结构，在距离 PCB 边禁布区 5mm 的范围内，不允许布局高于 25mm 的元器件。自动分板机的刀片对 PCB 边元器件禁布要求如图 8-28 所示。

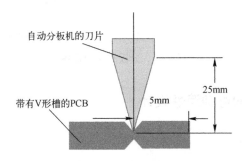

图 8-28　自动分板机的刀片对 PCB 边元器件禁布要求

④ V 形槽的尺寸规格。使用 V 形槽的产品有铜层、元器件和阻焊膜的要求，见表 8-7。

表 8-7　V 形槽的尺寸规格

PCB 厚度	V 形槽角度（θ）	剩余厚度 X	铜层内缩（C）	阻焊膜内缩（S）
< 1.0mm（0.039in）	30°	0.31（+0.13/0）mm 0.012（+0.005/0）in	1.11mm（0.044in）	0.85mm（0.034in）
1.0～1.7mm （0.039～0.067in）	30°	0.51（0/-0.13）mm 0.020（0/-0.005）in	1.17mm（0.046in）	0.92mm（0.036in）
	45°		1.26mm（0.050in）	1.01mm（0.040in）
1.7～2.18mm （0.067～0.089in）	30°	0.64（0/-0.13）mm 0.025（0/-0.005）in	1.22mm（0.048in）	0.97mm（0.038in）
	45°		1.33mm（0.053in）	1.08mm（0.043in）
	60°		1.46mm（0.057in）	1.21mm（0.047in）

续表

PCB 厚度	V 形槽角度（θ）	剩余厚度 X	铜层内缩（C）	阻焊膜内缩（S）
2.18～2.92mm（0.089～0.115in）	30°	0.64（0/−0.13）mm 0.025（0/−0.005）in	1.32mm（0.052in）	1.07mm（0.042in）
	45°	最大厚度 = 0.70mm（0.0275in）	1.49mm（0.059in）	1.23mm（0.049in）
≥2.92mm（0.115in）	使用曲线铣刀分板或冲床分板			

在表 8-7 中，铜层内缩（Copper Pullback）如图 8-29 中尺寸 C 所示。其尺寸符合下面公式：

$$铜层内缩(C) = \frac{(T-X)}{2} + \tan\left(\frac{\theta}{2}\right) + 0.38\text{mm}(0.015\text{in}) + 0.635\text{mm}(0.025\text{in})$$

式中，尺寸公差为 0.38mm（0.015in），板子内缩尺寸为 0.635mm（0.025in）。

阻焊膜内缩（Solder Mask Pullback）如图 8-29 中尺寸 S 所示。

阻焊膜内缩（S）= C − 0.254mm（0.010in）

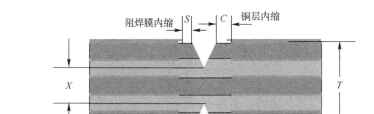

图 8-29　铜层和阻焊膜内缩示意图

2. 长槽孔加圆孔连接的设计

PCB 超过 4 层（含 4 层）的主板都必须采用长槽孔加圆孔的连接方式，圆孔也被称为邮票孔。邮票孔连接方式适合于各种外形的 PCB 拼板，按键板、LCD 板、SIM 卡板、TF 卡板等，建议视 PCB 外形确定拼板连接方式，一般情况多用于异形 PCB。圆孔是非金属化孔。

（1）开孔设计

采用邮票孔的间隔取决于 PCB 厚度，推荐在 38.1～50.8mm（1.5～2in），最大为 76.2mm（3.0in）也可以接受。从邮票孔分割槽，到最近的元器件、PCB 内部的铜层或导线的距离至少 1.91mm（0.075in）。

内切邮票孔分离及其尺寸如图 8-30 所示，外切邮票孔分离及其尺寸如图 8-31 所示。内切邮票孔分离设计方式要比外切邮票孔分离有更强的连接。内切邮票孔延伸到 PCB 图像内断开，有清洁的边缘。

PCB 与 PCB 之间在拼板上的连接设计规则同样采用上面的图示，只是采用的孔是对称性的。实际的 PCB 拼板间的连接如图 8-32 所示。

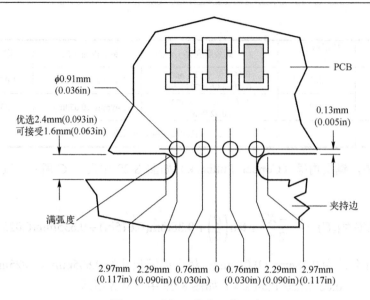

图 8-30　内切口分离及其尺寸

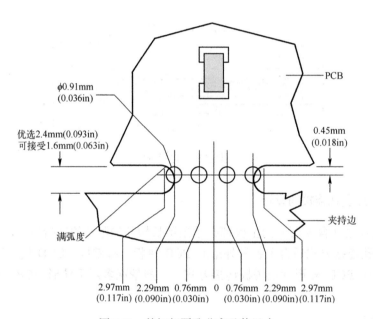

图 8-31　外切邮票孔分离及其尺寸

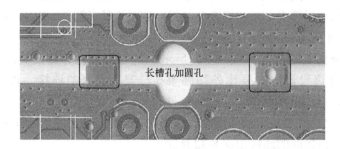

图 8-32　PCB 拼板间的连接

（2）元器件布局的要求

拼板设计中，元器件的排列要避免分割应力而造成元器件和焊点的损坏。一般在邮票孔的附近，分板时应力都比较大；在槽和缺口附近，分割时应力较小。因此，拼板的元器件布局应遵循：在应力大的位置尽量不要布放贵重元器件和关键元器件；在邮票孔的附近，片式元器件应平行于邮票孔连线，避免垂直，如图 8-33 所示；如果一定要垂直，应保持一定的距离，建议最小 5.0mm。

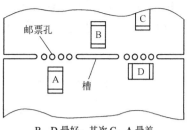

B，D 最好，其次 C，A 最差

图 8-33　邮票孔连接元器件布局要求

8.4　定位孔和安装孔的设计

PCB 工具孔（Tooling Hole）一般为非电镀通孔（Non-Plated Through Holes，NPTH），常作为定位孔和安装孔。

8.4.1　定位孔和安装孔的可制造性要求

定位孔用于 SMT 设备和测试定位针固定。安装孔多用于螺钉、螺栓、压铆螺母等硬件的组装。非电镀通孔的重要制造参数见表 8-8。

表 8-8　非电镀通孔的重要制造参数

孔尺寸	孔尺寸公差	到铜层的最小隔离距离 （所有铜层）*	备注
≤4.0mm（0.157in）	±0.051mm（0.002in）	0.254mm（0.010in）	在电镀前的初级钻削过程中产生
4.0mm（0.157in） 6.35mm（0.250in）	±0.051mm（0.002in）	0.381mm（0.015in）	在电镀后的二次钻孔作业生成
>6.35mm（0.250in）	±0.127mm（0.005in）	0.381mm（0.015in）	在铣切过程产生

注：1. 阻焊膜隔离区参照表 7-4 "根据产品不同对应的 PCB 加工技术"。

2. 陶瓷芯片电容不应位于安装孔的附近，因为这些区域可能有大的应力集中。

3. 最大的首次钻孔尺寸受限于外层电镀的掩蔽膜。

4. 最大的第二次钻孔尺寸受限于设备的能力。

* 数值仅基于 PCB 制造工艺过程，机械硬件可能需要更大的间隙，需要在 CAD 设计时加入。

1．定位孔的要求

一般丝印机和贴装机对 PCB 定位方式有两种，即针定位和边定位。对于针定位方式，PCB 上必须设计定位孔。对于边定位方式，PCB 的两边在一定范围内不能放置元器件和基准点。

定位孔必须与 PCB 打孔数据同时生成，以保证一致性。定位孔的数量一般是两个，定位孔的数量、位置要求在表 8-2 中已经列出。定位孔在 PCB 的长边一侧，离 PCB 各边 5.0mm 处，定位孔的位置如图 8-34 所示，在图 8-14 和图 8-16 中也做了标示。

定位孔的基本要求见表 8-9。对于长度尺寸小于 175mm（6.89in）的 PCB 需要有 3 个定位孔，孔的尺寸为 3.18mm（0.125in），公差为+0.07(0.0027)/0。定位孔的数量和大小要求参见表 8-2。Fuji 贴装机和 DEK 印刷机推荐两个，直径尺寸为 3.18mm（0.125in）；松下贴装机推荐两个，直径尺寸为 4mm(0.157in)，公差为+0.1mm/-0。对于厚度小于 3.81mm（0.150in）的

PCB，采用铣刀分板，至少有两个定位孔；PCB 厚大于 3.81mm（0.150in），至少 3 个；直径尺寸为 3.18mm（0.125in）。另外，定位孔对于一些组装和装配的定位也是需要的。

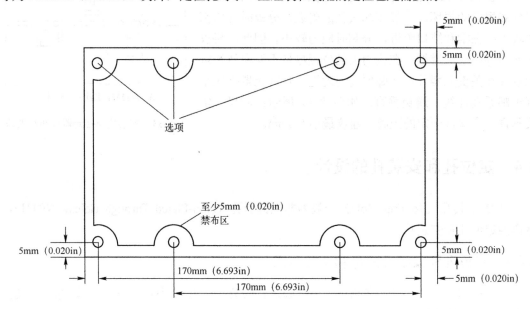

图 8-34　定位孔的位置

表 8-9　定位孔的基本要求

定位孔的特征	要求	备注
非金属化孔	是	金属化孔不适用定位孔，尤其是 ICT 的定位孔，因为孔的大小不一致，会造成定位针卡住
推荐尺寸	4.0mm（0.157in）	
可接受尺寸	3.18~6.35mm（0.125~0.250in）	
绝对的最小尺寸	2.29mm（0.090in）	仅适用于小板，如 DIMM
尺寸公差	+0.076mm/0mm（+0.003in/0in）	
元器件禁布区（从元器件边到孔边的最小距离）	3.05mm（0.120in）	如果定位孔同时用作附带硬件的安装孔，如螺钉，就需要大的禁布区，防止安装时损坏元器件
测试焊盘的禁布区（从测试焊盘中心到孔边的最小距离）	3.05mm（0.120in）	

注：1. 参照图 8-14、图 8-16 拼板的要求。

　　2. 如果推荐的 3 个定位孔不能用，参照表 8-2；如果定位孔同时用作装配孔，参照安装孔的要求。

2. 安装孔的要求

PCB 安装孔适用于电路板半成品固定到产品外壳或其他结构件上。安装孔的基本要求见表 8-10。

表 8-10　安装孔的基本要求

安装孔的特性	推荐	备注
孔边缘到 PCB 边的最小距离	1.83mm（0.072in）	
电镀	非电镀	无电镀要求，除非有电气连接要求

续表

安装孔的特性	推荐	备注
安装孔周围对元器件、阻焊膜和丝印的禁布区	大于任何安装硬件接触到 PCB 表面的最外围的位置	安装孔周围禁布区尺寸要求，取决于硬件的尺寸和紧固工具的尺寸，包含所使用的治具
最小焊盘尺寸（外层）	等于任何安装硬件接触到 PCB 表面的最外围的位置	保证元器件、阻焊膜和丝印满足禁布区的要求
内层最小无铜区	1.25mm（0.050in）	
焊膏层	包含焊膏层图形	只在 OSP 表面镀层有电气连接要求时需要。实际的钢网开孔在开设钢网时修改，参考图 8-35

　　注：如果安装孔也用于定位孔，也要遵守定位孔的要求。

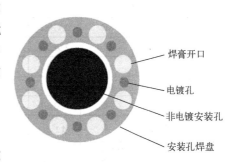

图 8-35　安装孔和印刷焊膏开口

　　OSP 镀层的 PCB 表面很容易氧化，氧化后影响接触性，当有电气连接的要求时，比如需要 ICT，就需要表面有很好的接触性，可以考虑在 SMT 工艺中 PCB 孔的焊盘上印刷焊膏。安装孔和印刷焊膏开口如图 8-35 所示。

8.4.2　选择孔的类型

　　使用安装孔的情况比较复杂，如果不需要与外部电气连接，可参考定位孔的设计方法。

　　如果安装孔需要与外部电气连接（如安装在金属外壳上，通过安装孔连接金属外壳进而接大地），就需要设计成金属化孔（内壁需做沉铜处理）；如果 PCB 需要过波峰焊，为避免波峰焊中锡爬升堵塞安装孔，此时需要设计安装孔为梅花焊盘。安装孔的类型有三种，如图 8-36 所示。对于定位孔和安装孔的选择参照表 8-11 和图 8-36。

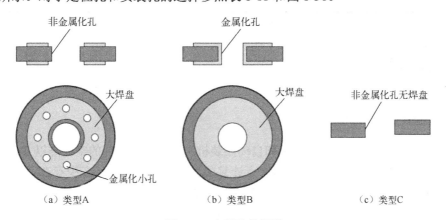

图 8-36　安装孔的类型

表 8-11　安装孔和定位孔优选类型

工序	金属紧固件孔	非金属紧固件孔	安装金属件铆钉孔	安装非金属件铆钉孔	定位孔
波峰焊	类型 A	类型 C	类型 B	类型 C	
非波峰焊	类型 B				

8.4.3　定位孔和安装孔的禁布区

定位孔和安装孔的禁布区要求参照表 8-12。此禁布区的范围只适用于保证电气绝缘的安装空间的圆孔，没有考虑安规的距离要求。

表 8-12　定位孔和安装孔的禁布区要求

类型		紧固件规格/直径（mm）	安装孔尺寸（mm）	表层最小禁布区直径范围（mm）	内层最小无铜区（mm）	
					金属化孔孔壁与导线最小边缘距离	电源层、接地层铜箔与非金属化孔孔壁最小边缘距离
一般的定位孔和安装孔		≥2		安装金属件最大禁布区面积 + A^*	0.4 间距	0.63 空距
螺钉连接（GB 9074.4-8 组合螺钉）		M2	2.4±0.1	7.1		
		M2.5	2.9±0.1	7.6		
		M3	3.4±0.1	8.6		
		M4	4.5±0.1	10.6		
		M5	5.5±0.1	12		
铆钉连接	苏拔型快速铆钉	4	$4.1^{0}_{-0.2}$	7.6		
	连接器快速铆钉	Avtronuic 1189-2512	$2.8^{0}_{-0.2}$	6		
			$2.5^{0}_{-0.2}$	6		
自攻螺钉连接（GB 9074.18-88 十字盘头自攻螺钉）		ST2.2	2.4±0.1	7.6		
		ST2.9	3.1±0.1	7.6		
		ST3.5	3.7±0.1	9.6		
		ST4.2	4.5±0.1	10.6		
		ST4.8	5.1±0.1	12		

* A 为孔与导线最小间距，参照内层最小无铜区。

8.5　基准点的设计

8.5.1　基准点的作用和类别

在生产制造过程中，焊膏印刷机和自动贴装机工作时，元器件的坐标是以 PCB 的某一个顶角（一般为左下角或右下角）为原点计算的。而 PCB 加工时多少存在一定的加工误差，因此在高精度组装时必须对 PCB 进行基准校准。

① 基准点（Fiducial，也称为 Mark）：为了纠正 PCB 加工、变形引起的误差，在 PCB 上画出的用于光学定位的一组图形，主要用于丝印、贴装和检验等工序。

② 基准点分类：分为全域基准点（Global Fiducial）、局部基准点（Local Fiducial）和单元板基准点，如图 8-37 所示。

- 全域基准点用于在单块板上定位所有电路特征的位置，当一个图形电路以拼板的形式处理时，全域基准点也称拼板基准点。
- 局部基准点用于引线数量多，引线间距小（中心距≤0.65mm）的单个元器件的一组光学定位图形。

③ 单元板基准点：拼板中的单元板的光学定位图形。

④ 基准点的数量和位置参照图 8-14、图 8-16 和表 8-2。

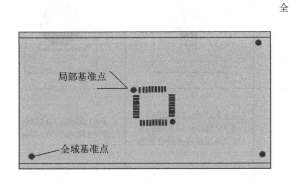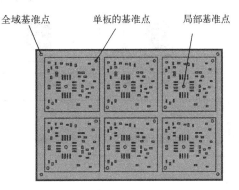

图 8-37　基准点的分布

⑤ 基准点用于贴装的原理。

贴装前要给全域基准点照一个标准图像存入图像库中，并将全域基准点的坐标录入贴装机程序中。贴装时机器每装上一块 PCB，首先照 PCB 的全局基准点识别，与图像库中的标准图像比较：一是比较每块 PCB 全域基准点图像是否正确，如果图像不正确，贴装机则认为 PCB 的型号错误，会报警不工作；二是比较每块 PCB 全域基准点的中心坐标与标准图像的坐标是否一致，如果有偏移，贴装时贴装机会自动根据偏移量（见图 8-38 中 ΔX、ΔY）修正每个贴装元器件的贴装位置，以保证精确地贴装元器件。

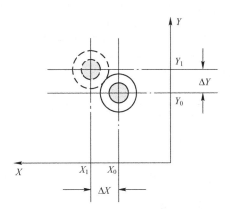

图 8-38　利用 PCB 基准点修正 PCB 加工误差

8.5.2　全域和单元板基准点的设计

1. 基准点形状

全域基准点和单元板基准点设计的形状可以是实心圆、正方形、三角形、对称菱形、十字形、井字等，如图 8-39 所示，优选实心圆。

2. 基准点大小

基准点的优选形状是直径为 1.0mm（0.040in）的实心圆，最大直径为 3.0mm（0.120in）。基准点的阻焊膜开口是以基准点为圆心，直径为 2.0mm（0.080in）的圆形区域。推荐的基准点和坏板标记见表 8-13。

图 8-39　基准点的形状

表 8-13　推荐的基准点和坏板标记

	圆形	正方形	十字形	环形
基准点形状				
推荐基准点（或坏板标记）尺寸	$A=1.00$mm（0.039in）	$A=1.00$mm（0.039in）	$A=1.27$mm（0.050in） $B=0.51$mm（0.020in） 对于坏板基准点没有推荐	$A=1.00$mm（0.039in） $B=2.00$mm（0.079in）
可接受的基准点尺寸范围	$A_{min}=0.51$mm（0.020in） $A_{max}=1.19$mm（0.047in）	$A_{min}=0.51$mm（0.020in） $A_{max}=1.19$mm（0.047in）	$A_{min}=1.02$mm（0.040in） $A_{max}=2.00$mm（0.079in） $B_{min}=0.51$mm（0.020in） $B_{max}=1.00$mm（0.039in）	$A_{min}=0.51$mm（0.020in） $A_{max}=1.27$mm（0.050in） $B_{min}=1.00$mm（0.039in） $B_{max}=2.54$mm（0.100in）
可接受坏板标记点尺寸范围	$A_{min}=0.8$mm（0.031in） $A_{max}=1.19$mm（0.047in）	$A_{min}=0.51$mm（0.020in） $A_{max}=1.19$mm（0.047in）	N/A	N/A
禁布区域尺寸	$C=A+1.00$mm（0.039in）	$C=A+1.00$mm（0.039in）	$C=A\sqrt{2}+1.00$mm（0.039in）	$C=B+1.00$mm（0.039in） 两个最外层的铜层不影响基准识别

注：1. 圆形基准点/坏板标记用于 PCB 设计的最小空间；十字形提供最准确的识别性，不用于坏板标记，因为不需要高的识别性。

　　2. 禁布区域内没有丝印层、阻焊膜和两个最外层的铜层（如层 1、层 2）。

　　3. 在搜索区域内应该没有什么图形类似于基准点和坏板标记的形状，搜索区域定义为正方形面积 5.7mm×5.7mm（0.224in×0.224in），这对于位于集中区域的坏板标记尤其重要。

3. 隔离区

为了保证设备的识别效果，在基准点周围要有一定范围的隔离区（空旷区域）便于图形的提取，隔离区内没有导线、丝印、焊盘或 V 形槽等。隔离区尺寸 2 倍或等于基准点直径，也就是优选直径 3.0mm，至少 2.0mm 的圆形范围，如图 8-40 所示。特别注意，不要把基准点设置在电源大面积地的网格上。

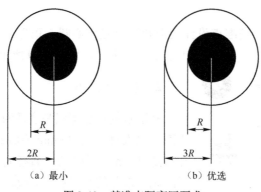

（a）最小　　　　　　（b）优选

图 8-40　基准点隔离区要求

图 8-41 所示的例子就是设计的缺陷，在隔离区内有丝印影响设备的识别。

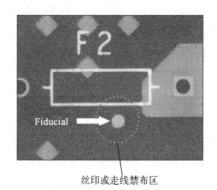

丝印或走线禁布区

图 8-41　举例：PCB 全域基准点设计缺陷

4．基准点材料

基准点表面为裸铜，在裸铜的表面涂上防氧化膜、镀镍或镀锡，或者镀焊接涂层（热风整平）。要求镀层均匀，不要过厚，须注意平整度，边缘光滑，颜色与周围的背景色有明显区别。

推荐的厚度为 0.005mm（0.0002in）至 0.010mm（0.0004in），镀层不能超过 0.025mm（0.001in）。如果采用阻焊膜，不能盖住基准点和基准点的隔离区。这里需要注意的是基准点表面氧化会影响设备的识别。

表面平整度要求 0.015mm（0.0006in）。

5．基准点的制作要求

① 与电路原图同时生成，同时制作。

② 直接采用导轨传输 PCB 时，在导轨夹持边和定位孔附近不能布放基准点，具体尺寸根据贴装机而异。

● 针定位时，基准点图形不能布放定位孔区域；

● 边定位时，距板边 3.0mm 内不能布放基准点图形。

③ PCB 单板和拼板的基准点布放如图 8-42 所示。

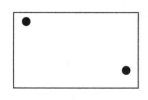
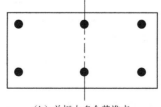
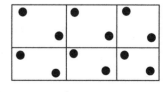

（a）单板的基准点　　　　　　（b）单板上多个基准点　　　　　　（c）拼板的基准点

图 8-42　PCB 基准点位置示意图

④ 拼板基准点和单板基准点数量各为 3 个，在板边呈"L"形分布，尽量远离。基准点数量和位置参照图 8-14、图 8-16 和表 8-2。

⑤ PCB 基准点的尺寸见表 8-13。

⑥ 同一板号 PCB 上所有基准点大小必须一致（包括不同厂家生产的同一 PCB）。

⑦ 对于所有基准点的内层背景必须相同。

⑧ 如果双面都有贴装元器件，则每一面都应该有基准点，并且双面基准点不能对称，目的是防呆。

8.5.3　局部基准点的设计

局部基准点（Local Fiducial）是对于引脚间距小（中心距≤0.65mm）的单个或多个器件的一组光学定位图形，用于保证贴装的准确性。局部基准点的要求见表 8-14。

表 8-14　局部基准点的要求

PCB 尺寸	元器件类型	局部基准点（Local Fiducial）要求
< 250mm×250mm （10in× 10in）	鸥翼形引脚（Gullwing）、QFN、DFN 和 BGA，间距小于或等于 0.65mm（0.0256in）	推荐使用局部基准点，但不是必须
	其他元器件	没有要求
> 250mm×250mm （10in× 10in）	鸥翼形引脚（Gullwing）、QFN、DFN 和 BGA，间距小于或等于 0.65mm（0.0256in）	① 对于位于 PCB 中心 250mm×250mm（10in×10in）内的区域，推荐使用局部基准点，但不是必须； ② 对于在 PCB 中心 250mm×250mm（10×10in）外的区域，应使用局部基准点
	其他元器件	没有要求

对于局部基准点采用的方案如图 8-43 所示。

① 每个元器件有两个局部基准点，在元器件的对角线的角上，如图 8-43（a）所示；

② 每个元器件有两个局部基准点，1 个在中心，1 个在角上，如图 8-43（b）所示；

③ 每个元器件 1 个局部基准点，位于元器件中心，如图 8-43（c）所示；

④ 对于布局在一个区域的多个元器件可以成组考虑，成组的元器件可以采用两个共享的局部基准点，成组的区域最大为 76mm（3in）的范围内，如图 8-43（d）所示；

⑤ 对于较大 BGA 和零件脚间隙小于或等于 0.635mm（0.025in）的 IC，必须有两个局部基准点，尺寸见表 8-14。

8.5.4　坏板标记

坏板标记（Bad-board Marks）也称为图像拒绝点（Image Reject Marks，IRM），有的公司称为子电路板跳过定位点（Board Skip Sequence），是指不生产特定的子 PCB 时，表示跳过的标记点，坏板俗称打叉板，对有缺陷的 PCB 打叉区分。如果机器检测到坏板标记时，则机器不对定位点指定的子 PCB 进行贴装。不同设备对坏板标记的做法可能不一样，有的设备可能还不支持这种功能。坏板标记只用于拼板。

坏板标记有两种类型：PCB 拼板坏板标记和单元板坏板标记，位置如图 8-16 所示。

一个 PCB 拼板的坏板标记可以代表整个拼板是否有缺陷。如果贴装机通过拼板的坏板标记辨别到没有缺陷板存在，就不需要再检测每个单元板坏板标记点，这样可以节省时间，提高效率。

单元板坏板标记点用于辨别单个 PCB 有无缺陷，单元板坏板标记集中在板边以便减少机器的识别时间。如果没有工艺边可用，就要放置坏板标记到每个单元板上，如图 8-44 所示。

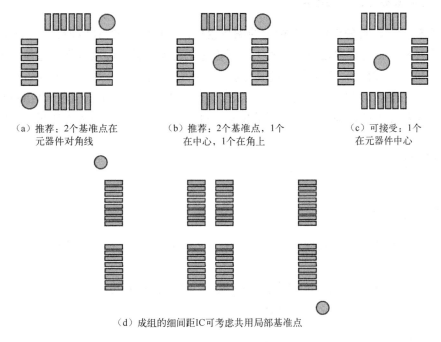

（a）推荐：2个基准点在   （b）推荐：2个基准点，1个   （c）可接受：1个
    元器件对角线   在中心，1个在角上   在元器件中心

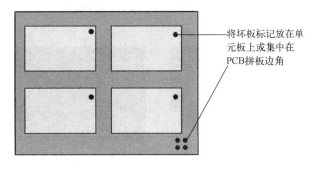

（d）成组的细间距IC可考虑共用局部基准点

图 8-43 局部基准点位置

图 8-44 拼板的坏板标记点

1. 选择坏板标记的位置

坏板标记要选反光度最好的或者反光度最不好的位置。反光度好的位置：全是阻焊膜的地方、印刷时不上锡的焊盘或者在空白处贴白色贴纸等。反光度不好的位置：直径大的通孔，或者在空白处贴黑色贴纸，还可以用黑色油笔涂黑。

实践总结：坏板标记最好不用油性笔涂：一是污染 PCB/FPC，二是用久了颜色就会淡导致识别时误判。坏板标记可选择黑色贴纸，贴在板上反光度较好的地方，这样坏板和好板的差别更大，最好是用黑色贴纸贴在不要上锡的焊盘上，规格稍大一点的，避免作业人员贴偏而导致误判。当生产 FPC 时，FPC 铺放在治具上时必须平整，保持反光度的一致性。

2. 设定坏板标记的相关数据

编辑坏板标记，首先设定坏板标记的图形数据：坏板标记的形状和尺寸见表 8-13，输入尺寸决定坏板标记的读取范围。实际上，坏板标记的尺寸就是读取范围。它是分析读取范围内的灰度值（0～255），将实际测量值与设定数据做比较后，再判断是否为坏板；然后选定坏板标记的颜色，这里用黑色贴纸，所以选黑色（Black），也还有白色（White）选项；接下来在设备程序中校正确定每个拼板的位置，每个拼板的坏板标记务必在相同位置。

8.6 金手指

8.6.1 金手指的特征

金手指（Gold Finger，或称 Edge Connector）是由 PCB 的镀金板边作为连接的接口，连接到主板。

金的特性是优越的导电性、耐磨性、抗氧化性及降低接触电阻，但金的成本极高，所以只应用于金手指的局部镀金或化学金。

1. 形状分类

金手指根据形状可以分为常规金手指、长短金手指、分级金手指和阶梯金手指，如图 8-45 所示。

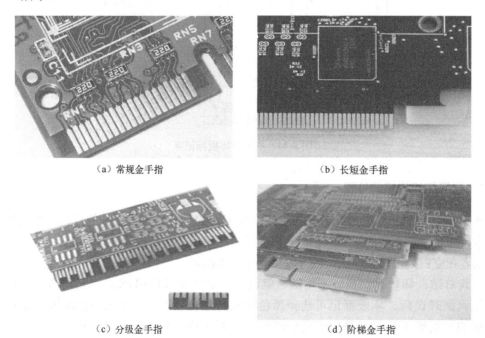

（a）常规金手指　　　　　　　　　　　　（b）长短金手指

（c）分级金手指　　　　　　　　　　　　（d）阶梯金手指

图 8-45　金手指的形状分类

2．金手指的镀层厚度

金手指的镀层厚度见表 8-15。

对长期可靠性要求不高的板，镀金层的厚度一般为 0.25μm，如计算机显卡。

对于长期可靠性要求高的板，镀金层的厚度建议为 0.80μm，成本相对高。

表 8-15　金手指镀层厚度

镀层	厚度
铜层	大于 35μm（底铜 + 电镀铜）
镍层	大于 5μm
金层	大于 0.25μm 或 0.80μm

3．阻焊膜

金手指对于 PCB 厂家和组装厂都有特殊的要求。阻焊膜开口从金手指末端向内延 0.15mm（0.006in）处开始，如图 8-46 所示，金手指之间没有阻焊膜，金手指和板边之间也没有阻焊膜。

8.6.2　元器件和孔安装要求

为了控制镀金层的平整性，PCB 加工时需要在金手指和其他暴露铜之间保留最小间隙，推荐最小的间隙是 1.143mm（0.045in），如图 8-46 所示。对于双列直插式内存组件（Dual Inline Memory Module，DIMM）的规则，可以咨询 PCB 的供应商。如果 PCB 下表面的 SMD/SMC 已经再流焊，通孔插装元器件需要采用掩模板选择性波峰焊工艺，还要考虑元器件离金手指的间距，如图 8-46 所示。

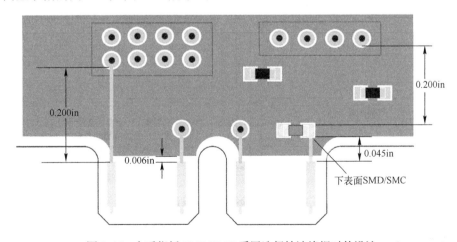

图 8-46　金手指板 SMD/SMC 采用选择性波峰焊时的设计

如果 PCB 下表面的 SMD/SMC 采用点红胶，然后和通孔插装元器件一起波峰焊工艺，则 SMD/SMC 也要保持与金手指的距离，具体尺寸如图 8-47 所示。

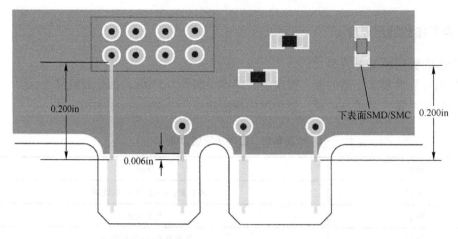

图 8-47　金手指板 SMD/SMC 采用点红胶再波峰焊工艺时的设计

8.6.3　金手指的定位和尺寸

为了保证板卡的插装定位准确、键槽（Keyslot）的位置准确、金手指的位置准确性和宽度的精度，印制电路板的制作图纸需要有详细的尺寸。

在镀金工艺时 PCB 的供应商会在电路板边增加电镀条（Plating Bar）。当电镀完成时，可能残留小的镀条，即图 8-48 中的"根部保留"，这个根部保留的尺寸取决于设计要求，一般为 0.254mm（0.010in），但如果这个残留影响设计，可以移除。

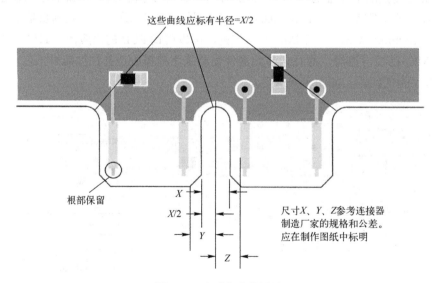

图 8-48　金手指定位设计

8.6.4　金手指的倒边

如果客户无要求，插头部位可设计成倒边，减少铜箔脱离基材的可能性。金手指倒边的角度及公差为 15°～45°（±5°），特殊可为±2°。优先按照阻焊膜覆盖金手指镀金导线的方式设计。

① 倒角的角度常用范围为 20°、30°、45°，公差为±5°。金手指的倒边尺寸如图 8-49 所示，常用的倒边尺寸见表 8-16。

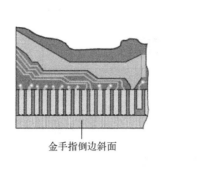
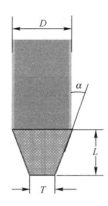

金手指倒边斜面

图 8-49　金手指的倒边

表 8-16　金手指倒边尺寸

角度 α	板厚 D（mm）	T（mm）	倒角深度 L（mm）
20°	1.6	0.5	1.5
	2.0	0.7	1.9
	2.4	0.7	2.3
30°	1.6	0.5	1.0
	2.0	0.7	1.2
	2.4	0.7	1.5
45°	1.6	0.5	0.5
	2.0	0.7	0.7
	2.4	0.7	0.7

倒角深度计算公式：

$$L=(D/2-T/2)/\tan\alpha$$

式中，D 为板厚度（mm）；T 为 PCB 倒角后剩余的厚度（余厚）（mm）；α 为倒角角度；L 为倒角深度（mm）。

倒边深度公差：倒边角小于 30° 时，±0.178mm（7mil）；倒角的角度大于或等于 30° 时，±0.127mm（5mil）。

② 对于内存条金手指板一般不用倒角。

③ 金手指边到板边距离的设计如图 8-50 所示。

为避免金手指倒角区域碰到 PCB 边，金手指边到 PCB 边的距离要求大于 3.81mm，如图 8-50（a）和（b）所示。

金手指倒角采用"山"字形加工时，PCB 边与金手指倒边线距离要求小于或等于 30mm，如图 8-50（c）所示。当金手指和 TAB 形成封闭内槽时，要求金手指离 TAB 的槽宽度大于或等于 7mm，如图 8-50（d）所示。

　　牙刷状或山形的金手指倒边时，其金手指区域必须大于单元板总长 2/3 以上，否则建议在单元尾端加一可折断工艺边，如图 8-50（e）所示。

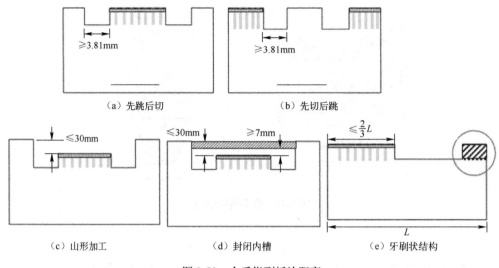

（a）先跳后切　　　　　　　　　　（b）先切后跳

（c）山形加工　　　　　　　（d）封闭内槽　　　　　　（e）牙刷状结构

图 8-50　金手指到板边距离

8.7　FPC 的可制造性设计

　　FPC（Flexible Printed Circuit）设计中需要保证 FPC 所占空间小，可靠性高，所以布局尤为关键。良好的布局可以使得后续布线简洁有序，并能保证其功能更加稳定，所受干扰更小。

　　① 开始之前一定要了解柔性板的作用和互连关系，确认连接器等关键器件的封装尺寸和引脚定义顺序。

　　② 根据结构图规定的位置定位连接器、定位孔等关键器件。要注意关键器件的第一脚方向和中心位置等。

　　③ 根据电路信号流向和连接关系布局好其他器件。

　　FPC 的设计参考 IPC-2223《挠性印制板设计分标准》（*Sectional Design Standard for Flexible Printed Boards*）。

8.7.1　FPC 设计要求分析

1. 柔性要求

　　根据应用需要，确定适合的柔性板要求。部分 FPC 只是为了解决不同平面的 PCB 连接，只需要在安装时弯曲一次，安装好以后就固定了。而在部分产品中，FPC 就要求一定的弯曲次数。而要求最高的是在硬盘磁头等场合中使用的 FPC，需要更长时间往复弯曲运动。综合起来看，柔性要求可以概括成下列四种：

　　① 弯曲一次（Flex One Time）；

　　② 弯曲安装（Flex to Install Application）；

③ 动态柔性（Dynamic Flex Application）；

④ CD 机驱动头的应用场合（Disk Driver Application）。

因柔性要求不同，选择不同的设计方案、加工板材和加工方式。

2. 安装方式

柔性板与硬板之间的安装方式主要有四种，如图 8-51 所示。

① 板对板连接器；

② 连接器加金手指；

③ 热压熔锡焊接（Hotbar）；

④ 软硬结合板。

考虑采用哪种方式时，需要综合考虑安装高度、有效面积和连接器、加工和组装等成本，还有不同的安装对加工精度的要求。

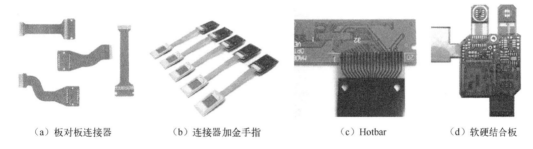

（a）板对板连接器　　　　（b）连接器加金手指　　　　（c）Hotbar　　　　（d）软硬结合板

图 8-51　柔性板与硬板之间的安装方式

一般最常用的是 PCB 板对板连接器，连接器可用表面贴装、插件和压接等。但是该方式 FPC 需要贴增强板，组装后比较高，而且连接器价格、组装成本也不低。连接器加金手指方式可以提高安装密度，一般也比较薄，但是金手指加工精度要求较高。热压熔锡焊接（Hotbar）尽管需要特殊的组装设备，但应用得也越来越普遍了。

3. 电气特性要求

（1）导电能力要求

设计 FPC 时，需要对信号的电流大小进行充分的评估。FPC 的导线宽度、铜箔厚度必须满足载流能力要求并保留适当的裕量。特别是对于电源线、接地线等大电流之处，需要适当安排连接器管脚个数和导线根数、宽度等。当 FPC 上导线或元器件温升较高时，可以考虑把 FPC 贴到铝基板、钢片等上面，使其充分散热。

（2）时序信号

当柔性板中导线长度足够长时，就需要分析柔性板的导线延迟或信号的衰减、失真等问题。有些时候需要增加驱动、匹配或均衡、隔离等技术来保证信号质量要求。

在安排连接器上管脚的信号排序时，需要考虑大电流信号、高速信号、高压信号等对其他信号的影响。

（3）阻抗、屏蔽要求

根据应用需要，确定是否需要进行阻抗控制和屏蔽。阻抗、屏蔽的实现方式也应与柔性要求综合考虑。当柔性要求不高时，可以采用实心铜箔、厚介质来实现。而柔性要求较高时，需要用铜箔网格、银浆网格等来实现。

4．成本考虑

柔性板的成本构成包含材料费、工程费、组装费、模具费、供货物流和采购量。

FPC 设计时也要考虑成本的控制，为了实现不同平面 PCB 之间的信号互连，可以采用下面几种实现方案。

（1）软板 + 连接器 + 硬板

采用 FPC 通过连接器与硬板连接，其中为了省一个连接器和提高互连密度，可以采用 FPC 上的金手指直接与连接器相连，如图 8-52 所示。

图 8-52 "软板 + 连接器 + 硬板"实现方式图例

① 优点：柔性板面积小，FPC 成本较低，且连接器便于拆装维护等。

② 缺点：需要多两个连接器（若用金手指方式，则只多一个连接器），厚度变大，连接器连接可靠性差等。

（2）软板 + Hotbar + 硬板

采用 Hotbar 方式时，一般要求 FPC 用电镀铅锡（Tin-Lead Plating）或无铅表面处理，在 FPC 焊盘上镀上一定厚度的铅锡或无铅合金。它与硬板对应焊盘对位以后，用热压设备把 FPC 上的铅锡融化即可与硬板焊接起来，如图 8-53 所示。

（a）　　　　　　　　　　　　　　　　（b）

图 8-53 "软板 + Hotbar + 硬板"实现方式图例

① 优点：连接比连接器可靠，组装厚度变薄，节省了连接器成本，总成本相对低廉。

② 缺点：需要特殊设备，维修相对困难。

（3）全部软板

全部 FPC 的实现方式如图 8-54 所示，图中的手机 LCD 驱动板采用转轴 FPC 就做成了一体。

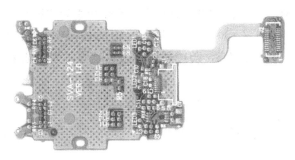

图 8-54　"全部软板"实现方式

① 优点：组装厚度可以做到最薄，连接可靠性高。

② 缺点：价格相对较贵。

（4）软硬结合板

在某些情况下可以制作软硬结合板（Rigid-Flex）来实现不同平面 PCB 的连接。

① 优点：节省连接器，连接可靠性高。

② 缺点：加工复杂，成本高。

8.7.2　FPC 材料的选择

在柔性板设计中，材料的类型和结构非常重要。它主要决定着柔性板的柔软性、电气特性和其他机械特性等，对柔性板的价格起着重要的作用。FPC 加工厂家可选的柔性覆铜介质和带胶的介质薄膜应符合 IPC-MF-150、IPC-FC-231 和 IPC-FC-232 的规定，或者符合 IPC-FC-241 和 IPC-FC-232 的规定。选择 FPC 材料时参考表 8-17。

表 8-17　FPC 材料的选择

	PI（μm）	胶（μm）	铜厚（μm）	覆盖膜 PI（μm）	胶（μm）	适用产品	备注
单面	12.5		12	12.5	15	适用于多次挠性弯曲的产品	不良率及成本高
	12.5	12.5	17.5	12.5	15 或 18	适用于线路密集及有弯折要求的产品（小屏 LCM 板）	板易皱褶，不良率高
	25	20	17.5	12.5	15 或 18	适用于尺寸要求稳定、弯折 20 次内的产品（大屏幕 LCM 板）	推荐
	25	20	35	25	25 或 30	适用于有电性能要求及大型 FPC 的产品（按键板等）	推荐
双面	12.5		12×2	12.5×2	（15 或 18）×2	适用于有挠性弯曲或弯折区域小的产品	成本高
	12.5	12.5×2	17.5×2	12.5×2	（15 或 18）×2	适用于普通 BGA、LCM、键盘	推荐
	25	20×2	17.5×2	12.5×2	（15、18 或 25）×2	适用于特殊要求的产品（阻抗板等）	稳定性好，不适合折
	25	20×2	35×2	25×2	（25 或 30）×2	适用于有电性能要求及大型 FPC 的产品（按键板等）	板厚，稳定性好

8.7.3　FPC 结构和布局设计

1. 应力抵消设计

① 为了能够更好地防止撕裂，FPC 外形上直线转角之间应该用圆弧过渡，同时直线和圆弧应该相切，如图 8-55（a）所示。柔性板轮廓外形上内角的最小半径是 1.5mm（0.059in），半径越大，可靠性越高，防撕裂的能力也越强，为保证电气连接良好需做泪滴处理，如图 8-55（b）所示。

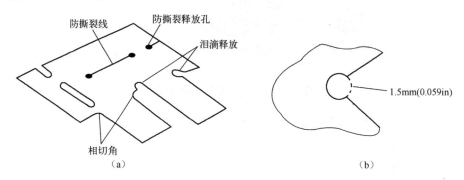

图 8-55　FPC 板边内角最小半径要求和防撕裂设计

以上两种设计可有效防止产品操作过程中撕坏 FPC。

● FPC 外形内转角处倒圆角或沿内角增加一条靠近板边的导线（防撕裂线），以防止 FPC 容易被撕裂，如图 8-56 所示。
● 外形内有小槽的 FPC，在槽端部增加防撕裂孔。

② 过孔焊盘处增加泪滴设计，可有效保证 FPC 过孔的功能稳定性。

③ FPC 上的裂缝或开槽必须终止于一个不小于 1.5mm 直径的圆孔，如图 8-57 所示。在相邻两部分的 FPC 需要单独移动的情况下就有此要求。

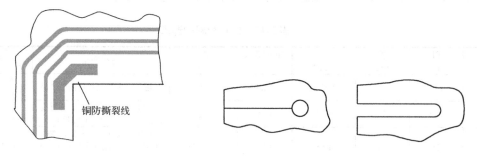

图 8-56　FPC 板边转角处增加导线用以防止撕裂　　　图 8-57　FPC 上的裂缝或开槽终止于圆孔

④ 覆盖膜压住焊盘两端，可有效防止焊盘脱落或焊盘断裂，保证 SMT 焊接功能稳定性，如图 8-58 所示。

⑤ 焊盘与导线交接处粗细过渡。焊盘与导线交接处粗细过渡如图 8-59 所示。布放导线避免出现直角或锐角，通常采用 135° 角布放导线，也可以采用圆弧过渡效果更佳。另外导线应平滑、分布均匀。如空间允许可在弯折区域增加辅助导线增强 FPC 抗撕裂能力，可有

效防止焊盘在操作过程中应力集中而引起焊盘断裂。

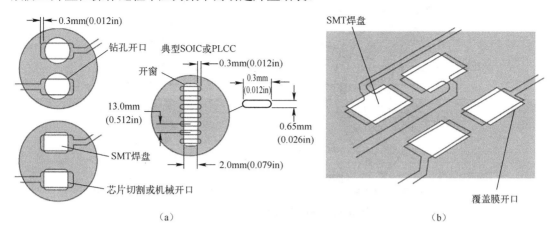

（a）　　　　　　　　　　　　　　　　　（b）

图 8-58　覆盖膜压住焊盘两端

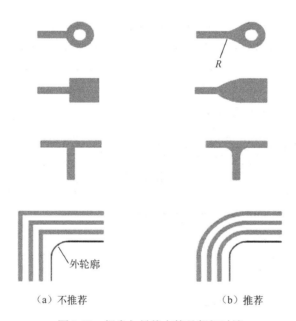

（a）不推荐　　　　　　　　　　（b）推荐

图 8-59　焊盘与导线交接处粗细过渡

2．FPC 弯曲应力类型

在 FPC 在弯曲时，其中心线两边所受的应力类型是不一样的。弯曲曲面的内侧是压力，外侧是拉力，如图 8-60 所示。所受应力的大小与 FPC 的厚度和弯曲半径有关。过大的应力会使得 FPC 分层、铜箔断裂等。因此在设计时应合理安排 FPC 的层压结构，弯曲的中心轴应设置在导体的中心。导体两边的材料系数和厚度尽量一致，使得弯曲面的中心线两端层压尽量对称。这一点在动态弯曲的应用场合下非常重要。可以采用覆盖膜和交错布放导线等设计方法来尽量满足这一要求，同时还要根据不同的应用场合来计算最小弯曲半径。

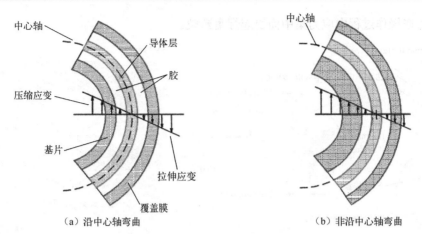

（a）沿中心轴弯曲　　　　　　　　　　　　（b）非沿中心轴弯曲

图 8-60　FPC 弯曲应力类型示意图

3. 弯折区域

弯折条件因素有弯折区域、弯折度数、弯折角度和弯折次数。

① 弯折区域不可集中在软硬板结合部（如增强板边缘），弯折度数按照装配需要定义，一般为 45°、90°、180° 弯折，弯折半径为板厚的 10 倍（不可 0° 折），弯折次数按实际操作需要确定。

● 单面板的弯折半径 R 如图 8-61 所示。

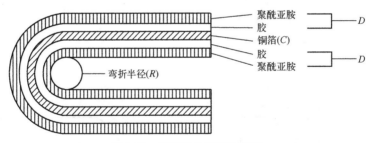

图 8-61　单面板的弯折剖面图

单面板最小弯折半径的计算公式：

$$R = (C/2)[(100 - E_B)/E_B] - D$$

式中，R 为最小弯折半径（μm）；C 为铜箔厚度（μm）；D 为覆盖膜厚度（μm）；E_B 为铜箔变形量（%）。

不同类型铜，铜箔变形量不同。压延铜的铜箔变形量最大值是 16%，电解铜的铜箔变形量最大量是 11%。而且在不同的使用场合，同一材料的铜箔变形量也不一样。对于一次性弯曲的场合，使用折断临界状态的极限值（对压延铜，该值为 16%）。对于弯曲安装设计情况，使用 IPC-MF-150 规定的最小变形量（对压延铜，该值为 10%）。对于动态柔性应用场合，铜箔变形量用 0.3%。而对于磁头应用，铜箔变形量用 0.1%。通过设置铜箔允许的变形量，就可以算出弯折的最小半径。

例：50μm 聚酰亚胺，25μm 胶，35μm 铜，因此，D=75μm，C=35μm，柔性板的总厚度 T=185μm。

一次性弯曲，E_B=16%、R=16.9μm，或 R/T=0.09。

弯曲安装，E_B=10%、R=0.08μm，或 R/T=0.45。

动态弯曲，E_B=0.3%、R=5.74μm，或 R/T=31。

● 双面板的弯折半径 R 如图 8-62 所示。

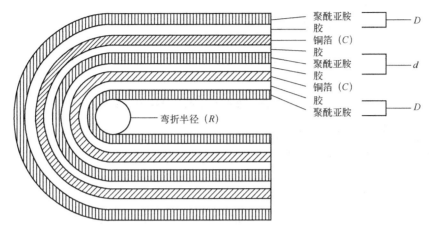

图 8-62　双面板的弯折剖面图

双面板的弯折半径的计算公式：

$$R =(d/2 + C)[(100-E_B)/E_B] - D$$

式中，R 为最小弯折半径（μm）；C 为铜箔厚度（μm）；D 为覆盖膜厚度（μm）；E_B 为铜箔变形量（%），E_B 的取值与上面的一样。d 为层间介质厚度（μm）。

例：基材厚度：50μm 聚酰亚胺，2×25μm 胶，2×35μm 铜，则 d=100μm，C=35μm。

覆盖膜厚度：25μm 聚酰亚胺，50μm 胶，则 D=75μm。

总厚：T= 2D + d + 2C=320μm

一次性弯曲，E_B =16%、R=0.371μm，或 R/T=1.16。

弯曲安装，E_B =10%、R=0.690μm，或 R/T=2.15。

动态弯曲，E_B =0.3%、R=28.17μm，或 R/T=88。

● 弯曲半径粗略估算。

弯曲半径等于 10 倍的板厚：R=10T。

② 不可强性弯折硬性增强板区域，需保持自然性弯折。

③ 弯折区域导线设计需优化，焊盘开窗或过孔应距离弯折区域 1.0mm 以下，需多次挠性弯曲区域顶底层导线错位设计，双面布线时为减小线路 EMI 干扰禁止将导线重叠一起构成 "I" 形状，如图 8-63 所示。

④ 在弯曲区域的导体必须符合以下考虑。

● 导体与弯曲方向垂直；

● 导体应均匀地穿过弯曲区域；

● 导体尽量布满弯曲区域面积；

● 在弯曲区域没有额外的电镀金属（弯曲区域导线不需要电镀）；

● 线宽保持一致。

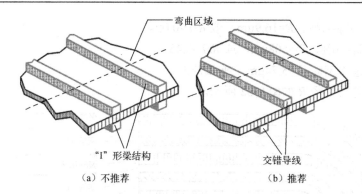

图 8-63　多次挠性弯曲区域顶底层导线错位设计

⑤ 在弯曲区域的层数尽量减少。

⑥ 弯曲区域不能有过孔和金属化孔。

4．结构设计的其他考虑

① 穿过弯折区域需要预留一定的空间，避免结构干涉。例如，穿过手机转轴的 FPC 边缘离转轴孔壁至少为 0.5mm。

② 为了达到更好的柔性，弯折区域的选取一般选在宽度均匀的区域，尽量避免弯曲区域中 FPC 宽度变化、布线密度不均匀。弯曲区域内布线方向和密度如图 8-64 所示。

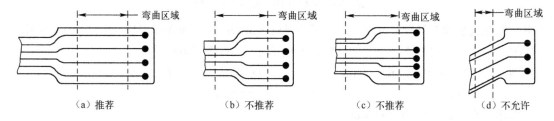

图 8-64　弯曲区域内布线方向和密度

③ 点胶固定 FPC。软硬结合板或 FPC 需要牢靠地固定到加强板上时，为防止撕裂，需要用点胶的方式来固定 FPC 和硬板、加强板部分。

④ 增加固定条或用胶粘住 FPC。为了保证装配、运动时的拉力不影响 FPC 的性能，可以采用加固定条或胶带的方式来加固。

8.7.4　FPC 的工艺设计

1．工艺能力

FPC 的工艺能力见表 8-18，注意不能完全根据加工厂家的极限能力来设计 FPC，可以根据设计情况适当增加裕量，否则成品率会降低，反而成本变高。

表 8-18　FPC 工艺能力

	最小值	常规工艺能力	最大值
尺寸大小		19.7in×24in（500mm×610mm）	

续表

	最小值	常规工艺能力	最大值
线宽/线间距	0.075mm（0.003in）	4.0～6.0mm　（0.1～0.153in）	
内层铜箔厚度	0.012mm（0.0004in）		
外层最薄铜层	0.025mm（0.001in）		
过孔孔径	0.20mm（0.008in）		
过孔焊盘（双面）	0.45mm（0.018in）		
过孔焊盘（多层）	0.50mm（0.0197in）		
板厚/孔径比	3		
FPC 多层板层数		1～2	6
软硬合板层数		4	
介质厚度		0.5mil，1mil，2mil	3mil，5mil，7mil
胶厚度	无胶	0.5mil，1mil，2mil	
导线和板边距离	0.2mm	0.25～0.5mm	
过孔和 FPC 板边的距离		0.25～0.5mm	
加工尺寸精度	±0.05mm	±0.10mn	

最小线宽/线间距是 0.075mm（0.003in）的情况一般只是在单面板制作。双面板以上一般最小值是 0.1mm（0.004in），线间距大于或等于线宽，线间距较小可能会导致短路，空间足够时应尽量取大。

上面的值会根据厂家加工能力进步而变化。而且部分参数在不同厂家会不一样。当用极限值设计时需要与相关加工厂家沟通。

2. FPC 标注

详细的尺寸标注有助于 FPC 厂生产也有利于设计的验证。通常 FPC 标注需要注意以下信息。

① 设计者、设计时间、设计项目名；

② 尺寸标注、厚度；

③ 开窗区域、SMT 区域；

④ 是否需要屏蔽膜及屏蔽膜接地点开窗位置；

⑤ 金手指表面处理方式；

⑥ 测试条件；

⑦ 弯折区域；

⑧ 材料型号、厂商；

⑨ 层压结构、剖面图；

⑩ 增强板材料、形状、位置、厚度；

⑪ 是否需要辅助粘贴材料及其规格型号；

⑫ 是否需要对泪滴做加强处理；

⑬ 通常各精度控制：屏蔽膜、增强贴合及丝印的公差为±0.3mm；线路的公差为±0.01mm。

具体工艺应与 FPC 厂商沟通以获得最佳信息。

8.8　产品标签码的位置

现代化生产中往往都需要在 PCB 上贴标签以便识别和追溯，标签的内容有文字或码。文字用来标示产品的一些信息或版本，标签码的形式有条形码或二维码，多用于识别和跟踪每个产品，包括生产过程的追溯系统管控和测试结果等。很多现代化企业使用制造执行系统（Manufacturing Execution System，MES），旨在加强 MRP 计划的执行功能，把 MRP 计划同车间作业现场控制，通过执行系统联系起来。这里的现场控制包括 PLC 程控器、数据采集器、条形码、各种计量及检测仪器、机械手等。往往是在第一道加工工序贴条形码或二维码在 PCB 上。在设计 PCB 时要留出一定空间贴这些标签，通常条形码最小 6.4mm×32mm（0.25in×1.25in），离板边 1.0mm（0.039in）。为了确保扫描的清晰，二维码标签尺寸一般大于 3mm×3mm。除了纸质的标签，目前常用的还有喷印和激光镭雕。

① 标签的位置要尽量远离细间距元器件，以减少对焊膏印刷的影响；

② 标签不能盖住孔或 ICT 的测试点；

③ 标签不能盖住没有覆阻焊膜的导线或地层。

PCB 组装的 RoHS 兼容也是需要考虑的要素，无铅焊接合金和工艺温度用于保证组装、焊接和返修等。为了配合向前兼容或向后兼容，最好标签不要纳入 PCB 的图纸中。

无铅组装时二级互连所使用的焊料合金标签如图 8-65 所示。

标签中的合金标识如下：

e1：锡银铜（Sn-Ag-Cu）。

e2：锡（Sn）合金，没有 Bi 或 Zn（除 Sn-Ag-Cu 外）。

e3：Sn。

e4：贵金属（如 Ag、Au、NiPd、NiPdAu），无 Sn。

图 8-65　RoHS 兼容性组装标签

e5：SnZn，$SnZn_x$（无 Bi）。

e6：包含 Bi。

e7：低温（=150℃）。

e0、e8、e9：目前没定义。

标签中的合金标识参照 JESD97—2004《识别无铅组件、元件和器件的记号、符号和标识》（*Marking, Symbols, and Labels for Identification of Lead (Pb) Free Assemblies, Components, and Devices*）执行。

电气和电子设备的单独收集标识如图 8-66 所示。请参阅欧盟 2012/19/EU 指令《报废电子电气设备指令》（简称 WEEE 指令）。

图 8-66　电气和电子设备单独收集标识

第 9 章　元器件的焊盘设计

在电子产品设计过程中，焊盘设计是很重要的。因为它确定了元器件在 PCB 上的焊接位置，而且对焊点的可靠性、焊接过程中可能出现的焊接缺陷、可洗性、可测试性和检修量等起着重要的作用。当焊盘结构设计得不正确时，很难、有时甚至不可能得到预想的焊接点。

"焊盘"中"盘"字的英文词有两个：Land 和 Pad，经常可以交替使用，可是在功能上，Land 是二维的表面特征，用于表面贴装元器件，Pad 是三维特征，用于插装元器件。作为一般规律，Land 不包括电镀通孔（Plated Through-Hole，PTH）。

标准尺寸元器件的焊盘可以从 CAD 软件的元件库中调用，也可以自行设计。设计元器件焊盘时的主要参照是 IPC-SM-782《表面贴装设计与焊盘结构标准》。IPC-SM-782 经过修正后，被 IPC-7351《表面贴装设计和连接盘图形标准通用要求》替代。当 J-STD-001《焊接电气与电子装配的要求》和 IPC-A-610《电子组件的可接受性》用作焊接点工艺标准时，所设计的焊盘结构应该符合 IPC-7351 和 IPC-SM-782 的规定。如果焊盘偏离这个标准很多，那么将很难达到焊接点接收要求。

在实际设计时，有时 CAD 软件与元件库中焊盘尺寸不全、元器件尺寸与标准有差异，虽然符合 IPC 标准，但在实际制造中还存在质量缺陷，所以还必须根据具体产品的组装密度、不同的工艺、不同的设备及特殊元器件的要求进行设计。本书中描述的焊盘图形是推荐的焊盘设计，在参照标准的基础上结合了实际电子组装中的经验。

9.1　焊盘设计的基本原则

9.1.1　焊盘设计的要求

1. 焊盘设计时遵循的规则

① 对于 SMT 印刷焊膏的钢网（Stencil）开孔，焊膏和对应焊盘的大小比例为 1∶1。在制造工艺中，工艺工程师会修改钢网的实际开孔来满足工艺需要。

② 在 PCB 上布局时，元器件之间保留 0.38mm（0.015in）的间隔。对于小的 SMT 元器件，周围 0.25mm（0.010in）内其他元器件的高度要小于 2.54mm（0.100in）。

③ 尽可能采用非阻焊膜定义的焊盘（Non-Solder Mask Defined，NSMD），如图 9-1 所示。对于 0201 以下的元器件和 0.5mm 间距的 CSP 元器件，采用阻焊膜定义的焊盘（Solder Mask Defined，SMD），在使用焊膏印刷时可能会带来工艺缺陷。

④ 当导线连接接地层或电源层时，需要设置热风焊盘（Thermal Relief），如图 9-1 所示。

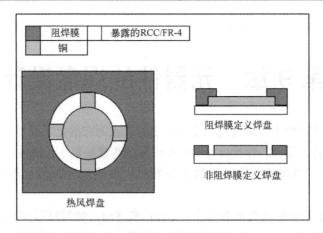

图 9-1　热风焊盘设计

⑤ 使用元器件的外形尺寸大小作为代码符号，如片式元器件 0603（公制 1608）。

⑥ 在符号中包含元器件的高度尺寸。

⑦ 对于有极性的元器件通常要用丝印标识，如 SOJ、TSOP、钽电容等。

2. SMT 焊盘设计的要求

SMT 的组装质量与 PCB 焊盘设计有直接的、十分重要的关系。如果 PCB 焊盘设计正确，贴装时，少量的歪斜可以在再流焊时由于熔融焊锡表面张力的作用而得到纠正（称为自定位或自校正效应）；相反，如果 PCB 焊盘设计不正确，即使贴装的位置十分准确，再流焊后也会出现元器件位置偏移、立碑等焊接缺陷。因此 SMT 焊盘设计应把握好以下几点：

① 对称性。详见 9.3.5 节。

② 焊盘间距。确保元器件端头或引脚与焊盘恰当的搭接尺寸，焊盘间距过大或过小都会引起焊接缺陷，详见 11.2.1 节。

③ 焊盘剩余尺寸。元器件端头或引脚与焊盘搭接后的剩余尺寸必须保证焊点能够形成弯月面。

④ 焊盘宽度。焊盘宽度应与元器件端头或引脚的宽度基本一致。

⑤ 焊盘上禁止布通孔。焊盘上禁止布通孔，否则在再流焊过程中，焊盘上的焊锡熔化后会沿着通孔流走，会发生虚焊、少锡，还可能流到板的另一面造成短路，如图 9-2 所示。

3. 电镀微孔在焊盘上

再流焊和波峰焊都不推荐在焊盘上使用电镀通孔。如果需要在焊盘上使用孔，推荐使用微孔或盲孔。

有些情况，因电气连接，需要在焊盘上使用通孔，如 PCB 上表面的 LGA 焊盘，这就需要用阻焊膜覆盖住孔的另一面，这种孔尺寸最大是 0.3mm，如图 9-3 中的尺寸 A 所示。

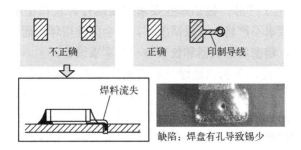

图 9-2　焊盘上禁止布通孔

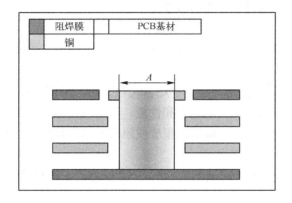

图 9-3　覆盖阻焊膜的孔

9.1.2　焊盘的判定标准

1．好焊盘的判定

焊点的强度在很大程度上决定了产品的可靠性、焊点的焊锡量、爬升高度与焊盘的设计息息相关，好焊盘的判定标准如下：

① 生成可靠的焊点；
② 提供 PCB 制造公差；
③ 提供元器件贴放的公差；
④ 提供足够元器件尺寸的可变性；
⑤ 减少组装缺陷及利于检验；
⑥ 易于返修；
⑦ 提高 PCB 的热传导性。

2．依据 IPC-A-610 标准判定

设计焊盘首先要理解 IPC-A-610《电子组件的可接受性》。该标准作为电子装配的验收标准被行业普遍采用。

IPC-A-610 标准把产品分成三级，具体如下：

一级是普通类电子产品，包括那些以组件功能完整为主要要求的产品。

　　二级是专用服务类电子产品，包括那些要求持续运行和较长使用寿命的产品，最好能保持不间断工作，但该要求不严格。一般情况下，不会因使用环境而导致二级产品出故障。二级产品包括通信设备、精密商业机器和仪表与一些军事设备。

　　三级是高性能电子产品，包括以连续具有高性能或严格按指令运行为关键的产品。这类产品的服务间断是不可接受的，且最终产品使用环境异常苛刻；有要求时，产品必须能够正常运行，如生命支持系统、救生设备、关键武器系统或其他关键系统。

　　各级产品均给出四级验收条件：目标条件、可接受条件、缺陷条件和制程警示条件。

　　（1）目标条件

　　目标是指近乎完美/首选的情形，然而这是一种理想而非总能达到的情形，且对于保证组件在使用环境下的可靠性并非必要的情形。

　　（2）可接受条件

　　可接受是指组件不必完美，但要在使用环境下保持完整性和可靠性的特征。

　　（3）缺陷条件

　　缺陷是指组件在其最终使用环境下不足以确保外形、装配和功能的情况，即可能不足以保证在所针对的使用环境中的可靠运行和性能。缺陷应当由制造商根据设计、服务和客户要求进行处置。处置可以是返工、维修、报废或照样使用。其中维修或照样使用可能需要客户的认可。

　　1级缺陷自动成为2级和3级缺陷。2级缺陷意味着对3级也是缺陷。

　　（4）制程警示条件

　　制程警示（非缺陷）是指没有影响到产品的外形、装配和功能的情况。这种情况是由材料、设计、操作人员、机器设备等相关因素引起的，就是不能完全满足可接受条件但又非缺陷。

　　应该将制程警示纳入过程控制系统而对其进行实行监控。当制程警示表明制程发生变异或朝着不理想的趋势变化时，应该对工艺进行分析，依分析结果采取措施，以降低制程变异程度并提高产量。

　　不要求对单一性制程警示进行处置。

9.1.3　印刷焊膏钢网的设计

　　除了焊盘设计需要满足要求，印刷焊膏的钢网开孔设计也非常重要，需要保证焊膏的印刷性，并容易脱模。

　　在 IPC-7525《网板设计导则》（*Stencil Design Guidelines*）中规定，钢网开孔尺寸需符合以下要求：

$$面积比 = \frac{L \times W}{2T(L+W)} > 0.66$$

$$宽厚比 = W/T > 1.5$$

式中，L 为钢网开孔的长度；W 为钢网开孔的宽度；T 为钢网的厚度。

　　IPC-7525 是一个设计的准则，但随着元器件越来越小，该标准对于小元器件有一定局限性。在下面的具体设计中会有建议的面积比和宽厚比。

9.2　阻焊膜的通用要求

阻焊膜（Solder Mask）是印制电路板上的一种高分子聚合物涂覆层，旨在覆盖板上不需要焊接的所有表面，以防止导体间的桥接。与复合层压材料不同，阻焊膜通常是均质材料。

阻焊膜的颜色主要为绿色，所以阻焊膜也俗称"绿油"，另外还有棕色、红色、黄色、白色等。实际上，阻焊膜采用的是负片输出，所以阻焊膜的形状映射到板子上以后，并不是加上了阻焊膜，反而是露出了铜箔。

9.2.1　阻焊膜的作用和涂覆方法

1. 阻焊膜的作用

过去，不是所有的电路板都要求涂覆阻焊膜，这是因为导体和连接盘间隔距离相当大，过波峰焊时不可能引起相邻导体间的桥接。随着导线变细和节距变小，使用阻焊膜几乎是 PCB 在进行波峰焊时所必须的。对于完全采用 SMT 工艺而无须波峰焊的 PCB，需塞住或覆盖住通孔为某些 ICT 测试机提供真空环境。此外，采用阻焊膜将通孔塞住或封住，通孔和邻近导体可以靠得更近。

阻焊膜的目的是保护铜线，防止零件被焊到不正确的地方，预防再流焊时桥接、保护环境（湿敏，污染）。另外，涂覆阻焊膜还能起到绝缘、防氧化、美观的作用。

2. 阻焊膜的涂覆

PCB 行业中常用的阻焊膜涂覆工艺有干膜阻焊膜工艺、湿膜阻焊膜工艺（液态丝印工艺）、感光阻焊膜工艺、干湿混合阻焊膜工艺和喷射式阻焊膜工艺。

主要应用的涂覆工艺是湿膜阻焊膜工艺和感光阻焊膜工艺。涂覆阻焊膜后的 PCB 如图 9-4 所示。

（a）湿膜阻焊膜工艺　　　　　　　　　（b）感光阻焊膜工艺

图 9-4　涂覆阻焊膜后的 PCB

（1）干膜阻焊膜工艺

干膜阻焊膜工艺由于存在阻焊膜的总厚度问题，不允许阻焊桥低于 0.25mm。因此，干膜阻焊膜工艺不适用于 BGA 和其他密节距元器件。干膜阻焊膜工艺已不再被大部分 PCB 的供应商采用。

（2）湿膜阻焊膜工艺

湿膜阻焊膜工艺成本低，精度和分辨率较差，用于面积较小和密度较低的产品基板，工艺厚度为 0.05mm（0.002in），掩蔽孔（Tented Via）直径大于 1.1mm。阻焊膜开口的尺寸精度取决于印制板制造商的工艺水平。因为成本低，所以绝大多数 PCB 都采用液态丝印阻焊剂涂覆。湿膜阻焊膜工艺不适用于 BGA。

（3）感光阻焊膜工艺

感光阻焊膜工艺可提供精确定位，涂覆容易，能将电路板上的导线全部覆盖，耐久性高且比干膜阻焊膜工艺便宜。

感光阻焊膜工艺既可以采用网印工艺，也可用一种被称为帘幕式淋涂的工艺施加。在此工艺中，PCB 高速穿过阻焊膜帘幕或瀑布。感光阻焊膜和光敏聚合物的液体中可能含有溶剂，如果溶剂加入到阻焊膜中，可印刷液态的阻焊膜。将溶剂在烘箱中烘干，之后以非接触或者接触的方式让阻焊膜暴露在紫外光（UV）下固化（若未添加溶剂，液态阻焊膜 100%会在紫外光下反应）。非接触式方法需要平行光系统以使液态膜中的衍射和散射最小，这使得此系统十分昂贵。接触式方法不需要平行紫外光光源，故系统价格相对便宜。

采用感光阻焊膜工艺时，阻焊膜的厚度为 0.075～0.1mm（0.003～0.004in）。

（4）干湿混合阻焊膜工艺

干湿混合阻焊膜工艺的优点是对通孔的充填能力强，但固化工艺必须做得完整，否则在 SMT 组装时会有泄气的不良问题。

（5）喷射式阻焊膜工艺

目前已有一种可应用在极细间距元器件上的施加阻焊膜的新技术喷射式阻焊膜工艺。这种工艺使用数码喷墨打印机在印制电路板或其他基板上印上阻焊膜层。这种工艺的阻焊膜材料是专门研发的可喷射式油墨，可直接通过数码数据和一组分辨率达到 750DPI 的喷墨打印头喷涂在板上。与传统的四步工艺施加阻焊膜方式不同，喷射式阻焊膜工艺仅需一步就可完成。是一种既可热固化也可紫外固化的混合工艺。喷射式阻焊膜工艺的优点是能在密节距连接盘之间印刷狭窄隔离带以及能对阻焊膜厚度进行严格控制，不足之处为终端用户必须对油墨做鉴定。而且目前仅有绿色的油墨可供使用。

9.2.2　阻焊膜的开口

① 当细窄间距元器件焊盘或相邻焊盘间没有导线通过，并且 SMT 元器件引线的间距小于 0.18mm（0.007in）时，建议焊盘周围可以不加阻焊膜，也就是群体开口（Gang Open），允许采用如图 9-5（a）所示的方法设计阻焊膜图形。当相邻焊盘间有导线通过时，为了防止焊料桥接，应采用如图 9-5（b）所示的方法设计阻焊膜图形。

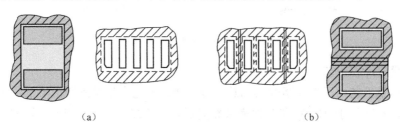

（a）　　　　　　　　　　　　　　　　　（b）

图 9-5　阻焊膜图形

② 涂覆后的阻焊图形尺寸要比焊盘周围大 0.05～0.254mm，防止阻焊剂污染焊盘。除非有其他特殊的要求，阻焊膜开口至少要比 SMT 或 PTH 焊盘尺寸大 0.10mm（0.004in），也就是焊盘的每边要有 0.05mm（0.002in）的隔离区，如图 9-6 中尺寸 C 和 E 所示。

③ 对于 PCB 加工工艺，可以做到的最小阻焊膜图形（阻焊桥，Solder Mask Web）宽度是 0.076mm（0.003in），如图 9-6 中尺寸 A 所示。

④ 对于不同产品种类的 PCB 加工工艺，需要组装和返修的最小覆盖阻焊膜桥如图 9-6 中尺寸 B 所示。最小阻焊膜桥的宽度 B 可参考表 9-1。

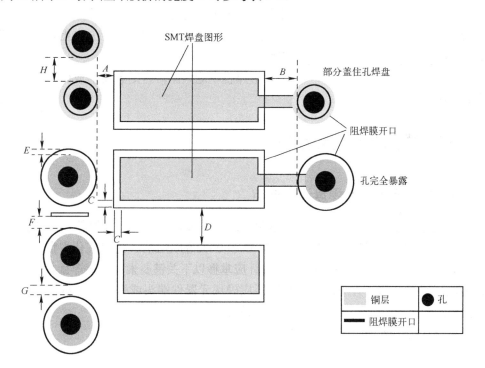

图 9-6　最小阻焊膜桥

表 9-1　最小阻焊桥的宽度

符号	描　　述		最小值
A	工艺最小阻焊膜桥宽度		0.076mm（0.003in）
B	按照产品类别桥的最小阻焊桥宽度	基本消费类产品	0.254mm（0.010in）
		高端产品	0.203mm（0.008in）
		前沿技术产品	0.130mm（0.005in）
		技术发展水平产品	0.080mm（0.003in）
C	SMD 焊盘最小阻焊膜间隔		0.050mm（0.002in）
D	SMD 焊盘之间的阻焊桥宽度		0.076mm（0.003in）
E	插件焊盘最小阻焊膜间隔		0.050mm（0.002in）
F	走线与插件之间的阻焊桥宽度		0.050mm（0.002in）
G	插件焊盘之间的阻焊桥宽度		0.076mm（0.003in）
H	过孔和过孔之间的阻焊桥宽度		0.076mm（0.003in）

若 *A*、*B*、*C* 这三个值太小，表现为焊盘和孔距离太近，会导致焊盘的焊膏流到孔内，造成焊点少锡，如图 9-7 所示。

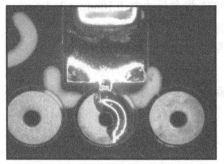

图 9-7　焊盘和孔的距离近导致焊点少锡

9.2.3　阻焊膜的可靠性要求

技术要求参照 IPC-SM-840。

基本原则：能形成一致性很好、与 PCB 表面黏附力强的致密保护膜，与组装工艺过程的热风整平、涂覆助焊剂等工艺相兼容。

对于需要掩蔽通孔的情况（防止抽芯），选用干膜。

阻焊膜不能太厚，否则容易形成微缝，从而诱导污染物而加速腐蚀。

9.3　矩形片式元器件的焊盘设计

9.3.1　矩形片式元器件的焊盘设计要点

矩形片式元器件包含电阻、电容、电感、二极管等。矩形片式元器件在组装和焊接中容易出现锡珠、立碑的缺陷，尤其是小于 0603 和 0402 的元器件。通过优化焊盘的设计可以减少或消除这类缺陷。片式元器件的焊盘设计应掌握以下关键要素：两端焊盘必须对称，才能保证熔融焊锡表面的张力平衡，焊盘间距应确保元器件端头或引线与焊盘恰当的搭接尺寸，搭接后的剩余尺寸必须保证焊点能够形成好的润湿角。

影响矩形片式元器件焊点质量的各种设计参数如图 9-8 所示。

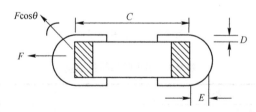

图 9-8　影响矩形片式元器件焊点质量的各种设计参数

尺寸 *C* 是左右焊盘的中心距，足够大才能保证元器件全部焊在焊盘上，以减少立碑现象发生，但太大反而会造成连锡的缺陷。

尺寸 *E* 是贴装后元器件端子到焊盘外边缘的距离，足够大可以导致一个接近 $180°$ 润湿角，以有效地减少立碑现象发生。

根据 IPC-A-610 标准，要求控制元器件焊接后的偏移量，所以尺寸 *D* 要足够小，元器件下的焊锡熔化时，可以提供一个向下的张力。

9.3.2　矩形片式元器件的焊盘设计尺寸

矩形片式元器件的焊盘设计尺寸如图 9-9 所示。

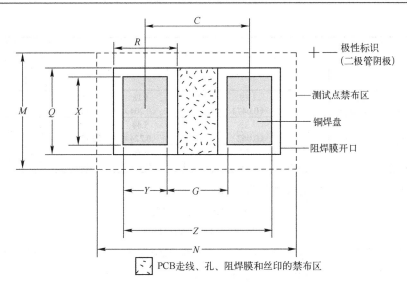

图 9-9　矩形片式元器件的 PCB 焊盘设计尺寸

矩形片式元器件的外形尺寸长和宽分别用 L_{nom} 和 W_{nom} 表示。L_{nom} 是元器件公称长度。W_{nom} 是元器件公称宽度。

1. 再流焊时矩形片式元器件的焊盘尺寸设计

采用再流焊时矩形片式元器件的焊盘设计尺寸参见表 9-2。焊盘的宽度尺寸 Y 和中心距尺寸 C 是由 Z 和 G 计算而来的。

$$Y = (Z - G)/2$$

$$C = (Z + G)/2$$

$Z = L_{nom} + 0.61\text{mm}（0.024\text{in}）$（除 0402 元器件外，其余尺寸元器件需要经验值）

式中，G 是经验值。

焊盘长度 $X = W_{nom} + 0.1\text{mm}（0.004\text{in}）$。

表 9-2　再流焊时矩形片式元器件的焊盘设计尺寸　　　　单位：mm（in）

元器件标识	M	N	X	Y	C	Z	G	焊盘间是否有阻焊膜	焊盘间是否有线路	焊盘上是否有微孔	PTH 连接器是否在焊盘上
1005（0402）	1.98（0.078）	2.64（0.104）	0.61（0.024）	0.71（0.028）	1.07（0.042）	1.78（0.070）	0.36（0.014）	是	否	是	否
1608（0603）	2.24（0.088）	3.00（0.118）	0.86（0.034）	0.76（0.030）	1.37（0.054）	2.13（0.084）	0.61（0.024）	是	是		
2112（0805）	3.40（0.134）	3.51（0.138）	1.37（0.054）	0.97（0.038）	1.68（0.066）	2.64（0.104）	0.71（0.028）	是	是		
3216（1206）	3.66（0.144）	4.67（0.184）	1.63（0.064）	1.14（0.045）	2.67（0.105）	3.81（0.150）	1.52（0.060）	是	是		
3225（1210）	4.67（0.184）	4.67（0.184）	2.64（0.104）	1.14（0.045）	2.67（0.105）	3.81（0.150）	1.52（0.060）	是	是		
4516（1806）	3.66（0.144）	6.05（0.238）	1.63（0.064）	1.19（0.047）	3.99（0.157）	5.18（0.204）	2.79（0.110）	是	是		

元器件标识	M	N	X	Y	C	Z	G	焊盘间是否有阻焊膜	焊盘间是否有线路	焊盘上是否有微孔	PTH连接器是否在焊盘上
4532 (1812)	5.33 (0.210)	6.05 (0.238)	3.30 (0.130)	1.19 (0.047)	3.99 (0.157)	5.18 (0.204)	2.79 (0.110)	是	是		
5025 (2010)	4.67 (0.184)	6.55 (0.258)	2.64 (0.104)	1.32 (0.052)	4.37 (0.172)	5.69 (0.224)	3.05 (0.120)	是	是	是	否
6332 (2512)	5.33 (0.210)	7.82 (0.308)	3.30 (0.130)	1.52 (0.060)	5.44 (0.214)	6.96 (0.274)	3.91 (0.154)	是	是		

阻焊膜开口长度 Q 和宽度 R 的计算如下：

$$Q = X + 0.1\text{mm}（0.004\text{in}）$$
$$R = Y + 0.1\text{mm}（0.004\text{in}）$$

Q 和 R 的计算值还要考虑表 7-4 中的"最小阻焊膜间隙"。对于 1812 和 2512 元器件，X 是基于 W_{nom} 的，值是 3.2mm（0.126in）。测试点禁布区（Test Point Keepout）的尺寸 M 和 N 是从测试点的边缘算起的。

2. 波峰焊时矩形片式元器件的焊盘尺寸

波峰焊时矩形片式元器件的焊盘设计尺寸见表 9-3。焊盘的宽度尺寸 Y 和中心距尺寸 C 是由 Z 和 G 计算而来的。

$$Y = (Z - G)/2$$
$$C = (Z + G)/2$$
$$Z = Z + 2 \times 0.2\text{mm}（0.008\text{in}）$$
$$G = G$$
$$X = X \times 0.7$$

Q 和宽度 R 为

$$阻焊膜开口长度 Q = X + 0.1\text{mm}（0.004\text{in}）$$
$$阻焊膜开口宽度 R = Y + 0.1\text{mm}（0.004\text{in}）$$

Q 和 R 的计算值还要考虑表 7-4 中的"最小阻焊膜间隙"。测试点禁布区的尺寸 M 和 N 是从测试点的边缘算起的。

表 9-3　波峰焊时矩形片式元器件的焊盘设计尺寸　　　　单位：mm（in）

元器件标识	X	Y	C	Z	G
1608（0603）	0.61 (0.024)	0.97 (0.038)	1.57 (0.062)	2.54 (0.100)	0.61 (0.024)
2112（0805）	0.97 (0.038)	1.17 (0.046)	1.88 (0.074)	3.05 (0.120)	0.71 (0.028)
3216（1206）	1.14 (0.045)	1.35 (0.053)	2.87 (0.113)	4.22 (0.166)	1.52 (0.060)
3225（1210）	1.85 (0.073)	1.35 (0.053)	2.87 (0.113)	4.22 (0.166)	1.52 (0.060)
4516（1806）	1.14 (0.045)	1.40 (0.055)	4.19 (0.165)	5.59 (0.220)	2.79 (0.110)
4532（1812）	2.31 (0.091)	1.40 (0.055)	4.19 (0.165)	5.59 (0.220)	2.79 (0.110)

续表

元器件标识	X	Y	C	Z	G
5025（2010）	1.85 （0.073）	1.52 （0.060）	4.57 （0.180）	6.10 （0.240）	3.05 （0.120）
6332（2512）	2.31 （0.091）	1.73 （0.068）	5.64 （0.222）	7，37 （0.290）	3.91 （0.154）

在 IPC-SM-782 中，8.1 节的片式元器件注册编号 RLP106A 和 8.3 节中的电感注册编号 RLP161 的 X 偏小，不建议采用。

9.3.3　0201 元器件的焊盘设计

0201 元器件的尺寸是 0.6mm×0.3mm（0.024in×0.012in），焊盘形状优选矩形，在面积比相同的情况下，矩形开口的焊膏释放量比圆形、椭圆形大。0201 片式元器件的焊盘设计如图 9-10 所示。

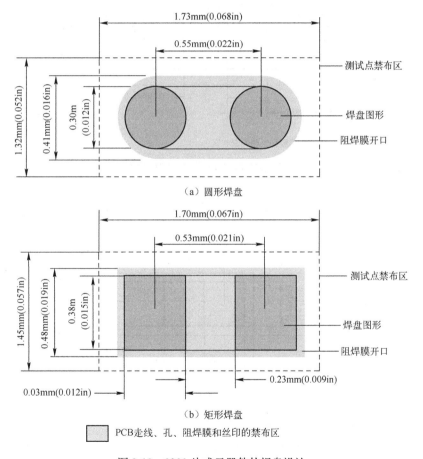

（a）圆形焊盘

（b）矩形焊盘

PCB走线、孔、阻焊膜和丝印的禁布区

图 9-10　0201 片式元器件的焊盘设计

0201 元器件的焊盘间不放阻焊膜、线路，PTH 连接器不能在焊盘上。焊盘上可以有微孔，需要注意以下几点。

① 最小的铜箔到铜箔间距（SMT 焊盘到孔环）为 0.35mm（0.014in）。

② 使用热平衡设计消除焊接缺陷的产生。在 PCB 外层，0201 焊盘应该附着在相同大

小的导电层上；在 PCB 内层，0201 的孔应该采用热释放设计连接到电源或接地层上。

0201 的焊膏印刷钢网开孔推荐：宽厚比（*W/T*）大于 2.6～2.16，面积比大于 0.746～0.62。

9.3.4　01005 元器件的焊盘设计

1. 焊盘的图形设计

01005 元器件的尺寸是 0.3mm×0.15mm（0.012in×0.006in）。SMD 01005 元器件的焊盘设计如图 9-11 所示。NSMD 01005 元器件的焊盘设计如图 9-12 所示。

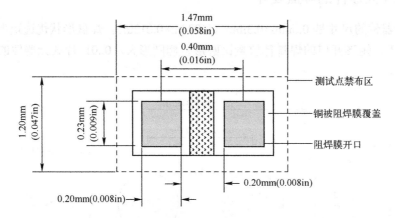

▨ PCB走线、孔、阻焊膜和丝印的禁布区

图 9-11　SMD 01005 元器件的焊盘设计

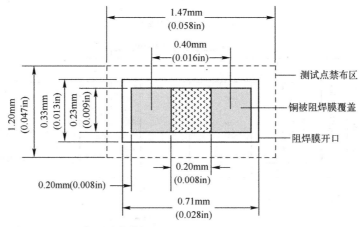

▨ PCB走线、孔、阻焊膜和丝印的禁布区

图 9-12　NSMD 01005 元器件的焊盘设计

（1）采用 SMD 焊盘设计时的注意事项

① 经验证明，SMD 焊盘比 NSMD 焊盘能提供整体较好的丝印效果，然而 SMD 焊盘会产生焊锡球，需要优化钢网设计加以避免。

② 采用 SMD 焊盘，尺寸大小还需遵循表 7-4 中的"最小导线阻焊膜覆盖"。

（2）采用 NSMD 焊盘设计时的注意事项

① 很容易使 PCB 加工中过多的腐蚀铜焊盘。PCB 供应商推荐的焊盘尺寸公差是 ±0.013mm（0.0005in），可以得到好的组装结果。

② 比 SMD 焊盘更容易影响丝印。

01005 焊盘上可以有微孔，需要注意以下几点：

- 最小的铜箔到铜箔间距（SMT 焊盘到孔环）等于 0.35mm（0.014in）。
- 使用热平衡设计消除焊接缺陷。在 PCB 外层，01005 焊盘应该附着在相同大小的导电层上；在 PCB 内层，01005 孔应该用热释放连接到电源或接地层上。

2. 钢网开孔

01005 电容器印刷焊膏钢网的开孔推荐：宽厚比（W/T）约大于 2.8，面积比约大于 0.76。

01005 电阻器印刷焊膏钢网的开孔推荐：宽厚比（W/T）约大于 2.5，面积比约大于 0.72。钢网的厚度在 0.075mm。

9.3.5　矩形片式元器件的焊盘和外部铜层连接

确保矩形片式元器件两端的焊盘必须对称，不仅大小对称，吸散热能力也要保持对称，才能保证熔融焊锡表面张力平衡；如果一端在大铜箔上，建议连接大铜箔的焊盘采用单线连接方式。

如果矩形片式元器件连接到 PCB 表面外层的铜平面或较大面积的导电区（如地、电源等），则焊盘应通过一个或几个长度较短细的导电电路进行热隔离设计。如果 SMD 焊盘和 NSMD 焊盘混合在同一 PCB 上，则应确保两个焊盘尺寸完全一致。减少 SMD 焊盘上阻焊膜开口，以保证 SMD 焊盘和 NSMD 焊盘的尺寸一样，如图 9-13 所示。这点对于 0603 以下的元器件尤为重要，可以减少立碑缺陷。

（a）推荐：暴露的铜焊盘图形尺寸相同，　　　　　（b）不推荐：SMD焊盘的面积大于NSMD焊盘
并且采用热释放　　　　　　　　　　　　　　　　的面积，有的采用热释放，容易产生立碑

图 9-13　矩形片式元器件焊盘和外部铜层的连接

9.4　SMT 钽电容的焊盘设计

钽电容的焊盘设计如图 9-14 所示。

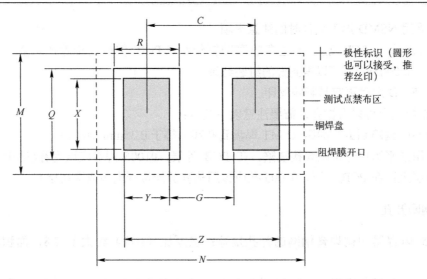

图 9-14   钽电容的焊盘设计

钽电容的焊盘设计尺寸见表 9-4。

表 9-4   钽电容的焊盘设计尺寸 单位：mm（in）

元器件标识	M	N	X	Y	C	Z	G	焊盘间是否有阻焊膜	焊盘间是否有线路	焊盘上是否有微孔	PTH连接器是否在焊盘上
3216（A case）	3.66（0.144）	5.18（0.204）	1.35（0.053）	1.70（0.067）	2.62（0.103）	4.32（0.170）	0.91（0.036）	是	是	是	否
3528（B case）	5.87（0.231）	5.49（0.216）	2.36（0.093）	1.70（0.067）	2.92（0.115）	4.62（0.182）	1.22（0.048）	是	是	是	否
6032（C case）	6.27（0.247）	7.98（0.314）	2.36（0.093）	2.21（0.087）	4.90（0.193）	7.11（0.280）	2.69（0.106）	是	是	是	否
7343（D case）	7.57（0.298）	9.27（0.365）	2.54（0.100）	2.21（0.087）	6.20（0.244）	8.41（0.331）	3.99（0.157）	是	是	是	否

钽电容的外形尺寸长、宽分别用 L_{nom} 和 W_{nom} 表示。L_{nom} 是元器件公称长度，W_{nom} 是元器件公称宽度。

Y 和 C 是由 Z 和 G 计算出来的。

$$Y = (Z - G)/2$$

$$C = (Z + G)/2$$

在这里，Z、G 和 X 见表 9-4，计算公式如下：

$$Z = L_{nom} + 0.044in$$

$$G = L_{nom} - 2(T_{nom} + 0.014in)$$

$$X = W_{nom} + 0.15mm(0.006in)$$

阻焊膜开口长度 Q 和宽度 R 的计算公式如下：

阻焊膜开口长度 $Q = X + 0.1mm$（0.004in）

阻焊膜开口宽度 $R = Y + 0.1mm$（0.004in）

Q 和 R 的计算值还要考虑表 7-4 中的"最小阻焊膜间隙"。

在 IPC-SM-782 的 8.3 节中，注册编号 RLP168 的 G 太大，相应的 Y 值太小，不建议采用。

测试点禁布区的尺寸 M 和 N 是从测试点的边缘算起的，可以用于尺寸和焊接端子相似的元器件配置，包含 SMT 电感和二极管 DO-214。

9.5　电阻排和电容排的焊盘设计

电阻排（R-Pack）和电容排（C-Pack）的外形焊接端子包含凸凹两种类型，如图 9-15 所示。

电阻排和电容排的焊盘设计如图 9-16 所示。电阻排和电容排的焊盘设计尺寸见表 9-5，下标 nom 指公称值，其中的参数 S、W、L 如图 9-17 所示。

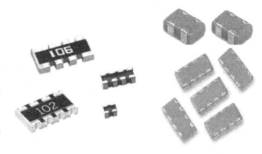

图 9-15　电阻排和电容排的外形焊接端子

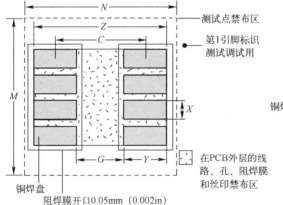
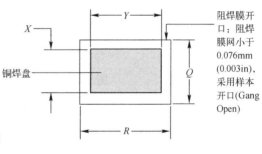

图 9-16　电阻排和电容排的焊盘设计

表 9-5　电阻排和电容排的焊盘设计尺寸　　　　　　　　　单位：mm（in）

封装	封装尺寸				焊盘图形			
	间距	封装宽度（L_{nom}）	端子间距（S_{nom}）	端子宽度（W_{nom}）	Z	G	C	X
0402×4	0.50（0.0197）	1.00（0.039）	0.40～0.50（0.016～0.020）	0.20～0.30（0.008～0.012）	1.60（0.063）	0.33（0.013）	0.97（0.038）	0.25（0.010）
0603×4	0.8（0.031）	1.60（0.063）	0.8～1.15（0.031～0.045）	0.4～0.6（0.016～0.024）	2.54（0.100）	0.51（0.020）	1.52（0.060）	0.51（0.020）

注：对于产品的组装良率，G 是非常重要的参数。

$$M = 最大元器件长度 + 0.25X + 0.86\text{mm}（0.034\text{in}）$$

$$N = Z + 0.86\text{mm}（0.034\text{in}）$$

$$Q = X + 0.1\text{mm}（0.004\text{in}）$$

$$R = Y + 0.1\text{mm}（0.004\text{in}）$$

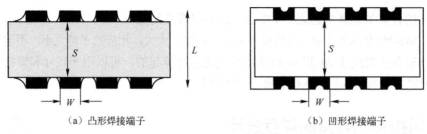

（a）凸形焊接端子   （b）凹形焊接端子

图 9-17   电阻排的尺寸（底部视图）

试点禁布区的尺寸 M 和 N 是从测试点的边缘算起的。

对于产品的组装良率，两排焊盘之间的间距 G 是非常重要的参数。0603×4 封装 G 对应的焊接缺陷率如图 9-18 所示。对于 0603×4 封装，推荐的 G 为 0.51mm（0.02in），随着 G 的增大，缺陷增多。当然 G 也不能太小，太小会造成内部短路。由于焊盘尺寸设计不当导致缺陷率很高的例子如图 9-19 所示。

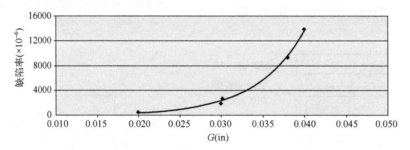

图 9-18   0603×4 封装 G 对应的焊接缺陷率

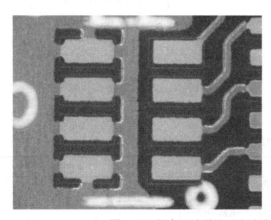

问题：
① 焊盘距离太大造成开路（推荐0.020in，实际0.030in）。
② 焊盘中间走线抬高元器件。

影响：
每个PCB上有这种元器件300个，缺陷率为1990×10⁻⁶，45%需要返修。

图 9-19   焊盘尺寸设计不当造成缺陷率很高

9.6   半导体分立元器件的焊盘设计

半导体分立元器件主要包括二极管、三极管和半导体特殊器件（如晶闸管和场效应管），以及少量电阻、电容等，主要有以下几种封装类型。

MELF：LL 系列和 DL 系列。MELF 种类包括 LL41/DL41、LL34、2012（0805）、3216（1206）、3516（1406）、5923（2309）。

片式：有 L 形引线和 J 形引线。

SOT 系列：SOT 封装有很多种，如 SOT123、SOT23、SOT89、SOT143、SOT223 等（见图 6-10）。

TOX 系列：TO252。

本节只介绍 MELF、SOD123/SMB、SOT23（TO-236-AA）、SOT89（TO-243）、SOT143、SOT223、TO252 的设计要求，其他类型 SOT 元器件封装的焊盘设计要求参照 IPC-SM-782 的 8.6 节～8.11 节。

9.6.1　MELF 封装元器件的焊盘设计

金属面电极无引线（Metal Electrode Leadless Face，MELF）封装的元器件有二极管、电阻、电容（陶瓷、钽）。二极管上黑线表示负极。因为 MELF 封装元器件的外形是圆柱形，如图 9-20 所示，所以采用再流焊时易发生滚动，需要采用特殊焊盘设计。前面章节也多次提到过，在选用元器件时，尽量避免选用 MELF 封装元器件。

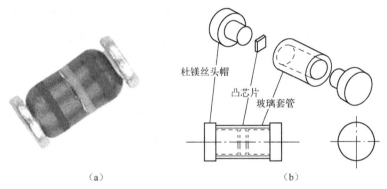

图 9-20　MELF 封装元器件的外形和结构

MELF 的焊盘设计有两种结构：一种结构与矩形片式元器件相同，可以设计为两个对称的矩形焊盘，如图 9-21（a）所示；另一种结构如图 9-21（b）所示，在两个对称的矩形焊盘内侧设计两个凹槽，更有利于预防再流焊时元器件移位。MELF 封装元器件的焊盘设计尺寸见表 9-6。

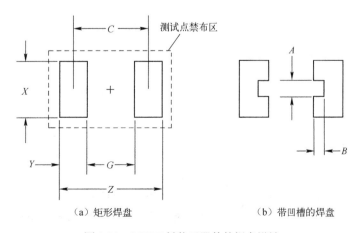

（a）矩形焊盘　　　　　　　　　　（b）带凹槽的焊盘

图 9-21　MELF 封装元器件的焊盘设计

表 9-6　MELF 封装元器件的焊盘设计尺寸　　　　　　　　　单位：mm（in）

元器件 标识	Z	G	X	Y	C	A	B	布局网格 数量
SOD- 80/MLL-34	4.80 (0.189)	2.00 (0.079)	1.80 (0.071)	1.40 (0.055)	3.40 (0.134)	0.50 (0.020)	0.50 (0.020)	6×12
SOD- 87/MLL-41	6.30 (0.248)	3.40 (0.134)	2.60 (0.102)	1.45 (0.057)	4.85 (0.191)	0.50 (0.020)	0.50 (0.020)	6×14
2012 (0805)	3.20 (0.126)	0.60 (0.024)	1.60 (0.063)	1.30 (0.051)	1.90 (0.075)	0.50 (0.020)	0.35 (0.014)	4×8
3216 (1206)	4.40 (0.173)	1.20 (0.047)	2.00 (0.079)	1.60 (0.063)	2.80 (0.110)	0.50 (0.020)	0.55 (0.022)	6×10
3516 (1406)	4.80 (0.189)	2.00 (0.079)	1.80 (0.071)	1.40 (0.055)	3.40 (0.134)	0.50 (0.020)	0.55 (0.022)	6×12
5923 (2309)	7.20 (0.283)	4.20 (0.165)	2.60 (0.102)	1.50 (0.059)	5.70 (0.224)	0.50 (0.020)	0.65 (0.026)	6×18

9.6.2　SOD 和 SMB 封装器件的焊盘设计

矩形小外形二极管（Small Outline Diode，SOD）封装的分类有鸥翼形引线 SOD123 和 SOD323，以及 J 形引线 DO214（AA/AB/AC）/SMB，外形如图 9-22 所示。

（a）翼形引线SOD封装　　　　　　（b）J形引线SMB封装

图 9-22　SOD 和 SMB 封装的外形

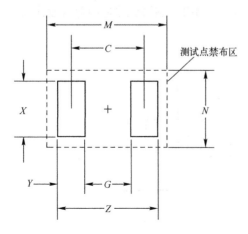

图 9-23　SOD123/SMB 封装器件的焊盘设计

SOD123/SMB 封装器件的焊盘设计如图 9-23 所示。SOD123/SMB 封装器件的焊盘设计尺寸见表 9-7。

鸥翼形引线 SOD123、SOD323 封装器件的焊盘设计：

L 为器件的公称长度，W 为器件的公称宽度。

$Z = L + 1.3\text{mm}$（0.051in）。

SOD123：$Z = 5\text{mm}$（0.197in），$X = 0.8\text{mm}$（0.031in），$Y = 1.6\text{mm}$（0.063in）。

SOD323：$Z = 3.95\text{mm}$（0.156in），$X = 0.6\text{mm}$（0.024in），$Y = 1.4\text{mm}$（0.055in）。

J 形引线 DO214（AA/AB/AC）/SMB 封装器件的焊盘设计：$Z = L + 1.4\text{mm}$（0.055in），$X = 1.2 \times W$。

表 9-7　**SOD123/SMB 封装器件的焊盘设计尺寸**　　　　　单位：mm（in）

注册编号	器件标识	Z	G	X	Y（参考）	C（参考）
220A	SOD123	5.00（0.197）	1.80（0.071）	0.80（0.031）	1.60（0.063）	3.40（0.134）
221A	SMB	6.80（0.268）	2.00（0.079）	2.40（0.094）	2.40（0.094）	4.40（0.173）

测试点禁布区的计算如下：

$$M = 最大器件长度 + 0.25X + 0.86\text{mm}（0.034\text{in}）$$

$$N = Z + 0.86\text{mm}（0.034\text{in}）$$

M 和 N 是从测试点的边缘算起的。

9.6.3　SOT23 封装器件的焊盘设计

SOT23 封装器件的外形如图 6-10（b）所示。SOT23 封装器件的焊盘设计如图 9-24 所示。SOT23 封装器件的焊盘设计尺寸参见表 9-8。

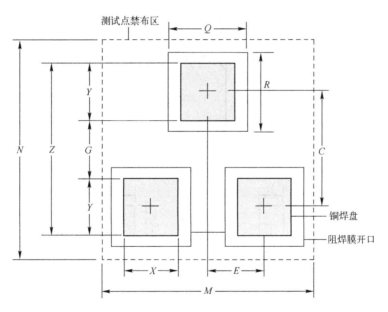

图 9-24　SOT23 封装器件的焊盘设计

表 9-8　**SOT23 封装器件的焊盘设计尺寸**　　　　　单位：mm（in）

	X	Y	E	C	Z	G
再流焊	1.00（0.039）	1.40（0.055）	0.94（0.037）	2.21（0.087）	3.61（0.142）	0.81（0.032）
波峰焊	1.52（0.060）	1.68（0.066）	0.94（0.037）	2.49（0.098）	4.17（0.164）	0.81（0.032）

在 IPC-SM-782 的 8.6 节中，SOT23 封装器件（注册编号 RLP210）的焊盘设计尺寸

X、Y 和 Z 偏小，不建议采用。

测试点禁布区计算如下：

$$M = \text{最大器件长度} + 0.25X + 0.86\text{mm}（0.034\text{in}）$$

$$N = Z + 0.86\text{mm}（0.034\text{in}）$$

$$Q = X + 0.1\text{mm}（0.004\text{in}）$$

$$R = Y + 0.1\text{mm}（0.004\text{in}）$$

Q 和 R 的计算值还要考虑表 7-4 中的"最小阻焊膜间隙"。M 和 N 是从测试点的边缘算起的。

9.6.4　SOT89 封装器件的焊盘设计

SOT89（TO-243）封装器件的外形如图 6-10（c）所示。SOT89 封装器件的焊盘设计如图 9-25 所示。SOT89 封装器件的焊盘设计尺寸见表 9-9。

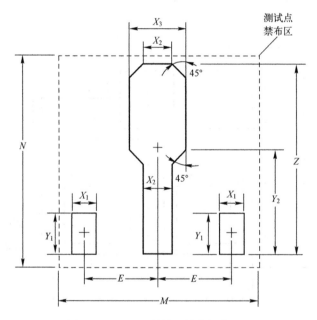

图 9-25　SOT89 封装器件的焊盘设计

表 9-9　SOT89 封装器件的焊盘设计尺寸　　　　　　　　单位：mm（in）

	X_1	X_2	X_3	Y_1	Y_2	E	Z
再流焊	0.84	0.84～1.0	1.91	1.85	2.39	1.50	5.41
	(0.033)	(0.033～0.04)	(0.075)	(0.073)	(0.094)	(0.059)	(0.213)

在 IPC-SM-782 的 8.7 节中，SOT89 封装器件（注册编号 RLP215）的 Y_1 偏小，不建议采用。

测试点禁布区计算如下：

$$M = 最大器件长度 + 0.25X + 0.86mm（0.034in）$$

$$N = Z + 0.86mm（0.034in）$$

M 和 N 是从测试点的边缘算起的。

9.6.5　SOT143 封装器件的焊盘设计

SOT143 封装器件的外形如图 6-10（d）所示。SOT143 封装器件的焊盘设计如图 9-26 所示。SOT143 封装器件的焊盘设计尺寸见表 9-10。

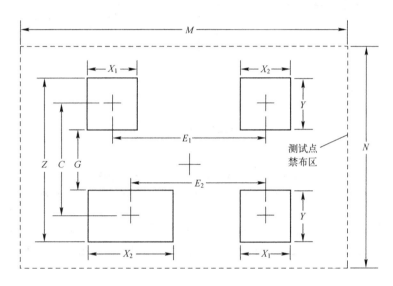

图 9-26　SOT143 封装器件的焊盘设计

表 9-10　**SOT143 封装器件的焊盘设计尺寸**　　　单位：mm（in）

器件标识	Z	G	X_1	X_2（最小）	X_2（最大）	C	E_1	E_2	Y
SOT143	3.60 (0.142)	0.80 (0.031)	1.00 (0.039)	1.00 (0.039)	1.20 (0.047)	2.20 (0.087)	1.90 (0.075)	1.70 (0.067)	1.40 (0.055)

测试点禁布区计算如下：

$$M = 最大器件长度 + 0.25X + 0.86mm（0.034in）$$

$$N = Z + 0.86mm（0.034in）$$

M 和 N 是从测试点的边缘算起的。

9.6.6　SOT223 封装器件的焊盘设计

SOT223 封装器件的外形如图 6-10（e）所示。SOT223 封装器件的焊盘设计如图 9-27 所示。SOT223 封装器件的焊盘设计尺寸见表 9-11。

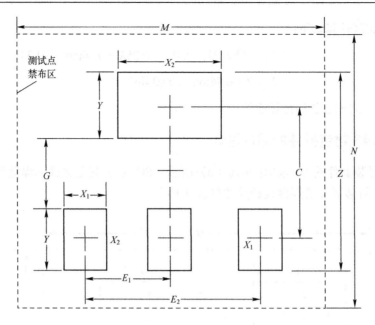

图 9-27　SOT223 封装器件的焊盘设计

表 9-11　SOT223 封装器件的焊盘设计尺寸　　　　单位：mm（in）

器件标识	Z	G	X_1	X_2（最小）	X_2（最大）	C（参考）	E_1（基础）	E_2（基础）	Y（参考）
SOT223	8.40 (0.330)	4.00 (0.157)	1.20 (0.047)	3.40 (0.134)	3.60 (0.142)	2.20 (0.087)	2.30 (0.091)	4.60 (0.181)	2.20 (0.087)

测试点禁布区计算如下：

$$M = 最大器件长度 + 0.25X + 0.86\text{mm}（0.034\text{in}）$$

$$N = Z + 0.86\text{mm}（0.034\text{in}）$$

M 和 N 是从测试点的边缘算起的。

9.6.7　TO252 封装器件的焊盘设计

TO252 封装器件的外形如图 6-10（f）所示。TO252 封装器件的焊盘设计尺寸见表 9-12。TO252 封装器件的焊盘设计如图 9-28 所示。

表 9-12　TO252 封装器件的焊盘设计尺寸　　　　单位：mm（in）

器件标识	Z	Y_1	Y_2	X_1	X_2	C（参考）
TS-003	11.20 (0.441)	1.60 (0.630)	6.20 (0.244)	1.00 (0.394)	5.40 (0.213)	7.30 (0.287)
TS-005	16.60 (0.654)	3.40 (0.134)	9.60 (0.378)	1.00 (0.394)	6.80 (0.268)	10.10 (0.378)
TO268	19.80 (0.780)	3.40 (0.134)	13.40 (0.528)	1.40 (0.551)	13.60 (0.535)	11.40 (0.449)

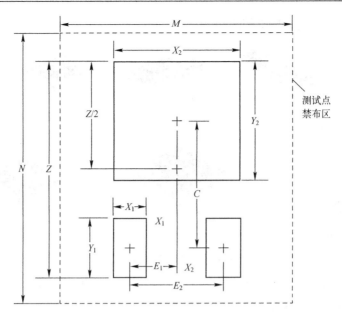

图 9-28　TO252 封装器件的焊盘设计

测试点禁布区计算如下：

$$M = 最大器件长度 + 0.25X + 0.86\text{mm}（0.034\text{in}）$$

$$N = Z + 0.86\text{mm}（0.034\text{in}）$$

M 和 N 是从测试点的边缘算起的。

9.7　鸥翼形引线器件的焊盘设计

9.7.1　鸥翼形引线器件

鸥翼形引线（Gullwing Lead）封装的引线包括两面引线和四面引线。

器件两面带有鸥翼形引线的封装有 SOIC（Small Outline Integrated Circuits）、SSOIC（Small Outline Integrated Circuits）、SOP（Small Outline Packages）、TSOP（Thin Small Outline Packages）、CFP（Ceramic Flat Packs），如图 9-29（a）～（e）所示。

器件四面具有鸥翼形引线的封装有 PQFP（Plastic Quad Flat Pack）、SQFP（Shrink Quad Flat Pack）/QFP（Quad Flat Pack）（包括长方形和正方形）、CQFP（Ceramic Quad Flat Pack），如图 9-29（f）～（h）所示。

当鸥翼形引线封装的引线间距小于或等于 0.65mm（0.0256in）时，推荐使用局部基准点。如果可能，把这些符号加入元器件图形库，参照 8.5.3 节的推荐。

鸥翼形引线封装的引线间距常见的有 1.27mm、1.0mm、0.8mm、0.65mm、0.5mm、0.4mm、0.3mm，甚至小到 0.1mm，因为引线很多，所以应用很广，中心距 0.65mm 规格中最多引线数为 304。

QFP 的缺点是，当引线中心距小于 0.65mm 时，引线容易弯曲或引线不共面，弯曲容易造成焊接后少锡、短路、桥接等缺陷。

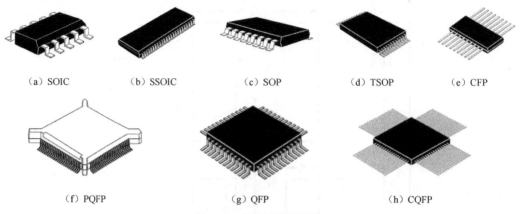

（a）SOIC　　　（b）SSOIC　　　（c）SOP　　　（d）TSOP　　　（e）CFP

（f）PQFP　　　　　　（g）QFP　　　　　　（h）CQFP

图9-29　鸥翼形引线封装

通常在采用再流焊工艺时，对于非细间距（引线间距大于 0.4mm）QFP 器件的引线，共面性小于 0.1mm（0.004in）；细间距 [引线间距小于 0.4mm（0.016in）] QFP 器件的引线，共面性小于 0.08mm（0.003in）。

用于波峰焊工艺时，引线间距要求小于 0.12mm（0.0047in）。

9.7.2　鸥翼形引线器件的焊点要求

鸥翼形引线器件引线的结构和焊接后焊点形状如图 9-30 所示。

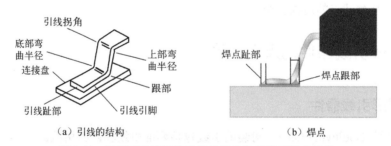

（a）引线的结构　　　　　　　　　（b）焊点

图9-30　鸥翼形引线器件引线的结构和焊接后焊点形状

在 IPC-A-610 标准中，扁平、L 形和鸥翼形引线尺寸要求见表 9-13，所对应的参数如图 9-31 所示。

焊点的趾部填充为 0.4～0.6mm，且大于 1/3 引线厚度。

焊点的跟部填充为 0.2～0.4mm。

焊点的侧面填充为 -0.2～0.2mm。

表9-13　扁平、L 形和鸥翼形引线尺寸要求

参　　数	尺　寸	1 级	2 级	3 级
最大侧面偏移	A	50%W 或 0.5mm（0.02in），取两者中的较小者，注①		25%W 或 0.5mm（0.02in），取两者中的较小者，注①
最大趾部偏移	B	注①	不允许小于 3W，注①	
最小末端连接宽度	C	50%W，注⑥		75%W，注⑥

续表

参　数		尺　寸	1级	2级	3级
最小侧面连接长度	$L \geqslant 3W$	D	W 或 0.5mm (0.02in)，取两者中的较小者，注⑦	$3W$ 或 75%L，取两者中的较大者，注⑦	
	$L < 3W$			100%L，注⑦	
最大跟部填充高度		E	注④		
最小跟部填充高度	$T \leqslant 0.4$mm (0.016in)	F	注③	$G + T$，注⑤	$G + T$，注⑤
	$T > 0.4$mm (0.016in)	F		$G + 50\%T$，注⑤	
焊料厚度		G	注③		
成型后的脚长		L	注②		
引线厚度		T	注②		
引线宽度		W	注②		

① 不违反最小电气间隙。

② 未作规定的尺寸或尺寸变量，由设计决定。

③ 润湿明显。

④ 参照图 9-31 中 E 的要求。

⑤ 对于趾部下倾的引线，最小跟部填充高度（F）至少延伸至引线弯曲外弧线的中点。

⑥ C 要求填充的最窄点测量。

⑦ 如果存在侧面偏出（A），那么引线偏出部分的侧面连接长度（D）可能是不可检测的。

（a）无侧面偏移（尺寸A）

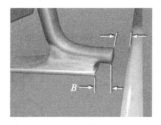

（b）趾部偏移不违反最小电气间隙（尺寸B）

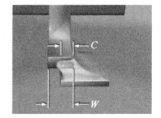

（c）末端连接宽度（尺寸C）等于或大于引脚宽度

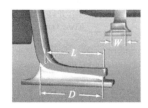

（d）沿整个引脚长度（尺寸D）可见润湿的填充

（e）跟部填充延伸到引脚以上（尺寸E）但未爬升到上方引脚弯曲处-焊料不接触元器件体

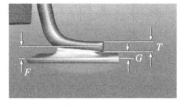

（f）跟部填充高度（尺寸F）大于焊料厚度（尺寸G）加引线厚度（尺寸T），但未延伸至膝弯半径

图 9-31　鸥翼形引线的焊点接受目标

9.7.3　鸥翼形引线器件的焊盘设计

因为鸥翼形引线器件种类多，尺寸形状结构非常多，在 IPC-SM-782 中也就只列出了部分尺寸图供参考，所以本书很难列出所有封装的焊盘尺寸表格。针对这种封装，参照图 9-32 和图 9-33 来设计焊盘。

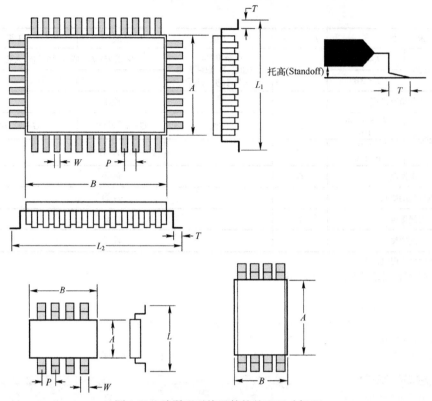

图 9-32 鸥翼形引线器件的外形尺寸标识

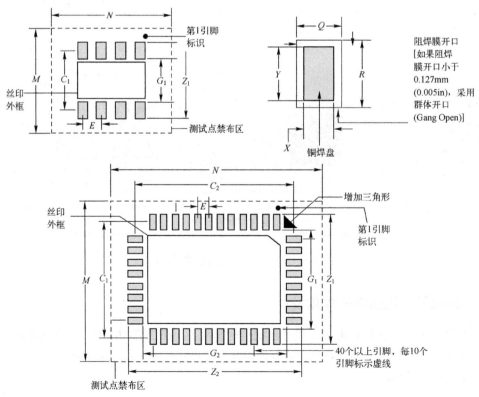

图 9-33 鸥翼形引线器件的焊盘设计

$Z_1 = L_{1nom} + 1.27mm$（0.050in）。$Z_2 = L_{2nom} + 1.27mm$（0.050in）。

当最小托高（Standoff）尺寸大于 0.2mm（0.008in）时，$Y = T_{max} + 1.4mm$（0.055in）。

当最小托高尺寸小于或等于 0.2mm（0.008in）时，$Y = [0.5(Z_1 - A_{nom}) + 0.002in]$。

当 P 大于 0.5mm（0.0197in）时，$X = W_{nom} + 0.1mm$（0.004in）。

当 P 小于或等于 0.5mm（0.0197in）时，$X = W_{nom} + 0.05mm$（0.002in）。

$E = P$。

根据 Y 和 Z，用下面的公式推导出 C 和 G：

$C_1 = Z_1 - Y$。$C_2 = Z_2 - Y$。$G_1 = Z_1 - 2Y$。$G_2 = Z_2 - 2Y$。

说明：

① nom 指封装尺寸的公称值。

② max 指封装尺寸的最大值。

③ PCB 上焊盘宽度是 X，长度是 Y。宽度 X 是个非常关键的值，PCB 的供应商必须考虑任何制程对尺寸的合并影响并补偿到 CAD 数据。

测试点禁布区尺寸 M 和 N 是从测试点的边缘算起的。

QFP 器件测试点禁布区：$M = Z_1 + 0.86mm$（0.034in），$N = Z_2 + 0.86mm$（0.034in）。

SOIC 和 SOJ 器件测试点禁布区：$M = Z_1 + 0.86mm$（0.034in），$N = B_{max} + 0.25X + 0.86mm$（0.034in）。

鸥翼形引线器件引线间距、阻焊膜、钢网开孔、微孔和导线等焊盘特性见表 9-14。

表 9-14　鸥翼形引线器件的焊盘特性　　　　　　　　　　　　单位：mm（in）

X	引线间距（P）					
	0.40（0.016）	0.50（0.020）	0.63（0.025）	0.65（0.026）	0.80（0.032）	1.00（0.039）
	0.20（0.008）	0.25（0.010）	0.35（0.014）	0.35（0.014）	0.40（0.016）	0.55（0.022）
钢网开孔宽度	0.18（0.007）	0.25（0.010）	0.30（0.012）	0.30（0.012）	0.35（0.014）	0.50（0.020）
钢网开孔长度	焊盘长度的 85%					
焊盘间是否有阻焊膜	否	是	是	是	是	是
焊盘间是否有印制导线	否	否	是	是	是	是
是否允许微孔在焊盘上	是	是	是	是	是	是
是否允许 PTH 在焊盘上	否	否	否	否	否	否

在 IPC-SM-782 中，依据尺寸 B 推荐的 G 大多可以参考，但对于最小托高（Standoff）小于 0.2mm（0.008in）的器件，任何一边的焊盘延伸到器件本体下面超过 0.05mm（0.002in）时，$G_1 = A_{nom} - 0.1mm$（0.004in），$G_2 = B_{nom} - 0.1mm$（0.004in）。

还有一种鸥翼形引线器件封装是在底部有大的热焊盘，选用这种器件时一定要注意，因为中间的大焊盘会影响焊膏印刷钢网厚度的定义。由于印刷焊膏厚度的不同而造成焊接缺陷，可以参照无引线器件的焊盘设计。

9.8　J形引线器件的焊盘设计

J 形引线器件封装主要有小尺寸 J 形引线封装（Small Out-Line J-Lead，SOJ）和带引线的塑料芯片载体封装（Plastic Leaded Chip Carrier，PLCC），如图 9-34 所示。J 形引线不易变形，比鸥翼形引线容易操作，但焊接后的外观检查较为困难。PLCC 与 LCC（也称 QFN）相似，以前，两者的区别仅在于前者用塑料，后者用陶瓷，但现在已经出现用陶瓷制作的 J 形引线封装和用塑料制作的无引线封装（标记为塑料 LCC、QFN 等）。为此，日本电子机械工业会于 1988 年决定，把从四侧引出 J 形引线的封装称为 QFJ，把在四侧带有电极凸点的封装称为 QFN。

（a）SOJ　　　　　　　　　（b）PLCC

图 9-34　J形引线器件封装

SOJ 器件的焊盘设计尺寸见表 9-15。

表 9-15　SOJ 器件的焊盘设计尺寸　　　　　　单位：mm（in）

封装	X	Y	E	Q	R	C	Z	G
MO-065A, MO-088A	0.86 (0.034)	2.03 (0.080)	1.27 (0.050)	1.02 (0.040)	2.18 (0.086)	7.37 (0.290)	9.40 (0.370)	5.33 (0.210)
MO-077D, MS-023A						7.24 (0.285)	9.27 (0.365)	5.21 (0.205)
MO-063A, MO-091A						8.51 (0.335)	10.54 (0.415)	6.48 (0.255)
MO-165C, MO-199B, MS-027A						9.91 (0.390)	11.94 (0.470)	7.87 (0.310)

正方形 PLCC 器件的焊盘设计尺寸见表 9-16。

表 9-16　正方形 PLCC 器件的焊盘设计尺寸　　　　　　单位：mm（in）

封装	引脚数量	X	Y	E	Q	R	$C_1 = C_2$	$Z_1 = Z_2$	$G_1 = G_2$
MS-018A, MO-047B, MO-087B	20	0.86 (0.034)	2.03 (0.080)	1.27 (0.050)	1.02 (0.040)	2.18 (0.086)	8.64 (0.340)	10.67 (0.420)	6.60 (0.260)
	28						11.18 (0.440)	13.21 (0.520)	9.14 (0.360)
	44						16.26 (0.640)	18.29 (0.720)	14.22 (0.560)
	52						18.80 (0.740)	20.83 (0.820)	16.76 (0.660)
	68						23.88 (0.940)	25.91 (1.020)	21.84 (0.860)
	84						28.96 (1.140)	30.99 (1.220)	26.92 (1.060)
	100						34.04 (1.340)	36.07 (1.420)	32.00 (1.260)
	124						41.66 (1.640)	43.69 (1.720)	39.62 (1.560)

长方形 PLCC 器件的焊盘设计尺寸见表 9-17。

表 9-17　长方形 PLCC 器件的焊盘设计尺寸　　　　　单位：mm（in）

封装	引脚数量	X	Y	E	Q	R	C_1	Z_1	G_1	C_2	Z_2	G_2
MS-016A AA	18						6.91（0.272）	8.94（0.352）	4.88（0.192）	10.46（0.412）	12.50（0.492）	8.43（0.332）
MS-016A AB	18						7.11（0.280）	9.14（0.360）	5.08（0.200）	12.19（0.480）	14.22（0.560）	10.16（0.400）
MS-016A AC	22	0.86（0.034）	2.03（0.080）	1.27（0.050）	1.02（0.040）	2.18（0.086）	7.11（0.280）	9.14（0.360）	5.08（0.200）	12.19（0.480）	14.22（0.560）	10.16（0.400）
MS-016A AD	28						8.64（0.340）	10.67（0.420）	6.60（0.260）	13.72（0.540）	15.75（0.620）	11.68（0.460）
MS-016A AE	32						11.18（0.440）	13.21（0.520）	9.14（0.360）	13.72（0.540）	15.75（0.620）	11.68（0.460）

J 形引线器件的焊盘设计如图 9-35 所示，值 Z 和 E 根据元器件的尺寸计算。

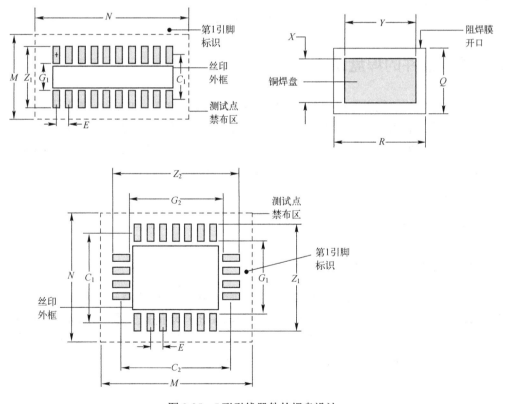

图 9-35　J 形引线器件的焊盘设计

$$Z = L_{\text{nom}} + 0.76\text{mm}（0.030\text{in}）$$

L_{nom} 是器件的公称宽度，包含器件的引线。E 是引线的中心距。焊盘长度 Y 设置为常数，根据经验值确认。

G 和 C 根据 Z 和 Y 按下面公式计算。

$$G = Z - 2Y$$

$$C = Z - Y$$

阻焊膜开口尺寸 Q 和 R 根据焊盘尺寸 X 和 Y 按下面公式计算出来。

$$Q = X + 0.1\text{mm}（0.004\text{in}）$$

$$R = Y + 0.1\text{mm}（0.004\text{in}）$$

PLCC 测试点禁布区尺寸：

$$M = Z_1 + 0.86\text{mm}（0.034\text{in}）$$

$$N = Z_2 + 0.86\text{mm}（0.034\text{in}）$$

SOJ 测试点禁布区尺寸：

$$N = B_{\max} + 0.25X + 0.86\text{mm}（0.034\text{in}）$$

$$M = Z + 0.86\text{mm}（0.034\text{in}）$$

$B_{\max}$ 是器件最大的公称长度。

测试点禁布区尺寸 M 和 N 是从测试点的边缘算起的。

9.9 BGA 器件的焊盘设计

关于 BGA 封装的优点和种类在 1.3.2 节中已经介绍。BGA 和 CSP 器件只是芯片级不同，结构和外形封装相同，故 CSP 封装器件的焊盘设计参照 BGA 封装器件的焊盘设计。

焊膏的印刷量对球栅阵列的焊接可靠性有很大影响，因此 BGA、CBGA、CCGA 的焊盘大小必须适中；对 CBGA 而言，较多的焊锡能提高焊接可靠性；而对 CCGA 而言，较少的焊锡效果会更好。

9.9.1 BGA 器件的焊盘和阻焊膜设计

1．焊球直径和焊球间距

焊球的标称直径范围为 0.15～0.75mm，但每个供应商之间都有一些差别，误差范围为 0.04～0.3mm。焊球间距为 0.25～1.5mm。一般 BGA 的焊球间距大于 0.8mm，CSP 的焊球间距小于 0.8mm。行业普遍采用 60%法则，焊球的直径是间距的 60%，比如 0.5mm 焊球的间距是 0.8mm，0.65mm 间距的 CSP 会采用 0.4mm 焊球。焊球直径和焊球间距的对照见后面表 9-20。

2．焊盘的类型

BGA 器件的焊盘设计按照阻焊方法不同分为阻焊膜定义（Soldermask Defined，SMD）焊盘和非阻焊膜定义（Non-Soldermask Defined，NSMD）焊盘两种类型。NSMD 焊盘也称为金属定义焊盘（Metal Defined，MD），如图 9-36 所示。SMD 焊盘铜箔直径比阻焊膜开口直径大，其阻焊膜压在焊盘上；NSMD 焊盘阻焊膜比焊盘大，类似于标准的表面贴装元器件的焊盘设计。

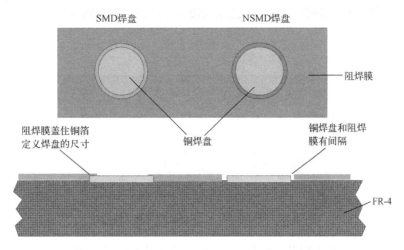

图 9-36　SMD 和 NSMD 焊盘

大多数情况下推荐使用 NSMD 焊盘。NSMD 焊盘的优点是铜箔直径比阻焊膜尺寸容易控制，热风整平表面光滑、平整，且在 BGA 焊点上应力集中较小，增加了焊点的可靠性，特别是当 BGA 芯片和 PCB 上都使用 NSMD 焊盘时，其可靠性优势明显，但这种方法的托高（Standoff）会低。

SMD 焊盘的优点是铜箔焊盘和阻焊层交叠，因此焊盘与 PCB 基材有较大的附着强度，大多应用在窄间距 CSP 设计中。当 PCB 极其弯曲和加速热循环的条件下，焊盘和 PCB 的附着力极其微弱，很可能造成失效，从而导致焊点断裂，故采用 SMD 焊盘。在无铅焊接时，SMD 焊盘有利于气体排出，可减少空洞现象。

但是 SMD 焊盘在焊接后焊点会产生应力集中，如图 9-37 所示。

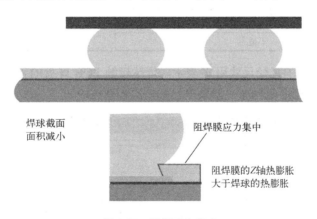

图 9-37　阻焊应力集中

不同阻焊方法 BGA 焊点的几何对比如图 9-38 所示。焊盘的左边是 SMD，右边是 NSMD，在左边沿焊盘表面明显出现焊接裂纹。因为在受热过程中，Z 轴方向阻焊膜的热膨胀大于焊球的热膨胀，产生应力集中导致裂纹。SMD 焊盘最大的缺点就是可靠性差，和

NSMD 焊盘相比，产品寿命会降低 70%。由于 SMD 焊盘有好的附着强度，所以主要应用于防止焊盘起翘、焊盘剥离，尤其是在器件边角的焊球。由于器件边角的焊球受到高的应变率更容易损伤，因此有时候器件厂商为了在这些边角上增加一些预防功能，可能考虑局部采用 SMD 焊盘。

图 9-38　不同阻焊方法 BGA 焊点的几何对比

所以 BGA 优先选择 NSMD 焊盘，因为焊点可靠性高，并且 PCB 制作成本稍低和具有好的组装性。在大多数情况下，NSMD 焊盘还可以比 SMD 焊盘节约 PCB 空间。

3. BGA 器件的焊盘设计

PCB 上每个焊球的焊盘中心与 BGA 底部相对应的焊球中心相吻合。不同种类 BGA 器件的焊盘设计规则见表 9-18。再流焊球就是指在再流焊过程中会熔化的焊球。非再流焊球是指由高温合金成分组成，在焊接过程中不熔化的焊球。

表 9-18　BGA 器件的焊盘设计规则

	再流焊球		非再流焊球/柱	
	无铅	Sn-Pb	无铅	Sn-Pb
PBGA	大多通用器件见表 9-19（推荐方法）和表 9-20（替代方法）		少见，联系器件的供应商	少见，联系器件的供应商
CBGA	联系器件的供应商	联系器件的供应商		见表 9-21，其他联系供应商
CCGA		不适用		

焊球接触器件焊盘的直径尺寸用 Y 表示，焊球接触 PCB 焊盘的直径尺寸用 Z 表示，如图 9-39 所示。对于再流熔化焊球，如果 Y 已知，Z 见表 9-19。

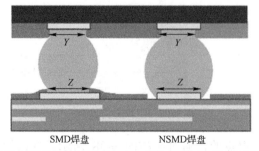

SMD焊盘　　　　　　NSMD焊盘

Y为焊球接触器件焊盘的直径尺寸，Z为焊球接触PCB焊盘的直径尺寸

图 9-39　SMD 焊盘和 NSMD 焊盘的 BGA 焊点

表 9-19　具有再流熔化焊球的 BGA 焊盘直径推荐值

可靠性和可制造性	焊球接触 PCB 焊盘的直径（Z）
可靠性优化	90% Y
通常（可靠性和可制造性的平衡）	100% Y
可制造性优化	110% Y

注：对于焊膏印刷工艺，BGA 焊盘直径推荐最小值是 0.25mm（0.010in）。

对于再流熔化焊球的 PBGA 器件，如果器件图上没有规定焊球接触器件焊盘的直径尺寸 Y，则可以根据焊料球的直径来估算合适的 NSMD 焊盘直径，见表 9-20。焊盘直径会影响焊点可靠性和导线的路径。焊盘直径通常要比球直径小，减少 20%～25%已经被证实有助于可靠性。

表 9-20　具有再流熔化焊球的 PBGA NSMD 焊盘尺寸（替代方法）

焊球公称直径（mm）	公差范围（mm）	典型器件焊球间距（mm）	焊盘减少比例	焊盘公称尺寸（mm）	PCB 焊盘直径（mm）
0.75	0.90～0.65	1.50, 1.27	25%	0.55	0.60～0.50
0.60	0.70～0.50	1.00	25%	0.45	0.50～0.40
0.50	0.55～0.45	1.00, 0.80	20%	0.40	0.45～0.35
0.45	0.50～0.40	1.00, 0.80, 0.75	20%	0.35	0.40～0.30
0.40	0.45～0.35	0.80, 0.75, 0.65	20%	0.30	0.35～0.25
0.30	0.35～0.25	0.80, 0.75, 0.65, 0.50	20%	0.25	0.25～0.20
0.25	0.28～0.25	0.40	20%	0.20	0.20～0.17
0.20	0.22～0.18	0.30	20%	0.15	0.15～0.12
0.15	0.17～0.13	0.25	20%	0.10	0.10～0.08

注：1. 推荐的焊盘直径根据器件焊球直径大小估算。

2. 对于可靠性优化，选择最小值。对于可制造性优化，选择最大值。两方面都要平衡的，选取中间值。

3. 通常下面的特性可以减少热循环可靠性：

● 薄的 PCB；

● 大的 BGA 芯片尺寸；

● 小的 BGA 球尺寸。

4. 产品设计要结合这些因素，以保证满足热循环的可靠性。

对于有再流熔化焊球的陶瓷 BGA（Ceramic BGA），联系器件的供应商获取焊盘设计尺寸的可靠性方案。

对于非再流熔化焊球的柱状球栅阵列（Column Grid Array，CGA）和 BGA，器件的供应商需要指明推荐使用的焊盘尺寸和焊膏量来满足焊点的可靠性；器件焊球或焊柱是 Sn-Pb 合金的见表 9-21，这种 Sn-Pb 通常是高温合金。

表 9-21　具有 Sn-Pb 合金非熔化焊球/柱的 BGA 焊盘尺寸

器件类型	焊球/柱直径[mm（in）]	焊球/柱间距[mm（in）]	PCB 焊盘直径[mm（in）]
CBGA	0.89（0.035）	1.27（0.050）	0.72（0.0285）
CCGA	0.56（0.022）	1.27（0.050）	0.72（0.028）
CCGA	0.56（0.022）	1.0（0.039）	0.69（0.027）

如果在 BGA 焊盘上设计有微孔，焊盘还必须满足表 7-7 中孔设计的最小尺寸要求。最小微孔焊盘尺寸见表 9-22。

表 9-22　最小微孔焊盘尺寸

	消费类和高性能消费类产品	高端设备	前沿技术产品
最小孔尺寸 （尺寸 I）	0.127mm（0.005in）	0.102mm（0.004in）	0.102mm（0.004in）
最小焊盘尺寸 （尺寸 A）	drill + 0.203mm（0.008in）= 0.330mm（0.013in）	drill + 0.152mm（0.006in）= 0.254mm（0.010in）	drill + 0.127mm（0.005in）= 0.229mm（0.009in）

注：尺寸 I 和尺寸 A 来自表 7-7；drill 指钻孔尺寸。

9.9.2　BGA 器件信号布线和连接孔设计

1．BGA 器件信号迂回布线

由于 BGA 器件具有高 I/O 的特点，因此布线难度比较大，PCB 的层数增加。

迂回布线（Escape Routing）将线布于 PCB 的外层，是将信号从封装中引至 PCB 上另一单元的方法。

设计工程师总是被要求使用最少的 PCB 层数。为了降低成本，层数需要优化。但有时设计工程师必须依赖某个层数，比如为了抑制噪声，实际布线层必须夹在两个地平面层之间。除基于特定 BGA 的嵌入式设计固有的这些设计因素外，设计的主要部分还包括嵌入式设计，正确的迂回布线必须采取两种基本方法：狗骨头（Dog Bone）形扇出和焊盘内过孔，如图 9-40 所示。狗骨头形扇出用于球间距为 0.5mm 及以上的 BGA。焊盘内过孔设计用于球间距在 0.5mm 以下（也称为超精细间距）的 BGA 和微型 BGA。间距定义为 BGA 的某个球中心与相邻球中心之间的距离。

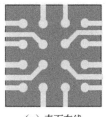 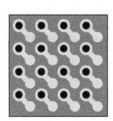  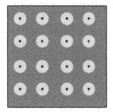

　　（a）表面布线　　　　　（b）狗骨头形扇出　　　　（c）狗骨头微孔　　　（d）焊盘内过孔扇出

图 9-40　狗骨头形扇出和焊盘内过孔扇出

2．连接孔设计

因为 BGA 器件变得越来越小，所以 PCB 通孔的设计要求变得更加严格。球阵列增加则需要更多的输出导线，BGA 器件的大部分信号需要通过连接孔输出。

① 通孔与焊盘之间用导线连接，一起形成的形状类似于哑铃，即上面说的狗骨头形，如图 9-41 所示。连接的导线宽度要一致，一般为 0.1～0.2mm。

② 通孔的焊盘要小，保证通孔和 BGA 焊盘的间隙。最大通孔尺寸取决于所使用的 SMD 和 NSMD 的类型和尺寸。推荐的最小尺寸取决于钻孔和板厚。对于焊球间距为 1.5mm

和 1.27mm 的 BGA，通常推荐采用 0.6mm 和 0.35mm 的钻孔；0.5mm 的孔焊盘和 0.25mm 的钻孔用于焊球间距为 1.0mm 和 0.75mm 的封装。

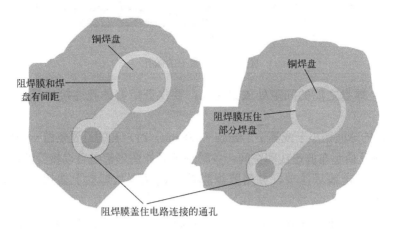

图 9-41　BGA 器件的焊盘和通孔

③　为了使通孔和焊盘间桥接最小化，通孔在电镀后，采用掩蔽（Tenting）或塞孔。采用 Tenting 就是用阻焊膜覆盖 PCB 中的孔及其周围的导电图形以减少从焊盘上盗锡。用介质材料或导电胶堵塞（盲孔），高度不得超过焊盘高度。采用塞孔的方式同样可以减少 BGA 返修时窄的阻焊膜坝剥离。BGA 焊盘正确设计和不当设计比较如图 9-42 所示。

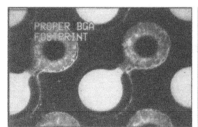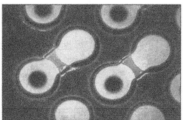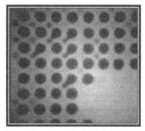

（a）焊盘设计正确，走线窄，阻　　　（b）焊盘的阻焊膜设计不当　　　（c）X 光图像：由于图（b）所示
　　焊膜盖住孔焊盘　　　　　　　　　　　　　　　　　　　　　　设计不当导致焊锡被吸入孔内

图 9-42　BGA 的焊盘正确设计和不当设计比较

④　盲孔和微孔连接。

盲孔可以采用机械钻孔和激光消融（Laser Ablation），外层和内层顺次层压。因为只穿透外层，所以可以选用较小的钻头，但成本较高。盲孔可以设置在焊盘之间。

微孔一般只穿透外层连接 1、2 层或 $n-1$ 层。典型的微孔是 0.1mm 孔带有 0.3mm 环焊盘。因为尺寸小，所以允许放在焊盘的中央，明显的特征是像个小酒窝，如图 9-43 所示。

在选择盲孔或微孔时要与 PCB 厂家提前沟通以确认规则。

对于无铅工艺，尽量避免微孔在焊盘上。如果要设置微孔在焊盘上，则需要做堵孔处理，以防止有可靠性的问题。这有可能会增加 PCB 的成本。

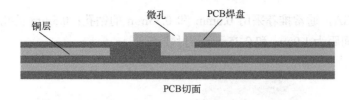

图 9-43　焊盘上的微孔

⑤ 在 PCB 焊盘之间的间隙处放置通孔，要保证所有的孔连接热释放效果。具体见 9.11.5 节。

⑥ 当 BGA 的球间距小于或等于 1.0mm（0.040in）时，孔的设置要做一些特殊的考虑。

● 只要不违反最小布放走线和空间，各种焊盘设计图形都是可以接受的。

● 连接焊盘的走线尽量窄，并用阻焊膜覆盖以减少从焊盘上盗锡，如图 9-42（a）所示。

● 导线上至少有 0.203mm（0.008in）阻焊膜附着，以保证耐久性（见图 9-6 中尺寸 *B*）。图 9-44 显示了一些替代的设计方法，可以延长导线，使设计更稳定。如果推荐覆盖导线的长度不能满足，则由于焊锡流到孔里，可能会增加返工成本。

（a）优选　　　　　（b）次选　　　　　（c）第三选择

图 9-44　BGA 焊盘到孔的连接路径

9.9.3　阻焊膜的设计

为了减少标准尺寸孔和焊盘间的桥接，孔可以采用 Tenting 孔或者阻焊膜塞孔。BGA 焊盘和孔的阻焊膜开口如图 9-45 所示。

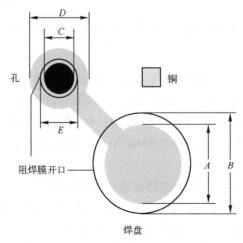

图 9-45　BGA 焊盘和孔的阻焊膜开口

对于 NSMD 焊盘，阻焊膜开口：$B = A + 0.10$mm（0.004in）。

对于 SMD 焊盘，阻焊膜开口：$B = A - 0.10$mm（0.004in）。

电气连接通孔焊盘按照下面的阻焊膜开口方式。

元器件面和 BGA 面通孔焊盘阻焊膜开口：$E = C + 0.10$mm（0.004in）。

反面（背面）通孔阻焊膜开口：$E = D + 0.10$mm（0.004in），通孔的反面焊盘允许作为测试点。

BGA 位于 PCB 上表面，如果下表面需要过波峰焊，则 PCB 的通孔就需要做堵孔处理，防止锡爬到 PCB 上表面，造成 BGA 的焊球桥接，工艺示意如图 9-46 所示。PCB 下表面波峰焊时堵孔处理方式如图 9-47 所示。

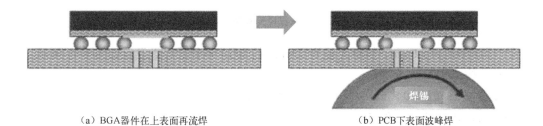

（a）BGA 器件在上表面再流焊　　　　　　　　　　（b）PCB 下表面波峰焊

图 9-46　BGA 位于 PCB 上表面，PCB 下表面需波峰焊工艺示意图

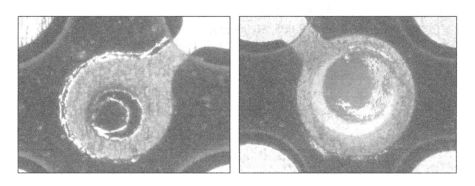

图 9-47　PCB 下表面波峰焊时堵孔处理方式

不推荐在 PCB 双面的相同位置布放 BGA 形成镜面对称，然而有些微型产品需要这种布局时，孔的阻焊膜开口在 PCB 的双面都是成孔尺寸（Finished Hole Size，FHS）+ 0.10mm（0.004in）。

对于微孔，阻焊膜不能够完全覆盖成孔，考虑到丝印阻焊膜和孔的误差，阻焊膜的最小开口应该是阻焊膜开口 = 孔焊盘直径 - 没有电镀孔的直径 + 0.102mm（0.004in）。

9.9.4　典型的 BGA 器件焊盘设计实例

① 焊球间距为 1.27mm、焊球直径为 0.762mm 的 BGA 器件采用狗骨头形焊盘设计，如图 9-48 所示，焊盘结构包含 SMD 和 NSMD 两种阻焊膜工艺。

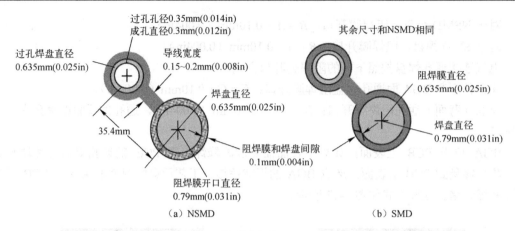

图 9-48　焊球间距为 1.27mm、焊球直径为 0.762mm 的 BGA 器件的焊盘设计

② 焊球间距为 1.0mm、焊球直径为 0.5mm 的 BGA 器件的焊盘设计如图 9-49 所示。

焊盘结构：NSMD。

焊盘直径 L：0.5～0.55mm（0.0196～0.0216in）。

焊盘间距 e：1.0mm（0.04in）。

阻焊膜开口直径 M：0.6～0.65mm（0.0236～0.0256in）。

过孔孔径 V_H：0.3mm（0.0118in），成孔为 0.25mm（0.0098in）。

过孔焊盘直径 V_L：0.61mm（0.0236in）。

导线宽度 W：0.127～0.1mm（0.005～0.006in）。

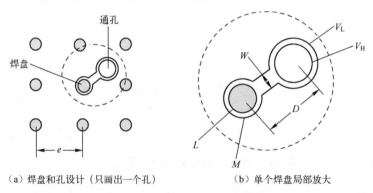

图 9-49　焊球间距为 1.0mm、焊球直径为 0.5mm 的 BGA 器件的焊盘设计

9.9.5　BGA 器件的丝印标识

BGA 器件的丝印标识如图 9-50 所示。BGA 器件焊接后的检验一般都是使用 X 射线检测进行的。检查出缺陷后，返修还是比较复杂的。为了提高一次性焊接的品质，使贴装后能容易检查贴装的准确性，建议设计 BGA 器件的丝印外框来辅助检查，即在 BGA 焊盘的外围布置和器件封装本体尺寸一致的丝印，贴装后，从上部检查器件的外框和丝印一致就表示器件贴装准确。这样即使稍微有些偏差，也便于在再流焊之前进行微调。同时，丝印标出器件的极性点，最好也标出禁布区域。

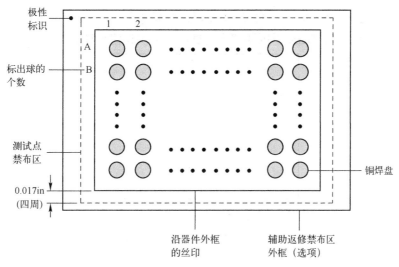

图 9-50　BGA 器件的丝印标识

丝印公差最大为 0.25mm（0.010in），线宽为 0.2～0.25mm，所以对于细间距的 BGA 器件（小于 1.0mm），丝印应离器件焊盘至少 0.5mm（0.020in），避免影响焊膏印刷的精度。BGA 器件丝印不良如图 9-51 所示，丝印线距离 BGA 焊盘太近，有些丝印盖住了焊盘会影响焊膏的印刷，造成焊点不良。

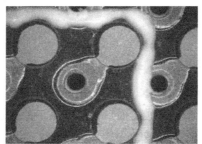

图 9-51　BGA 器件丝印不良

9.9.6　BGA 器件周围禁布区

BGA 器件测试点禁布区是指从器件本体的边缘到测试焊盘的边缘距离。BGA 测试点禁布区的值是 0.43mm（0.017in），见图 9-50 中的虚线框。

推荐 BGA 器件周围保留 3～5mm 间隙便于返修，辅助返修禁布区外框如图 9-50 所示。特别是 CBGA 会使用阶梯钢网印刷焊膏。当采用激光返修 BGA 时，可以把距离降到 0.5～1.0mm，因为激光返修不会影响 BGA 周围的元器件。

9.9.7　BGA 焊盘设计要点

① 采用 NSMD 的阻焊方式，焊盘图形为实心圆，通孔不能放在焊盘上。

② PCB 上每个焊盘中心与 BGA 底部相对应的焊球中心相吻合。

③ 有大面积连接时，去掉一些铜面积，也就是网格形设计。大面积连接时的网格形焊盘设计如图 9-52 所示，有利于热分布均匀。

④ 不要在焊盘上布放过孔。

⑤ 当有多个 BGA 器件时，在布局 BGA 器件时要考虑加工性。

⑥ 考虑到返修性时，BGA 周围要留出足够的距离供返修吸嘴加热。

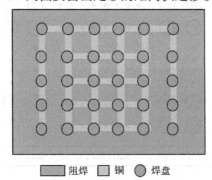

阻焊　铜　焊盘

图 9-52　大面积连接时的网格形焊盘设计

9.10　底部端子器件（BTC）的焊盘设计

在 1.3.2 节中已经简单介绍了底部端子器件（BTC）的封装特性。本书介绍的 BTC 是指仅有底部端子并要表面贴装的所有类型器件。这里讲述的重点是 BTC 的外形、焊盘设计、组装、检验、维修以及相关的可靠性问题。

9.10.1　BTC 的外形

1. 不同 BTC 封装类型的说明

BTC 有方形扁平无引线封装（QFN）、双列扁平无引线封装（DFN）、小外形无引线封装（SON）、盘栅阵列（LGA）、微引线框架模封（MLP）、微引线框架封装（MLF）等封装形式。它们与 BGA 在某些方面有相似之处，端子都不可视，但也有很大不同。它们只有在封装底部的金属端子或焊盘，没有焊球。在市场上存在着大量不同封装类型的 BTC，常见的一些BTC 如图 9-53 所示。这些器件有许多配置可供选择，可根据以下几个方面来选择。

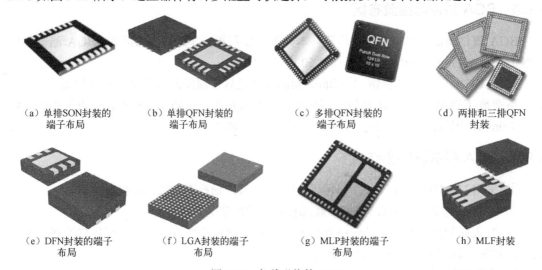

（a）单排SON封装的　　（b）单排QFN封装的　　（c）多排QFN封装的　　（d）两排和三排QFN
　　　端子布局　　　　　　　端子布局　　　　　　　　端子布局　　　　　　　　封装

（e）DFN封装的端子　　　（f）LGA封装的端子　　　（g）MLP封装的端子　　　（h）MLF封装
　　　布局　　　　　　　　　　布局　　　　　　　　　　布局

图 9-53　各种形状的 BTC

① 封装结构。

② 间距（1.0～0.4mm）。

③ 端子形状。

④ 连接盘图形形状。

⑤ 封装厚度。

⑥ 散热焊盘形状。

⑦ 电镀。

2. BTC 的制造工艺

BTC 封装结构通常用于单个半导体芯片，不常用于封装多个芯片。例如，QFN 和 SON（DFN）常被安装在一个刻蚀或冲压过的 0.15～0.20mm 厚金属引线框架上。具有多个位置的引线框架的芯片粘贴面如图 9-54 所示。引线框架拼板尺寸为 75mm×300mm，包括 4 个区，每个区分别有 42 个 7.0mm×7.0mm QFN。引线框架板底部（或端子面）覆盖着保护膜，避免模封化合物在模封过程中渗透进端子表面。引线框架采用合金电镀，并与引线键合工艺和再流焊工艺兼容，最普遍使用的电镀合金是 NiPdAu。另一选择是引线键合用银合金点焊，留下没有电镀的铜基材引线框架的剩余部分直到模封。引线框架板上剩余的外露接触脚和散热焊盘用锡合金表面处理，以用于与 PCB 间连接。

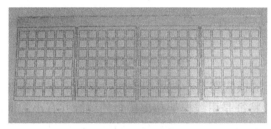

图 9-54　QFN 典型芯片粘贴面，具有镍钯金表面处理引线框架

不同的供应商虽可能有不同的 BTC 封装过程，但基本的生产流程都是一样的，如图 9-55 所示。

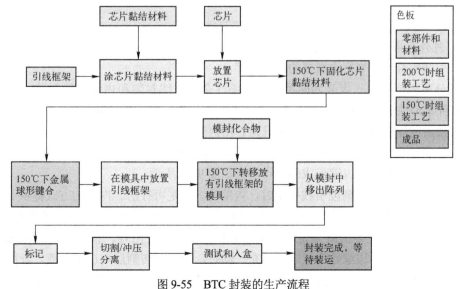

图 9-55　BTC 封装的生产流程

BTC 从引线框架上分离有两种方式：冲压分离和切割分离，常用的是切割分离。冲压分离是在组装的最后阶段，从模带上单次冲压分离。切割分离是以阵列模式组装的，在最后阶段切割分离成单独的器件。典型 QFN 横截面如图 9-56 所示。采用冲压分离时，模封的设计要考虑各元器件预分区以便模具冲压分离。冲压分离需要模具和额外的设备，因此成本高，但这一工艺可用在大批量生产中。

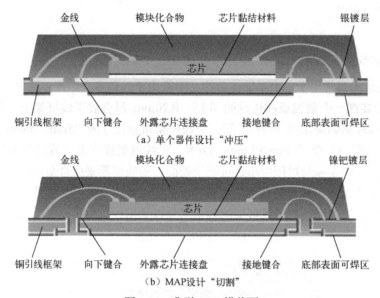

图 9-56　典型 QFN 横截面

图 9-56（a）中显示的模穴壁有一些脱模倒角，有利于塑封器件从模具穴位中分离。冲压分离器件的第二个明显特征是引线框架超出模封的边缘并有小的伸出，隔开以防止模具切割到模封化合物。图 9-56（b）所示为切割分离的剖面，但没有伸出引线和脱模倒角。两种分离方式会留下缺少可润湿表面处理的端子切口。

图 9-56 同时给出了 3 种可选择的普通引线键合：
- 芯片和引线端的键合；
- 芯片和芯片外接盘的引线键合（也称"打地线"）；
- 芯片外接盘和引线端的键合。

这些引线键合常用来产生需要的电气连接。

切割分离封装可进一步分为两类：不内缩（全）引线封装和内缩引线封装。内缩引线封装有底部半刻蚀引线框架，导致只有引线厚度的上半部分外露于封装侧面，如图 9-57（a）所示，焊接后的焊点很难在侧面形成爬升角。不内缩（全）引线封装有整个引线厚度外露在封装侧面，优点是贴装后，端部外露的接触脚可实现很好的焊点填充，如图 9-57（b）所示。外露接触脚内缩和不内缩形成的焊点案例如图 9-58 所示。

仅当封装内置有一个刻蚀引线框架时，内缩的方式是可行的。内缩的方式提供了更好的固定引线的方法，也让封装更牢固；缺点是可能一些测试插座不能设计成与该区域相接触。

内缩结构一个更主要的缺点是焊点不可目视，让检验更困难。模封化合物将内缩端子隔开，使其无法在器件边缘处形成焊料填充；同时，冲压或切割后切口未电镀，表面焊料湿润困难。事实上，内缩结构决定了不管采用什么焊接工艺都不能保证形成完整的填充。

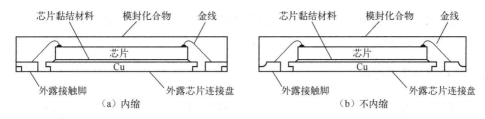

图 9-57　半刻蚀内缩接触脚和全刻蚀不内缩边缘接触脚布局图例

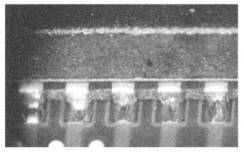

（a）外露接触脚内缩的BTC和形成的焊点　　　　　（b）外部接触脚不内缩的BTC和形成的焊点

图 9-58　外露接触脚内缩和不内缩形成的焊点案例

9.10.2　BTC 的组装工艺和验收标准

1．BTC 组装过程注意事项

当 PCB 上组装 BTC 时，需要注意两个关键的问题：提供足够焊膏的量和保证焊点的可靠性。由于在封装上没有伸出的引线，焊点的可靠性是通过焊点的面积和高度来控制的。一般来说，周围焊盘上有最佳、最可靠的焊点时，应该有 50～75μm 的间隙高度。

间隙高度取决于润湿的焊料量或流入镀覆过通孔的焊料量。侵入孔焊料容易流入导通孔，从而减小了封装焊点间隙高度。采用塞孔方式由于导通孔的尾端已被填塞封闭，阻碍了焊料流入导通孔。另外，对于侵入孔设计，导通孔数量和表面处理过的导通孔大小也影响间隙高度。间隙高度也与组装时所用的焊膏的类型和化学反应、PCB 厚度、表面处理和再流焊曲线有关。为了达到 50μm 厚度的焊点，推荐焊料覆盖率对塞孔最少为 50%，对侵入孔至少为 75%。

减少焊膏的量虽可以减少漂浮和空洞，但会增加焊点开路的风险，所以要平衡两方面的影响来保证整个焊点的可靠性。关键的是焊膏印刷模板的开孔设计，为了防止焊接过程中器件的漂浮，焊膏厚度，特别是中间散热焊盘上的焊膏厚度，不应过大。通常焊膏印刷模板的设计方法是将模板设计成多个小开孔，焊膏的量可达到散热焊盘面积 50%～80% 的覆盖。

PCB 平整度也有一定的要求，1.5mm、2.25mm 和 3.0mm 厚度的 PCB 共面性会有差异，尤其是组装 BTC 类型的器件时。对于贴装 BGA、CGA 和 BTC 的 PCB，允许的平整度小于 0.5%（0.005in/in）。

2. BTC 组装后的检验

大多数 BTC 底部有一个外露的芯片连接盘（Die Attach Pad，DAP），它与 PCB 表面相接触以利于散热。BTC 比 BGA 器件的检验更具挑战性，因为目视看不到其侧面焊接填充，以至于要切开 BTC 金属引线框架，来检查不良润湿或退润湿。如果金属切面有电镀层，在 BTC 侧面焊接填充有不良润湿或退润湿现象，可表明存在焊接问题。

BTC 组装后的焊点检验规范，在 IPC-A-610 标准 8.3.13 节中有相关描述，其焊接要求如图 9-59 所示，尺寸要求见表 9-23。需要特别说明的是，针对 BTC 的侧面焊点爬升高度无任何要求，只要求控制器件底面焊点的长度、宽度和厚度，也就是说，针对"I/O 焊端只裸露出器件底部的一面，没有裸露在器件侧面的部分"的 BTC，I/O 焊端的趾部焊点根本无法形成，所以看不到侧面焊点，不能采用显微镜或放大镜检验，只能使用 X 射线检验。

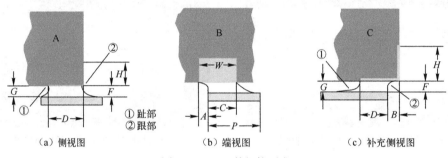

图 9-59　BTC 的焊接要求

（a）侧视图　　①趾部　②跟部　　　（b）端视图　　　（c）补充侧视图

表 9-23　BTC 焊点的尺寸要求

参数	尺寸	1 级	2 级	3 级
最大侧面偏移	A	50%W，注①	25%W，注①	
趾部偏移（器件端子的外边缘）	B		不允许	
最小末端连接宽度	C	50%W	75%W	
最小侧面连接长度	D	注④		
焊料填充厚度	G	注③		
最小趾部（末端）填充高度	F	注②、⑤	G+H，注②、⑤	
端子高度	H	注⑤		
导热盘的焊料覆盖		注④		
焊盘宽度	P	注②		
端子宽度	W	注②		

① 不违反最小电气间隙。

② 未作规定的参数或尺寸可变，由设计决定。

③ 润湿明显。

④ 不可检特征。

⑤ 如果有的话，H 是引线可焊表面的高度（端子高度）。一些封装结构在侧面没有连续可焊表面，趾部填充未作要求。

BTC 焊点的趾部、跟部、侧面填充定义如图 9-60 所示。

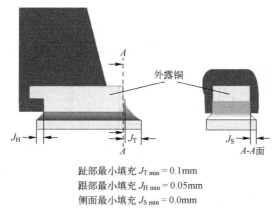

趾部最小填充 $J_{T\,min}$ = 0.1mm
跟部最小填充 $J_{H\,min}$ = 0.05mm
侧面最小填充 $J_{S\,min}$ = 0.0mm

图 9-60　BTC 焊点的趾部、跟部、侧面填充定义

9.10.3　BTC 底部 I/O 对应的 PCB 焊盘设计

BTC 对应的 PCB 焊盘图形通常依据器件生产商、公司内部开发的设计指南或执行已出版的业界标准如 IPC-7351。BTC 的底部中央焊接端和周围 I/O 焊接端组成了平坦的铜引线结构框架，再用模铸树脂将其浇铸在树脂里固定，底面露出的中央焊接端和周围 I/O 焊接端均焊接到 PCB 上。PCB 焊盘设计应该适应工厂的实际工艺能力，以求取得最大的工艺窗口，得到良好的高可靠性焊点。需要说明的是，底部中央焊盘的焊接，通过"锚"定器件，不仅可以获得良好的散热效果，还可以增强器件的机械强度，有利于焊接到 PCB 内层隐藏的金属层。这种利用过孔的垂直散热设计，可以使 BTC 获得完美的散热效果。

PCB 的 I/O 焊盘设计尺寸应比 BTC 的 I/O 焊接端长度稍大一点儿。焊盘图形应该要延伸超出封装引线，尤其是对于封装底部的引线。模板开孔尺寸必须要与焊盘图形的尺寸一样。器件间距小于或等于 0.63mm（0.025in）的细间距尽可能采用局部基准标识。

对于 BTC 的底部 I/O 焊盘按照下面的方法计算：器件的封装尺寸如图 9-61 所示，焊盘的设计尺寸如图 9-62 所示。

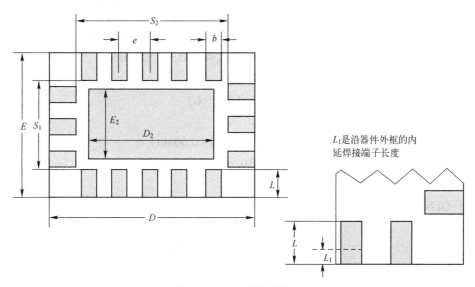

图 9-61　BTC 的封装尺寸

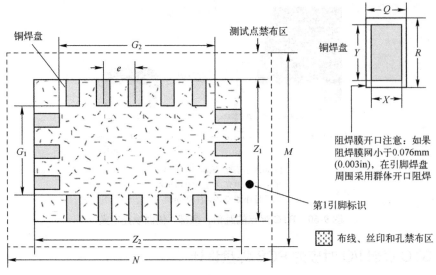

图 9-62　BTC 的焊盘设计尺寸

（1）器件的最大和最小尺寸已知

$Z_1 = E_{max} + 0.762mm$（0.030in），每边焊盘外延 0.381mm（0.015in）

$Z_2 = D_{max} + 0.762mm$（0.030in），每边焊盘外延 0.381mm（0.015in）

$G_1 = S_{1min}$

$G_2 = S_{2min}$

$X = b_{max}$　　如果 $e - b_{max} \geqslant 0.008in$

$X = e - 0.203mm$（0.008in），如果 $e - b_{max} < 0.203mm$（0.008in）

（2）器件的最大和最小尺寸未知

$Z_1 = E_{nom} + 1.067mm$（0.042in），每边焊盘外延 0.533mm（0.021in）

$Z_2 = D_{nom} + 1.067mm$（0.042in），每边焊盘外延 0.533mm（0.021in）

$G_1 = S_{1nom} - 0.305mm$（0.012in），焊盘内延 0.152mm（0.006in）

$G_2 = S_{2nom} - 0.305mm$（0.012in），焊盘内延 0.152mm（0.006in）

$X = b_{nom} + 0.762mm$（0.030in），如果 $e - b_{max} \geqslant 0.203mm$（0.008in）

$X = e - 0.203mm$（0.008in），如果 $e - b_{max} < 0.203mm$（0.008in）

（3）由 Z 和 G 按下面公式导出焊盘长度 Y

$$Y = 0.5(Z - G)$$

（4）由 X 和 Y 导出阻焊膜开口 Q 和 R

$$Q = X + 0.102mm（0.004in）$$

$$R = Y + 0.102mm（0.004in）$$

（5）测试点禁布区的 M 和 N

对于 QFN 器件：

$$M = Z_1 + 0.864mm（0.034in）$$

$$N = Z_2 + 0.864mm（0.034in）$$

对于 DFN 器件：

$$M = Z_1 + 0.864mm（0.034in）$$

$$N = D_{max} + 0.25X + 0.864\text{mm}（0.034\text{in}）$$

测试点禁布区从测试点的边缘算起。

注：① 对于方形扁平无引线（QFN）封装，$D = E$，$Z_1 = Z_2 = Z$，$G_1 = G_2 = G$。

② 考虑到很多器件数据表（Data Sheet）没有提供完整的尺寸和公差，所以提供了替代的计算公式。

③ 对于具有向内延伸焊接端子的封装，也就是图 9-61 中 L_1 大于 0，可以继续使用公式计算 Z，焊盘设计需要外延出器件的本体，以便于检验确保焊点可靠性。

对于 BTC，内侧是圆弧形的 I/O 端子，PCB 焊盘内侧应设计成圆形以配合焊端的形状，如图 9-63 所示。外延和内延的尺寸在 Z 和 G 的计算公式中已经标明。

9.10.4　BTC 中间散热焊盘的设计

中间有散热焊盘的 BTC，热焊盘必须与 PCB 焊盘焊接。

通常热焊盘的尺寸至少和组件暴露焊盘相匹配，散热焊盘应设计得比 BTC 底部焊端的各个边大 0～0.15mm，即总的边长大 0～0.3mm，但是中间散热焊盘不能过大，否则，会影响与 I/O 焊盘之间的合理间隙，使桥接概率增加。散热焊盘外边缘和周围焊盘内边缘的最小间隙为 0.15mm（在 IPC-7093《底部端子器件（BTC）设计和组装工艺的实施》标准中定义的最小间隙是 0.2mm），可能的话，最好是 0.25mm 或更大，如图 9-63 所示。

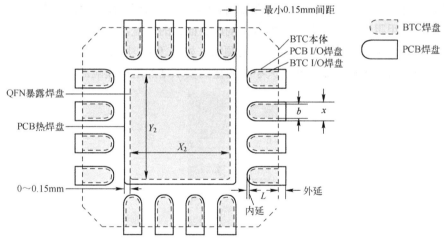

图 9-63　BTC 和 PCB 焊盘的叠放图

热焊盘的设计使用以下公式：

$$X_2 = 0.9 \times D_2$$
$$Y_2 = 0.9 \times E_2$$

式中的 PCB 焊盘尺寸 X_2、Y_2 见图 9-63，器件的底部中间焊接端的尺寸 D_2、E_2 见图 9-61。

有些芯片在暴露焊盘周围，有环状焊盘设计，因此 PCB 热焊盘设计时可以不考虑这些环状焊盘，只根据暴露焊盘设计。

9.10.5　BTC 焊盘的阻焊层设计

在中间散热焊盘和周围 I/O 焊盘的阻焊层设计中，因为铜刻蚀工艺比阻焊膜的加工工艺控制更严格，一般都推荐采用 NSMD 工艺。NSMD 焊盘的阻焊膜开口比铜焊盘大，允许铜连接盘边缘黏附焊料，这可改善焊点的可靠性。在采用 NSMD 工艺时，阻焊膜开口应比焊盘开口大 0.102mm（0.004in），弧形焊盘应设计相应的弧形阻焊膜开口与之匹配，特别是在拐角处应有足够的阻焊膜以防止桥连。每个 I/O 焊盘应单独设计阻焊膜开口，这样可以使 I/O 相邻焊盘之间布满阻焊膜，防止相邻焊盘之间形成桥连。阻焊膜的间隙满足表 7-4 中的"最小阻焊桥宽度"、"最小阻焊膜间隙"的数值。

但是，针对 I/O 焊盘宽度为 0.25mm，间距只有 0.4mm 的细间距 BTC，如果焊盘之间的间距不够，或阻焊桥宽度小于 0.076mm（0.003in），只能将处于一边的所有 I/O 焊盘统一设计一个大的开口，这样 I/O 相邻焊盘之间就没有了阻焊膜，也就是焊盘周围采用群体开口（Gang Open）图形阻焊，如图 9-64 所示。

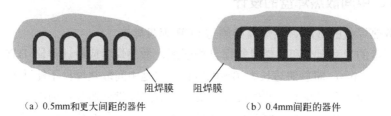

（a）0.5mm和更大间距的器件　　　　　（b）0.4mm间距的器件

图 9-64　BTC 周围连接盘的阻焊膜

但是，尺寸相对比较大的中间散热焊盘的阻焊层设计应该采用 SMD 工艺。对于大的中间散热焊盘，利用阻焊膜将暴露的铜焊盘分割成小面积的焊盘，可以使气体散失，避免产生大的空洞，同时由于焊锡的分散减少器件的倾斜，如图 9-65 所示。这里所谓的大焊盘没有数据界定，但是可以根据产品气孔的大小和质量的要求增加阻焊膜隔断。

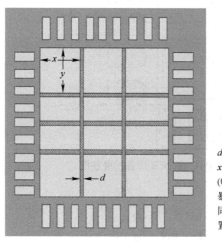

$d \geqslant 0.2$mm(0.008in)
x和y为0.75～1.25mm
(0.030～0.050in)
暴露的铜区域不需要大小相同，但不同大小的区域的位置应该是对称的

图 9-65　采用 SMD 隔断热焊盘

有些 BTC 的 PCB 中间散热焊盘设计过大，使得与周围 I/O 焊接端之间的间隙很小，很容易引起桥连。在这种情况下，PCB 散热焊盘的阻焊层设计应采用 SMD 工艺，即阻焊层开口应每边缩小 0.102mm（0.004in），以增加中间散热焊盘与 I/O 焊盘之间的阻焊层面积。

9.10.6　BTC 散热通孔设计

1. 空洞对性能的影响

组件底部的大焊盘印刷焊膏后，在焊接时助焊剂和溶剂会产生气孔形成空洞。BTC 散热焊点的空洞如图 9-66 所示。空洞对性能的影响如下。

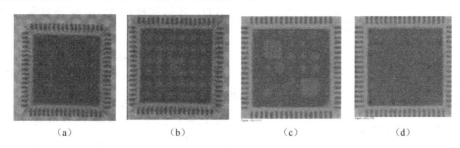

（a）　　　　　　　（b）　　　　　　　（c）　　　　　　　（d）

图 9-66　BTC 散热焊点的空洞

① 散热焊盘区域出现小空洞，不大可能导致散热和电气性能的退化。若小气孔总和大于焊接覆盖率 50%，不会导致散热或板级性能的降低。

针对散热的效果评估，SEMI 和 JEDEC 标准中定义了热阻参数，即 θ_{Ja}、θ_{Jb} 及 θ_{Jc}，较低的值表示更好的性能。其中 θ_{Ja} 是测量在自然对流或强制对流条件下从芯片接面到空气环境的热阻，此值可用于比较封装散热的容易与否，用于定性的比较。θ_{Ja} 不仅和 IC 有关，还与 PCB、海拔等环境因素有关，表示热量通过发热结和环境空气之间的难易程度。θ_{Jb} 是指从器件到电路板的热阻，它对结到电路板的热通路进行了量化。通常 θ_{Jb} 的测量位置在电路板上靠近封装处。θ_{Jb} 包括来自两个方面的热阻：从 IC 的结到封装底部参考点的热阻，以及贯穿封装底部的电路板的热阻。θ_{Jc} 是由芯片接面传到 IC 封装外壳的热阻，在测量时需接触一等温面，该值主要是用于评估散热片的性能。具体的散热仿真如图 9-67 所示，表示较小的多个空洞合并至散热焊盘面积的 50%，不会导致散热性能的减弱。也应该注意到，散热焊盘区域的空洞不会影响周围焊点的可靠性。

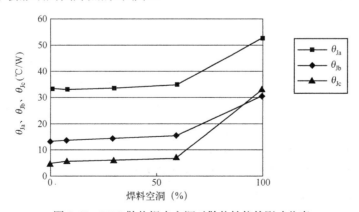

图 9-67　BTC 散热焊点空洞对散热性能的影响仿真

② 如果空洞的最大尺寸大于过孔的间距，焊点内的空洞可能对高速、RF 应用和热性能方面有不利的影响。

2. 散热焊盘上通孔设计

为了将空洞控制到最小，需要在散热焊盘上开设通孔，也就是散热通孔。在焊接过程

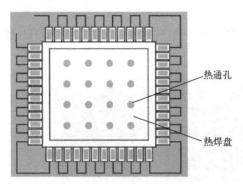

图 9-68   BTC 散热焊盘与 PCB 配合界面举例

中助焊剂中挥发的气体可以从散热通孔排出，同时散热通孔还可以迅速传导热量，散热通孔提供散热途径，能够有效地将热从芯片传导到 PCB 上。BTC 散热焊盘与 PCB 配合界面如图 9-68 所示。

散热通孔直径应该是 0.2～0.33mm，孔壁镀有 1oz 厚的铜。将散热通孔塞住以避免焊接过程中焊料进入散热通孔内部。散热通孔可在 PCB 顶层通过阻焊膜覆盖。阻焊膜开口的直径应该至少比散热通孔直径大 75μm。在整个 PCB 涂覆的阻焊膜厚度是相同的。对于小面积散热焊盘，采用的通孔布局如图 9-69 所示。

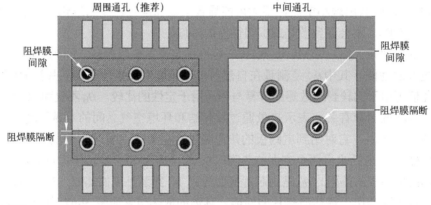

注意：
- 为了焊点气孔最小化，推荐通孔尽量大，当焊锡流过阻焊膜隔断时可以减少焊锡流入过孔堵塞孔。
- 中间通孔比采用周围通孔更易产生气孔，如果采用则必须考虑气孔满足焊点的要求。

图 9-69   小面积散热焊盘的通孔布局

对于大面积散热焊盘，推进采用的散热通孔布局如图 9-70 所示。在尺寸相对比较大的中间散热焊盘的阻焊层设计中，应该采用 SMD 工艺。使用阻焊膜在散热焊盘上画出"田"字形或更多框，使焊盘露出的面积占散热焊盘总面积的 70%，70%以外的面积用于阻焊膜隔断线，线宽原则上应大于或等于 0.2mm（0.008in）（通孔直径最小为 0.2mm），通孔钻到隔断上。散热焊盘上如果有激光孔，也设计在隔断线上。

虽然增加散热通孔（减小通孔间隙），表面上看好像可以改善热性能，但因为增加散热通孔的同时也增加了热气回来的通道，所以实际效果不确定，需要根据实际 PCB 的情况来决定（如 PCB 散热焊盘尺寸、接地层）。通孔阻焊膜开口直径应比通孔直径大 0.102mm（0.004in）。

根据热性能仿真，建议散热通孔应按 1.0～1.2mm 的间隙均匀分布在中央散热焊盘上，散热通孔应连通到 PCB 内层的金属接地层上，散热通孔直径推荐尺寸为 0.2～0.33mm。这

与 PCB 厚度和产品有关，参见表 10-2。

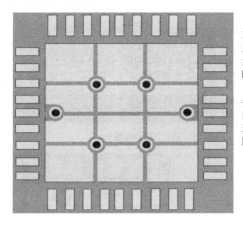

对于大面积散热焊盘分割成若干小焊盘，通孔在焊盘的边缘或在阻焊膜的隔断线上。

每个通孔被阻焊膜隔断包围以防止焊锡流入孔内，通孔不能被堵塞或被阻焊膜完全覆盖。

图 9-70　大面积散热焊盘的通孔布局

3. 散热通孔的数量

散热通孔的数量和孔尺寸大小设计，取决于封装的应用场合和芯片功率大小以及电性能的要求。有一个临界点，当再增加散热通孔的数量也不会显著提高封装性能。散热通孔数量对散热的效果分析如图 9-71 所示，图中举例是对 9mm×9mm、散热焊盘尺寸 7mm×7mm 的 26 个 I/O 的 BTC 的散热效果分析，散热通孔的直径尺寸是 0.33mm，两个芯片的大小为 2.1mm×2.1mm 和 6.4mm×6.4mm。对于给定的散热通孔数量，将通孔放置在外围比放置在中心，散热效果改善高达 5%。然而当散热通孔的数量增加到临界点时，改善效果会减少。

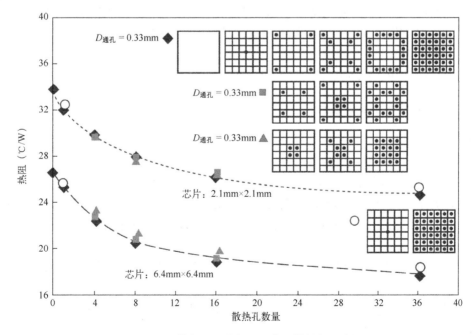

图 9-71　散热通孔直径和分布对散热的影响

散热焊盘的散热通孔设计的举例如图 9-72 所示。

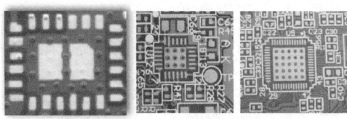

（a）好的设计：通孔在阻焊隔断上

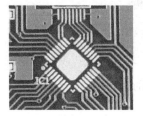

（b）设计不良：散热焊盘无通孔和阻焊　　（c）设计不良：散热焊盘通孔位置不对或无阻焊

图 9-72　散热焊盘的通孔设计

9.10.7　组装 BTC 时印刷焊膏钢网的设计

1. 周围 I/O 焊盘钢网模板设计

周围 I/O 焊盘上再流焊后形成的焊点应有 50～75μm 的高度，钢网设计是保证形成最优最可靠焊点的第一步。钢网漏孔尺寸与 I/O 焊盘尺寸推荐采用 1:1 的比例，针对 I/O 间距在 0.4mm 及以下的细间距 BTC，钢网漏孔宽度应稍微内缩 0.025mm（1mil），以避免相邻 I/O 焊盘之间引起桥连。

钢网设计符合 IPC-7525 规定（见 9.1.3 节）。

2. 中间散热焊盘的钢网设计

由于大面积的焊盘，焊接时气体将会向外溢出，产生一定的空洞；如果焊膏覆盖面积太大，将加重空洞的程度，还会引起各种焊接缺陷（如溅射、锡珠）。为了将空洞减小到最低量，在热焊盘区域钢网设计时，要经过仔细考虑，建议在该区域开多个小开孔，而不是一个大开孔，典型值为 50%～80% 的焊膏覆盖量，建议采用堵塞通孔，PCB 焊膏覆盖率至少达到 50%；采用侵入型散热通孔，PCB 至少达到 75% 散热焊盘钢网开孔设计如图 9-73 所示。

BTC 封装是一种新型封装，无论是从 PCB 设计、工艺还是从可靠性方面都需要认真考虑。

① 焊盘设计应遵循 IPC 的总原则，散热焊盘的设计是关键。它起着热传导的作用，不要将热焊盘用完全阻焊覆盖。

② 散热焊盘上的通孔设计最好采用阻焊膜覆盖。

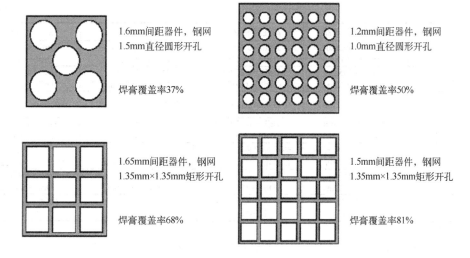

图 9-73　散热焊盘钢网开孔设计

③ 对于散热焊盘，当设计印刷焊膏的钢网时，一定考虑焊膏的释放量在 50%～80%，同时与过孔的阻焊层有关，还要考虑元器件托高值。

④ 焊接时不可能避免会产生空洞，调整好温度曲线，使空洞减至最小。

9.11　通孔插装元器件的焊盘设计

9.11.1　电镀通孔技术

双面板以上完成钻孔后即进行电镀通孔（Plated Through Hole）步骤，其目的对孔壁上的非导体部分的树脂及玻璃纤维进行金属化，从而实现后面的电镀铜工艺制程，成为能够导电及焊接的金属孔壁。用于焊接和压接的通孔都是电镀的，除了压接元器件的孔外，其他所有的电镀通孔尺寸公差是±0.076mm（0.003in）。

成孔尺寸（Finished Hole Size，FHS）是电镀和表面处理后的公称尺寸，而不是钻孔的尺寸。为了满足 IPC-A-610 中通孔焊锡的爬升高度要求，PCB 电镀通孔连接的最多层板数推荐见表 9-24。电镀通孔的技术尺寸见表 9-25。

表 9-24　PCB 电镀通孔连接的最多层板数推荐

	IPC-A-610 2 级	IPC-A-610 3 级
PCB 厚度≤2.36mm（0.093in）	最大推荐 4 层	最大推荐 3 层
PCB 厚度＞2.36mm（0.093in）	最大推荐 2 层	

表 9-25　电镀通孔的技术尺寸

特点	基本消费类产品	高性能消费产品	高端设备	前沿技术产品
外部焊盘优选[1][3][5]	FHS + 0.610mm （FHS + 0.024in）	FHS + 0.610mm （FHS + 0.024in）	FHS + 0.610mm （FHS + 0.024in）	FHS + 0.610mm （FHS + 0.024in）
最小外部上锡焊盘[2]	Drill + 0.406mm （Drill + 0.016in）	Drill + 0.406mm （Drill + 0.016in）	Drill + 0.406mm （Drill + 0.016in）	Drill + 0.406mm （Drill + 0.016in）

续表

特点	基本消费类产品	高性能消费产品	高端设备	前沿技术产品
最小外部压接焊盘[③]	Drill + 0.406mm （Drill + 0.016in）	Drill + 0.406mm （Drill + 0.016in）	Drill + 0.406mm （Drill + 0.016in）	Drill + 0.406mm （Drill + 0.016in）
最小内部焊盘[②④]	Drill + 0.305mm （Drill + 0.012in）	Drill + 0.279mm （Drill + 0.011in）	Drill + 0.254mm （Drill + 0.010in）	Drill + 0.203mm （Drill + 0.008in）
钻孔到铜（直径）最小距离	0.559mm（0.022in）	0.457mm（0.018in）	0.406mm（0.016in）	0.406mm（0.016in）
热风焊盘内部直径[②⑥]	Drill + 0.305mm （Drill + 0.012in）	Drill + 0.279mm （Drill + 0.011in）	Drill + 0.254mm （Drill + 0.010in）	Drill + 0.203mm （Drill + 0.008in）
热风焊盘外部直径[⑥]	热风焊盘内部直径 + 0.254mm（0.010in）	热风焊盘内部直径 + 0.254mm（0.010in）	热风焊盘内部直径 + 0.203mm（0.008in）	热风焊盘内部直径 + 0.203mm（0.008in）
最小隔离焊盘[②]	Drill + 0.559mm （Drill + 0.022in）	Drill + 0.457mm （Drill + 0.018in）	Drill + 0.406mm （Drill + 0.016in）	Drill + 0.406mm （Drill + 0.016in）
最小阻焊膜开口	焊盘 + 0.127mm （0.005in）	焊盘 + 0.102mm （0.004in）	焊盘 + 0.102mm （0.004in）	焊盘 + 0.076mm （0.003in）

① 这些数值假定钻孔与焊盘接触是允许的。

② 表中所有钻孔（Drill）尺寸小于 0.584mm（0.023in）时需要咨询 PCB 供应商，确保孔不密。

③ 优选的外部焊盘是基于组装的要求。

④ 焊盘尺寸计算：=钻头尺寸 + 2×制造公差。制造公差是在印刷电路板制造过程中公差积累的结果。[如：制造公差=0.152mm（0.006in），最小焊盘直径 = 钻头尺寸 + 2×0.152mm（0.006in）= 钻头尺寸 + 0.304mm（0.012in）]。

⑤ 表中成孔尺寸（FHS）大约比钻孔尺寸小 0.127mm（0.005in）。

⑥ 热风焊盘必须用在所有的需要焊接的镀通孔。压接件的镀通孔不需要热风焊盘。

9.11.2　PTH 元器件波峰焊时通孔焊盘设计

通孔插装（Pin Through Hole）元器件的焊盘设计尺寸定义如图 9-74 所示。

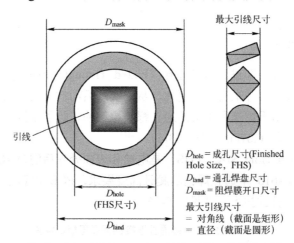

图 9-74　通孔插装元器件的焊盘尺寸定义

PTH 元器件采用波峰焊工艺时，焊接通孔的设计尺寸如下。

推荐：D_{hole} = 最大引线尺寸 + 0.41mm（0.016in）

可接受：D_{hole} = 最大引线尺寸 + （0.38mm～0.51mm）

　　　　　　= 最大引线尺寸 + （0.015in～0.020in）

最大引线尺寸：引线截面是矩形，就是对角线尺寸，引线截面是圆形，就是直径。

通孔插装元器件波峰焊时，采用锡铅工艺和无铅工艺时孔的尺寸见表 9-26。

表 9-26　PTH 元器件波峰焊工艺的孔尺寸

		最大孔尺寸	最小孔尺寸
锡铅（Sn-Pb）工艺		最大引线（pin）尺寸 + 0.51mm（0.020in）	最大引线尺寸 + 0.38mm（0.015in）
无铅工艺	高热容量元器件	—	最大引线尺寸 + 1.27mm（0.050in）
	其他元器件	最大引线尺寸 + 0.64mm（0.025in）	最大引线尺寸 + 0.38mm（0.015in）

注：1. 最大引线尺寸包含公差，对矩形的，引线是对角线长度。

2. 高热容量元器件一般包括电解电容。对于 DC/DC 转换器，推荐 FHS 比针脚尺寸大 1.27mm（0.050in），除非受到元器件引线间距的限制。这种情况下在满足焊盘尺寸和铜线之间距离的前提下 FHS 尽量大。

3. 孔尺寸也要考虑元器件间距和焊盘尺寸和铜到铜的间距。

4. 在这个范围内，元器件引线和孔的间距尽量大，可以提供好的焊锡填充。

尺寸值是指 FHS，可接受的范围使 PCB 供应商使用更少的不同尺寸的钻头，可降低 PCB 加工成本。例如，同一 PCB 上不同元器件的最大引线尺寸为 0.762mm（0.030in）、0.813mm（0.032in）、0.889mm（0.035in）都可以使用一个共同的 FHS 1.27mm（0.050in）。

波峰焊焊盘尺寸：

对于 $D_{hole} \leqslant 1.422$mm（0.056in），$D_{land} = D_{hole} + 0.61$mm（0.024in）

对于 $D_{hole} > 1.422$mm（0.056in），$D_{land} = (1.05 \times D_{hole}) + 0.61$mm（0.024in）

注：① 较大的焊盘有利于检验。

② 如果通孔用于元器件引线的锁紧，确保通孔焊盘大小至少和引线倒钩的外部最大尺寸一样大。

③ 选择焊盘可焊接端外径尺寸间距最小 0.64mm（0.025in）对于防止焊接桥接非常关键，如图 9-75 所示。

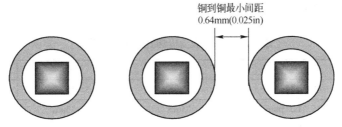

铜到铜最小间距
0.64mm(0.025in)

图 9-75　PTH 通孔焊盘最小间距

9.11.3　PTH 元器件再流焊时通孔焊盘设计

通孔插装元器件再流焊时的焊盘设计尺寸定义如图 9-74 所示。PTH 元器件采用通孔再流焊工艺时，成孔尺寸（Finished Hole Size，FHS）如下：

$$D_{hole} = 最大引线尺寸 + 0.127\text{mm}（0.005\text{in}）$$

通孔的尺寸值：0.61mm(0.024in) $< D_{hole} <$ 1.02mm(0.040in)

最大引线尺寸包含公差，对矩形的是引线的对角线。

孔尺寸超出此范围时不推荐用通孔再流焊。对于较大的孔，焊膏会从孔流下去；孔的尺寸过小在插入元器件时会把焊膏挤出，大大降低了可以填充的焊膏量。这两方面都会导致少锡。

通孔的焊盘尺寸如下：

$$D_{land} = D_{hole} + 0.61\text{mm}(0.024\text{in})$$

焊盘外径尺寸可以在±0.203mm（0.008in）之间优化以提高产品的良率。

小的焊盘外径会减少润湿的面积，工艺上会变相增加焊锡的需求量，但同时也会导致焊锡球。

9.11.4　压接元器件通孔的设计

1. 压接连接器对印制板的设计要求

一个高质量压接式连接的决定因素，不仅仅是允许公差范围内镀金通孔的最终尺寸，还在于正确的孔结构，孔径和镀层铜锡的厚度必须符合压接的要求。

① 印制板的金属化孔镀层均匀，不得有毛刺，孔内铜镀层的厚度要求 25μm 以上，抗剥离强度大于或等于 120N。

② 印制板孔径精度一般要求为±0.05mm。

③ 印制板的最大宽度为 400mm。

④ 印制板上元器件与连接器的间距要求大于 5mm。

⑤ 压接连接器的焊盘设计不需要热风焊盘。应避免在压接元器件的引线之间和元器件附近布线。

2. 对印制板的通孔设计要求

压接元器件通孔的尺寸和公差可以参考供应商给出的规格书。最小焊盘尺寸见表 9-26 中最小外部压接焊盘尺寸。压接元器件通孔根据印制板通孔的镀层不同设计不同。

印制板压接通孔镀锡时的设计见表 9-27。

表 9-27　印制板压接通孔镀锡时的设计

孔径ϕ	裸孔	铜	锡	镀金属通孔
0.6mm	0.68～0.72mm	≥25μm	5～15μm	0.55～0.65mm
0.85mm	0.975～1.025mm	≥25μm	5～15μm	0.83～0.94mm
1.0mm	1.125～1.175mm	≥25μm	5～15μm	0.94～1.09mm
1.49mm	1.575～1.625mm	≥25μm	5～15μm	1.39～1.54mm
1.6mm	1.725～1.775mm	≥25μm	5～15μm	1.51～1.69mm

印制板压接通孔镀镍金时的设计见表 9-28。

表 9-28　印制板压接通孔镀镍金时的设计

孔径ϕ	裸孔	铜	镍	金	镀金属通孔
0.6mm	0.68～0.72mm	≥25μm	2.5～5μm	0.05～0.2μm	0.59～0.65mm
0.85mm	0.975～1.025mm	≥25μm	2.5～5μm	0.05～0.2μm	0.85～0.94mm
1.0mm	1.125～1.175mm	≥25μm	2.5～5μm	0.05～0.2μm	1.0～1.09mm
1.49mm	1.575～1.625mm	≥25μm	2.5～5μm	0.05～0.2μm	1.45～1.54mm
1.6mm	1.725～1.775mm	≥25μm	2.5～5μm	0.05～0.2μm	1.6～1.69mm

印制板压接通孔为纯铜时的设计见表 9-29。

表 9-29　印制板压接通孔为纯铜时的设计

孔径ϕ	裸孔	铜	OSP	镀金属通孔
0.6mm	0.68～0.72mm	≥25μm	0.12～0.15μm	0.57～0.65mm
0.85mm	0.975～1.025mm	≥25μm	0.12～0.15μm	0.85～0.94mm
1.0mm	1.125～1.175mm	≥25μm	0.12～0.15μm	1.0～1.09mm
1.49mm	1.575～1.625mm	≥25μm	0.12～0.15μm	1.45～1.54mm
1.6mm	1.725～1.775mm	≥25μm	0.12～0.15μm	1.6～1.69mm

9.11.5　热风焊盘

热风焊盘（Thermal Relief），也叫十字花焊盘，热风焊盘用于直插器件与 VDD 或者 GND 有连接时减小散热面积。

1．热风焊盘的目的

热风焊盘一般用于电源和地等内电层。使用热风焊盘的目的如下。

① 防止散热：由于电路板上电源 VDD 和地 GND 是由大片的铜箔提供的，铜箔的导热性非常好，在焊接时候，要是过孔直接和大片铜箔全部连接，那么散热会非常快，焊接点温度达不到要求，容易出现虚焊（这也就是所谓的影响工艺），所以为了防止因散热过快而导致的虚焊，在电源和地的过孔采用十字花的工艺连接，减小了接触面积，降低了散热速度，方便焊接。

② 防止大片铜箔由于热胀冷缩作用造成对过孔和孔壁的挤压，导致孔壁变形。

因为电气设备工作过程中，由于热胀冷缩导致内层的铜箔伸缩，伸缩力加载在孔壁，会使孔内铜箔连接强度降低，使用散热焊盘可减小这种作用对孔内铜箔连接强度的影响。

2．热风焊盘和隔离焊盘的关系

假设 PCB 是四层板，如图 9-76 所示，具体分层如下。

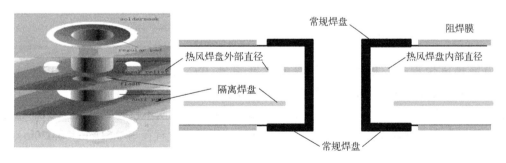

图 9-76　镀通孔的焊盘

开始层（Begin layer）：正面

内层 1（Internal 1）：VCC

内层 2（Internal 2）：GND

结束层（End layer）：反面。

假设有通孔类焊盘，所连接的网络为 VCC。

正面为常规焊盘（Regular Pad），底层也为常规焊盘，有圆形、正方形、椭圆形、长方形、八边形、任意形状。

内层 1 为热风焊盘（Thermal Relief Pad），热风焊盘有圆形、正方形、椭圆形、长方形、八边形、任意形状。

内层 2 为隔离焊盘（Anti-pad），用于防止引脚和其他网络相连，有圆形、正方形、椭圆形、长方形、八边形、任意形状。此处一般是通过隔离焊盘将内层2和钻孔（Drill）进行隔离。

3. 热风焊盘设计

推荐在大面积的区域（如电压层、接地层和散热层）的所有焊接孔和填充孔设计为热风焊盘，特别是在 BGA 这类器件的底部。在无铅焊接工艺中由于温度的升高在镀通孔中更要设置热风焊盘。热风焊盘的规格尺寸如图 9-77 所示。

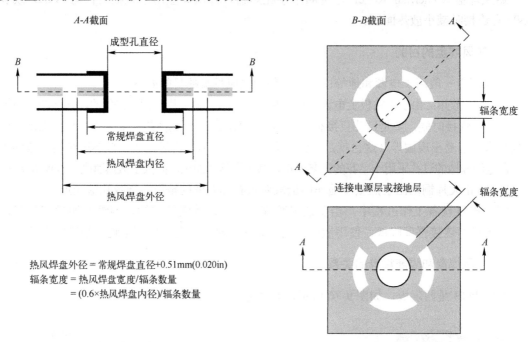

图 9-77　热风焊盘的规格

设置热风焊盘时，确保热风焊盘的宽度满足 IPC-2221 的 6.2 节"导电材料要求（Conductive Material Requirements）"电流的承载能力。在镀通孔的所有各层中，对于 1oz 的铜累计铜网不超过 4.00mm（0.157in），或对于 2oz 的铜累计铜网不超过 2.00mm（0.079in）。

热风焊盘和常规焊盘的关系：热风焊盘外径 = 常规焊盘直径 + 0.51mm（0.020in）。

4. 辐条设计

对于电镀通孔热风焊盘，当选择辐条时会受到多个相互冲突因素的影响，必须计算最小值、最大值和辐条宽度。

（1）辐条最小宽度（Spoke Width，SW_{min}）

SW_{min} = 最小内部导线宽度（见表 7-4）

（2）辐条最大宽度（Spoke Width，SW_{max}）

为防止制造工艺中散热过快，热风焊盘需要设置最大允许热连接或总的热风焊盘宽度

（Total Thermal Relief Width，TTRW）。这个要取决于用于平层的覆铜板的质量。根据以下规则选择合适的最大值：

对于 1/2oz 覆铜板，选用 $\text{TTRW}_{max} = 8.12\text{mm}$（0.320in）。

对于 1oz 覆铜板，选用 $\text{TTRW}_{max} = 4.06\text{mm}$（0.160in）。

对于 2oz 覆铜板，选用 $\text{TTRW}_{max} = 2.03\text{mm}$（0.080in）。

根据 TTR 最大值来计算每一层的总的辐条宽度（Total Spoke Width，TSW_{max}）：

$$\text{TSW}_{max} = \text{TTRW}_{max}/\text{连接到电镀通孔的层数}$$

最后计算辐条的最大宽度：

$$\text{SW}_{max} = \text{TSW}_{max} / \text{ 辐条数量}$$

我们推荐选用 4 个辐条，虽然 3 个辐条可以适合 $\text{SW}_{max} > \text{SW}_{min}$。

如果计算出来的 SW_{max} 值小于 SW_{min} 值，考虑减少附着在镀通孔上的层数。

（3）优选的辐条宽度（Spoke Width Prefer，SW_{pref}）

SW_{pref} 热风焊盘辐条宽度 = (0.6×热风焊盘内径)/辐条个数。

根据上面的数量决定辐条的数量。

当 $\text{SW}_{pref} > \text{SW}_{max}$，$\text{SW} = \text{SW}_{max}$。

当 $\text{SW}_{max} > \text{SW}_{pref} > \text{SW}_{min}$，$\text{SW} = \text{SW}_{pref}$。

当 $\text{SW}_{pref} < \text{SW}_{min}$，$\text{SW} = \text{SW}_{min}$。

计算总的辐条载流导线宽度（Total Current Carrying Trace Width，CCTW）：

$$\text{CCTW} = \text{辐条宽度×每层的辐条数量×连接的层数×镀通孔的数量}$$

验证导线宽度满足 IPC-2221 中 6.2 节 "导电材料要求"（Conductive Material Requirements）的电流承载要求。如果导线宽度不足，需要考虑增加电镀通孔数量或镀通孔的尺寸来增加电流的承载能力。

9.12　FPC 互连焊盘设计

1．FPC 互连焊盘

FPC 互连焊盘设计如图 9-78 所示，设计的参数要求见表 9-30。

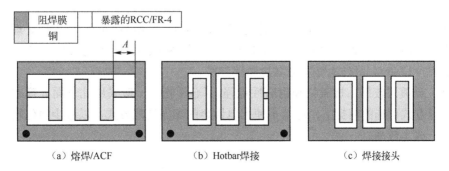

图 9-78　FPC 互连焊盘设计

表 9-30 FPC 焊盘设计参数

		Hotbar 焊接	熔焊/ACF	焊接接头
兼容性	聚酰亚胺（Polyimide）	是，对无铅特殊要求温度至少 300℃	是	是
	聚酯（Polyester）	否	是	否
	特氟龙（Teflon）	否	是	否
间距（mm）	推荐	≥1	≥0.8	≥0.5
	最小	0.63	0.5mm 更小的间距可以采用，但工艺时间长	0.4
焊盘宽度	最大	50%间距	50%间距	50%间距
连接焊盘走线宽度		50%焊盘	50%焊盘	50%焊盘
焊盘长度（mm）	推荐	3	3	根据连接设计
焊盘间阻焊膜（mm）	最小	2	2	根据连接设计
	推荐	是	否	是，但 0.4mm 以下没有
阻焊膜的间隙（mm）	推荐	0.06	$A=2$	0.06
	最小	0.05	$A=1$	0.05
表面处理	推荐	所有	化学镀镍/浸金（ENIG）浸银工艺（I-Ag）不能是 OSP	所有

2. FPC 金手指表面处理

常用的 FPC 金手指表面处理方式有化学镀镍/浸金（ENIG）、电镀铅锡（Tin）、选择性电镀金（SEG）、有机可焊性保护层（OSP）、热风整平（HASL）。具体采用哪种处理方式，则应考虑厂家加工能力、FPC 应用场合及成本预算等因素。

通过各种对比，化学镀镍/浸金、选择性电镀金是金手指表面处理最适合方式，其优缺点如下：

（1）化学镀镍/浸金

一般在 PCB 的铜金属面采用的非电解镍层的厚度为 2.5～5.0μm，浸金（99.9%的纯金）层的厚度为 0.05～0.1μm。

优点：表面平整，保存时间较久，易于焊接；适合细间距器件和厚度较薄的 PCB。因为化学镀镍/浸金厚度较薄，比较适合 FPC 采用。

缺点：环保性不好。

（2）选择性电镀金

选择性电镀金是指 PCB 局部区域用电镀金，其他区域用另外的一种表面处理方式。电镀金是指在 PCB 铜表面先涂覆镍层，后电镀金层。涂覆镍层的厚度为 2.5～5.0μm，金层的厚度为 0.05～1.0μm。另外电镀区域需拉电镀导线。

优点：金镀层较厚，抗氧化和耐磨性能强。"金手指"一般采用此表面处理方式，但是在表面处理方式可选的前提下，尽量不使用电镀金的表面处理方式，以减少氰化物污染。

缺点：成本较高。

第 10 章 PCB 孔的设计

PCB 上的孔有机械安装孔、定位孔、元器件插装孔、隔离孔和过孔导通孔（过孔）。根据对孔表面处理的工艺分为电镀孔（金属化孔）和非电镀孔（非金属化孔）。非电镀的机械安装孔常用作定位孔和安装孔，见 8.4 节"定位孔和安装孔的设计"。元器件插装孔的设计见 9.11 节"通孔插装元器件的焊盘设计"。PCB 的过孔导通孔分为通孔、埋孔、盲孔 3 种，见图 7-3。

本章主要讲解 PCB 上用于不同层之间连接的导通孔、钻孔和电镀铜层。

10.1 孔设计的基本原则

1. 各种孔的选择原则

导通孔（Via）选择的原则：首先尽量用通孔，其次用埋孔，最后选盲孔。一般钻床只有 X、Y 两个方向的精度，而盲孔的钻孔设备还有 Z 轴方向的精度，并且精度要求高，所以钻床的成本高。

随着电子产品的多功能、小型化，高密度组装布线越来越难，对金属化孔的尺寸要求越来越小。例如有些 CSP 金属化孔尺寸小于 0.1mm，在 0.35mm 的焊盘上钻 0.075mm 的盲孔；有些电镀后导通孔的直径约为 0.025mm。传统的 CNC 数控钻床已经无法加工微小孔，目前采用激光钻孔技术。直径小于 0.5mm 的孔不焊，这是因为孔受热后，内层容易断裂。

2. 孔的加工成本要求

① 减少孔的总数量：过多的孔会因为钻孔的时间增加造成 PCB 成本的增加；应使同一产品上孔的尺寸数目最少。

② 最大限度地提高钻孔直径（低孔径比），以减少钻头损坏和增加同一时间可钻的 PCB 的数量，减少钻孔时间。孔尺寸小于 0.34mm（0.0135in）会增加加工成本。

③ 尽量减少不同尺寸的孔，这会减少更换钻头的时间而降低成本。

④ 避免盲孔或埋孔，减少 Z 轴深度钻和芯板钻，这些工艺会增加 PCB 成本。

⑤ 电镀通孔不要用铜封闭起来，任何化学或气体侵入可能会导致孔壁破裂。通孔可能会在再流焊或热风整平时被填满锡。

⑥ 钻孔的边缘和电路板边缘至少要有 1.5 倍孔径的距离，或者至少 1.0mm（0.040in）。

⑦ 散热过孔间距、钻孔尺寸、过孔尺寸、过孔间距、特殊孔的尺寸公差、PCB 上开槽的宽度公差应有文件明确规定。

3. 用于焊接的孔的要求

① 所有不测试的导通孔应该用阻焊膜覆盖住，以增加互连密度和最大限度地减少通孔之间焊锡桥接的机会。

② 没有阻焊膜覆盖住孔时，通孔之间的最小距离与焊盘间距一样。

③ 阻焊膜应该覆盖住 IC 器件下部的通孔，除了 BGA 下的仅在上部阻焊膜覆盖住。

④ 标准的导通孔不应该被放于表面贴装的焊盘上，导通孔不应该被加工成元器件焊盘的一部分。

⑤ 在常规元器件下面应该减少通孔，特别是阻焊膜没有覆盖通孔时。

⑥ 孔在焊盘上（Via In Pad，VIP）的设计须经相关部门的特别批准；PCB 文件中须有 VIP 最终孔径公差的要求，孔在焊盘上会在焊接处夺走焊锡。

⑦ 为了减少搭锡，不要将导通孔安置在分立元器件（SOT、陶瓷 R-Pack）的下部。

4. 孔作为测试点

只要不被阻焊并且有焊盘，通孔可以作为测试点。

通孔不必布局在 2.5mm（0.0984in）网格，但还是推荐分开 2.5mm（0.0984in）距离。在测试技术人员认可的前提下，可以允许过近的距离但会增加成本。

10.2　导通孔的加工技术

10.2.1　导通孔的加工能力

四种产品类别对应的导通孔最小物理尺寸见表 10-1。最小钻头尺寸和板厚的关系见表 10-2。

表 10-1　四种产品类别对应的导通孔最小物理尺寸

特点	基本消费类产品	高性能消费产品	高端设备	前沿技术产品
最小外部焊盘直径①	Drill + 0.305mm （Drill + 0.012in）	Drill + 0.279mm （Drill + 0.011in）	Drill + 0.254mm （Drill + 0.010in）	Drill + 0.203mm （Drill + 0.008in）
最小内部焊盘尺寸直径①	Drill + 0.305mm （Drill + 0.012in）	Drill + 0.279mm （Drill + 0.011in）	Drill + 0.254mm （Drill + 0.010in）	Drill + 0.203mm （Drill + 0.008in）
无焊盘孔的周围铜禁布区（直径）	Drill + 0.508mm （Drill + 0.022in）	Drill + 0.457mm （Drill + 0.018in）	Drill + 0.406mm （Drill + 0.016in）	Drill + 0.406mm （Drill + 0.016in）
热风焊盘内部直径①	Drill + 0.305mm （Drill + 0.012in）	Drill + 0.279mm （Drill + 0.011in）	Drill + 0.254mm （Drill + 0.010in）	Drill + 0.203mm （Drill + 0.008in）
热风焊盘外部直径①	热风焊盘内部直径+ 0.254mm（0.010in）	热风焊盘内部直径+ 0.254mm（0.010in）	热风焊盘内部直径+ 0.203mm（0.008in）	热风焊盘内部直径+ 0.203mm（0.008in）
最小隔离焊盘①	Drill + 0.559mm （Drill + 0.022in）	Drill + 0.457mm （Drill + 0.018in）	Drill + 0.406mm （Drill + 0.016in）	Drill + 0.406mm （Drill + 0.016in）
最小阻焊膜开口直径（部分阻焊膜覆盖住孔）②	成孔尺寸 + 0.203mm （0.008in）	成孔尺寸 + 0.152mm （0.006in）	成孔尺寸 + 0.102mm （0.004in）	成孔尺寸 + 0.102mm （0.004in）
最小阻焊膜开口直径（暴露的通孔）	焊盘 + 0.127mm （0.005in）	焊盘 + 0.102mm （0.004in）	焊盘 + 0.102mm （0.004in）	焊盘 + 0.076mm （0.003in）

① 这些数值假定允许钻孔与焊盘相切，Drill 是钻头尺寸。

② 阻焊膜覆盖住通孔可能会造成部分阻塞，会因为困住的化学物质引起局部腐蚀，因此阻焊膜开口要比孔大或完全被覆盖。

对于表 10-1 中的数据说明如下。

① 焊盘尺寸 = 钻头尺寸 +2 ×制造公差。制造公差是在印刷电路板制造过程中公差积累的结果。例如：制造公差 = 0.152mm（0.006in），最小焊盘直径 = 钻头尺寸 + 2×0.152mm（0.006in）= 钻头尺寸+ 0.304mm（0.012in）。

② 这些数据等于或大于表 10-3 中的最小钻孔尺寸。

③ 成孔尺寸约比钻头尺寸小 0.127mm（0.005in）。对 HASL 的 PCB，孔直径小于 0.458mm（0.018in）可能会被完全堵塞。

④ 如果设计的阻焊桥不能满足 9.2 节的要求，采用阻焊膜覆盖住部分孔来增加阻焊桥宽度。如果满足 9.2 节的要求，采用暴露孔或部分覆盖，设计为不可测试点。

⑤ 在高密度组装中不设置热释放会导致散热不好损坏元器件。

表 10-2　四大产品类别对应的最小钻头尺寸和板厚关系

板厚	表面镀层	最小钻头尺寸			
		基本消费类产品	高性能消费产品	高端设备	前沿技术产品
1. 600mm（0.063in）	电镀镍金	0.35mm（0.014in）	0.30mm（0.012in）	0.25mm（0.010in）	0.25mm（0.010in）
	其他表面处理①	0.35mm（0.014in）	0.30mm（0.012in）	0.25mm（0.010in）	0.20mm（0.008in）
2. 36mm（0.093in）	电镀镍金	0.45mm（0.018in）	0.40mm（0.016in）	0.35mm（0.014in）	0.25mm（0.010in）
	化学镀镍/浸金②	0.40mm（0.016in）	0.35mm（0.014in）	0.30mm（0.012in）	0.25mm（0.010in）
	其他表面处理①	0.40mm（0.016in）	0.35mm（0.014in）	0.30mm（0.012in）	0.20mm（0.008in）
3. 500mm（0.120in）	电镀镍金	—	—	—	—
	化学镀镍/浸金②	0.50mm（0.020in）	0.45mm（0.018in）	0.35mm（0.014in）	0.25mm（0.010in）
	其他表面处理①	0.50mm（0.020in）	0.45mm（0.018in）	0.30mm（0.012in）	0.25mm（0.010in）
4. 800mm（0.189in）	电镀镍金	—	—	—	—
	热风整平	—	—	0.45mm（0.018in）	联系供应商
	OSP	—	—	0.45mm（0.018in）	联系供应商
	浸锡	—	—	0.45mm（0.018in）	联系供应商
	其他表面处理①	—	—	—	—

① 其他表面处理包括热风整平、化学镀镍/浸金、浸锡、浸银、OSP、镀镍钯金等。
② 由于较低的镀覆能力，化学镀镍/浸金要求大的孔尺寸。

特定的导通孔尺寸与典型的钻头使用见表 10-3。在表 10-1 中的钻头尺寸和成孔尺寸等于或大于表 10-3 中最小钻孔尺寸。

表 10-3　特定的导通孔成型尺寸与典型的钻头使用

特定的导通孔成型尺寸	典型公制钻头尺寸	典型英制钻头尺寸（钻头号码）
0.203mm（0.008in）	0.25mm	0.010in（＃87）
0.229mm（0.009in）	0.3mm	0.012in（＃83）
0.254mm（0.010in）	0.30mm	0.012in（＃83）
0.279mm（0.011in）	0.30mm	0.012in（＃83）

续表

特定的导通孔成型尺寸	典型公制钻头尺寸	典型英制钻头尺寸（钻头号码）
0.305mm（0.012in）	0.35mm	0.0135in（＃80）
0.330mm（0.013in）	0.35mm	0.0135in（＃80）
0.356mm（0.014in）	0.38mm	0.0145in（＃79）
0.381mm（0.015in）	0.40mm	0.016in（＃78）
0.406mm（0.016in）	0.40mm	0.016in（＃78）
0.432mm（0.017in）	0.45mm	0.018in（＃77）

注：对于成孔尺寸小于 0.203 mm（0.008in）的，需要咨询 PCB 供应商。

10.2.2　孔阻焊膜

1．通孔的阻焊膜分类

通孔阻焊膜的处理方式有以下几种，如图 10-1 所示。

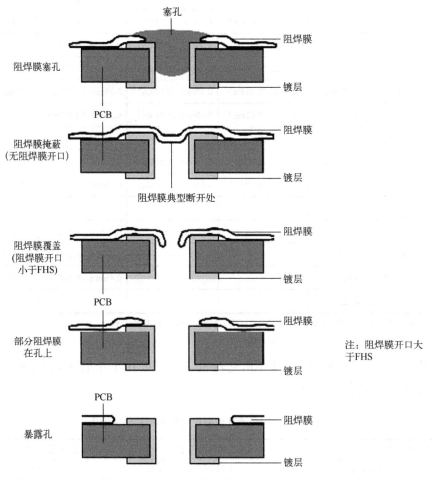

图 10-1　通孔的阻焊和塞孔

① 阻焊膜塞孔（Via Plugging）：完全塞住 PCB 一面的孔。

② 阻焊膜掩蔽（Via Tenting）：也称为盖导通孔，在孔周围没有阻焊膜开口，阻焊膜有可能塞住或不塞住通孔。

③ 阻焊膜覆盖（Covered Via）：也称为灌淹导通孔（Flooded Via），阻焊膜开口尺寸小于或等于成孔尺寸，导通孔部分被填充或孔壁被阻焊膜覆盖。

④ 部分阻焊膜在孔上（Partial Solder Mask on Via）：也称为侵入孔（Encroached Via），孔焊盘的部分有阻焊膜，没有填充导通孔。阻焊膜开口尺寸刚好比导通孔尺寸稍大一点。

⑤ 暴露孔（Expose Via）：阻焊膜开口比孔焊盘大，孔焊盘暴露。

2. 阻焊膜塞孔

（1）通孔实施阻焊膜塞孔的主要作用

① 防止 PCB 在插装元器件后过波峰焊时，焊锡从通孔贯穿到元器件面造成短路；

② 可以有效地解决焊接过程中助焊剂残留在通孔内的问题，提高产品安全性能；

③ 元器件装配完成后在测试机上形成真空负压状态；

④ 预防表面焊膏流入孔内造成虚焊，影响贴装；

⑤ 杜绝通孔内产生锡珠，避免 PCB 过再流焊时锡珠弹出而造成短路。

（2）阻焊膜塞孔的应用

除了以下情况，不推荐阻焊膜塞孔。

① 对于 BGA、CGA 和 CSP 的孔可能对波峰焊暴露，需要在 PCB 下表面塞孔。

BGA 位于 PCB 上表面再流焊后 PCB 下表面波峰焊，热量会通过通孔传递到上表面上的 BGA 焊点，BGA 的球又会被加热，根据热容量的不同，有些没有熔化、有些半熔化，在热应力的作用下很容易断裂失效，如图 10-2（a）所示。热源来自 3 个方面：

● 底部波峰加热 PCB 传导到上表面；

● 底部加热通过过孔传到上表面；

● 波峰焊机内的上部预热器。

避免上表面的 BGA 焊球再次熔化的方法，是在掩模板治具下表面遮蔽防护或下表面塞孔，如图 10-2（b）所示。

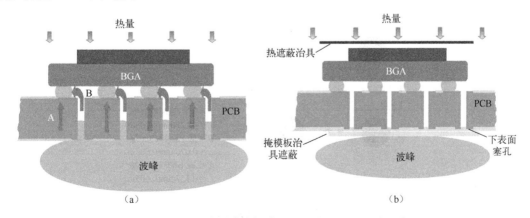

图 10-2　PCBA 下表面波峰焊时 BGA 受热和通孔下表面塞孔

② 波峰焊时孔暴露不能满足表 10-1 中的最小物理尺寸，塞孔可以避免桥接缺陷。

（3）采用阻焊膜塞孔，遵循的规则

① 需要的阻焊膜厚度可丝网印刷，热固化阻焊膜可实现阻焊塞孔。

塞孔工艺与一般的阻焊工艺比较，除丝网印刷方式塞孔与后固化有所不同外，其他工艺过程没有什么两样，因此控制丝网印刷塞孔与后固化工艺是用阻焊膜塞孔工艺的关键。丝网印刷阻焊膜的塞孔有两种方式：

- 采用铝片塞孔网板，其优点是塞孔时铝片变形小，网印时对位准确，但流程较长，生产效率较低。
- 常用的方式是用网点丝网印刷，塞孔油墨通过丝网漏印的方式进入孔内。该方法的优点是板面阻焊与塞孔阻焊膜同时丝网印刷，生产效率较高，但由于丝网在印刷过程中变形较大，对位不易控制，如丝网制作时其补偿量控制不好，或操作人员在印刷过程中控制不到位，很容易出现通孔塞不饱满的问题。

② 最大填充 FHS 孔的限度为 0.51mm（0.020in）。

③ 最高不超过孔表面 0.05mm（0.002in）。

④ 使用后喷锡（HASL）或电镀工艺。

⑤ 只应用于 PCB 的一面。

⑥ 要使用单独的塞孔阻焊层，塞孔阻焊层上的塞孔尺寸定义和孔焊盘尺寸一致。

⑦ PCB 的加工图纸要注明允许修改与阻焊膜尺寸相关联的塞孔尺寸，以实现完全覆盖孔的 FHS 和焊盘。

孔堵塞可能会在再流焊和波峰焊的高温下脱落或剥离，特别是无铅焊接的高温会加剧这种问题的发生。

10.2.3　孔的位置

通孔之间的间距（见图 10-3）受限于最小阻焊桥宽度 0.076mm（0.003in）或最小铜到铜间隙 0.127mm（0.005in）。部分通过阻焊膜覆盖的孔焊盘，可能允许更紧密的间距，但会使它不可测试。

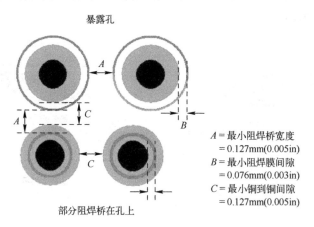

A = 最小阻焊桥宽度
= 0.127mm(0.005in)
B = 最小阻焊膜间隙
= 0.076mm(0.003in)
C = 最小铜到铜间隙
= 0.127mm(0.005in)

图 10-3　通孔间距限制

除非注明，通孔放置的这些位置适用于过孔和盲孔，否则不要将通孔放置在以下的位置。

① SMT 被动元器件的下面，焊锡会流到孔中造成焊点少锡，如图 10-4（a）所示。

② PCB 下表面波峰焊工艺时，PCB 上表面的没有托高（Standoff）的元器件下面不可以放置孔，除非使用阻焊膜掩蔽的设计方式，如图 10-4（b）所示。

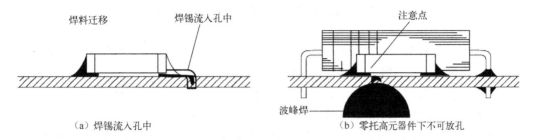

（a）焊锡流入孔中　　　　　　　　　　　（b）零托高元器件下不可放孔

图 10-4　孔在元器件下部

③ 过波峰焊工艺 SMT 元器件下面，会导致元器件桥接。

④ 金属件下面，如晶体管、晶体和某些类型的电容器。

⑤ 间距在 0.64mm（0.025in）内的铜到铜的可焊接表面暴露于波峰焊工艺，如 PTH 的焊盘。

⑥ 分立元器件底部靠近元器件侧面暴露于波峰焊中（用于通孔）。

⑦ 需要底部填充的区域，或在底部填充的边界覆盖区域。

⑧ 极力不推荐放置孔在焊盘上，这会导致少锡或桥接的缺陷。由此导致的缺陷会增加组装的成本。焊盘上孔电镀覆盖是替代的方案。

对于无铅焊接由于温度较高，导电阳极（Conductive Anodic Filament，CAF）电阻故障的概率随通孔间距的减小而增加。使用最低下限是 0.38mm（0.015in）的孔与孔间距会减少 CAF 失效的风险。

一些行业研究表明在波峰焊中孔壁裂纹是由于热应力。通孔内壁上镀层金属的裂纹如图 10-5 所示。

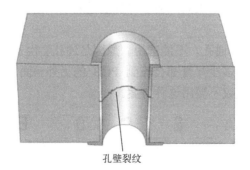

孔壁裂纹

图 10-5　孔壁裂纹

10.2.4　孔在焊盘上的设计

孔在焊盘上（Via In Pad）始终是一个热点的问题。通孔在焊盘上会导致的缺陷是少锡。SMT 工程师曾一直坚持不允许孔放置在焊盘上，但随着高密度组装的发展，没有更多的空间来放置孔，有些元器件的供应商强烈推荐将孔放在焊盘上。这里就如何恰当地使用孔在焊盘上的技术给出一些规则。

1. 孔在焊盘上的设计规则

孔在焊盘上的设计可以允许近距离放置旁路电容，有助于热管理，有助于高频元器件接地。

不想采用孔在焊盘上的原因是这些孔像小的毛细管一样，由于毛细作用把焊盘上熔化的锡吸入孔内导致焊点开路。孔越大，这种情况越容易发生。

如果采用的孔被阻焊膜覆盖或部分填充，覆盖的部分可能会由于热膨胀被顶出或内部的气泡被溢出，造成焊点内部有空洞。

孔在焊盘上不是业界公认的方法，然而现实应用中特别是 BTC，供应商推荐孔在散热焊盘上增强热导率，高频设计倾向于最短的电气连接，会使得设计成孔在焊盘上，可以参考前面 9.10.5 节讲解的 BTC 焊盘设计。对于细间距的 BGA 器件同样由于空间的原因也采用孔在焊盘上。

所以在首次设计 PCB 时就应考虑孔在焊盘之间，塞孔或覆盖，使用微孔等。

2. 孔在 BGA 焊盘上的设计

一般，孔在 BGA 焊盘上比在 BTC 焊盘上更难设计，因为空间更小。通常，尽量不要放置孔在 BGA 焊盘上，如果非要把孔放在 BGA 焊盘上，其设计方式如图 10-6 所示，并遵循以下规则。

方案 B 和 D 最好，采用塞孔，然后在孔上电镀铜覆盖。可以在最后电镀工艺前用金属或热电导电环氧堵塞。这样的好处是孔在焊盘上不会造成组装的问题，可以用于新品试样和批量生产。

方案 C 也可以，但仍有一些挑战。所采用的微孔只通过一层板，但这仍然会导致一些问题。焊锡可以流入孔腔中，需要增大焊膏印刷钢网的开孔以确保焊锡足够。

方案 E 不是太差，但不是很好。下表面用阻焊膜覆盖通常可以避免焊锡完全流出，但有时覆盖的阻焊膜会有开口或口太大，会从焊盘上吸入很多锡，甚至会把 BGA 焊球熔化吸入而造成开路。

方案 A 直接在焊盘上开通孔，不能选用。原因是通孔会由于毛细作用吸掉焊盘或 BGA 焊球上的锡，有时无论印刷多少焊膏都会流到 PCB 的另外一面。使用很小的孔或无铅焊膏可以减缓这种现象，但是建议不要用这种方案。

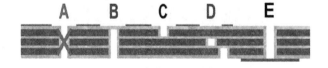

图 10-6　孔在 BGA 焊盘上的设计

孔在 BGA 焊盘上的设计具体见 12.1.5 节。

3. BTC 孔阻焊膜

在 PCB 上贴装元器件的一侧，采用阻焊膜孔覆盖不是最好的方法，但仍然对 BTC 有用。对于 BTC 的中间散热焊盘、D2Pak 器件或是小的 SMT 元器件（带有宽的铜的需要热释放或接地），可以采用阻焊膜覆盖孔的设计方式，如图 10-7 所示。

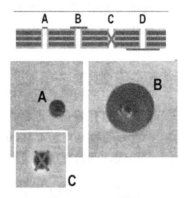

图 10-7　BTC 的孔

方案 A：孔的阻焊膜覆盖仅比孔稍大。很多 PCB 厂家推荐阻焊膜覆盖直径比孔大 0.1～0.125mm，尽量减少空洞和热绝缘，最小地影响热传导。

方案 B：孔被大的阻焊膜覆盖。对于非关键的应用这是合适的方法，除了极端的信号和热灵敏度，电路板加工容易实现，会有一点儿绝缘，所以不需要大的散热。焊膏印刷的钢网需要注意不要把焊膏印到阻焊膜的区域。

方案 C：不可用。毛细作用会使得上面的焊锡流到下表面从而污染下面的元器件。

方案 D：是除 C 外最不可取的方法。底部覆盖可以避免焊锡流到下表面，但同时会带来其他问题。焊膏中的溶剂挥发的气体会导致覆盖翘起或脱落，会导致 BTC 很多空洞产生。焊锡流过散热过孔造成焊锡流失，会引起空洞。SEM（Scanning Electron Microscope）图像说明焊锡流入孔中造成 BTC 空洞，如图 10-8 所示。

在安装 QFN 器件到 PCB 上时，应该避免造成散热焊盘区域的大空洞。为了控制这些空洞，导通孔需要被填充。填充散热焊盘区域的导通孔，可防止再流焊过程中焊料流入导通孔内部。所有这些阻焊选项各有利弊。当 PCB 导通孔采用正面盖孔时会产生较小的空洞，但 PCB 正面阻焊膜的存在会阻碍正确的焊膏印刷。另一方面，无论是底部塞孔还是底部盖孔，都会由于排气产生较大的空洞而覆盖超过两个以上的导通孔。最后，侵入孔可让焊料流入导通孔内从而减小空洞尺寸。然而，它会导致封装间隙高度降低，该间隙高度是由外露焊盘下面的焊料量控制的。

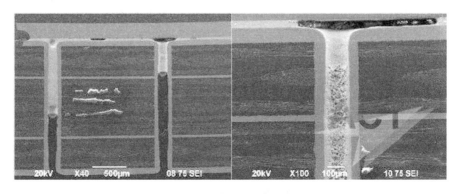

图 10-8　焊锡流入孔中造成 BTC 空洞

图 10-9 的例子是采用方案 B, 尺寸 9mm×9mm 的 BTC, PCB 是化学镀镍/浸金表面, 孔保留通孔, 孔的外围采用阻焊膜全包。这种方法可以用在较大尺寸的 BTC, 焊膏印刷钢网的分割是至关重要的, 不要把焊膏印到阻焊膜上, 如果钢网全开孔或焊膏印到孔上, 会导致焊锡流到下表面。

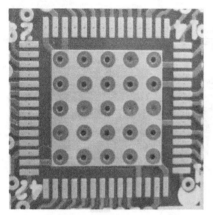

图 10-9 BTC 焊盘孔阻焊应用举例

另外, 采用塞孔和焊盘孔覆盖, 需要和 PCB 供应商确认电路板的表面平整性。有些电路板厂家塞孔和电镀或焊盘孔覆盖不能保持表面平整, 焊盘可能会缩进或凸起, 特别是对于 0.5mm 以下间距尤为重要, 缩进会导致少锡, 凸起会顶起或倾斜元器件, 导致接触不良。

10.2.5 VIPPO 工艺

BTC 散热焊盘上的厚金金属化会导致更多的空洞。研究发现, 在所有的散热过孔都没有填充环氧树脂, 会造成大的空洞覆盖焊盘中心的散热过孔, 空洞覆盖散热过孔是电路板制造中的缺陷。设计散热过孔的用意是用环氧树脂填充过孔, 并在这些过孔上进行电镀, 或者采用焊盘上孔电镀覆盖 (Via In Pad, Plated Over, VIPPO)。VIPPO 工艺是在焊盘上钻孔, 再用电镀盖孔的工艺, 如图 10-10 所示, 也就是图 10-6 中 B 和 D。在高端产品市场, 如通信设备和服务器市场, 有 60%的产品使用 VIPPO 工艺流程。

VIPPO 技术的优点:

① 缩小孔与孔间距, 减小板的面积;

② 解决导线与布线的问题, 提高布线密度。

这种技术可以消除细间距的 BGA 器件布局中狗骨头 (Dog Bone) 孔和布线的问题, 可以改善高频元器件接地的问题。因为孔完全被覆盖且表面平整, VIPPO 不会造成类似于通孔在焊盘上组装的问题。

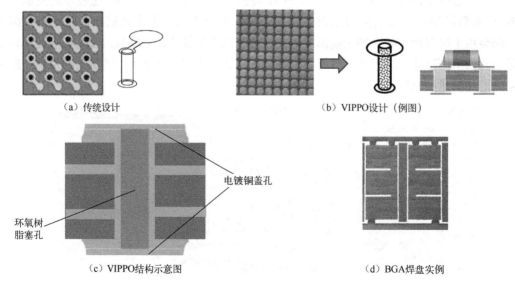

(a) 传统设计

(b) VIPPO设计 (例图)

电镀铜盖孔

环氧树脂塞孔

(c) VIPPO结构示意图

(d) BGA焊盘实例

图 10-10 VIPPO 设计

树脂塞孔的孔动辄上万个，而且要保证不能有一个孔不饱满。这种万分之一的缺陷就会导致报废，必然要求在工艺上进行严谨的思考和规范，必须有良好的塞孔设备。目前用于树脂塞孔的丝印机可以分为两大类，即真空塞孔机和非真空塞孔机。

VIPPO 技术专为通孔设计，利用这种技术应满足表 10-4 的要求。

表 10-4 VIPPO 技术

最小钻孔尺寸	0.30mm（0.012in）
最大钻孔尺寸	0.46mm（0.018in）
最大宽厚比	1:10
最大电路板厚度	3.04mm（0.120in）

10.3 背钻孔

PCB 制造过程中可将镀通孔当作线路。某些镀通孔端部无连接将导致信号折回，共振也会减轻，可能会造成信号传输的反射、散射、延迟等，使信号失真。背钻（Back Drill）技术更有利于减小孔线路损耗并更能保证信号的完整性。

1. 什么是 PCB 背钻

背钻就是把一个电镀通孔在电镀后，用深度控制钻孔的方法把这个孔再钻一次，钻到要求的深度。背钻其实就是孔深钻比较特殊的一种。在多层板的制作中，例如 12 层板的制作，我们需要将第 1 层连到第 9 层，通常我们钻出通孔（一次钻），然后沉铜。这样第 1 层直接连到第 12 层，实际我们只需要第 1 层连到第 9 层，第 10 层到第 12 层由于没有线路相连，像一个柱子。这个柱子影响信号的通路，在通信过程中会引起信号完整性问题，所以将这个多余的柱子（业内叫 Stub）从反面钻掉（二次钻），叫背钻，如图 10-11 所示。

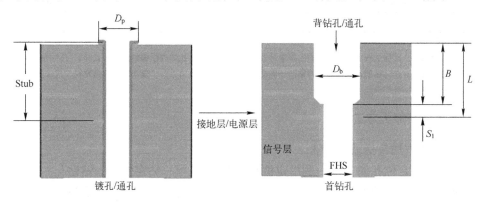

FHS：成孔尺寸
D_b：背钻孔直径
D_p：背钻孔焊盘直径
L：标称信号层深度
S_1：安全距离（背钻后剩余根部长度）
B：标称背钻深度=$L-S_1$

图 10-11 PCB 背钻孔

　　背钻孔不像通孔那样可以从两端排屑，其单端排屑效果较差，因此孔壁上的残胶会比通孔多。若处理不当，沉铜板电镀后将形成残胶铜瘤，影响品质。但是一般也不会钻那么干净，因为后续工序会电解掉一点儿铜，且钻尖本身也是尖的。

　　多层背钻技术电路板主要应用于通信设备、消费电子、高端服务器、医疗电子、工控、军事等领域。

2．背钻孔的优点

① 减小杂讯干扰；

② 提高信号完整性；

③ 局部板厚变小；

④ 减少埋盲孔的使用，降低 PCB 制作难度。

3．背钻孔的作用

　　背钻的作用是钻掉没有起到任何连接或者传输作用的通孔段，避免造成高速信号传输的反射、散射、延迟等，给信号带来"失真"。研究表明：影响信号系统信号完整性的主要因素除设计、板材料、传输线、连接器、芯片封装等因素外，通孔对信号完整性有较大影响。

　　具体的背钻孔尺寸见表 10-5。PTH 铜镀层长度尽量小，提高信号完整性。残留长度会引起阻抗的不连续，信号反射，随着数值的增加变得尤为关键。

表 10-5　背钻技术

	高端设备	前沿技术
背钻孔直径 D_b [①]	FHS + 0.25mm（0.010in）	FHS + 0.15mm（0.006in）
背钻孔焊盘直径 D_p [②]	FHS + 0.10mm（0.004in）	FHS + 0.10mm（0.004in）
最小背钻间距 [③]	1.00mm（0.039in）	0.8mm（0.031in）
背钻深度公差	0.15mm（0.006in）	0.10mm（0.004in）
剩余短线长度（Stub） S_1	0.25mm（0.010in）	0.15mm（0.006in）

注：FHS 指成孔尺寸。

① 对于包含背钻孔，确保从较大背钻孔到铜间隙满足表 10-1 中"无焊盘孔的周围铜禁布区（直径）"尺寸要求。

② 背钻孔尺寸只针对在背钻的一侧。在无背钻的一侧孔焊盘应该满足表 10-1 中"最小外部焊盘直径"尺寸要求。

③ 这是允许的最小钻孔间隙。

4．PCB 背钻加工方法

　　背钻加工的方法包括以下步骤：

① 提供设有定位孔的 PCB，利用定位孔对 PCB 进行一钻定位及一钻钻孔。

② 对一钻钻孔后的 PCB 进行电镀，电镀前对定位孔进行干膜封孔处理。

③ 在电镀后的 PCB 上制作外层图形。

④ 在形成外层图形后的 PCB 上进行图形电镀，图形电镀前对定位孔进行干膜封孔处理。

⑤ 利用所使用的定位孔进行背钻定位，采用钻刀对需要进行背钻的电镀孔进行背钻。

⑥ 背钻后对背钻孔进行水洗，清除背钻孔内残留的钻屑。

⑦ 背钻与一钻使用相同定位孔，并对定位孔进行干膜封孔处理，避免背钻时定位孔因一钻孔电镀或图形电镀导致尺寸变化对定位精度的影响，提高背钻的对准度能力。

第 11 章　PCBA 的可制造性设计

PCBA 的可制造性设计主要是解决电子组件的可组装性问题。各组装工艺有不同的设计要求，涉及内容主要有工艺路径设计、装配面元器件布局设计、元器件的组装高度和质量限制、元器件的间距和方向、组装工艺的特殊设计要求、元器件禁布区等。涵盖 PCBA 组装的工艺包括波峰焊、再流焊、自动插件、涂覆、灌封等。

11.1　PCBA 的元器件布局

11.1.1　PCBA 元器件布局的基本原则

PCBA 上元器件布局会影响产品的加工成本和质量，不正确的元器件摆放会降低产品的良率，造成制造流程和返工困难。元器件布局合理，从而制造工艺也简单。从可制造性的角度出发，元器件在 PCBA 上整体布局遵循下面的准则：

① 元器件规则、均匀地分布在整个印制电路板表面，保证均匀的热分布和提高焊点质量。大质量元器件再流焊时热容量较大，过于集中容易造成局部温度低而导致虚焊；同时布局均匀也有利于重心平衡，以避免 PCBA 在再流焊过程及波峰焊过程中变形；元器件布局较少的区域，可能会出现过热和热损伤。

② 元器件在 PCBA 上的排列方向。同类元器件尽可能按相同的方向排列，相同元器件等距离放置，极性方向应一致，便于元器件的贴装、焊接和检测，如电解电容器极性、二极管的正极、三极管的单引线端、集成电路的第 1 引脚等。

③ 同时遵循图 8-14 和图 8-16 中元器件禁布区的要求，导轨传送方向距离 PCB 边 5mm 范围为禁布区，非传送方向距离 PCB 边 2mm 为禁布区。PCB 传送方向工艺边的禁布区内不能布局任何元器件，PCB 非传送方向禁布区内不要布局 SMT 元器件，但如果需要布局插装元器件，应考虑防止波峰焊焊锡溢到 PCB 上表面。

④ 布局应尽量满足以下要求：总的连线尽可能短，关键信号线最短；高电压、大电流信号与小电流、低电压的弱信号完全分开；模拟信号与数字信号分开；高频信号与低频信号分开；高频元器件的间隔要充分。布局中应参考原理框图，根据单板的主信号流向规律安排主要元器件。

⑤ 贵重元器件不要布局在 PCB 的角、边缘、靠近接插件、安装孔、槽、拼板的切割、豁口和拐角等处，以上这些位置是 PCB 的高应力区，容易造成焊点和元器件的开裂或裂纹。

⑥ 经常插拔或板边连接器周围 3.0mm 范围内尽量不布局 SMD，以防止连接器插拔时产生的应力损坏元器件。

⑦ 边缘不要放置陶瓷电容、电解电容等，周转过程中容易折弯、折断或使其松动。

⑧ 需安装散热器的 SMD 应注意散热器的安装位置，布局时要求有足够大的空间，避

免与其他器件相碰，确保最小 0.5mm 的距离满足安装空间要求。

说明：a. 热敏元器件（如电阻、电容、晶振等）应尽量远离高热元器件。

b. 热敏元器件应尽量布局在上风口，高元器件布局在低矮元器件后面，并且沿风阻最小的方向排布，防止风道受阻，如图 11-1 所示。

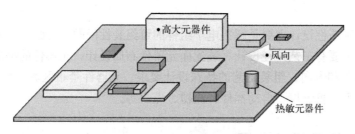

图 11-1　热敏元器件的布局

⑨ SMT 中比较重的、比较高的、体积大的元器件尽量放在同一面，并且放在 PTH 元器件的非焊接面。

⑩ 表面贴装元器件与通孔插装元器件都尽量同类靠近，相对集中，两类元器件分开布局在 PCB 较独立的区域。如果无规则分散布局，在波峰焊时会增加治具的遮蔽难度和增加成本。

⑪ 片式元器件的长轴尽量与工艺边方向（即板子传送方向）垂直，这样可以防止元器件在板子上在焊接过程中出现立碑现象。

⑫ 细间距元器件推荐布局在 PCB 同一面，并且将较重的元器件（如电感）布局在上表面，防止掉件。

⑬ 尽量避免两个翼形引线的表面贴装器件重叠放置。但如果是这两个器件兼容，一款产品上只需要贴装一个器件的时候，可以这样设计。如图 11-2 所示是采用不同尺寸的两个 SOP 器件兼容性焊盘设计的例子。

⑭ 对于两个片式元器件的兼容性替代，要求两个元器件封装一致。如图 11-3 所示，A 和 B 元器件兼容性设计共用焊盘。

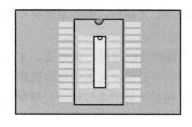

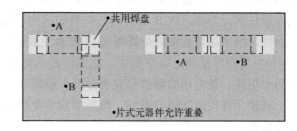

图 11-2　两个 SOP 器件兼容性焊盘设计　　　图 11-3　片式元器件兼容示意图

⑮ BGA 设计时，最好一面布局 BGA 器件，两面布局 BGA 器件会增加工艺难度；也避免在 PCB 一侧布局大量的 BGA 器件，引起可靠性下降。

由于 CTE 的不匹配，在焊后收缩过程中因焊点的约束，发生 PCB 翘曲（凸起的）引起可靠性问题，甚至引起焊点裂纹。同时，因元器件芯片与封装的应力，背侧器件的可靠性和焊点的变形都影响焊点的可靠性。

⑯ 为了避免 BGA 焊点应力断裂，应避免将 BGA 布局在 PCB 装配时容易发生弯曲的地方，这种不良布局容易造成单手拿 PCB 时焊点的开裂。在 PCB 易弯曲的虚线区域内不要布局 BGA 器件，如图 11-4 所示。

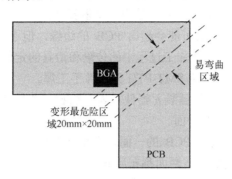

图 11-4　PCB 一侧高密度布局 BGA 器件

⑰ 避免 BGA 器件镜像布局。对于高可靠性的产品，BGA 器件在电路板上布局要避免镜像布局，也就是背对背的布局，如图 11-5（a）所示。镜面布局严重降低 BGA 的可靠性达 50%，并且很难返修，应当尽可能避免；如果无法避免，采用准镜面布局，如图 11-5（b）所示，并在其重叠部分无通孔。

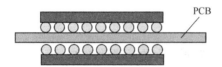 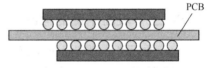

（a）双面BGA器件布局沿PCB中线呈镜像分布，在一些例子中上下面封装公用通孔　（b）双面BGA器件布局沿PCB中线呈近似镜像分布，虽然BGA器件不是完全镜像，但仍然有交叉影响

图 11-5　BGA 器件的镜像布局

⑱ 不同属性的金属件或金属壳体的元器件不能相碰，确保最小 1.0mm 的距离以满足安装的要求。

⑲ 多引线 PTH 元器件（如连接器、IC、排针）排布方向尽量与运行方向平行以利于焊接，并防止连焊等不良问题。

⑳ 如果可能的话，将大而重的 PTH 元器件分布印制电路板的边缘。这会减少在设备加工过程中 PCB 扭曲变形。

㉑ 尽可能使 PTH 元器件组合在一起。这将有利于工具设计，提高组件插入的速度和精度，在焊接过程中提高质量和缩短时间。

㉒ PTH 元器件尽量放在 PCB 一面。尽量避免在 PCB 上下两面都放置 PTH 元器件。如果两面都布局了 PTH 元器件，第二面的 PTH 元器件就可能被迫要手工焊，这会增加制造成本和降低产品的良率。

如果不得已要布局 PTH 元器件在 PCB 的两面，这时候 PCB 的其中一面可以选择用压接连接器代替焊接性元器件，或者选择 SMT 连接器。

㉓ 轴向插装元器件插装方向应与 PCB 的运行方向呈 90°放置，以避免在波峰焊时由于波峰压力而导致焊接完成后，元器件的一边翘起；同时避免焊接时由于高温，元器件前后受

热时间差所产生的应力作用。

㉔ 尽量在 PCB 的上表面（元器件面）布线；在电路板下表面（焊接面）布线，线路容易被损坏。不要在靠近板子边缘的地方布线，因为生产过程中都是通过板边进行传输和固定，边上的线路会被波峰焊设备的卡爪或边框传送器损坏。

㉕ 另外，元器件装配好以后可能会超出 PCB 的边缘，但不能低于 PCB 板的平面。元器件低于 PCB 的平面会影响 PCB 加工过程中的传输和治具的定位。

㉖ 尽量不要双面混装，避免 SMT/PTH 元器件手工焊。

㉗ 混装情况下尽量首先选择插装元器件、表面贴装元器件在同一面，其次选择表面贴装元器件在两面，插装元器件在一面。

- 表面贴装元器件尽量放在 PCB 的一面，实在排不开，将阻容元器件放在下表面，IC 放在上表面，尽量避免上下两面都布局 IC。
- 相对于焊盘而言，体积大、质量大的元器件，如铝电解电容，不要放在下表面，在再流焊时容易掉件。
- 混装情况下，尽量选择表面贴装元器件。

㉘ 突出的元器件和 ICT。没有 ICT 测试探针的一面布局大的元器件和突出的硬件，将会简化 ICT 测试。突出的元器件，如散热器等大的元器件，对于有 ICT 测试探针的一面是有影响的，这种情况下，最好就把这类散热器移到另一面。

11.1.2　PCBA 上下表面平衡的考虑

通常，小尺寸的元器件都布局在 PCBA 的下表面，大的元器件放在上表面，这里的下表面指的是先再流焊的一面，上表面是第二次再流焊的一面。在加工过程中，如果选用相同配置的或是同一条 SMT 生产线，在贴装机拾取和贴装时，上下两面的元器件数量差别较大时，就会造成生产线的节拍不平衡，浪费设备的利用率。

11.1.3　元器件的高度限制

在电子组装的工艺中，一些设备要有高度的限制，如元器件过高会碰到贴装机的贴装头，不能穿过再流焊炉，如图 11-6 所示。AOI 光学检测仪和 ICT 测试仪器同样也有高度的限制，是检测时定位和测试治具的要求。

　　（a）贴片装机高度限制　　　　　　　　（b）再流焊炉的传送高度限制

图 11-6　设备对元器件高度的限制

表 11-1 中列出关键组装工序对元器件高度的限制。

表 11-1　关键组装工序对元器件高度的限制

工序	PCB 的上表面	PCB 的下表面
印刷	—	12.7mm（0.5in）
焊膏检查 AOI	—	25.4mm（1.0in）
SMT 贴装（片式 Chip）	6mm（0.24in）	6mm（0.24in）[①]
SMT 贴装	25.4mm（1in）	25.4mm（1.0in）
再流焊	25.4mm（1.0in）	20mm（0.8in）
X-ray 检测	30.5mm（1.2in）	25.4mm（1.0in）
AOI 光学检测	28mm（1.1in）	50mm（2in）
ICT 在线测试	—	推荐为 7.62mm（0.3in），最大为 63.5mm（2.5in）[②]
飞针测试（Flying Probe）	20mm（0.79in）	100mm（3.94in）
铣刀式分板	50mm（2.0in）	50mm（2.0in）
返修	60mm（2.4in）	25.4mm（1.0in）
焊膏点涂（BGA 返修）	25.4mm（1.0in）	25.4mm（1.0in）
波峰焊	76.2mm（3.0in）	推荐为 3.8mm（0.150in），最大为 9.5mm（0.375in）
选择性波峰焊	100mm（4.0in）	30mm（1.2in）
用小锡炉焊接	152.4mm（6.0in），有风刀的为 63mm（2.5in）	38.1mm（1.5in）
用水洗机水洗	<100mm（4.0in）	<100mm（4.0in）

注：不是所有的工厂都能满足这个表格中最高元器件高度的限制，这些数据仅供参考，实际要以所使用的设备参数为准。
① 片式元器件贴装机下表面留空 6.1mm（0.24in）限制。当下表面再流焊后，上表面的留空是 25.4mm（1.0in）。
② 更高的元器件可以使用，但治具的成本会增加很多。

而波峰焊的时候 PCB 下表面的元器件过高会影响焊接的效果，会触及波峰焊炉内的喷嘴。而且下表面已经再流焊的元器件需要用选择性波峰焊治具遮蔽住，只留出需要焊接的元器件的引线，如图 11-7 所示。如果需要遮蔽的元器件过高，再加上治具的厚度就很难通过波峰焊炉。

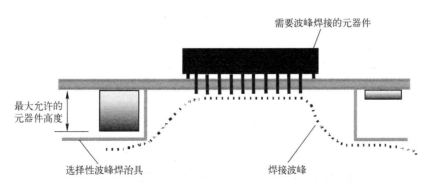

图 11-7　波峰焊底部元器件高度限制

11.1.4　PCBA 下表面 SMT 元器件的质量限制

当印制电路板设计成双面板时，下表面的元器件在第二次再流焊时焊点受热熔化，元器件的质量和接触焊盘面积的焊点附着力小会使元器件掉落。要防止位于下表面的元器件在第二次再流焊时不会掉落，把潜在的会掉落的元器件放置在第二次再流焊的一面。

图 11-6 为双面再流焊元器件质量限制表的试验结论，如果元器件布局在 PCB 的下表面，斜线以上表示在再流焊过程中容易掉件，斜线以下表示相对安全，不会掉件。两条斜线中间的区域是临界区域，质量在这个范围的元器件布局在 PCB 下表面在再流焊时有掉落的可能性。这个图表只针对元器件的质心在几何中心的元器件，如 PLCC、QFP、SOP 等封装形式的器件。

这个表格中的允许质量公式。

$$允许质量(g) = 1 \ 个引脚表面积(mm^2) \times 引脚数量 \times 0.665$$

如果实际的质量大于允许的质量，这个元器件放置在下表面就会容易在第二次再流焊时掉落。

举例 1：比如 240 个引脚的 PQFP 器件，所有引脚的面积总和约为 19mm²，如果其质量是 7g，这个点落在图 11-8 的斜线的下面，如果其布局在 PCB 的下表面就是相对安全，焊盘设计合理不会掉落。如果同样引脚数量和外形尺寸的 PQFP 器件，质量是 15g（因内部芯片封装不同而质量不同），其布局在 PCB 下表面在第二次再流焊时存在掉落的风险，即使没有掉落，焊点也会变形影响可靠性。

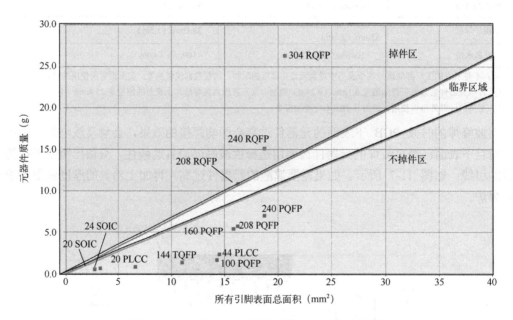

图 11-8　双面再流焊元器件质量限制表的试验结论

举例 2：图 11-9（a）所示为双面 PCB 的下表面，上表面有 PTH 元器件，采用的是通孔再流焊技术。在下表面上有 7 个 11-9（b）所示表面贴装的 J 形引线元器件。在第二次再流焊的过程中，图 11-7（a）画方框内的元器件就发生了掉落。这就是明显的元器件布局不合理，建议把这种元器件移到上表面。否则，在制造过程中就会有很多缺陷发生，工艺人员只能采取后续的点红胶提前固定或采用高温胶带固定的方法加以弥补，增加了制造成本并存在潜在的焊接危险。

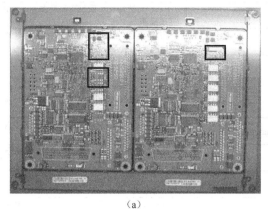 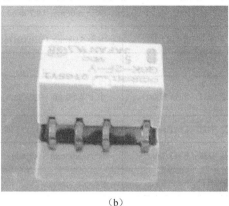

（a）　　　　　　　　　　　　　　　　　　（b）

图 11-9　布局不合理引起的元器件掉落

11.2　PCBA 上元器件的间距

元器件在 PCB 上排布时，元器件之间要保持一定的间距，这个间距是指从元器件的焊盘或元器件的引线（取尺寸大的）到另一个元器件的焊盘或元器件的引线（取尺寸大的）的距离。

企业应建立完整的间距规范，如波峰焊间距要求、再流焊间距要求、混装再流间距要求、表面组装及手工组装/通孔插装元器件间距要求、自动插装间距要求、清洗间距要求等。关于元器件间距的布局，建议参照 IPC-SM-782《表面组装设计指南和焊盘标准》。

11.2.1　元器件之间的布局间距

1．一般间距要求

元器件和元器件之间要保持一定的间距，但由于元器件的种类非常多，各种排列情况很多，为了简化，把相类似的元器件归为一个系列。元器件的归类考虑了元器件的高度、封装技术。考虑到元器件间距的元器件归类见表 11-2。

表 11-2　考虑到元器件间距的元器件归类

元器件归类	元器件高度	封装技术描述
球栅阵列		BGA、CCGA、CSP、POP
无引线[①]		DFN、QFN 和 MLF（有或无热焊盘）、JEDEC 无引线封装、城堡形端子
J 引脚（J-Lead）		PLCC、SOJ、SMT 插座

续表

元器件归类	元器件高度	封装技术描述
压接连接器（PF Conn）		压接连接器
中型PTH（PTH Med.）[②]	小于 5.08mm（0.200in）	PTH 元器件，一般包含轴向器件、DIP、PTH 插座
高型H（PTH Tall）[②]	大于 5.08mm（0.200in）	PTH 元器件，一般包含连接器、电解电容、PTH 连接器、SIP
QFP		所有 QFP 方形扁平封装
小型SMT（SMT Short）	小于 2.54mm（0.100in）	SMT 元器件，一般包含分立元器件、片式电阻、片式电容、SOT、MELF、钽电容A＋B、DPAK 封装
中型SMT（SMT Med.）	2.54mm（0.100in）～5.08mm（0.200in）	SMT 元器件，一般包含 LCC、D2PAK、钽电容C＋D
高型SMT（SMT Tall）	大于 5.08mm（0.200in）	SMT 元器件，一般包含 SMT 连接器、SMT 电解电容
SMT PTH		同一元器件具有 SMT 和 PTH 引脚，一般包含连接器
SOP		SOIC、TSOP、所有其他 SO 外形封装元器件
*		任何没有在上面列出的元器件

① 无引线元器件不包含片式电阻排和片式电容排。
② 中型PTH 和高型PTH 元器件可使用波峰焊工艺和通孔再流焊工艺。

（1）元器件之间间距的三个决定因素

① 元器件的贴装精度；

② 返修的精度；

③ 检验，包含目检和自动光学检验。

元器件间距矩阵表见表 11-3（公制单位）和表 11-4（英制单位）。这个矩阵表涵盖了大多数种类的元器件。表中的间距尺寸的前提是，假设元器件没有突出的散热器，或者散热器返修前可以拆除。如果不是这样，间距就是从散热器的边缘而不是元器件的本体算起的。在表 11-3 的矩阵中定义了元器件之间的间距相对应两个方向。元器件的方向定义如图 11-10 所示，其中"N"指的是元器件没有引线的一侧，"W"指的是元器件有引线的一侧。

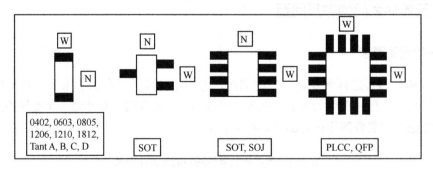

图 11-10　元器件间距的方向定义

（2）元器件之间间距举例

在元器件间距矩阵表中，横坐标和纵坐标都按照相同的顺序列出元器件的种类，交叉的位置就是两种元器件相邻时应保持的间距。根据表 11-3 和表 11-4 中所列出的距离我们举例说明。

（单位：mm）

表 11-3　元器件间距矩阵表（公制单位）

		球栅阵列和无引线元器件	J引脚		压接连接器	中型PTH (<5.08mm)	高型PTH (>5.08mm)	QFP	小型SMT (<2.54mm)		中型SMT (2.54~5.08mm)		高型SMT (>5.08mm)		SOP		SMT PTH		*	
		W/N	W	N	W/N	W/N	W/N	W	W	N	W	N	W	N	W	N	W	N	W	N
球栅阵列和无引线元器件	W/N	3.81																		
J引脚	W	3.81	2.54																	
	N		2.54	0.64																
压接连接器	W/N	5.08	3.81		3.81															
中型PTH (<5.08mm)	W/N	3.81	2.54	0.64	3.81	0.64														
高型PTH (>5.08mm)	W/N	3.81	3.81	0.64	3.81	0.64	0.64													
QFP	W	3.81	2.54		3.81	2.54	3.81	2.54												
小型SMT (<2.54mm)	W	2.54	1.27		3.81	1.27	2.54	1.27	0.38											
	N		1.27	0.64		0.64	0.64													
中型SMT (2.54~5.08mm)	W	3.81	2.54		3.81	2.54	3.81	2.54	1.27		2.54									
	N		2.54	0.64		0.64	0.64			0.64		0.64								
高型SMT (>5.08mm)	W	3.81	3.81		3.81	2.54	3.81	3.81	2.54		3.81		3.81							
	N		3.81	2.54		0.64	0.64			0.64		0.64								
SOP	W	3.81	2.54		3.81	1.27	2.54	2.54	1.27		1.27		3.81		1.27					
	N		2.54	0.64		0.64	0.64			0.64		0.64		2.54		0.64				
SMT PTH	W	3.81	3.81		3.81	2.54	3.81	3.81	2.54		2.54		3.81		3.81		3.81			
	N		3.81	2.54		0.64	0.64								2.54			3.81		
*		5.08	3.81		5.08	3.81	3.81	3.81	3.81		3.81		3.81		3.81		3.81		5.08	

注：1. SMT 元器件间距仅针对再流焊工艺，波峰焊是另外的规则。
2. 0.38mm 空间距离是丝印的要求。
3. 对于球栅阵列、压接连接器、高型 PTH 元器件和中型 PTH 元器件，有引脚和无引脚的不同点不存在，所以仅有一个参数。
4. 无引线元器件不包含片式电阻和片式电容。
5. 大型 SMT 连接器需要最小型 5.0mm（0.200in）间距。

表 11-4　元器件间距矩阵表（英制单位）

（单位：in）

		球栅阵列和无引线元器件	J引脚		压接连接器	中型PTH<0.20in	高型PTH>0.20in	QFP	小型SMT<0.10in		中型SMT 0.10~0.20in		高型SMT>0.20in		SOP		SMT PTH		*	
		W/N	W	N	W/N	W/N	W/N	W	W	N	W	N	W	N	W	N	W	N	W	N
球栅阵列无引线元器件	W/N	0.150																		
J引脚	W	0.150	0.100																	
	N		0.100	0.025																
压接连接器	W/N	0.200	0.150	0.150	0.150															
中型PTH（<0.20in）	W/N	0.150	0.100	0.025	0.150	0.025														
高型PTH（>0.20in）	W/N	0.150	0.150	0.025	0.150	0.025	0.025													
QFP	W	0.150	0.100	0.100	0.150	0.100	0.150	0.100												
小型SMT（<0.10in）	W	0.100	0.050		0.150	0.050	0.100	0.050	0.015											
	N			0.025		0.025	0.025													
中型SMT（0.10~0.20in）	W	0.150	0.100		0.150	0.100	0.150	0.100	0.050	0.050	0.100									
	N					0.025	0.025			0.025	0.100	0.025								
高型SMT（>0.20in）	W	0.150	0.150		0.150	0.100	0.150	0.150	0.100		0.150	0.025	0.150							
	N		0.100																	
SOP	W	0.150	0.100		0.150	0.050	0.150	0.100	0.050	0.050	0.100		0.150	0.100	0.050					
	N		0.050	0.025		0.025	0.025			0.025					0.050	0.025				
SMT PTH	W	0.150	0.150	0.100	0.150	0.100	0.150	0.150	0.100		0.100		0.150		0.150	0.100	0.150			
	N																			
*	W	0.200	0.150		0.200	0.150	0.150	0.150	0.150		0.150		0.150		0.150		0.150		0.200	
	N																			

注：1. SMT元器件间距仅针对对再流焊工艺，波峰焊是另外的规则。
　　2. 0.15in空间距是丝印的要求。
　　3. 对于球栅阵列、压接连接器、高型PTH和中型PTH元器件，有引脚和无引脚的不同点不存在，所以仅仅有一个参数。
　　4. 无引线元器件不包含片式电阻和片式电容。
　　5. 大型SMT连接器需要最小型5.0mm（0.200in）间距。

① 小型 SMT 元器件的间距。

图 11-11（a）是片式小型 SMT 元器件和小型 SMT 元器件之间的距离，N 和 W 方向都是 0.38mm（0.015in），图 11-11（b）是 SOP 器件和片式小型 SMT 元器件之间的间距，在小型 SMT 元器件的 N 方向都是 0.64mm（0.025in），W 方向都是 1.27mm（0.050in）。

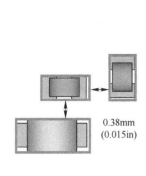 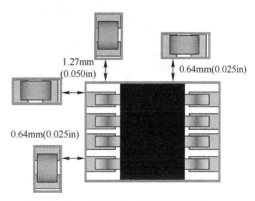

（a）小型SMT元器件间距　　　　　　　　（b）小型SMT元器件和SOP器件之间间距

图 11-11　小型 SMT 元器件间距举例

② QFP 器件间距。

QFP 器件的周围有小型 SMT 元器件时，N 和 W 方向都要保留 1.27mm（0.050in），如图 11-12 所示。这是因为 QFP 器件在返修的时候需要大的电烙铁或专用的加热器来取下器件，保持 QFP 周围一定范围的留空有助于返修。

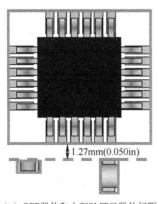 

（a）QFP器件和小型SMT元器件间距　　　　　　（b）QFP器件的返修

图 11-12　QFP 器件间距举例

③ BGA 器件的周围留空。

BGA 器件的周围要保留 2.54mm（0.10in）的距离留空，如图 11-13 所示。这也是因为 BGA 器件返修时采用热风返修台，需要专用的吸嘴对准 BGA 器件加热，如果相邻的元器件很近，就会把附近的元器件一起吹下来。

当然有些 BGA 器件还需要底部填充（Underfill）工艺。这在 1.5.2 节提到了，在图 1-41 中也标示了 BGA 器件周围器件的距离。

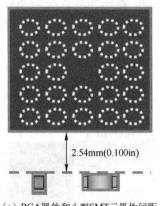

2.54mm(0.100in)

（a）BGA器件和小型SMT元器件间距

（b）BGA器件的返修间距

图 11-13　BGA 器件间距举例

2. 不同产品种类的间距要求

电子产品的集成度越来越高，组装密度也越来越大，在尺寸允许的情况下尽量遵循表 11-3 和表 11-4。针对不同种类的产品，间距也可以进一步缩小间距，但对组装工艺的要求也会相应提高。根据四大种类产品，对应的元器件间距参照表 11-5，元器件之间的间距如图 11-14 所示。

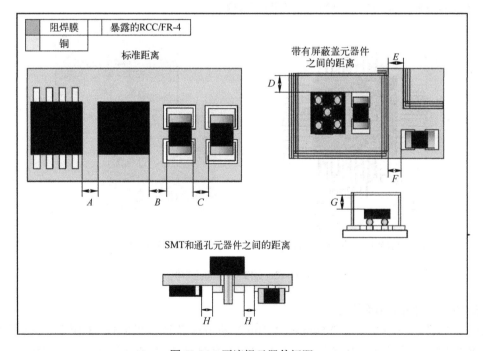

图 11-14　再流焊元器件间距

表 11-5　再流焊元器件间距　　　　　　　　　　　　　　　　　　单位：mm

	图 11-14 中的标识		基本消费类产品	高性能消费产品	高端设备	前沿技术产品
元器件-元器件（片式元器件本体）	A	推荐	0.38	0.38	0.25	0.20
		最小	0.38	0.25	0.20	0.15
元器件-元器件（BGA/LGA-其他所有元器件，包含 BGA/LGA）	A	推荐	3.00	3.00	0.25	0.20
		最小	3.00	0.25	0.20	0.15
元器件-焊盘（元器件到焊盘边缘）	B	推荐	0.38	0.38	0.25	0.20
		最小	0.38	0.25	0.20	0.15
元器件-焊盘（BGA/LGA -其他所有元器件，包含 BGA/LGA）	B	推荐	3.00	3.00	0.25	0.20
		最小	3.00	0.25	0.20	0.15
焊盘-焊盘（焊盘边缘）	C	推荐	0.30	0.30	0.25	0.20
		最小	0.25	0.25	0.20	0.15
屏蔽盖内（元器件到屏蔽盖边缘或焊盘到屏蔽盖边缘）	D	推荐	0.38	0.38	0.38	0.38
		最小	0.38	0.25	0.25	0.25
焊接屏蔽盖-焊接屏蔽盖（屏蔽盖外边缘）	E	推荐	0.50	0.50	0.50	0.50
		最小	0.50	0.50	0.45	0.40
屏蔽盖外（元器件到屏蔽盖外边缘或焊盘到屏蔽盖外边缘）	F	推荐	0.38	0.38	0.38	0.38
		最小	0.38	0.38	0.30	0.38
高度距离（最大元器件高度到最小内部屏蔽盖高度）	G	推荐	0.20	0.20	0.20	0.20
		最小	0.05	0.05	0.05	0.05
高度距离拾取区域（最大元器件高度到最小内部屏蔽盖高度）	G	推荐	0.30	0.30	0.30	0.30
		最小	0.10	0.10	0.10	0.10
元器件焊盘到通孔的环形焊盘	H	推荐	0.20	0.20	0.20	0.20
		最小	0.15	0.15	0.15	0.15
焊盘到裸露的铜		推荐	0.20	0.20	0.20	0.20
		最小	0.15	0.15	0.15	0.15

考虑到返修间距有如下例外情况：

① 元器件布局间距小到 0.2mm 是可以的，前提是缺陷率要小；

② 小到 0.2mm 间距的设计，返修能力是受限的；

③ 通孔插装元器件或通孔/SMT 混合元器件周围应有 3.0mm 的间隔允许返修，距离是从环形焊盘边缘到最近的元器件或焊盘。

11.2.2　BGA 器件和周围元器件的间距

1. BGA 器件焊球面

对于焊球不是完全分布在整个下表面的 BGA 器件，分立元器件可能会分布在 PCB 下表面没有球的地方，但要注意以下方面。

不要布局分立元器件在图 11-15（a）所示中的非阴影部分，布局片式元器件时保留的间距为 1.52mm（0.060in），如图 11-15（b）所示。

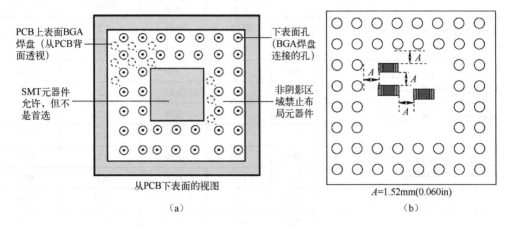

图 11-15　BGA 器件下表面禁布区

2．避免 X 射线检查重影

如果使用 X 射线检查 BGA 的焊点，避免 BGA 的焊点被阻挡造成焊点重影，不要直接布局任何元器件在孔上或间接在上表面 BGA 焊盘重影的位置。图 11-16 中元器件的布局刚好挡住 BGA 焊点的 X 射线检查。同样在 QFP 器件也会发生类似的问题。

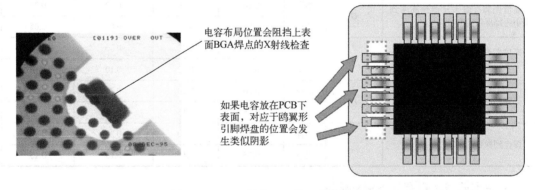

图 11-16　元器件布局阻挡 X 射线检查

3．BGA 器件周围间距

BGA 器件返修时首先会使用热风风嘴罩住器件进行局部加热，其次利用吸嘴移除器件，再次利用吸锡线和电烙铁清理 PCB 焊盘，最后会重新涂布焊膏和安装新的器件。涂布焊膏的方式是小钢网印刷或点涂焊膏。热风风嘴和点涂焊膏都需要在 BGA 器件周围留有禁布区。为了返修的需要，在 PCB 上布局 BGA 器件时，推荐在 BGA 器件外轮廓周围保留 2.54mm 间隙，BGA 器件外轮廓四周 11.43mm（0.450in）范围内所有其他元器件高度要小于 8.38mm（0.330in）。返修 BGA 器件时，焊膏点涂针头四周要求的尺寸如图 11-17 所示。

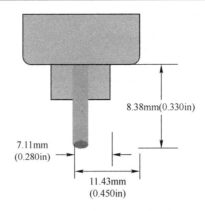

图 11-17　返修 BGA 器件时，焊膏点涂针头四周要求的尺寸

11.2.3　高型 PTH 元器件的间距

高型 PTH 元器件，如有源器件及分立元器件（电阻、电容、晶体管等）等，它们的间距（元器件间、焊盘间、元器件与电路板表面和板边之间等）除应符合规范要求外，还要充分考虑返修的需要。例如，图 11-18 中的电容离大的连接器很近，就很难用烙铁返修，而且在返修片式元器件时很容易损坏连接器。对于这种情况有以下建议：一是布局时将电容移开，离连接器远些；二是将电容移到 PCB 另一面；三是将电容旋转 90°。

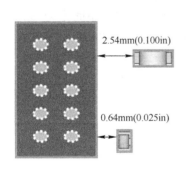

（a）高型PTH和小型SMT元器件间距　　　　　　　　（b）返修片式元器件时损坏高型PTH元器件

图 11-18　手工返修间距的需要

在这种情况下，不能再按照间距矩阵表中小型 SMT 元器件和高型 PTH 元器件间距的推荐值，一种推荐的方式就是分立元器件的方向和高 PTH 元器件的摆放方向平行。

11.2.4　大尺寸 SMT 连接器与周围元器件的间距

大尺寸 SMT 连接器包括 SMT DIMM 连接器和 BGA 连接器，因为具有高的热容量，需要另外考虑和邻近元器件的间距。在返修时，为了避免吸嘴或热风直接吹到周围元器件的焊点，大尺寸 SMT 连接器的引线（或本体）和周围元器件至少保留 5.0mm（0.200in）间距，如图 11-19 所示。

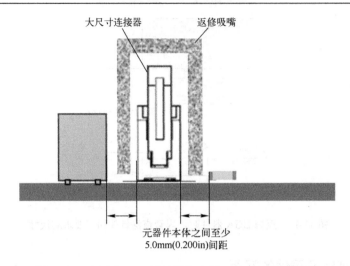

图 11-19 大尺寸 SMT 连接器与大的 SMT 元器件的间距

11.2.5 压接连接器与周围元器件的间距

压接连接器与其他元器件之间的间距参考表 11-3。下表面间隙的要求是因为压接时采用治具支撑 PCB，会在压接连接器引线孔的周围支撑避免 PCB 弯曲。

针对压接连接器应注意以下几点：

① 压接连接器的孔周围 3.05mm（0.120in）内不要布局导线；

② 允许压接连接器针脚中心到最近的元器件（本体或焊盘）的最小间距为 3.81mm（0.150in），为了得到更高的良率，最好大于 6.05mm（0.238in），如图 11-20 所示。

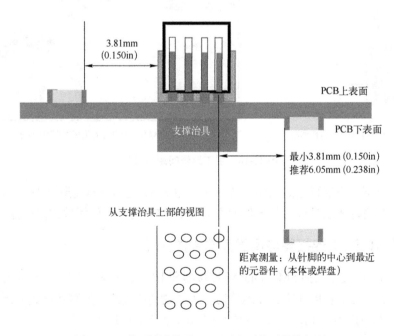

图 11-20 带压接连接器 PCB 下表面的元器件间距

11.2.6 采用小锡炉焊接时元器件的间距

小锡炉也称为焊接喷泉（Solder Fountain），一般用于专门维修不良品，和波峰焊机相比，尺寸比较小。小锡炉主要应用于对 PTH 元器件返修，而烙铁又很难操作的情况，也可以用于小批量的生产试制。

组装大于 20 个引线的 PTH 元器件时，对于传统有铅工艺和向后兼容的工艺，允许背面保留 5.1mm（0.200in）的禁布区，避免这个区域内的元器件因为可能会接触焊锡而掉落，如图 11-21 所示。背面的禁布区在 3.81mm（0.150in）也是可以接受的，但在操作时会增加返修的成本并易造成报废。

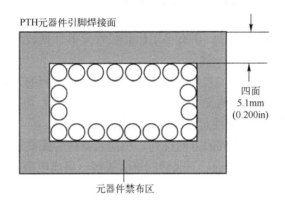

图 11-21　有铅工艺和向后兼容的工艺采用小锡炉焊接时的禁布区

组装大于 20 个引线的 PTH 元器件时，对于无铅工艺和向前兼容的工艺，允许背面保留 7.62mm（0.300in）的禁布区，如图 11-22 所示。背面的禁布区在 6.35mm（0.250in）也是可以接受的，但在操作时会增加返修的成本并易造成报废。

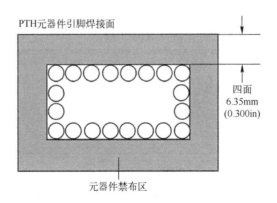

图 11-22　无铅工艺和向前兼容的工艺采用小锡炉焊接时的禁布区

11.2.7 手工焊元器件的间距

采用手工焊时，需要考虑被焊元器件和周围其他元器件的高度，以便使用电烙铁进行操作。手工焊的元器件引线中心到相邻元器件的距离 $X = Y$，如图 11-23 所示。

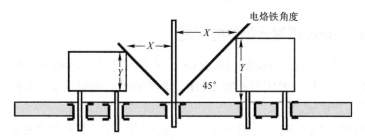

图 11-23　手工焊元器件与周围元器件的间距

11.3　再流焊工艺中元器件的布局方向

① 为了装配的习惯和防错性，所有手工组装极性元器件摆放的方向一致，在同一包装内的所有手工组装的元器件方向一致。

② 元器件方向应根据装配工艺来确定，相同封装形式系列的元器件有相同的方向，所有 IC、SOIC 和 PLCC 尽可能地使用第 1 引脚作为极性标识；电阻网络的极性应与 IC 一致；所有分立元器件的方向、极性元器件的方向应该保持一致。

③ 同类元器件尽可能按相同的方向排列，相同元器件等距离放置，极性方向应一致，如电解电容器极性、二极管的正极、三极管的单引线端、集成电路的第 1 引脚等，便于元器件的贴装、焊接和检测。

④ 在 SMT 生产时 PCB 的长边平行于再流焊炉的传送带方向，长边由 SMT 输送带夹持。PCB 的这种传送方向，是为了防止在焊接过程中表面贴装元器件两端不能同步受热而出现立碑、移位、开路等焊接缺陷。对于大尺寸的 PCB，长边应平行于再流焊炉的传送带方向，如图 11-24 所示。

● 尽量布局片式元器件的长轴与工艺边方向（即板子传送方向）垂直，即片式元器件的长轴与 PCB 的长边相垂直。

● 双面组装的 PCB 两个面上的元器件取向一致。

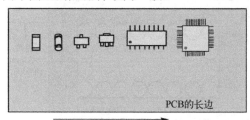

图 11-24　再流焊工艺中元器件布局方向

11.4　PCBA 采用波峰焊工艺时的可制造性设计

11.4.1　可以波峰焊的表面安装元器件

在一些电子组装中仍然用到波峰焊工艺来焊接表面贴装元器件。表 11-6 中所列的元器件可以完全经过波峰焊，这类元器件先经点涂或涂覆红胶，然后固化，再经过波峰焊形成焊点。所有过波峰焊的全端子引线面安装元器件高度要求小于或等于 2.0mm；其余表面贴装元器件高度要求小于或等于 4.0mm。

波峰焊表面贴装元器件需要用点涂红胶代替印刷焊膏，贴装后固化，然后再波峰焊。需要在点涂红胶的位置留出至少 3.0mm 的空间。

红胶也可以采用印刷工艺，和印刷焊膏相同，经验证明采用 0.254mm（0.010in）厚度的印刷红胶塑网印刷出的高度可以达到 0.38mm（0.015in）。常用的红胶型号是 Loctite 3609。

表 11-6　可以过波峰焊的元器件

适合波峰焊的元器件	0603～1206 封装尺寸的片式电阻、片式电容
	引线中心距大于或等于 1.0mm，且厚度小于 4.0mm 的 SOP
	高度小于 4.0mm 的片式电感（非漏线圈）
	PTH 元器件间距大于 1.78mm，具体参照表 6-23
不建议但也可以使用波峰焊的元器件	SOD123
	钽电容
	SOT23、SOT143、SOT223、0603
	1.27mm（0.050in）间距 SOP、DPAK、D2PAK
	MELF

注：当选用 SOP 元器件时，一定要设计盗锡焊盘。

SOP 元器件采用点涂红胶固化再经过波峰焊工艺时，为了便于点涂和涂覆红胶，元器件需要有托高（Standoff），如图 11-25 所示。推荐的 SOP 封装元器件的托高（Standoff）高度值如下。

0.102mm（0.004in）≤推荐值≤0.254mm（0.010in）

0.254mm（0.010in）<边际值≤0.381mm（0.015in）

0.381mm（0.015in）或更大的值不推荐使用。

片式元器件点涂红胶的高度 C 要大于托高（Standoff）的高度 A，还要考虑焊盘的厚度，如图 11-25 所示。

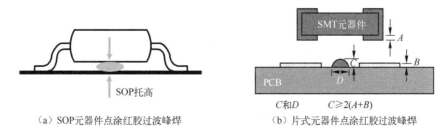

|（a）SOP元器件点涂红胶过波峰焊 | （b）片式元器件点涂红胶过波峰焊 |

图 11-25　点涂红胶元器件的托高要求

若元器件的托高在 0.15～0.2mm 时，可在元器件本体底下布铜箔以减小元器件本体底部与 PCB 表面距离。点涂红胶的位置和焊盘中间增加铜箔的设计如图 11-26 所示。

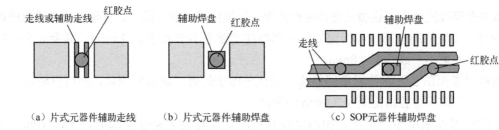

（a）片式元器件辅助走线　　（b）片式元器件辅助焊盘　　（c）SOP元器件辅助焊盘

图 11-26　点涂红胶的位置和焊盘中间增加铜箔的设计

11.4.2　波峰焊表面贴装元器件的布局要求

1．波峰焊工艺要求的元器件布局

波峰焊面元器件布局前，首先确认 PCBA 经过波峰焊机的传送方向，这是波峰焊元器件布局的可制造性工艺基础。

① 一般以长边为传送方向，元器件的布局如图 11-27 所示。

② 片式元器件的长轴应垂直于波峰焊机的传送带方向。

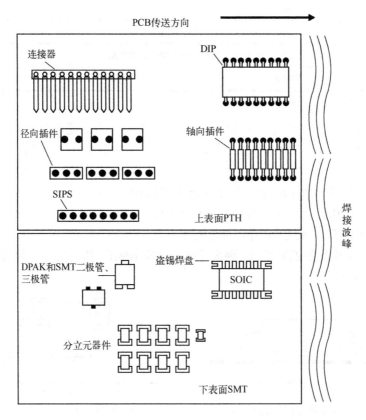

图 11-27　波峰焊表面贴装元器件的 PCB 传送方向和元器件的布局方向

③ 一个常见的焊接缺陷是因为没有考虑到较高元器件的"阴影"。如图 11-28 所示，当尺寸较高的元器件浸入波峰焊的锡缸时，尺寸高的元器件后面将形成气囊区域，如果恰好有

一个较小元器件位于该区域，这个小元器件接触不到焊锡就不能被很好地焊接，这称为阴影效应。

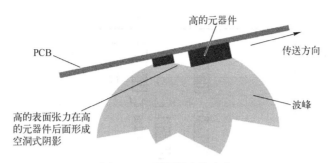

图 11-28　阴影效应的产生

为了避免阴影效应，元器件布局遵循以下原则：

● 同尺寸元器件的端头在平行于焊料波方向排成一条直线。

● 不同尺寸的大小元器件应交错放置。

● 小尺寸的元器件要按 PCB 在设备上的传送方向布局在大元器件的前方；防止元器件体遮挡焊接端头和引线。当不能按以上要求布局时，元器件之间应留有 3.0～5.0mm 间距。

④　SOT 元器件在波峰焊时方向也很重要，SOT 元器件本体的轴向与 PCB 在设备上的传送方向（进板方向）一致。SOT 元器件焊接时产生的阴影效应如图 11-29（a）所示。为了减小阴影效应提高焊接质量，波峰焊的焊盘图形设计时要对长方形元器件、SOT、SOP 元器件的焊盘长度作如下处理，如图 11-29（b）所示。

● 延伸元器件体外的焊盘长度，参考尺寸：SOIC 的焊盘长度 = 0.38mm（0.015in）；SOT = 0.89mm（0.035in）。

● 小于 3.2mm×1.6mm 的长方形元器件，在焊盘两侧可作 45°（10mil×10mil）倒角处理。

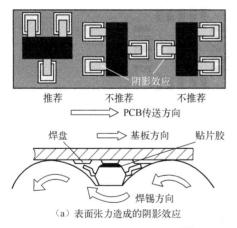

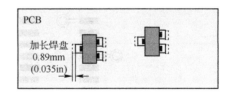

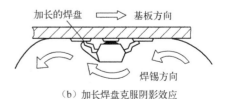

（a）表面张力造成的阴影效应　　　　　　（b）加长焊盘克服阴影效应

图 11-29　SOT 元器件的阴影效应

⑤　SOIC 器件轴向需与 PCB 传送方向一致，需增加一对盗锡焊盘。

⑥　元器件的特征方向应一致，如电解电容器极性、二极管的正极、三极管的单引线端、集成电路的第 1 引脚等。

⑦　为避免波峰焊时可能会产生溢锡，无插装元器件的孔直径不要大于 2.54mm

（0.100in）。

⑧ 当焊盘间距小于 2.54mm（0.100in）时，由于阴影，小一些的元器件必须先过锡波，如图 11-30 所示。

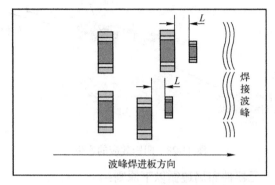

图 11-30　为避免阴影效应，小元器件先过波峰焊

⑨ 表面贴装有源元器件和细间距零件不应设计在 PCB 下表面。

⑩ 陶瓷电容高温下易爆裂，因此避免在 PCB 下表面放置陶瓷电容。

⑪ 波峰焊中孔的设计考虑。

● IC 器件下部的通孔（Via Hole）应该用阻焊膜覆盖。

● 元器件焊盘不要和通孔直接连在一起，焊锡会更多地浸入孔而造成元器件焊接端少锡。

● 标准的通孔不应该被放置于表面贴装元器件的焊盘上。

● 所有不测试的通孔应该用阻焊膜覆盖。

● 为了减少搭锡，不要在分立元器件（SOT、陶瓷 RPAK）下部放置孔。通常建议的孔的位置如图 11-31（a）所示，不好的设计范例如图 11-31（b）所示。

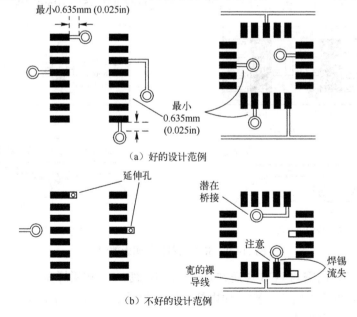

图 11-31　分立元器件下部孔位置的设计

采用波峰焊工艺焊接表面贴装元器件时，不正确的 PCB 传送方向和不正确的元器件布局方向的示意图如图 11-32 所示。

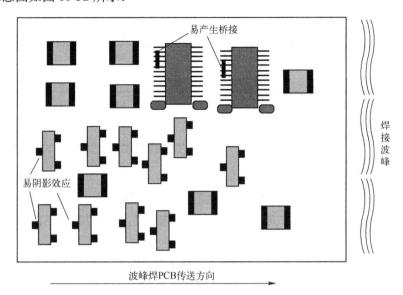

图 11-32　不正确的 PCB 传送方向和不正确的元器件布局方向

2．表面贴装元器件波峰焊的间距要求

表面贴装元器件波峰焊间距一般原则：考虑波峰焊的阴影效应，元器件本体间距和焊盘间距需保持一定的距离。

表面贴装元器件波峰焊间距参照图 11-33，间距数值见表 11-7。

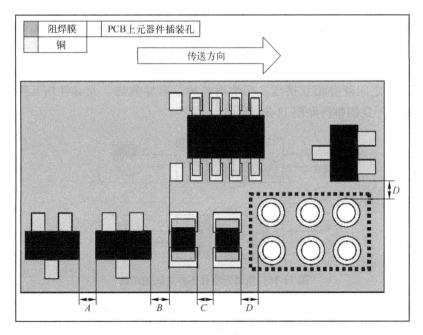

图 11-33　表面贴装元器件波峰焊间距布局图

表 11-7　表面贴装元器件波峰焊间距推荐数值表

	尺寸标识	高端设备和前沿技术产品（mm）	消费类电子产品（mm）
元器件-元器件（元器件本体）	A	0.8	1.5
元器件-焊盘（元器件到焊盘边缘）	B	0.8	1.5
焊盘-焊盘（焊盘边缘）	C	0.8	1.5
焊盘-焊盘（表面贴装元器件焊盘边缘到孔焊盘外圈）	D	0.8	1.5
元器件-焊盘（表面贴装元器件本体边缘到孔焊盘外圈）	D	0.8	1.5

11.4.3　PTH 元器件通用布局要求

① 多引线 PTH 元器件（如双列直插封装器件、连接器、IC、排针）及其他高引线数元器件长边设计方向尽量与运行方向平行，以利于焊接并防止连焊等不良问题，如图 11-27 所示。

如果 PTH 连接器的长边与 PCB 在导轨的传送方向（进板方向）垂直，则易在中间区域形成连锡，如图 11-34 所示。

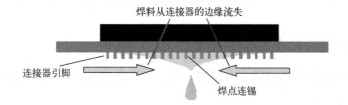

图 11-34　连接器长边垂直于 PCB 传送方向易产生桥接

② 除结构有特殊要求之外，PTH 元器件都必须放在正面。

③ 相邻元器件本体之间的距离最小为 0.5mm，如图 11-35 所示。

在实际设计的时候，往往没有考虑元器件本体的尺寸，造成元器件之间间距很小甚至为负值，元器件之间就会相互挤压，影响组装和元器件散热。元器件相互挤压，且超出 PCB 边缘的设计不良的举例如图 11-36 所示。

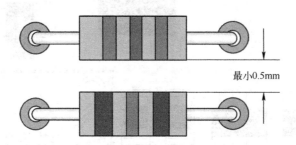

图 11-35　相邻元器件本体之间的距离

④ 满足手工焊和维修的操作空间要求，元器件离插装件焊盘距离大于 1.0mm，角度小于 45°，便于使用电烙铁返修时不烫到旁边的元器件，如图 11-37 所示。

图 11-36　PTH 元器件间距设计不良举例

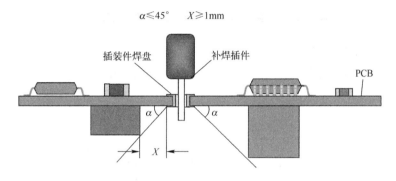

图 11-37　手工焊和维修操作空间

⑤ PTH 元器件波峰焊，焊盘间隔一般大于或等于 1.00mm（0.039in），焊盘边缘最小间距为 0.64mm（0.025in）（见表 11-3 和表 11-4）。在元器件本体不相互干涉的前提下，相邻元器件焊盘边缘间距满足图 11-38 所示要求。

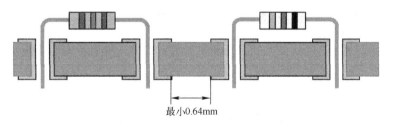

图 11-38　最小焊盘边缘间距

⑥ PTH 元器件每排引线数较多时，以多个焊盘排列方向平行于 PCB 在导轨的传送方向（进板方向）布局元器件。当布局上有特殊要求，焊盘排列方向与 PCB 传送方向垂直时，应在焊盘设计上采取适当措施扩大工艺窗口。当 PTH 元器件的相邻焊盘边缘间距为 0.6～1.0mm 时，推荐采用椭圆形焊盘或增加盗锡焊盘，如图 11-39 所示。

11.4.4　波峰焊的盗锡焊盘设计

盗锡焊盘（Solder Thieves，也叫偷锡焊盘）的应用原理：在 SOIC 和 SOP 元器件过波峰焊时，经常容易在元器件的尾端产生连锡现象，为了避免这种缺陷，推荐在每排焊盘尾部加一个假焊盘，即为盗锡焊盘，来牵引熔锡。

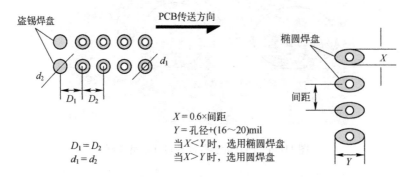

图 11-39　焊盘排列方向（相对于 PCB 传送方向）

盗锡焊盘在以下情况使用：

① 引线间距小于 1.27mm（0.050in）的 SOIC 在采用波峰焊工艺时，盗锡焊盘如图 11-40 所示。

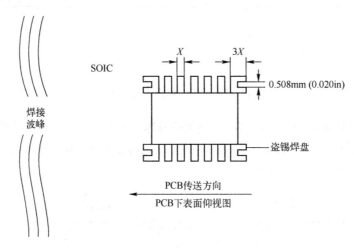

图 11-40　SOIC 的盗锡焊盘

为了避免在 SOIC 的引线及网状排列的鸥翼形引线的电阻上有桥接，推荐在每排焊盘尾部加一个盗锡焊盘。盗锡焊盘宽度应该是普通焊盘的 2～3 倍。IC 只有一边有盗锡焊盘限制了 PCB 过波峰焊的方向，因此推荐在 IC 两边都提供这种焊盘，这样可以在需要改变 PCB 传送方向时提供了选择。

② 通孔插装 PTH 元器件间距小于 2.54mm（0.100in），如图 11-41 所示。

同样，推荐在 PTH 元器件两边都提供这种盗锡焊盘，这样可以在需要改变 PCB 传送方向时提供了选择。

③ 若因布局需要，多引线 PTH 元器件的长边与 PCB 传送方向（进板方向）垂直，如图 11-42（a）所示，则盗锡焊盘的位置及尺寸如图 11-42（b）所示。

X = 1.3～1.8mm（0.051～0.071in），Y = 1.3～1.7mm（0.051～0.067in）皆可有助于提升良率，X = 1.8mm（0.071in）且 Y = 1.5mm（0.059in）为最佳组合。

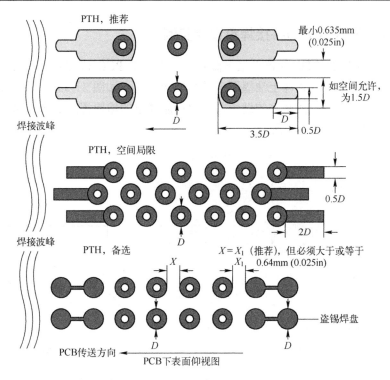

图 11-41　PTH 元器件的盗锡焊盘

在 PCB 的 1/4 宽度的中央区域布局的 PTH 元器件，其长边与 PCB 传送方向（进板方向）垂直，且 P_1 或 P_2 有一个小于或等于 1.22mm（0.048in），是最需要增加盗锡焊盘布局的位置，如图 11-42（c）所示。

若无法布局连续长条的盗锡焊盘，则元器件引线与引线的中心点必须布局盗锡焊盘，如图 11-42（d）所示。

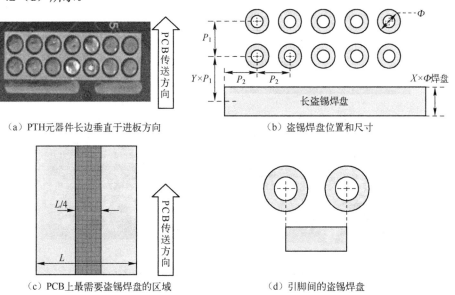

（a）PTH元器件长边垂直于进板方向　　　　（b）盗锡焊盘位置和尺寸

（c）PCB上最需要盗锡焊盘的区域　　　　（d）引脚间的盗锡焊盘

图 11-42　PTH 元器件长边垂直于 PCB 传送方向的盗锡焊盘

11.4.5　PTH 元器件其他防桥接焊盘设计实例

有些 PCB 上布局的 PTH 元器件很难做到长边垂直于 PCB 传送方向，为了防止桥接的产生，在连接器焊盘图形位置印上油墨图形减少桥接现象，如图 11-43 所示。其机理是油墨层表面比较粗糙，容易吸附比较多的助焊剂，焊剂遇高温的熔锡挥发而形成隔离气泡，从而减少了桥接的发生，如图 11-44 所示。

图 11-43　印刷油墨防止桥接

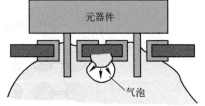

图 11-44　油墨层降低桥接的机理

如果引线焊盘距离小于 1.0mm，可以在焊盘外设计印刷油墨，以降低桥接的发生概率，它主要是消除密集焊盘中间焊点的桥接，而盗锡焊盘主要是消除密集焊盘群最后脱焊端焊点的桥接，它们功能不同。因此对于引线间距比较小的密集焊盘，印刷油墨与盗锡焊盘应一起使用。几个印刷油墨应用的案例如图 11-45 所示。

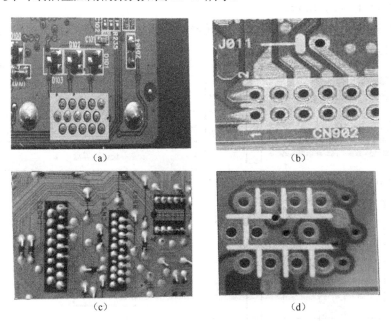

(a)

(b)

(c)

(d)

图 11-45　防桥接焊盘设计的应用案例一（印刷油墨）

图 11-46 所示的案例包括了印刷油墨防桥接、长盗锡焊盘和焊盘导槽相结合的方式。

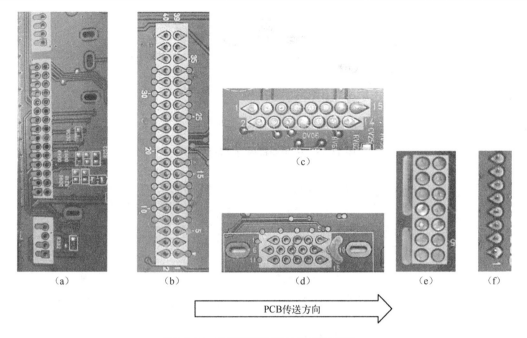

（a）　　　　　　（b）　　　　　　（d）　　　　　（e）　　（f）

PCB传送方向

图 11-46　防桥接焊盘设计的应用案例二

椭圆形焊盘与圆形焊盘相结合的防桥接设计如图 11-47（a）所示。椭圆形焊盘加印刷油墨结合的防桥接设计如图 11-47（b）所示。

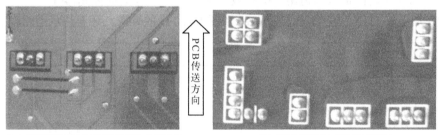

（a）椭圆形焊盘与圆形焊盘相结合的防桥
接设计，连续的焊盘一般1、3、5采用椭
圆形，2、4、6采用圆形

（b）椭圆形焊盘加印刷油墨设计

图 11-47　防桥接焊盘设计的应用案例三

11.4.6　采用掩模板遮蔽波峰焊的布局和治具设计

1．工艺介绍

掩模板遮蔽波峰焊是一种用掩模板把需要焊接的地方露出来，不需要焊接的地方掩蔽起来的焊接工艺，主要是掩蔽下表面的表面贴装元器件，如图 11-48 所示，它的应用比较广，适合中小批量 PCBA 生产。掩模板也称托盘，掩模板治具（也称载具）会遮屏需要焊接面的表面贴装元器件以防止其过波峰焊时沾锡，治具会露出 PTH 元器件引线让波峰沾锡。图 11-49 所示是实际应用的波峰焊掩模板。

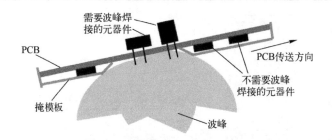

图 11-48   采用掩模板方式的波峰焊

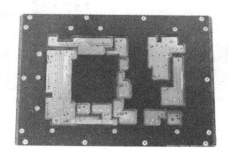 

图 11-49   掩模板的应用实例

2. 布局规则

所有波峰焊的设计指南都适用于掩模板遮蔽波峰焊，包括选择元器件、孔的设计和布局的规则，加上表 11-8、表 11-9、表 11-10 和图 11-50 中的要求，还要注意遵循以下规则。

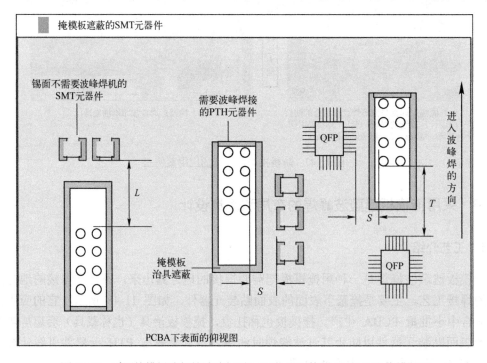

图 11-50   采用掩模板选择性波峰焊时，PTH 元器件到 SMT 元器件的间距

① 集中 PTH 元器件尽可能简化设计。

② PCB 下表面需要波峰焊的引脚包围区域内，不要布局 SMT 元器件，这个区域也就是禁布区，如图 11-51 中的禁布区所示。被 PTH 元器件引线包围的 SMT 元器件不良布局实例如图 11-52 所示，针对这种设计需要特殊的精密掩模板治具，增加制造成本，而且还会增加缺陷和治具损坏的风险。

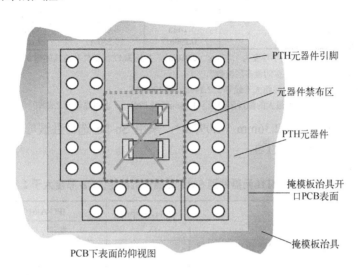

图 11-51　采用掩模板选择性波峰焊工艺时 SMT 元器件禁布区

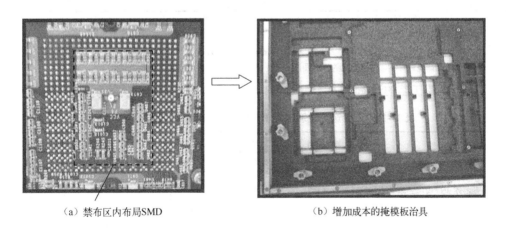

（a）禁布区内布局SMD　　　　　　　　　（b）增加成本的掩模板治具

图 11-52　被 PTH 元器件引线包围的 SMT 元器件不良布局实例

③ PCB 下表面布局 SMT 元器件的高度要小于 3.81mm（0.150in），以减小掩模板治具的厚度。为了避免过厚的掩模板治具厚度，推荐把大于这个高度的 SMT 元器件布局到上表面。对于 PCB 厚度小于或等于 2.36mm（0.093in），采用 Sn-Pb 选择性波峰焊工艺，PTH 元器件到 SMT 元器件的间距见表 11-8。

表 11-8　Sn-Pb 选择性波峰焊 PTH 元器件到 SMT 元器件的间距[PCB 厚度小于或等于 2.36mm（0.093in）]

	图 11-50 中的尺寸	IPC-A-610 Class 2		IPC-A-610 Class 3	
		推荐	最小	推荐	最小
PTH 元器件进板方向前端孔到最近的 SMT 元器件（焊盘或元器件本体）距离	L	7.6mm（0.300in）[3]	3.8mm（0.150in）[1][2]	7.6mm（0.300in）[3]	5.1mm（0.200in）[1][2]
PTH 元器件进板方向后端孔到最近的 SMT 元器件（焊盘或元器件本体）距离	T	7.6mm（0.300in）[3]	3.8mm（0.150in）[1][2]	7.6mm（0.300in）[3]	5.1mm（0.200in）[1][2]
PTH 元器件侧面孔到最近的 SMT 元器件（焊盘或元器件本体）距离	S	5.1mm（0.200in）	3.8mm（0.150in）	5.1mm（0.200in）	3.8mm（0.150in）

注：所有尺寸考虑掩模板治具的最小厚度为 1.27mm（0.050in），并且 SMT 元器件和治具间隙 0.51mm（0.020in）。
① 参照表 9-24 "PCB 电镀通孔连接的最多层板数"。
② 只应用于没有盗锡焊盘的情况[间距大于或等于 2.54mm（0.100in）]。
③ 允许空间暴露盗锡焊盘，考虑最大的焊盘图形 $D=1.78$mm（0.070in），盗锡焊盘为 $2.5D$。

④ 对于 PCB 厚度大于 2.36mm（0.093in），采用 Sn-Pb 选择性波峰焊工艺，PTH 元器件到 SMT 元器件的间距见表 11-9。

表 11-9　Sn-Pb 选择性波峰焊 PTH 元器件到 SMT 元器件的间距[PCB 厚度大于 2.36mm（0.093in）]

	图 11-50 中的尺寸	IPC-A-610 Class 2 和 Class3	
		推荐	最小
PTH 元器件进板方向前端孔到最近的 SMT 元器件（焊盘或元器件本体）距离	L	12.7mm（0.500in）[3]	5.1mm（0.200in）[1][2]
PTH 元器件进板方向后端孔到最近的 SMT 元器件（焊盘或元器件本体）距离	T	12.7mm（0.500in）[3]	5.1mm（0.200in）[1][2]
PTH 元器件侧面孔到最近的 SMT 元器件（焊盘或元器件本体）距离	S	5.1mm（0.200in）	

注：所有尺寸考虑掩模板治具的最小厚度为 1.27mm（0.050in），并且 SMT 元器件和治具间隙 0.51mm（0.020in）。
① 参照表 9-24 "PCB 电镀通孔连接的最多层板数"。
② 仅应用于没有盗锡焊盘的情况[间距大于或等于 2.54mm（0.100in）]。
③ 允许空间暴露盗锡焊盘，考虑最大的焊盘图形 $D=1.78$mm（0.070in），盗锡焊盘为 $2.5D$。

⑤ 对于无铅工艺的选择性波峰焊，PTH 元器件到 SMT 元器件的间距见表 11-10。

表 11-10　无铅选择性波峰焊 PTH 元器件到 SMT 元器件的间距

	图 11-50 中的尺寸	IPC-A-610 Class 2		IPC-A-610 Class 3	
		推荐	最小	推荐	最小
PTH 元器件进板方向前端孔到最近的 SMT 元器件（焊盘或元器件本体）距离	L	14mm（0.550in）	6.35mm（0.250in）[1][2]	14mm（0.550in）	8.9mm（0.350in）[1][2]
PTH 元器件进板方向后端孔到最近的 SMT 元器件（焊盘或元器件本体）距离	T	14mm（0.550in）	6.35mm（0.250in）[1][2]	14mm（0.550in）	8.9mm（0.350in）[1][2]
PTH 元器件侧面孔到最近的 SMT 元器件（焊盘或元器件本体）距离	S	6.35mm（0.250in）		5.1mm（0.200in）	6.35mm（0.250in）

注：所有尺寸考虑掩模板治具的最小厚度为 1.27mm（0.050in），并且 SMT 元器件和治具间隙 0.51mm（0.020in）。
① 参照表 9-24 "PCB 电镀通孔连接的最多层板数"。
② 仅应用于没有盗锡焊盘的情况[间距大于或等于 2.54mm（0.100in）]。

3. 掩模板治具的设计规则

① 元器件和治具的最小间隙。需要波峰焊的 PTH 元器件引线到治具边缘至少 5.0mm

（0.20in）（图 11-53 中尺寸 A），除非这个限制会导致治具超越 PCB 的边；暴露的 SMT 元器件到治具的边缘距离至少 0.5mm（0.020in）间隙（图 11-53 中尺寸 E）。

② 掩蔽的元器件顶部到治具的间隙。掩蔽的元器件顶部到治具的间隙是图 11-53 中尺寸 C 减 B，这个距离间隙应比元器件高度大 0.25～0.50mm（0.010～0.020in）。

③ 治具厚度的选择（图 11-53 中尺寸 D）。若焊接面掩模板遮蔽的最高 SMT 元器件高度为 H_{max}，则选用的治具厚度需要比 H_{max} 大 2.0mm（0.079in）以上。

④ 掩模板治具的凹槽部分最小厚度（图 11-53 中尺寸 F）。最小厚度 F 取决于最高的 SMT 元器件和焊接面需要遮蔽凹槽的总的面积。对于焊接面需要遮蔽的最高 SMT 元器件，面积小于 25.8cm² （3.999in²）时，元器件和治具的间隙至少保留 1.25mm（0.049in）；面积大于 25.8cm² 时，元器件和治具的间隙至少保留 1.90mm（0.075in）。

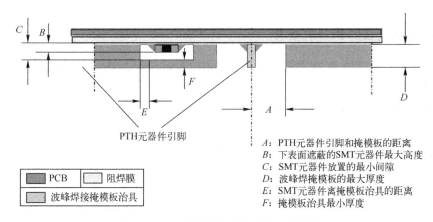

图 11-53　选择性波峰焊使用掩模板设计

⑤ 治具最小隔断。治具最小隔断的目的主要是保证治具有足够的强度。在选择性掩模板治具中，最小隔断尺寸是 1.25mm（0.049in），如图 11-54 所示。对于完全敞开的治具，最小隔断尺寸是 2.50mm（0.098in）。这个尺寸可以小到 0.5mm（0.020in），但必须要保证强度。

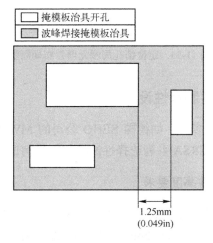

图 11-54　治具的隔断

⑥ 治具的倒角至少为 60°，一旦小的 PTH 元器件遮蔽凹槽被禁止就可以采用 45°的倒角，如图 11-55 所示。图中治具的垂向封闭性高度应尽可能低，为 0.25mm（0.010in）。

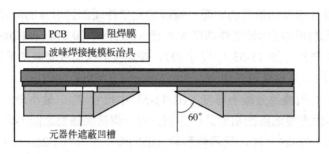

图 11-55　治具的倒角

4．用于治具定位的 PCB 孔要求

用于掩模板治具定位 PCB 的孔是非电镀通孔（Non-plated Through Holes，NPTH）。对于定位的销钉孔的要求：

① 参照图 11-56 的间距要求。

② 每 $100in^2$ 提供 1 个孔。

③ 其中一个孔的位置尽量在 PCB 的中心位置。

④ 其他的孔沿着中心的 X、Y 方向。

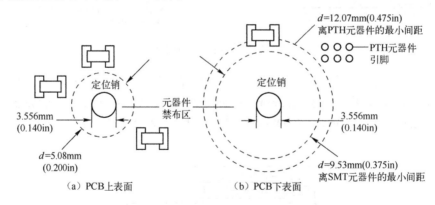

图 11-56　定位销孔周围元器件布局间隙

11.4.7　选择性波峰焊的可制造性设计

目前选择性波峰焊设备有多种，如德国 SEHO 公司的 MWM3250 和德国 ERSA 公司的 VersaFlow 等。下面以常用的 ERSA 系列选择性波峰焊机为例说明布局的要求。

1．轨道传输系统对元器件高度要求

在传统波峰焊工艺中，用波峰焊治具来遮蔽下表面的表面贴装元器件，考虑下表面的表面贴装器件最高高度不要超过 5mm，而选择性波峰焊下表面元器件可达到最高 30mm，同时要求最小有 3mm 的可使用边缘放置在传输装置上。焊接面元器件的最大高度

及元器件本体与边缘的距离如图 11-57 所示。

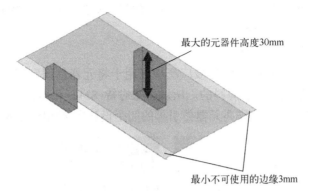

图 11-57　焊接面零件的最大高度及零件本体与边缘的距离

元器件面的元器件高度和与板边的距离要求如图 11-58 所示。

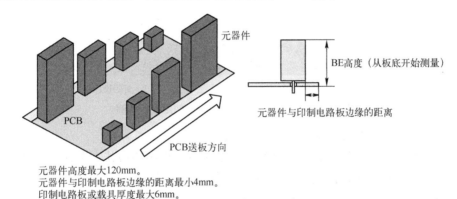

元器件高度最大120mm。
元器件与印制电路板边缘的距离最小4mm。
印制电路板或载具厚度最大6mm。

图 11-58　元器件面的元器件高度和与板边的距离要求

焊接面最大元器件高度为 30mm（1.181in），具体值参考设备供应商提供的参数。

2．焊接过程对元器件布局的要求

（1）选择性波峰焊焊点周围的元器件布局方向

选择性波峰焊焊点周围的元器件的排列方向如图 11-59 所示。

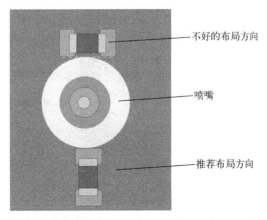

图 11-59　选择性波峰焊焊点周围的元器件的排列方向

与焊接区域外缘垂直摆放 SMT 元器件，这样在选择性焊接时，即使接触到焊锡也只会熔化一个焊盘，从而避免零件被冲掉。避免平行放置 SMT 元器件，焊锡容易将两个焊盘同时熔化，从而导致元器件被冲掉。

（2）选择性焊接的一般要求

机械或塑料材质的固定脚或锁扣被广泛地应用于将元器件固定到印制电路板上，但大部分塑料件是不能接触高温液态焊料的，所以要像对待 SMT 元器件一样来对待它们。参照 SMT 元器件的布局要求。固定脚离元器件引脚的间距设计实例如图 11-60 所示。

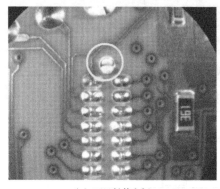

（a）不足够的空间　　　　　　　　　　　（b）好的设计

图 11-60　固定脚离元器件引脚的间距设计实例

（3）选择性波峰焊焊点与周围元器件的安全距离

选择性波峰焊焊点可以不在焊接区域的中心位置，但中心最佳。选择性波峰焊焊点与周围元器件的安全距离取决于焊接喷嘴的尺寸与周围元器件的距离。

焊接喷嘴基本都是圆形，常用的喷嘴尺寸外径有 6mm、8mm、10mm、12mm、14mm、20mm，再大的尺寸需要订做。喷嘴的尺寸默认以 2mm 为增量制作，但可以根据实际需求订做。选择多大的焊接喷嘴来实现焊接，取决于焊点与周围元器件的距离。对于一个新的 PCB 设计，必须考虑焊接喷嘴最小尺寸。选用最小的焊接喷嘴外径是 6.0mm，基于这个喷嘴的外部尺寸，必须加一个安全距离来避免焊接时润湿到周围的 SMT 元器件，选择性波峰焊焊点与周围元器件的安全距离如图 11-61 所示。

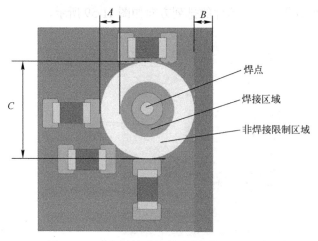

图 11-61　选择性波峰焊焊点周围的最小距离

焊接区域与周围元器件的最小的距离 $A = 2.0$mm（0.079in），为避免焊接误差，实际应用中大于或等于 3.0mm。

最小的可焊接区域 $C = 6.0$mm（0.236in）。

非焊接限制区域与印制电路板边缘的最小距离为 $B = 4.0$mm（0.157in）。

焊接区域是指能接触到焊料的区域，通常是焊点孔环边缘。实际的焊点可能会比该区域要小，焊点可不在焊接区域的中心位置，但中心最佳。限制区域是指焊点周围没有元器件需要焊接的区域。

以上的区域是应当优先考虑的，如超出这个尺寸，周围元器件就有被冲掉的可能。

（4）下表面元器件离焊接通孔铜环边缘的距离

传统波峰焊工艺在焊点和相邻元器件之间的小间距的条件下（小于 3.8mm）很难实施焊接，但太小的间距也会在选择性焊接工艺中产生问题，通常是因为焊接过程中容易将 SMT 元器件冲洗掉或焊接喷嘴容易刮擦和损坏元器件的封装外壳。因此 PCB 布线时就必须考虑这一点，如单点焊接，则要求保证焊接区域必须大于喷嘴直径的 1.25 倍，如图 11-62 所示。

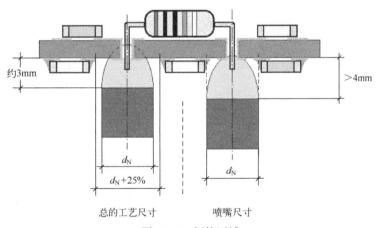

图 11-62　焊接区域

在只有一边有 SMT 元器件的时候可以采用不对称的焊接，喷嘴中心偏于焊点中心焊接，如图 11-63 所示。焊盘之间的距离 $A \geqslant 1.5$mm（0.059in），最好的焊点放置是在焊接区域的中心位置。

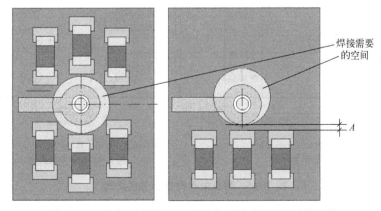

图 11-63　只有一边有 SMT 元器件可以采用不对称的焊接

（5）多排焊点最小空间

比如连接器的多点焊接，则要求焊点孔环边缘到表面贴装焊盘边缘的最小距离为 1.0mm。多排焊点最小空间要求如图 11-64 所示。焊点可不在焊接区域的中心位置，但中心最佳。

焊盘到焊盘的距离最小的宽度 A 为 6.0mm（0.236in）。

焊接长度取决于元器件的长度加上 $2 \times C_1$。

焊接区域到邻近焊盘的最小距离：对于单排焊点，$A_1 = 2.0mm$（0.079in）；

对于多排焊点，$A_1 = 1.0mm$（0.039in）。

选择性波峰焊焊嘴焊接开始和结束的边缘与邻近焊盘的最小距离 $C_1 = 3.0mm$（0.079in）。

非焊接限制区域与印制电路板边缘的最小距离 $B = 4.0mm$。

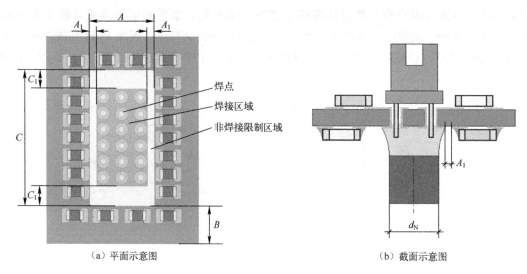

（a）平面示意图　　　　　　　　　　　　　（b）截面示意图

图 11-64　多排焊点最小空间要求

（6）焊点中心到 PCB 边的距离

为保证焊点的焊接品质，如 PCB 有不可使用的边缘，则焊点中心到 PCB 边的距离可为 3.0mm，如无不可使用的边缘，则要求到板边的最小距离为 6.0mm，如图 11-65 所示。

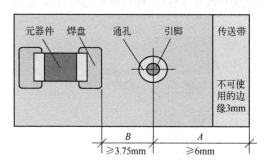

A 最小要求，应用在最小的喷嘴尺寸（6mm直径）
B=3.75mm，用于元器件高度最高为14mm时

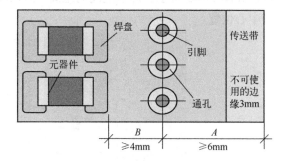

A 最小要求，应用在最小的喷嘴尺寸（6mm直径）
B=4mm，用于元器件高度最高为14mm时

图 11-65　焊点中心到 PCB 边的距离

3．元器件布局建议

焊接面的零件高度及喷嘴与边缘的距离需求如下：

焊接面零件的最大高度 $X = 30\text{mm}$，焊接喷嘴以外的零件高度是受距离的限制的。从滚轮边缘到喷嘴中心的最小距离取决于所选择的喷嘴外直径，如图 11-66 所示。

对于 ERSA 的 VERSAFLOW3 型号：$Y =$ 喷嘴外直径$/2 + 1\text{mm}$。

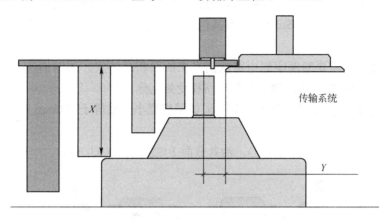

图 11-66　焊接面的元器件高度与边缘的距离要求

喷嘴周围的空间尺寸如图 11-67 所示。

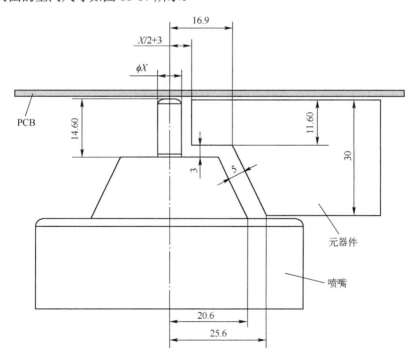

图 11-67　喷嘴周围的空间尺寸（单位：mm）

4．元器件引脚的要求

焊点 PTH 孔填充率不足的原因主要来自不完全的热传导率，合理的 PCB 设计可以改善这一问题。特别在多喷嘴选择焊工艺中，元器件引脚的长度在改善焊点孔填充率不足的过程中扮演重要的角色。多喷嘴选择焊工艺的引脚长度要求为 2.0～2.5mm，稍长的元器件引脚可以更深地浸入液态焊料中，由此可增加热量的传导并最终得到较满意的孔填充率。

5．治具和夹具设计要求

当焊接过程使用治具时，需要确保轨道传输平面与印制电路板底面处于同一高度，如图 11-68 所示，加工精度±0.05mm。如有其他特殊情况时也要以这个要求为原则，与其基本保持一致。

在制作治具时，需要确保印制电路板露出来的面积足够大，通常情况不需要对焊接面的 SMT 元器件进行遮挡，从而确保印制电路板受热充分。

治具的截面图如图 11-68 所示，图中 B 的厚度要小于或等于 2.0mm，目的是治具不接触到焊锡或焊锡喷嘴。

推荐：距离 $A \geqslant 6.0$mm（0.236in），治具截面 $B \leqslant 2.0$mm（0.079in）。

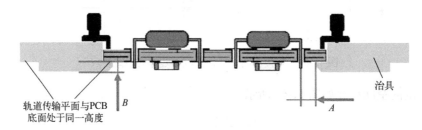

图 11-68　治具的设计要求

在治具（载具）的传输前方的两个边角应该有倒角，但倒角不能太大，如果太大会导致治具在设备内定位不准确，从而影响焊接，如图 11-69 所示。

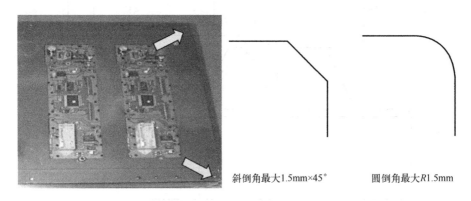

图 11-69　治具的传输前方边角倒角

6．印制板焊接孔的设计

另一个影响孔填充率的因素是引脚和通孔直径间的合理比例。如果比例过大，就不能形成毛细管作用；如果比例太小，助焊剂无法深入通孔，也无法形成良好的焊点。根据经验，通孔的直径等于引脚直径加上 0.3～0.5mm。

（1）通孔铜箔连接层设计

通孔铜箔连接层设计以过桥的方式连接大铜箔和通孔，有利于焊点在焊接时能迅速升温，减少热量通过大铜箔散失，帮助焊接。这个设计原理适用于焊接面、元器件面和内层电路的连接，也就是热焊盘。在满足电源需求的情况下，过桥连接越长、越窄，效果越明显，如图 11-70 所示。

(a) 焊盘和大铜箔相连不利于焊接　　　　(b) 热焊盘设计有利于焊接

图 11-70　通孔铜箔连接层设计

（2）通孔与铜箔的连接

选择焊焊锡接触印制电路板的范围很小，在焊接有大铜箔的焊点时，如设计的连接桥长度过短，如图 11-71（a）所示，喷嘴可接触到大铜箔，热量则会经由大铜箔消散，使焊点温度降低而无法形成良好的焊点；在图 11-71（b）中，连接桥够长，焊接时喷嘴不直接接触大铜箔，可对焊点充分加热，有利于形成良好的焊点。

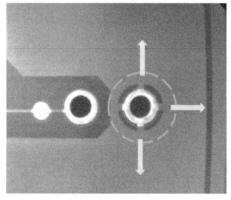 

(a) 不良设计：连接桥长度过短　　　　　　(b) 好的设计：连接桥够长

图 11-71　通孔与铜箔的连接

焊点与大铜箔直接相连的不良设计如图 11-72 所示。

不适当焊盘设计实例如图 11-73 所示。

7. 孔焊盘间距

对于单喷嘴选择性焊接，引脚中心距要求大于或等于 1.27mm，而对于多喷嘴选择性焊

接则要求引脚中心距大于或等于 2.54mm，过小的引脚中心距容易引起桥接。例如，2.0mm
中心距用于多喷嘴焊接工艺，可以设计合理的喷嘴以帮助达到良好的焊接品质，减少桥接风
险，如图 11-74 所示。

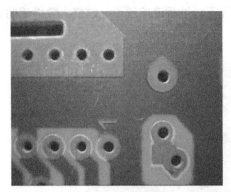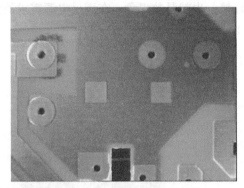

设计不良：焊点直接与大铜箔相连，由于铜箔良好的散热性能，焊接时大量的热量被铜箔消散

图 11-72　焊点与大铜箔直接相连的不良设计

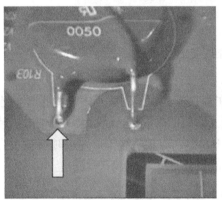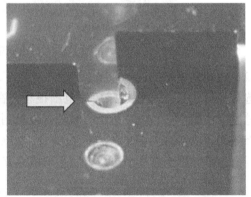

（a）不适当的通孔与铜箔连接导致爬锡困难　　　　（b）高热容量元器件导致焊点温度低，爬锡困难

图 11-73　不适当焊盘设计

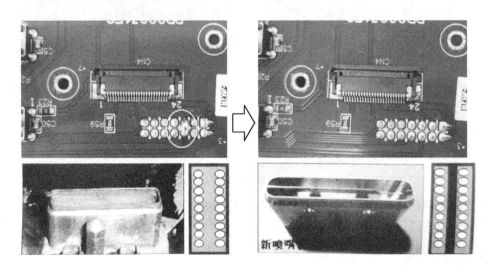

图 11-74　特殊喷嘴用于多喷嘴选择性焊接

11.5　PCB 采用自动插装时的可制造性设计

自动插装（Auto Insert，AI）技术是通孔安装技术的一部分，是运用自动插件设备将电子元器件插装在印制电路板的导电通孔内。自动插装分为径向（Radial）插装（也叫立插）和轴向（Axial）插装（也叫卧插）。

11.5.1　自动插装 PCB 的要求

1. 自动插装技术的工艺介绍

自动插装技术的工艺如图 11-75 所示。轴向插装如图 11-76 所示，径向插装如图 11-77 所示。

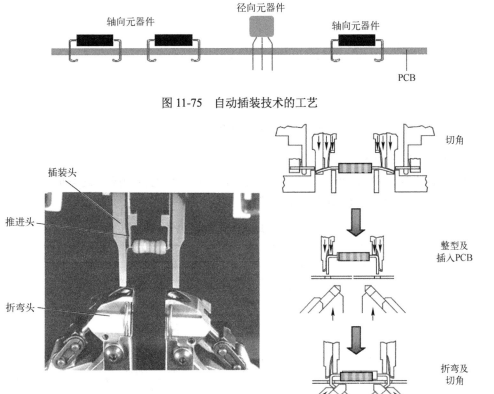

图 11-75　自动插装技术的工艺

图 11-76　轴向插装

2. 采用自动插装工艺的 PCB 外形要求

（1）印制板的弓曲度

自动插装工艺中，对印制电路板的弓曲度允许的最大上翘为 0.5mm（0.020in），最大向下的翘曲为 1.2mm（0.047in），如图 11-78 所示。

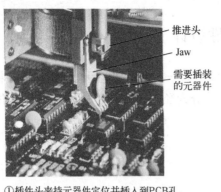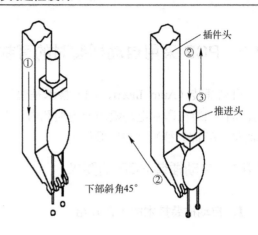

① 插件头夹持元器件定位并插入到 PCB 孔。
② 推进头把元器件完全固定住，插件头从元器件上移开。
③ 切角和折弯完成后，推进头收回进行下一个操作。

图 11-77　径向插装

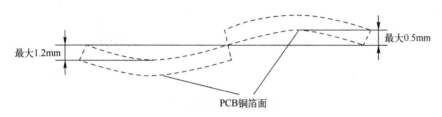

图 11-78　自动插件 PCB 的弓曲度

（2）自动插装的 PCB 外形和尺寸

采用自动插装的 PCB 外形应为长方形或正方形。常见自动插件机可加工 PCB 尺寸见表 11-11。其他品牌参见设备的技术说明书。

表 11-11　常见自动插件机可加工 PCB 尺寸

插件机类型	设备型号	最小尺寸（长×宽）	最大尺寸（长×宽）	备注
轴向插件机	Panasonic AV132	50mm×50mm	508mm×381mm	
	Universal VCD 88HT	50mm×50mm	600mm×600mm	元器件高度 20mm，引脚跨距 5～24mm
径向插件机	Panasonic RL132 NM-EJR5A	50mm×50mm	508mm×381mm	
	Panasonic RG131 NM-EJR3A	50mm×50mm	508mm×381mm	
	Universal 88HT	50mm×50mm	600mm×600mm	
通用插件机	Juki JM-20	50mm×50mm	410mm×560mm	元器件高度 28mm、55mm
	Mirae MAI-H4	50mm×50mm	700mm×510mm	元器件高度 25mm
	Mirae MAI-H6ST	50mm×50mm	600mm×330mm	元器件高度 55mm
	Mirae MAI-H8	50mm×50mm	700mm×510mm	元器件高度 25mm

（3）自动插装的 PCB 定位孔

① 采用自动插装的 PCB 应在最长的一条边（拼板后）上设置两个定位孔，如图 11-79 所示（元器件面）。其中左下角为主定位孔，孔径为 4.0mm（0.016in）；右下角为副定位孔，尺寸为 4.0mm×5.0mm。

② 两定位孔的中心轴连线平行于最长边，离最长边的距离为 5.0mm±0.1mm，主定位孔中心离 PCB 左边缘的距离为 5.0mm±0.1mm，副定位孔的孔边与 PCB 右边缘的距离应不小于 3.0mm（0.118in）。定位孔周围从孔边向外至少 2.0mm（0.079in）范围内要用铜箔覆盖以增加板的机械强度。

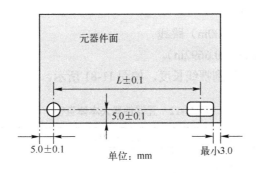

图 11-79　自动插装的 PCB 定位孔

（4）PCB 的元器件禁布区

如果在禁布区内布局了元器件（其插装孔在此区内）就不能使用自动插装机作业。

① 对于轴向卧插和径向立插，其禁布区（定位盲区和边缘盲区）为图 11-80 所示斜线区域。

② 为防止工装、夹具等损伤印制板边沿的印制线，应避免在印制板边沿 3.0mm（0.118in）范围内布宽度 1.0mm（0.039in）以下的电路导线。

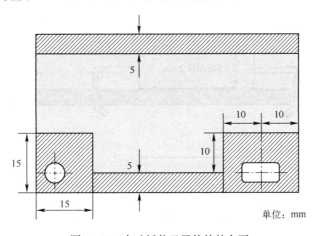

图 11-80　自动插装元器件的禁布区

11.5.2　轴向自动插件布局

1．轴向自动插件尺寸

（1）引线尺寸

最小引线直径：0.40mm（0.0157in），为了提高插装的品质常推荐 0.48mm（0.0188in）。

最小跳线直径：0.63mm（0.0248in）。

最大铜引线直径：0.90mm（0.0354in）。

最大钢引线直径：0.80mm（0.0314in）。

（2）元器件本体尺寸

最小直径：0.4mm（0.0157in）。

最大直径：参照表11-12。

最小本体长度：0mm（0.000in）跳线。

最大本体长度：17.0mm（0.6692in）。

元器件长度测量：从裸线到裸线长度，如图11-81所示。

表11-12　元器件最大本体直径

标准	高密度	大尺寸引线	5mm/5.5mm	5mm 'AAA'
10.69mm（0.420in）- 2×PCB 厚度	10.69mm（0.420in）- 2×PCB 厚度	10.69mm（0.420in）- 2×PCB 厚度	11.68mm（0.460in）- 2×PCB 厚度	7.62mm （0.300in）

图 11-81　轴向元器件长度

图11-82是轴向自动插装元器件最大本体直径的计算实例。

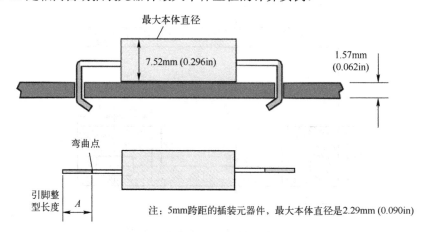

注：5mm跨距的插装元器件，最大本体直径是2.29mm (0.090in)

图 11-82　轴向自动插装元器件最大本体直径计算实例

引线整型长度 A：标准元器件为 7.62mm（0.300in），高密度元器件为 7.62mm（0.300in），大尺寸引线元器件为 7.62mm（0.300in），5mm/5.5mm 元器件为 8.128mm（0.320in）。

使用标准的治具插件，PCB 厚度为 1.57mm（0.062in）。

最大本体直径（公制）＝ 10.69–2×1.57 = 7.5mm

最大本体直径（英制）＝ 0.420–2×0.062 = 0.296in

（3）元器件引线孔尺寸

孔直径（公制）＝ 引线直径 ＋0.48mm±0.08mm

孔直径（英制）＝ 引线直径 ＋0.019in±0.003in

2．轴向元器件的插装孔跨距

轴向插装元器件的插装孔跨距（孔的中心距）如图 11-83 所示。插装孔的最小跨距为 7.6mm（0.2992in），最大孔跨距为 20mm（0.7874in），取决于元器件本体的长度。

最小孔跨距根据元器件本体的长度来计算，确保元器件本体在插件时不被损坏。最小孔跨距 CS 的计算公式如下：

$$CS_{min} = L - WC + K$$

式中，L 为元器件本体长度；WC 为引线校正因数，参考表 11-13；K 为工具校正因数 3.2mm（0.1259in）。

因为元器件本体长度尺寸会有变化，所以 PCB 的孔跨距设计值应比计算值大。

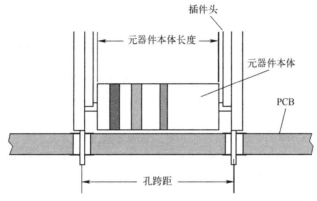

图 11-83　轴向元器件的插装孔跨距

举例：元器件本体长度为 7.6mm（0.2992in），引线直径为 0.63mm（0.0248in），则 CS 值为

$$CS = 7.6 - (-0.22) + 3.2 = 11.02mm$$

表 11-13　引线校正因数表

引线直径[mm（in）]	引线校正 WC [mm（in）]
0.40（0.0157）	−0.53（−0.0208）
0.48（0.0188）	−0.43（−0.0169）
0.50（0.0196）二极管	−0.40（−0.0157）
0.63（0.0248）	−0.22（−0.0086）
0.78（0.0307）	0（0.00）
0.80（0.0314）	0.023（0.0009）

最大插装孔距是 20mm（0.787in）时，最大元器件本体长度 ＋ 3.8mm（0.1496in）＋ 引线直径≤20mm（0.787in）。

3．插件机头的间隙要求

PCB 上表面没有间隙要求，下表面仅有 SMT 元器件时有间隙要求，如图 11-84 所示。

上表面插件机头间隙要求如图 11-85 所示。下表面轴向元器件引线折弯的间隙要求如图 11-86 所示。弯脚的角度 0°～45°。

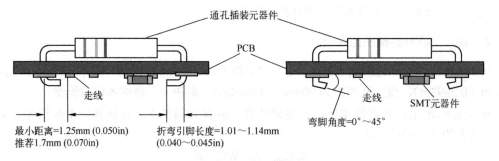

图 11-84　轴向元器件引线折弯间隙要求

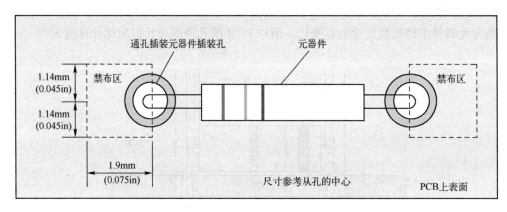

图 11-85　上表面轴向插件机头间隙要求

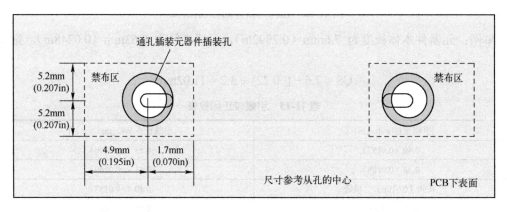

图 11-86　下表面轴向元器件弯脚间隙要求

4. 轴向自动插装元器件在 PCB 的布局方向和间距

① 所有轴向元器件在 PCB 上布局应相互平行，这样轴向插装机在插装时就不需要旋转 PCB，因为不必要的转动和移动会大幅降低插装机的速度。

② 轴向元器件在 PCB 上的插装方向可以有 0°、90°、180°、270°角，推荐插装方向

应与 PCBA 的运行方向呈 90°排放，以避免在波峰焊时，由于波峰压力而导致焊接完成后元器件的一边翘起；同时避免焊接时由于高温，元器件前后受热时间差所产生的应力作用。轴向元器件在 PCB 上布局方向如图 11-87 所示。

③ 在 PCB 上表面，轴向元器件自动插装的最小间距如图 11-87 所示；在 PCB 下表面轴向元器件自动插装的最小间距如图 11-88 所示。

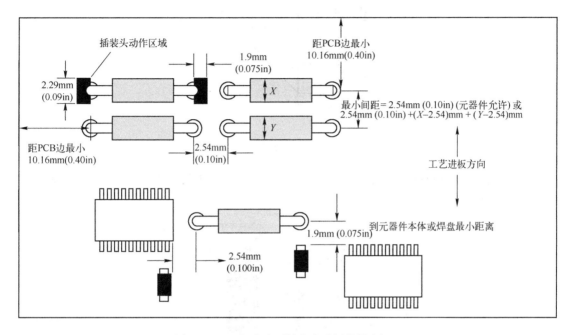

图 11-87　PCB 上表面轴向自动插件最小间距

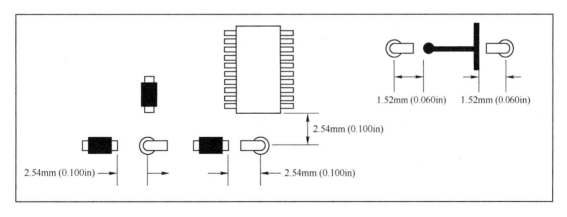

图 11-88　PCB 下表面轴向自动插件最小间距

11.5.3　径向自动插件布局

1. 径向自动插件尺寸

径向（立插）元器件的大小尺寸取决于插件机的能力，如图 11-89 所示，只有其元器件

体能够被容纳在 $a×b×c = 11.0mm×10.0mm×12.5mm$ 的方体内，且沿 Y 轴方向引线的元器件才能被接受。

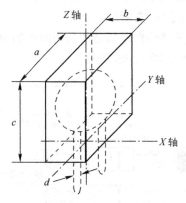

图 11-89　径向插件的尺寸

不同的自动插件机的加工能力不同。松下 RG131-S（NM-EJR7A）插件机的加工能力如图 11-90 所示。

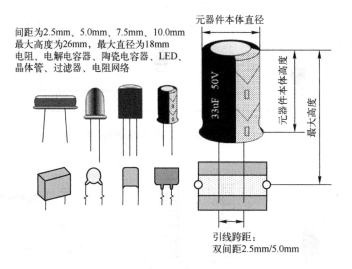

图 11-90　松下 RG131-S（NM-EJR7A）插件机的加工能力

① 元器件本体能够被容纳最大高度可为 26mm，最大直径为 18mm。

② 元器件引线间距：元器件在卷带中，2.5mm、5.0mm、7.5mm 和 10.0mm。

③ 元器件插装角度 0°、90°、180°、270°。

④ 不弯脚的 SIP 元器件引线孔径需要另加 0.1mm（0.004in）。

⑤ 元器件引线孔：孔的直径 = 最大引线直径 + 0.48mm（0.019in）±0.08mm（0.003in）。

2. 径向元器件孔跨距

对于插装孔中心距是 2.5mm、5.0mm、7.5mm、10.0mm 的径向元器件，为了得到好的插装良率，在 PCB 上的插装孔跨距很重要，根据引线的直径对应的孔跨距参考表 11-14。

表 11-14　元器件引线孔跨距

引线直径	推荐引线孔跨距	引线直径	推荐引线孔跨距
2.5mm		5.0mm	
0.36mm（0.014in）	2.54mm（0.100in）	0.36mm（0.014in）	4.85mm（0.191in）
0.41mm（0.016in）	2.54mm（0.100in）	0.41mm（0.016in）	4.90mm（0.193in）
0.46mm（0.018in）	2.54mm（0.100in）	0.46mm（0.018in）	4.95mm（0.195in）
0.51mm（0.020in）	2.54mm（0.100in）	0.51mm（0.020in）	5.00mm（0.197in）
0.56mm（0.022in）	2.54mm（0.100in）	0.56mm（0.022in）	5.05mm（0.199in）
0.61mm（0.024in）	2.54mm（0.100in）	0.61mm（0.024in）	5.11mm（0.201in）
0.66mm（0.026in）	2.54mm（0.100in）	0.66mm（0.026in）	5.16mm（0.203in）
0.71mm（0.028in）	2.54mm（0.100in）	0.71mm（0.028in）	5.21mm（0.205in）
0.76mm（0.030in）	2.54mm（0.100in）	0.76mm（0.030in）	5.26mm（0.207in）
0.81mm（0.032in）	2.54mm（0.100in）	0.81mm（0.032in）	5.31mm（0.209in）
0.86mm（0.034in）	2.54mm（0.100in）	0.86mm（0.034in）	5.36mm（0.211in）
7.5mm		10.0mm	
0.36mm（0.014in）	7.39mm（0.291in）	0.36mm（0.014in）	9.93mm（0.391in）
0.41mm（0.016in）	7.44mm（0.293in）	0.41mm（0.016in）	9.98mm（0.393in）
0.46mm（0.018in）	7.49mm（0.295in）	0.46mm（0.018in）	10.03mm（0.395in）
0.51mm（0.020in）	7.54mm（0.297in）	0.51mm（0.020in）	10.08mm（0.397in）
0.56mm（0.022in）	7.59mm（0.299in）	0.56mm（0.022in）	10.13mm（0.399in）
0.61mm（0.024in）	7.65mm（0.301in）	0.61mm（0.024in）	10.18mm（0.401in）
0.66mm（0.026in）	7.70mm（0.303in）	0.66mm（0.026in）	10.23mm（0.403in）
0.71mm（0.028in）	7.75mm（0.305in）	0.71mm（0.028in）	10.29mm（0.405in）
0.76mm（0.030in）	7.80mm（0.307in）	0.76mm（0.030in）	10.34mm（0.407in）
0.81mm（0.032in）	7.85mm（0.309in）	0.81mm（0.032in）	10.39mm（0.409in）
0.86mm（0.034in）	7.90mm（0.311in）	0.86mm（0.034in）	10.44mm（0.411in）

3. 元器件方向和间距

① 相似的元器件在 PCB 上应以相同的方式布局。

例如：使所有径向电容的负极朝向板件的右面，使所有双列直插封装（DIP）的缺口标记面向同一方向，等等，这样可以加快插装的速度并更易于发现错误。

② 如果可能，径向元器件尽量用其轴向型。

因为轴向元器件的插装成本比较低，如果空间非常宝贵，也可以优先选用径向元器件。如果板面上仅有少量的轴向元器件，则应将它们全部转换为径向型，反之亦然，这样可完全省掉一种插装工序。

③ 径向（立插）元器件的布局，应考虑已经装好的轴向（卧插）元器件对立插元器件的影响，还应避免径向元器件引线向外成型时可能造成的相邻元器件引线连焊（直接相碰或过波峰焊时挂锡），如图 11-91 所示。

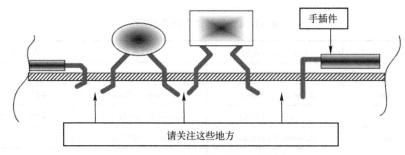

图 11-91　径向元器件的引线折弯

④ PCB 上表面径向自动插装最小间距如图 11-92（正视图）和图 11-93（侧视图）所示。

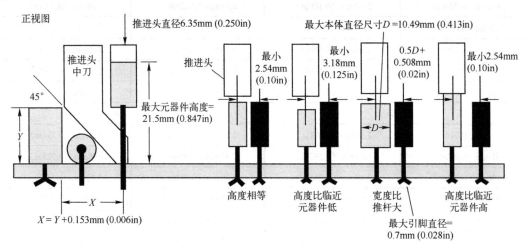

图 11-92　PCB 上表面径向自动插装元器件最小间距（正视图）

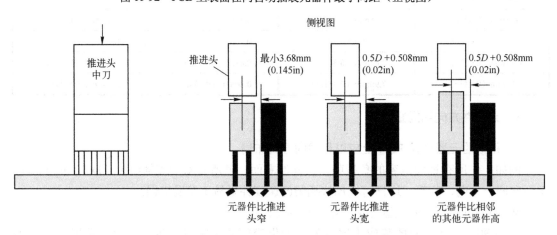

图 11-93　PCB 上表面径向自动插装元器件最小间距（侧视图）

⑤ 径向（立插）元器件和其他元器件之间的间距，如图 11-94 所示。

● 径向元器件最密排布时其相邻径向元器件本体（包括引线）之间的最小距离应不小于 1.0mm，特殊情况下可以在 0.508mm。

● 径向元器件左侧引线与其左侧相邻元器件本体之间的距离应不小于 3.0mm；同时，

该引线与右侧相邻元器件本体之间的距离应不小于 5.0mm。

- 径向元器件本体与相邻轴向元器件本体之间的距离应不小于 0.5mm。
- 轴向元器件本体与相邻径向元器件引线之间的最小距离应不小于 2.0mm。
- 轴向元器件引线与相邻径向元器件引线之间的最小距离应不小于 2.5mm。
- 径向元器件与轴向元器件之间应有适当的间距。

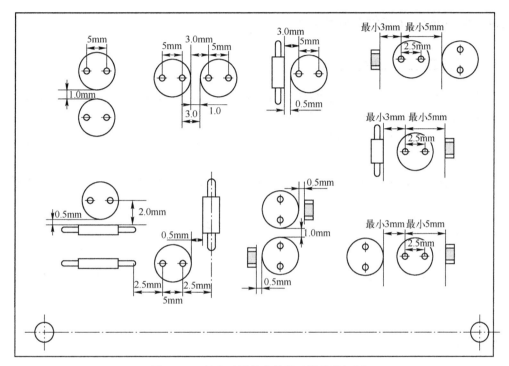

图 11-94　径向元器件和其他元器件的间距

⑥ 径向元器件与 SMT 元器件间的密度。

由于径向插件机在插装元器件时要将元件引线剪断和折弯，插件机的插件机头与 PCB 有较近的距离，所以对 PCB 正反面的 SMT 元器件与径向元器件孔的距离有要求。径向元器件与 SMT 元器件的密度如图 11-95 所示。

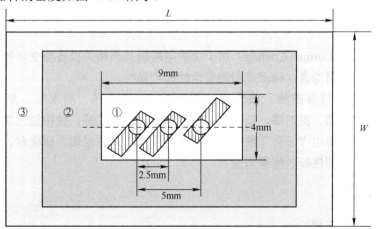

图 11-95　径向元器件与 SMT 元器件的密度

以径向元器件为中心区域长宽范围有，有三个区域。

区域①：4mm×9mm 的范围内不可有 SMT 元器件。

区域②：10mm×16mm 的范围内不可有高于 1mm 的 SMT 元器件。

区域③：13mm×22mm 的范围内不可有高于 5mm 的 SMT 元器件。

上下平面的元器件高度不可大于 6mm。

11.5.4　自动插装元器件的焊盘和标注

1. 自动插装元器件的焊盘设计

焊盘的设计应考虑到元器件引线切铆成型时的方向，应有利于焊接，应考虑到波峰焊时元器件引线不至于与相邻印制电路短路。

轴向元器件的焊盘推荐设计成带圆孔的长方形，插装孔在焊盘中的位置如图 11-96（a）所示。

径向元器件的焊盘推荐设计成插装孔，焊盘为圆形，插装孔的位置如图 11-96（b）所示。

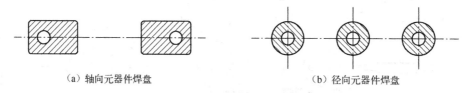

（a）轴向元器件焊盘　　　　　　　　　　　　　（b）径向元器件焊盘

图 11-96　自动插装元器件焊盘图形

2. 标注

所有机插元器件应在标记符号图上标上位号，包括短路跳线、铆钉、需机插的插针等，每个铆钉、插针的孔都需要标上位号，短路跳线、铆钉、插针可只在元器件面标注。

11.6　PCBA 采用涂覆和灌封工艺时的可制造性设计

11.6.1　三防漆涂覆

三防漆涂覆（Conformal Coating）用于保护电路板及其相关设备免受环境的侵蚀，从而提高并延长它们的使用寿命，确保使用的安全性和可靠性。

三防漆也叫电路板保护油、披覆油、防潮漆、三防涂料、防水胶、绝缘漆、防腐蚀漆、防盐雾漆、防尘漆、保护漆、披覆漆、三防胶、共性覆膜等。使用过三防漆的电路板组件具有防水、防潮、防尘"三防"性能，并且耐冷热冲击、耐老化、耐辐射、耐盐雾、耐臭氧腐蚀、耐振动、柔韧性好、附着力强等。

1. 典型用途

（1）民用及商业应用

三防漆可为家用电器中的电子电路提供保护，使它们可以抵御以下几种环境的影响。

① 水和洗涤剂（用于洗衣机、洗碗机、卫浴电器产品、户外电子 LED 屏等）。

② 外部不利的环境（用于显示屏，防盗、防火报警装置等）。

③ 化学物质环境（用于空调、干燥器等）。

④ 办公室和家庭中的有害物（用于计算机、电磁炉等）。

⑤ 其他所有需要三防保护的电路板。

（2）汽车工业

汽车行业要求三防漆保护电路免于汽油蒸发物、盐雾/制动液等危害。电子系统在汽车中的应用不断迅速增长，因此使用三防漆已成为确保汽车电子装置获得长期可靠性的基本要求。

（3）航空、航天

由于使用环境的特殊性，航空、航天环境对电子设备要求严格，尤其是在快速加压、减压的条件下，仍要保持良好的电路性能。涂覆三防漆后因耐压稳定性好而得到广泛应用。

（4）航海

无论是新鲜的淡水还是含盐的海水，均会对船舶设备的电器线路造成危害。涂覆三防漆后最大限度地保护水面上乃至浸没于水下的设备不受影响。

（5）医疗

涂覆三防漆后可保护医疗电子设备免遭外部化学药剂及特殊使用环境的侵蚀，确保其持续稳定。

2．涂覆三防漆工艺

涂覆的本质是在被保护的 PCB 表面涂覆，保护效果与涂覆的方法、涂覆工艺有关。

① 刷涂。刷涂工艺使用普遍，可在平滑的表面上产生出极好的涂覆效果。

② 喷涂。使用喷雾罐型产品可方便地应用于维修和少量生产使用，喷枪适合于大量生产场合，但是这两种喷涂方式对于操作的准确性要求较高，且可能产生阴影（元器件下部未涂覆三防漆的地方）。

③ 浸涂。采用浸涂的方法可以确保 PCB 完全的覆膜，且不会造成因过度喷涂而浪费材料。

④ 选择性涂。选择性涂覆准确且不浪费材料，最适用于大批量的覆膜，但对涂覆设备的要求较高。使用一个编制好的 X、Y 表，可减少遮盖。PCB 喷漆时，有很多接插件不用喷漆。贴胶纸太慢而且撕的时候有太多残留的胶，可考虑按接插件形状、大小、位置，做一个组合式罩子，用安装孔定位，罩住不用喷漆的部位。

3．涂覆的质量要求

涂覆要满足 IPC-CC-830 标准的要求，并把相关的要求标注在图纸上。

（1）涂覆层厚度

涂覆层厚度要在印制电路组件平坦、不受妨碍、固化的表面上测量，或与组件一起经历生产流程的附属连接板上测量。附属连板可以是与印制板相同的材料也可以是其他无孔材料，例如金属或玻璃。湿膜测厚的方法也可以作为涂覆层测厚的一种可选方法，只要有文件注明干湿膜厚度的转换关系。涂覆层厚度要求见表 11-15。

表 11-15　涂覆层厚度

类型	涂覆材料	厚度
AR 型	丙烯酸树脂	25.4～127.0μm（0.001～0.005in）
ER 型	环氧树脂	25.4～127.0μm（0.001～0.005in）
UR 型	聚氨酯树脂	25.4～127.0μm（0.001～0.005in）
SR 型	硅树脂	50.8～203.2μm（0.002～0.008in）
XY 型	对二甲苯树脂	25.4～50.8μm（0.001～0.002in）
SC 型	苯乙烯嵌段共聚物	25.4～76.2μm（0.001～0.003in）

（2）外观要求

从外观上，IPC-A-610 标准表面涂层的质量要求目标（1、2、3 级）如下：

① 无附着缺失。

② 无空洞或起泡。

③ 无粉点、剥落、皱褶（未黏着的区域）、裂纹、波纹、鱼眼或橘皮现象；

④ 任何跨接连接盘、相邻导电表面、暴露电路，或违反元器件、连接盘、导电表面之间最小电气间隙处，没有埋入/裹挟的外来物。

⑤ 无变色或透明度的损失。

⑥ 涂覆层完全固化，分布均匀。

⑦ 变色或透明度的损失。

涂覆常见的外观缺陷如图 11-97 所示。

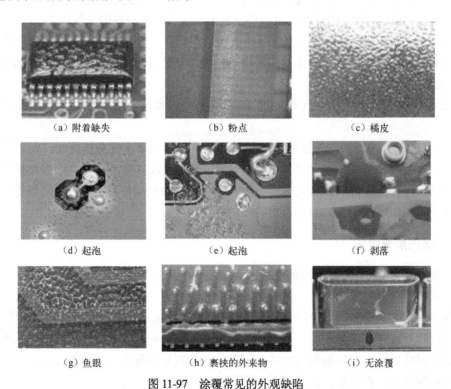

（a）附着缺失　　　　　（b）粉点　　　　　（c）橘皮

（d）起泡　　　　　（e）起泡　　　　　（f）剥落

（g）鱼眼　　　　　（h）裹挟的外来物　　　　　（i）无涂覆

图 11-97　涂覆常见的外观缺陷

4. 区分涂覆区与非涂覆区

PCB 的元器件布局区域分为涂覆区和非涂覆区。鉴于 PCBA 加工厂主要采用设备喷涂，为了提高涂覆效率及涂覆质量，区分涂覆区和非涂覆区时应尽量考虑以下原则。

① 需要有防护漆防护的元器件或电路集中放于涂覆区，不需要或不能喷涂防护漆的器件集中放于非涂覆区。常见不能喷涂防护漆的器件有以下几种：

● 大功率带散热面或散热器元器件、功率电阻、功率二极管、水泥电阻；
● 开关类器件、可调电阻、蜂鸣器、IC 座、熔断器底座、电池座；
● 连接类插座、端子、排针；
● 数码管；
● 电气连接类安装孔。

② 涂覆区和非涂覆区尽量是规则形状，如正方形、长方形、L 形。

③ 涂覆区尽量保持连续性。

④ 涂覆区中尽量减少不能喷涂的元器件、安装孔。

5. 涂覆区和非涂覆区域的布局要求

① 只起支撑作用的孔，一般允许涂覆。

② 定位孔为标准孔，不需要涂覆。需要涂覆的元器件离定位孔距离为 3.18mm（0.125in）。

③ 没有电气连接的螺孔及条形码，一般不允许涂覆，但允许被三防漆轻微污染，周围 3mm 内不能放置可涂覆元器件。

④ 测试点和非涂覆区最小为 6.35mm×6.35mm（0.25in×0.25in）的正方形区域。

⑤ 元器件离 PCB 传送边距离至少 3.18mm（0.125in）以便在传送带运行。

⑥ 有电气连接的螺孔，不允许三防漆污染，所以周围 5mm 内不能放置需涂覆元器件。如图 11-98 所示，需要涂覆的焊点距离电气连接的螺孔太近。

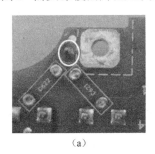

（a）　　　　　　　　　　　　（b）

图 11-98　电气连接的螺孔周围 5mm 内不放需涂覆的元器件

⑦ 没有防护的裸露的连接器引线周围 5.0mm（0.20in）内不能布局需涂覆元器件，不良的设计如图 11-99 所示。带防护罩的连接器和端子周围 3.0mm（0.118in）内不能布局需涂覆元器件。

⑧ 由于三防漆的喷涂边缘不规则，可以从 0mm 变化高达 5.0mm（0.20in），所以对于关键元器件及不能涂覆的区域，必须至少留 5.0mm（0.20in）的空隙，如图 11-100 所示。

⑨ 对于连接器的个别引线不设焊盘或有定位柱时，涂覆材料会通过 PCB 的孔渗透，污染连接器和引线，如图 11-101（a）所示。这种连接器标为非涂覆区域并且焊接面与其他焊点保持 4.0mm（0.158in）距离；对于需要涂覆的板子，最好不要选用此种连接器，如图 11-101（b）所示。

（a）　　　　　　　　　　　　　　　　（b）

图 11-99　连接器周围需涂覆元器件太近的不良设计

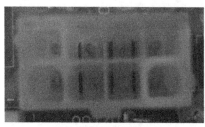
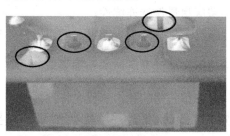

（a）此连接器涂覆污染　　　　　　　　（b）避免使用此种连接器

图 11-100　涂覆边缘

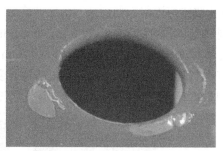

（a）涂覆边缘　　　　　　　　　　　（b）打螺丝引起的翘起

图 11-101　涂覆污染不设焊盘的连接器

⑩ 涂覆材料能渗透进 PCB 上的通孔，所以这些孔与不能涂覆的元器件至少保持 3.0mm（0.118in）的距离，如图 11-102 所示。

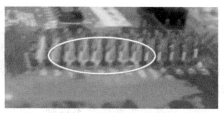

（a）通过孔渗透　　　　　　　　　　（b）毛细现象

图 11-102　三防漆渗透 PCB 的孔

⑪ 高尺寸元器件周围尽量不要布局小元器件，高的元器件会屏蔽小元器件。如果元器件高度超过 50mm（1.97in），元器件之间须留 3.0mm（0.118in）空隙，同时周围不能布局不能涂覆元器件，如图 11-103 所示。

 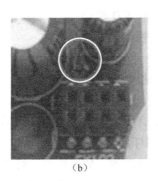

（a）　　　　　　　　　　　　　（b）

图 11-103　小元器件距离高尺寸元器件太近

⑫ 对于需要采用涂覆工艺的板子，尽量减少使用连接器等不能涂覆的元器件，尽量避免涂覆后手工焊元器件。

11.6.2　灌封

灌封（Potting）就是将液态复合物用机械或手工方式灌入装有电子元器件、线路的元器件内，在常温或加热条件下固化成为性能优异的热固性高分子绝缘材料。

1．灌封的作用

灌封的作用是强化元器件的整体性，提高对外来冲击、震动的抵抗力；提高内部元器件、线路间的绝缘；有利于元器件小型化、轻量化；避免元器件、线路直接暴露于环境中，改善元器件的防水、防潮性能。

2．常用灌封胶

灌封胶应具有对元器件基体/材料良好的黏结力、低的收缩性和低的内应力。对大型元器件的灌封，还要求灌封胶固化过程中有较低的热量释放。

环氧灌封胶应用范围广，技术要求千差万别，品种繁多。灌封胶主要有三大类：

① 有机硅灌封胶：用于耐高温场合，包含室温硫化硅橡胶、双组分加成型硅橡胶灌封胶、双组分缩合型硅橡胶灌封胶。

② 聚氨酯灌封胶：双组分聚氨酯灌封胶的最高使用温度是 120℃。

③ 环氧灌封胶：用途最广，包含单组分环氧树脂灌封胶、双组分环氧树脂灌封胶。

3．灌封的应用

灌封是用于电子元器件及模块（如整流桥等）装配的最好保护，提高元器件的机械强度，提高绝缘性，加强抗震动和抗冲击能力。灌封实际应用产品举例如图 11-104 所示。

① 汽车电子。

● 电子点火和发动机控制模块；

- 车轮转速传感器；
- 轮胎气压传感器；
- 电容器、开关、连接器和继电器；
- 车灯镇流器和 HID 模块；
- 直流/直流转换器、电源模块；
- 电路板；
- 发动机/传动控制器。

② 航空、航天、航海设备的电子产品。

③ 工业电子品。如变压器、电源转换器、充电设备、电磁线圈。

④ LED 封装和灯具。

⑤ 微电子及微处理器。如继电器、蜂鸣器、连接器、传感器、变压器 ED 等。

⑥ 新能源。太阳能、风能、潮汐能产品的逆变器、转换器、电机。

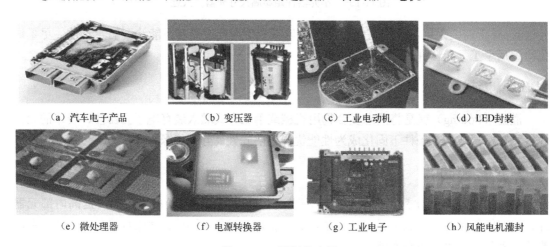

（a）汽车电子产品　　　　（b）变压器　　　　（c）工业电动机　　　　（d）LED封装

（e）微处理器　　　　（f）电源转换器　　　　（g）工业电子　　　　（h）风能电机灌封

图 11-104　灌封的应用

4．灌封工艺

点涂开口：推荐最小开口 12.7mm（0.5in）作为填充点。

固化温度一般为 60～120℃，参考供应商的推荐值，要考虑材料的耐热性。

灌封的量的精度尽量控制在±1mL。

灌封时确保真空度足够高，不足会导致线间空气未能完全排除，使材料无法完全浸渗，产生气孔。

第 12 章　覆铜层设计和丝网图形

12.1　印制导线的布线设计

PCB 铜层有印制导线、覆铜。印制导线的布线有单面布线、双面布线和多层布线。布线的方式有自动布线和交互式布线。在自动布线之前，可以用交互式布线，预先对要求比较严格的线进行布线。布线规则可以预先设定，包括布线的弯曲次数、导通孔的数目、步进的数目等。

12.1.1　印制导线的布线设计原则

1. 布线设计的一般原则

PCB 上的组件位置和外形确定后，根据组件位置进行布线。

（1）走线方式

尽量走短线，特别是对小信号电路，线越短电阻越小，干扰越小。元器件之间的导线必须最短，当长度大于 150mm 时，绝缘电阻明显下降，高频时容易产生串绕。

（2）印制导线的最小宽度

导线宽度、导线间距与铜箔厚度有关系，铜箔厚度越大，则需要的导线宽度、导线间距就越大。PCB 技术的最小外部和内部导线宽度和间隙见表 7-4，印制电路板上的最小导线宽度和导线间距是 0.076mm（0.003in）。

（3）导线形状

同一层上导线改变方向时，应走斜线，拐角处尽量避免锐角、直角，采用 45° 走线；尽量避免使用大面积铜箔，否则长时间受热时，易发生铜箔膨胀和脱落的现象。

（4）多层板导线方向

要求相邻的两层线条尽量垂直，走斜线、交叉布线、曲线，禁止平行布线。避免在高频时基板层间耦合和干扰。

（5）输入/输出端用的导线

应尽量避免相邻导线平行，避免在窄间距元器件焊盘之间穿越导线，确实需要时应采用阻焊膜覆盖。

（6）差分信号线

应该成对地布线，尽量平行、靠近，并且长短相差不大。

（7）高频信号线

数字地、模拟地信号线要分开，对低频电路，接地线应尽量采用单点并联接地；高频时注意屏蔽，在布线时进行变化。如两根高频信号线，中间加一根地线；高频信号线多采用多层板，电源层、接地层和信号层分开，减少电源、地、信号之间的干扰。

（8）大面积的电源层和大面积的接地层

大面积的电源层和大面积的接地层要相邻，这样电源层和接地层之间形成电容，起滤波作用。用接地线做屏蔽，信号线在外层，电源层、接地层在里层。例如，微波板通信单面板采用双面板，一面完全起屏蔽作用。

2. 布线检查

布线时进行预连线，看一下项目的可连通性怎样，并根据原理图及实际情况进行器件调整，使其更加有利于布线。

① 间距是否合理，是否满足生产要求。

② 电源线和接地线的宽度是否合适，电源与接地线之间是否紧耦合（低的波阻抗）。

③ 对于关键的信号线是否采取了最佳措施，输入线及输出线要明显地分开。

④ 模拟电路和数字电路部分，是否有各自独立的接地线。

⑤ 后加在 PCB 中的图形（如图标、标注）是否会造成信号短路。

⑥ 对一些不理想的导线布设形状进行修改。

⑦ 在 PCB 上是否加有工艺线，阻焊膜层是否符合生产工艺的要求，阻焊膜开口尺寸是否合适，字符标识是否压在元器件焊盘上，以免影响装配质量。

⑧ 多层板的电源接地层的外框边缘是否缩小，如电源接地层的铜箔露出 PCB 外容易造成短路。

3. 导线安全性要求

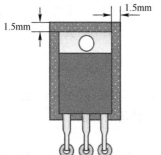

① 导线距 PCB 边距离大于 0.50mm（0.020in），PCB 内层电源/地距 PCB 边距离大于 0.50mm（0.020in），接地汇流线及接地铜箔距离 PCB 边也应大于 0.50mm（0.020in）。

② 在金属壳体（如散热片）直接与 PCB 接触的区域不可以布线。器件金属外壳与 PCB 接触区域向外延伸 1.5mm（0.059in）区域为表层布线禁布区，如图 12-1 所示。

③ 导线到非电镀通孔（Non-plated Through Holes，NPTH）之间的距离见表 8-8。

图 12-1　金属壳体器件表层布线禁布区

12.1.2　导线线宽和导线间距

1. 导线线宽和导线间距的设置要考虑的因素

① PCB 的密度：PCB 的密度越高，越倾向于使用更细的导宽和更窄的间隙。

② 信号的电流强度：当信号的平均电流较大时，应考虑导线宽度所能承载的电流。

③ 电路工作电压：导线间距的设置应考虑其介电强度。

④ 可靠性要求：可靠性要求高时，倾向于使用较宽的导线和较大的间距。

⑤ PCB 加工技术限制。

2．铜箔厚度、导线线宽与电流的关系

印制板导线设计时选用的最小宽度主要由导线与绝缘基板间的黏合强度和流过的电流值决定。电流可以根据 IPC-2221 的计算公式：

$$I = K\Delta T^{0.44} A^{0.725}$$

式中，I 为最大电流（A）；K 为降额常数，导线在内层时取值为 0.024，导线在外层时取值为 0.048；ΔT 为最大温升（℃），一般取 10℃；A 为导线截面积（mil^2）。

$$导线截面积 = 导线宽度×铜箔厚度$$

导线宽度的公差要求见表 12-1。对于高频板，导线宽度按±(1～2)mil 控制。

表 12-1　PCB 导线宽度公差要求

标准	IPC-Ⅰ	IPC-Ⅱ	IPC-Ⅲ	GJB（国军标）	QJ（航天）
导线宽度公差	30%	20%	20%	20%	20%

PCB 设计时铜箔厚度、导线宽度与电流的关系见表 12-2。

表 12-2　PCB 设计时铜箔厚度、导线宽度和电流的关系

铜箔厚度（μm） 电流（A） 导线宽度（mm）	铜箔厚度 35μm 铜箔ΔT = 10℃	铜箔厚度 50μm 铜箔ΔT = 10℃	铜箔厚度 70μm 铜箔ΔT = 10℃
0.15	0.20	0.50	0.70
0.20	0.55	0.70	0.90
0.30	0.80	1.10	1.30
0.40	1.10	1.35	1.70
0.50	1.35	1.70	2.00
0.60	1.60	1.90	2.30
0.80	2.00	2.40	2.80
1.00	2.30	2.60	3.20
1.20	2.70	3.00	3.60
1.50	3.20	3.50	4.20
2.00	4.00	4.30	5.10
2.50	4.50	5.10	6.00

用铜箔做导线，通过大电流时，铜箔宽度的载流量应参考表中的数值降额 50%来选择。

在 PCB 行业中，常用盎司（oz）作为铜箔厚度的单位，1oz 铜箔厚度的定义为 $1in^2$ 面积内铜箔的质量为 1oz，对应的物理厚度为 35μm，2oz 对应的铜箔厚度为 70μm。

电路工作电压：导线间距的设置应考虑其介电强度；可靠性要求高时，应使用较宽的导线和较大的间距。

3．导线间距与电压的关系

绝缘电阻要求高，导线间距大；

耐电压要求高，导线间距大；

载流量大，导线间距大。

印制导线间的允许工作电压（根据 QJ 3103—1999）见表 12-3。

导线间距和导线宽度的关系如图 12-2 所示。

$$S = 2W$$

式中，S 为导线间距；W 为导线宽度。

表 12-3　导线间距和电压的关系

印制导线间距（mm）	0.13	0.2	0.5	1	1.5	每增加 0.003mm
允许工作电压（V）	10	20	50	150	300	增加 1V

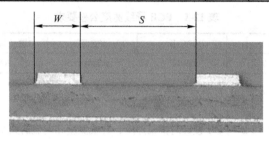

图 12-2　导线间距和导线线宽的关系

4．导线线宽、导线间距的设计

通常导线线宽、导线间距由连线数量、层数、阻抗、允许温升、板材附着力以及加工难易程度等因素决定。设计原则是既要满足性能要求，又要便于加工。

（1）分界线

以 0.2mm（0.008in）为分界线，随着导线变细，加工困难，质量难以控制，废品率上升，所以选用导线线宽、导线间距的值 0.2mm 以上较好。通常情况选用 0.3mm 的导线宽度和导线间距。

（2）设计时必须考虑布线密度

布线密度的选择最好不超过 4 级，目前部分加工厂可以实现 4 级布线密度，但 5 级就很难。选择密度越低，加工越方便。

（3）电源和接地线

电源和接地线尽量加粗，一般情况接地线宽度>电源线宽度>信号线宽度，通常信号线宽度为 0.2～0.3mm，最精细宽度为 0.05～0.07mm，电源线宽度为 1.2～1.5mm，公共接地线尽可能使用大于 2mm 的线宽，这点在微处理器中特别重要。因为接地线过细，会造成电流和地电位的变动，微处理器定时信号的电平不稳，使噪声容限劣化。

（4）要考虑温升

线宽度在大电流情况下还要考虑温升。一般要求允许温升为 10℃，但注意导线的宽度和铜箔厚度是相对应的，铜箔厚度、宽度发生变化，温升也会发生变化。

（5）板材附着力

对 FR-4 部分，标准有一定的规定，附着力为 14N（板材保证）。

（6）导线间距

导线间距由板材的绝缘电阻、耐电压和导线的加工工艺决定。导线间电压越大，间距也越大；间距越小，导线的压差越小。一般 FR-4 板材的绝缘电阻大于 $10^{10}\Omega/mm$，好的板材的绝缘电阻大于 $10^{12}\Omega/mm$，耐电压值大于 1000V/mm，实际上耐电压值可达到 1300V/mm。

（7）工艺性

导线加工会有毛刺，毛刺的最大宽度不得超过导线间距的 20%。

常用的导线宽度和过孔尺寸见表 12-4。常用的外层线路的导线宽度和导线间距见表 12-5。常用的内层线路的导线宽度和导线间距见表 12-6。

表 12-4 常用的导线宽度和过孔尺寸 单位：mm（in）

导线宽度	间距	焊盘尺寸	过孔尺寸
0.3（0.012）	导线	0.30（0.012）（外层） 0.28（0.011）（内层）	0.30（0.012）（外层） 0.28（0.011）（内层）
	焊盘	0.30（0.012）	0.30（0.012）
	过孔	—	0.30（0.012）
0.2（0.008）	导线	0.20（0.008）	0.20（0.008）
	焊盘	0.20（0.008）	0.20（0.008）
	过孔	—	0.22（0.009）
0.15（0.006）	导线	0.15（0.006）	0.15（0.006）
	焊盘	0.20（0.008）	0.20（0.008）
	过孔	—	0.22（0.009）
0.12（0.005）	导线	0.12（0.005）	0.12（0.005）
	焊盘	0.20（0.008）	0.20（0.008）
	过孔	—	0.22（0.009）

表 12-5 常用的外层线路的导线宽度和导线间距 单位：mm（in）

功能（导线宽度/导线间距）	0.30/0.25（0.012/0.010）	0.20/0.20（0.008/0.008）	0.15/0.15（0.006/0.006）	0.12/0.12（0.005/0.005）
导线宽度	0.30（0.012）	0.20（0.008）	0.15（0.006）	0.12（0.005）
焊盘间距	0.25（0.010）	0.20（0.008）	0.15（0.006）	0.12（0.005）
导线间距	0.25（0.010）	0.20（0.008）	0.15（0.006）	0.12（0.005）
线-焊盘间距	0.25（0.010）	0.20（0.008）	0.15（0.006）	0.12（0.005）
环形图	0.20（0.008）	0.20（0.008）	0.18（0.007）	0.15（0.006）

注：环形图为孔边缘到焊盘边缘的距离。

表 12-6 常用的内层线路的导线宽度和导线间距 单位：mm（in）

功能（导线宽度/导线间距）	0.30/0.254（0.012/0.010）	0.20/0.20（0.008/0.008）	0.15/0.15（0.006/0.006）	0.12/0.12（0.005/0.005）
导线宽度	0.30（0.012）	0.20（0.008）	0.15（0.006）	0.12（0.005）
焊盘间距	0.25（0.010）	0.20（0.008）	0.15（0.006）	0.12（0.005）
导线间距	0.25（0.010）	0.20（0.008）	0.15（0.006）	0.12（0.005）
线-焊盘间距	0.25（0.010）	0.20（0.008）	0.15（0.006）	0.12（0.005）

功能（导线宽度/导线间距）	0.30/0.254（0.012/0.010）	0.20/0.20（0.008/0.008）	0.15/0.15（0.006/0.006）	0.12/0.12（0.005/0.005）
环形图	0.20（0.008）	0.20（0.008）	0.18（0.007）	0.15（0.006）
线-孔边缘	0.46（0.018）	0.41（0.016）	0.33（0.013）	0.25（0.010）
板-孔边缘	0.46（0.018）	0.41（0.016）	0.33（0.013）	0.25（0.010）

注：环形图为孔边缘到焊盘边缘的距离。

12.1.3　导线与焊盘连接设计

1．出线方式

（1）表层线路与片式元器件焊盘连接

表层线路与片式元器件焊盘连接的出线方式原则上可以在任意点连接，但对于再流焊进行焊接时，如电阻、电容，建议从焊盘中心位置对称出线，如图 12-3 所示。外层导线连接到焊盘的导线过宽，会使得导线作为焊盘的一部分吸走焊锡。此外如果导线连接的通孔和内部的电源层或接地层相连，宽导线会充当散热片，再流焊时会导致冷焊。

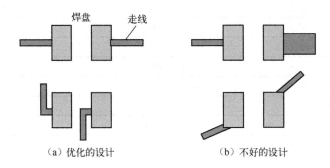

图 12-3　表层线路与片式元器件焊盘中心对称出线

（2）元器件走线应从焊盘端面中心位置引出

元器件走线方式应从焊盘端面中心位置引出，如图 12-4 和图 12-5 所示。

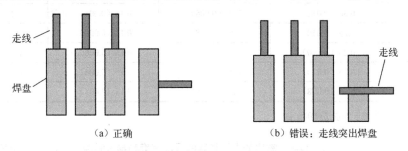

图 12-4　焊盘端面中心位置出线

（3）细间距元器件的焊盘引线连接方式

细间距元器件的焊盘引线需要连接时，应从元器件引脚焊盘的外部连接，不允许在元器件引脚焊盘的中间直接短接连接，距焊盘最小 0.25mm（0.010in），如图 12-6 所示。这样的不良设计会在焊接后使焊点连接，检验时会误认为是桥接。图 12-7 是设计不良的举例。

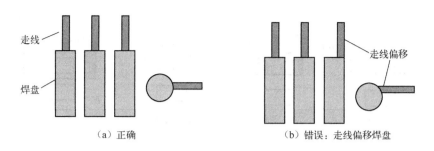

图 12-5　焊盘端面中心位置走线（二）

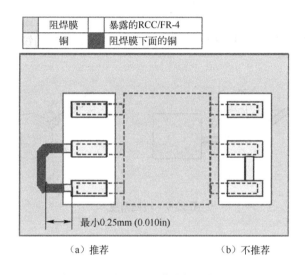

图 12-6　细间距元器件连接焊盘的走线

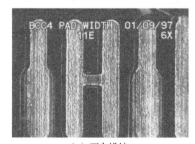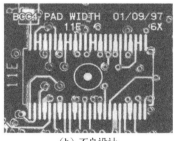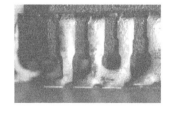

（a）不良设计　　　　　　　（b）不良设计　　　　（c）焊接后引脚连接，检验误判为桥接

图 12-7　细间距布线设计不良举例

（4）大面积铜箔上焊盘设计

如果片式元器件与 PCB 表面外层的铜平面或较大面积的导电区（如地、电源等）连接，焊盘应通过一个或几个长度较短细的导电电路进行热隔离设计，也就是采用花焊盘设计，引出导线的长大于 0.5mm（0.020in），宽度小于 0.4mm（0.016in），如图 12-8 所示。

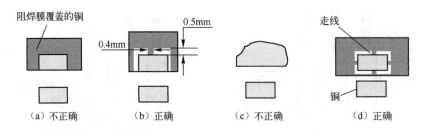

图 12-8　大面积铜箔上焊盘的连接

2．出线角度

采用 90°出线的方法，如图 12-9 所示。避免采用小于 90°的锐角，在拐角处由于应力大会产生翘起。

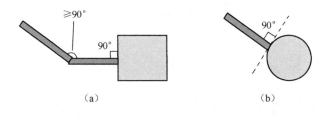

图 12-9　出线角度

3．导线和孔连接

（1）导线与孔的连接

导线与孔的过渡连接方式有泪珠形设计（Teardrop）、角部通路（Corner Entry）、主要钻孔部位（Key Holing），如图 12-10 所示。

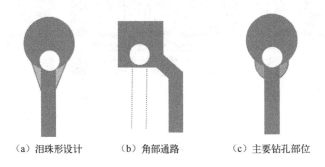

（a）泪珠形设计　　（b）角部通路　　（c）主要钻孔部位

图 12-10　导线与过孔的连接方式

（2）焊盘到孔的关系和尺寸要求

焊盘到通孔的关系和尺寸要求如图 12-11 所示。

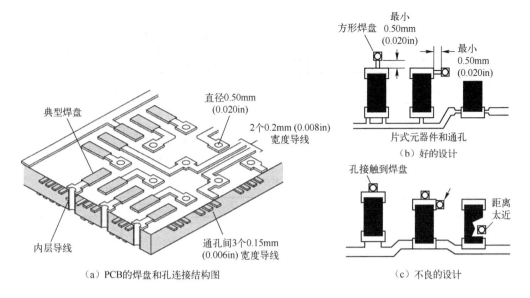

图 12-11　焊盘到通孔的关系和尺寸要求

（3）焊盘和孔的位置关系需要考虑导线的出线方向

几种元器件的焊盘和孔的位置关系的例子如图 12-12 所示。

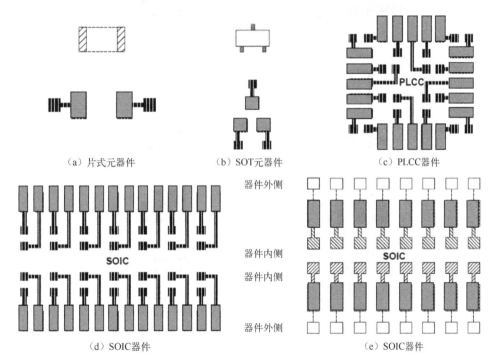

图 12-12　几种元器件的焊盘和孔的位置关系的例子

4．设计方案的比较

导线和焊盘的连接好的设计和不好的设计示意图如图 12-13 所示。

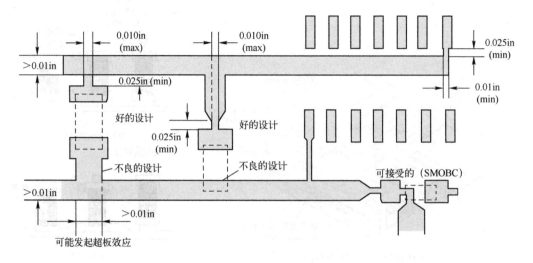

图 12-13　导线和焊盘的连接设计

布线好的设计和不良的设计对比如图 12-14 所示。

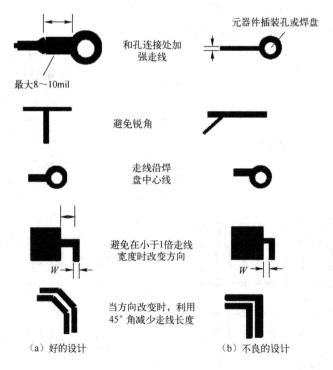

图 12-14　好的出线设计和不良的设计

12.1.4　不同布线密度的布线规则

五级布线设计见表 12-7。

表 12-7　五级布线设计参考　　　　　　　　　　　　单位：mm（in）

	一级	二级	三级	四级	五级
通孔间距	2.54（0.100）	2.54（0.100）	2.54（0.100）	2.54（0.100）	2.54（0.100）
钻孔孔径	1.17（0.046）	1.17（0.046）	1.17（0.046）	1.17（0.046）	0.99（0.039）
金属化后孔径 FHS	1.0（0.0394）	1.0（0.0394）	1.0（0.0394）	1.0（0.0394）	0.89（0.035）
焊盘直径	1.65（0.065）	1.65（0.065）	1.52（0.060）	1.52（0.060）	1.4（0.055）
最小布线宽度	0.25（0.0098）	0.2（0.0079）	0.2（0.0079）	0.127（0.005）	0.1（0.0039）
最小导线间距	0.25（0.0098）	0.2（0.0079）	0.2（0.0079）	0.127（0.005）	0.1（0.0039）
THT 2.54mm 间距通过的导线数	1	1	2	3	4
SMT 1.27mm 间距通过的导线数	0	1	1	2	3
2.54mm 网格上放置测试通孔/过孔	有/有	有/有	有/无	1/2 间距	1/2 间距
测试通孔直径/焊盘尺寸	0.45/0.89（0.0177/0.035）	0.45/0.89（0.0177/0.035）	0.45/0.89（0.0177/0.035）	0.45/0.89（0.0177/0.035）	0.45/0.89（0.0177/0.035）
过孔的孔径/焊盘尺寸	0.356/0.635（0.014/0.025）	0.356/0.635（0.014/0.025）	0.356/0.635（0.014/0.025）	0.356/0.635（0.014/0.025）	0.254/0.51（0.01/0.02）

1．一级布线密度

一级布线密度适用于组装密度低的印制电路板。大多数印制电路板厂家都具备制造这种布线密度的能力，参数见表 12-7。组装通孔设立在 2.54mm 的网格上，2.54mm（0.1in）插装孔间距中布 1 根 0.25mm（0.01in）导线，1.27mm（0.05in）SMT 焊盘间距中不要布线，如图 12-15 所示。

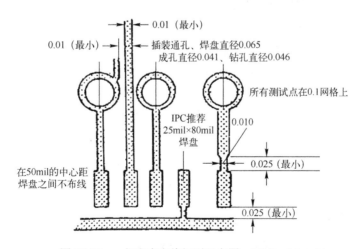

图 12-15　一级密度布线规则示意图　（单位：in）

2．二级布线密度

组装通孔设立在 2.54mm 的网格上，2.54mm（0.10in）间距中布 1 根导线，1.27mm（0.05in）间距布 1 根导线，如图 12-16 所示。

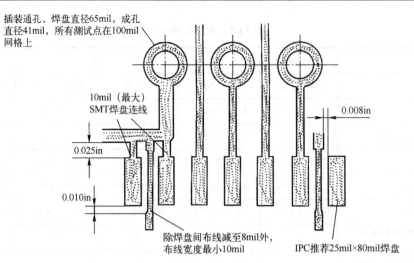

插装通孔，焊盘直径65mil，成孔
直径41mil，所有测试点在100mil
网格上

10mil（最大）
SMT焊盘连线

0.025in

0.008in

0.010in

除焊盘间布线减至8mil外，
布线宽度最小10mil

IPC推荐25mil×80mil焊盘

图 12-16　二级密度布线规则示意图

3．三级布线密度

组装通孔设立 2.54mm 的网格上，在 2.54mm（0.10in）插装孔间距中布 2 根 0.20mm（0.008in）导线，1.27mm（0.05in）SMT 焊盘间距布 1 根 0.20mm（0.008in）导线，如图 12-17 所示。

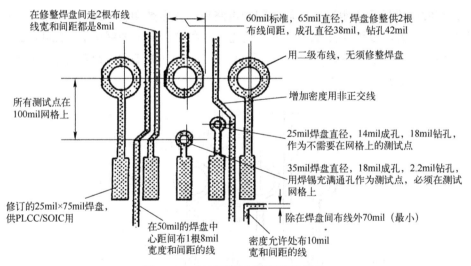

在修整焊盘间走2根布线
线宽和间距都是8mil

60mil标准，65mil直径，焊盘修整供2根
布线间距，成孔直径38mil，钻孔42mil

用二级布线，无须修整焊盘

所有测试点在
100mil网格上

增加密度用非正交线

25mil焊盘直径，14mil成孔，18mil钻孔，
作为不需要在网格上的测试点

35mil焊盘直径，18mil成孔，2.2mil钻孔，
用焊锡充满通孔作为测试点，必须在测试
网格上

修订的25mil×75mil焊盘，
供PLCC/SOIC用

在50mil的焊盘中
心距间布1根8mil
宽度和间距的线

除在焊盘间布线外70mil（最小）

密度允许处布10mil
宽和间距的线

图 12-17　三级密度布线规则示意图

4．四级布线密度

组装通孔设立 2.54mm 的网格上，在 2.54mm（0.10in）插装孔间距中布 3 根 0.127mm（0.005in）导线，在 1.27mm（0.05in）SMT 焊盘间距中布两根 0.127mm（0.005in）导线，如图 12-18 所示。

5．五级布线密度

组装通孔设立 2.54mm 的网格上，在 2.54mm（0.10in）插装孔间距中布 4 根导线，

1.27mm（0.05in）SMT 焊盘间距布 3 根 0.10mm（0.004in）导线，如图 12-19 所示。

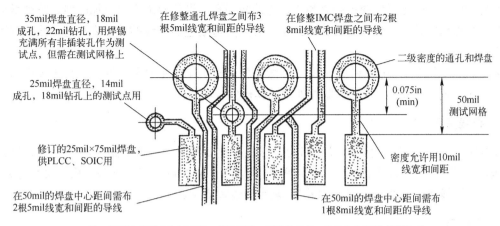

注：用于自动插装和打弯机，若用长插、砍引线工艺，焊盘中心距可减至45mil。

图 12-18　四级密度布线规则示意图

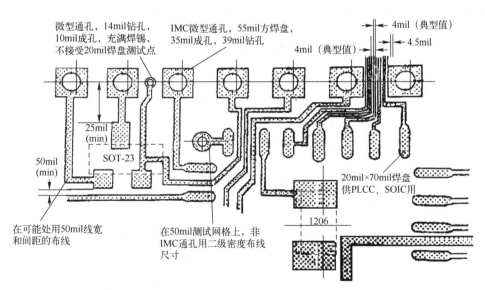

图 12-19　五级密度布线规则示意图

12.1.5　BGA 器件的布线

1. BGA 器件布线原则

① 不同于引脚在外面的元器件，BGA 器件的焊点在 PCB 表层不太容易完全布线。特别是大尺寸的、底部完全有球的 BGA。另外需要更多的电路板层数来实现信号从 BGA 封装中间的焊点引出导线。比如，1.27mm 间距 357 个球的 PBGA 器件的阵列是 19×19（元器件角上没有球）。如果是 0.63mm 的焊盘，只有 0.63mm 的焊盘间距可以布线，这仅允许布 1 根 0.2mm 宽度的导线，也就是在 PCB 的设计时，BGA 焊盘的最外围的两个焊盘之间只能布两条导线，在最外围的两行焊盘间共布线 136 根，其余的 221 根只能通过通孔连接 PCB 其他层。如果采用 0.125mm 宽度的导线，焊盘间可以布 2 根，3 行共 192 根可以直接放在

PCB 的最外层，其余的 165 根采用通孔连到 PCB 的其他内部层。

因为 BGA 阵列元器件变得越来越小，电路板通孔的设计要求变得更加严格。阵列增加则需要更多的输出导线。所以对设计师来讲，必须知道期望的导线的数量来决定导线的宽度和导线间距。

② 为了容易布线，电源和接地线的引脚放在元器件阵列的中央，以便于直接采用通孔连接在 PCB，而不干扰围绕 BGA 器件外围的其他信号线。

2. 导线宽度

导线宽度影响 BGA 封装的导线路径。导线的宽度要小于焊盘间距，对于 SMD 焊盘（阻焊膜定义的焊盘），没有最大导线宽度的推荐；对于 NSMD 焊盘（非阻焊膜定义焊盘），推荐的最大导线宽度是 0.2mm（0.008in）。最小导线宽度见表 7-4。

3. 出线方式

BGA 焊盘设计中就提到了布线方式，布线方式包括表面出线、狗骨头形（Dog Bone）通孔、狗骨头形微孔和微孔在焊盘上的扇出，如图 12-20 所示。

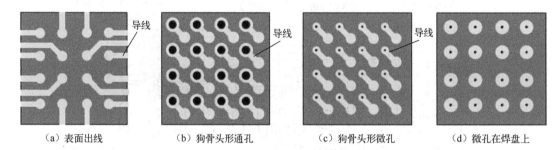

（a）表面出线　　　　　（b）狗骨头形通孔　　　　　（c）狗骨头形微孔　　　　　（d）微孔在焊盘上

图 12-20　BGA 器件的导线出线方式

不同的焊球间距和直径与出线方式关系见表 12-8。

表 12-8　不同的焊球间距和直径与出线方式关系

球间距（mm）	焊球公称直径（mm）	表面出线	狗骨头形通孔	狗骨头形微孔	微孔在焊盘上
1.27	0.75	Y	Y	Y	Y
1.0	0.45～0.6	Y	Y	Y	Y
0.8	0.3～0.5	Y	Y	Y	Y
0.75	0.3～0.45	N	H,S	Y	Y
0.65	0.3～0.4	N	N	Y	Y
0.5	0.3	N	N	N	Y

注：Y 代表 Yes，指标准 PCB 加工能力和标准焊盘尺寸；H 代表 High，高的 PCB 加工能力要求；S 代表 Shrink，缩小焊盘尺寸要求；N 代表 No，无应用。

（1）表面出线

① 位于 BGA 器件外部的行列可以直接采用表面布线直接引出。图 12-21 中 1 行、2 行和 3 行的部分焊盘采用表面出线的布线方式。

以 FT256 封装的阵列来举例，FT256 是 16×16 个焊球，其 BGA 球栅间距为 1.0mm（0.040in），焊球直径 0.38mm（0.015in），FT256 封装的所有信号都集中在两层上（例如顶层和底层），如图 12-22 所示，忽略分布在周围的电源焊球，从 PCB 的 1 层上可以引出 3 排焊盘的导线，仅 PCB 的表面层就可以引出 156 路信号。

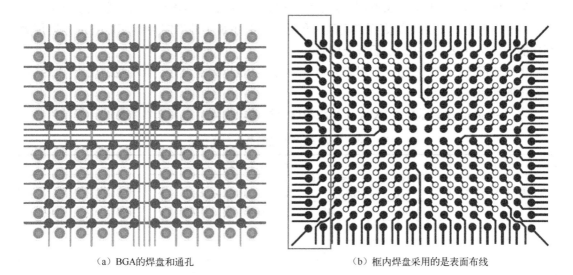

（a）BGA的焊盘和通孔　　　　　（b）框内焊盘采用的是表面布线

图 12-21　BGA 矩阵表面出线和狗骨头形通孔扇出

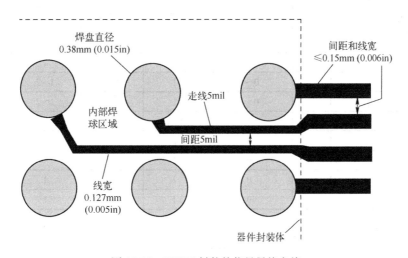

图 12-22　FT256 封装的信号导线布线

② 采用表面出线方式时焊盘间最大的布线数。

多少行可以直接出线这种方法取决于焊盘间距和布线的线宽。BGA 对应的 PCB 焊盘设计时焊盘直径会影响焊点可靠性和布线的路径。BGA 器件的布线连接是通过在 BGA 焊盘间隙布线，数量取决于元器件的间距（P）、BGA 焊盘直径（D）、导线宽度（t）、间距（c）和 PCB 加工的参数。导线的宽度要小于焊盘间距。对于表面层的引出，根据下面的公式计算 BGA 焊盘间最大的布线数（N）。

BGA 焊盘采用非阻焊膜定义焊盘（Non Solder Mask Defined，NSMD）时，

$$N=(P-D-c)/(t+c)$$

BGA 焊盘采用阻焊膜定义焊盘（Solder Mask Defined，SMD）时，

$$N=(P-D-c-2m)/(t+c)$$

式中，N 取整数；P 为元器件引脚（球）间距；D 为暴露在外的焊盘直径[参见表 9-20 "具有再流熔化焊球的 PBGA NSMD 焊盘尺寸（替代方法）"]；t 为布线宽度（参见表 7-4 中最小外部导线宽度）；c 是铜箔到铜箔间隙（参见表 7-4 中最小外部铜到铜间隙）；m 是阻焊膜制作能力（参见表 7-4 中最小阻焊膜间隙）。

上面通用的计算方法适用于组装印制电路板的 BGA 焊盘设计，同样也适用于 BGA 器件本体的基板焊盘设计。

表 12-9 提供对于标准型 BGA 球间距和球直径的表面焊盘之间布线数量的计算结果。

表 12-9　BGA 表面焊盘间最大布线数量

器件		PCB 技术（线宽 /间距）*					
球间距（mm）	焊球直径（mm）	消费类和高性能消费类产品（0.004in/0.004in）		高端设备（0.0035in/0.004in）		前沿技术（0.003in/ 0.0035in）	
		NSMD	SMD	NSMD	SMD	NSMD	SMD
1.0	0.6	1～2	1	2	1	2	1～2
	0.5	2	1～2	2	1～2	2～3	2
	0.45	2	1～2	2	2	3	2～3
0.8	0.5	1	0～1	1	0～1	1	1
	0.45	1	0～1	1	0～1	1～2	1
	0.4	1	1	1～2	1	2	1
	0.35	1～2	1	2	1	2	1～2
	0.3	2	1	2	1	2	2
0.75	0.45	1	0～1	1	0～1	1～2	1
	0.4	1	0～1	1	1	1～2	1
	0.35	1	1	1～2	1	2	1～2
	0.3	1	1	2	1	2	2
0.65	0.4	0～1	0	1	0	1	0～1
	0.35	1	0	1	0～1	1	1
	0.3	1	0	1	1	1	1
0.5	0.35	0	0	0	0	0	0
	0.3	0	0	0	0	0	0

注：1. 表中的数据范围比如 1～2，这个布线数量是基于表 9-20 中准确的焊盘尺寸。
　　2. NSMD 和 SMD 参照 BGA 焊盘形状。
* 表中所有导线宽度和间距都是基于最外层覆铜板，为 1/2oz。对于其他厚度的覆铜板根据表 7-4 中的导线宽度和间距利用公式计算。

（2）狗骨头形通孔扇出

图 12-21 中可以看出，位于 BGA 器件中间区域的焊球，信号需要采用通孔连接，再由 PCB 的其他层实现连接。每层信号层的布线密度，也就是两个导通孔之间距离、两个焊盘之间的距离，决定了每层可以导线数量，也就决定了 PCB 的最小层数。

狗骨头形通孔扇出用于球间距为 0.5mm 及以上的 BGA 器件，而焊盘上微孔用于球间距在 0.5mm 以下（也称为超精细间距）的 BGA 器件和微型 BGA 器件。间距定义为 BGA 器件的某个球中心与相邻球中心之间的距离。

① 要得到好的布线需要注意以下几点：

- 尽可能放置网格对齐；
- 在布线时保护 BGA 扇出孔；
- 适当地设置孔和焊盘尺寸。

② BGA 器件球栅阵列的分布有各种各样，图 12-23 是一些代表性的示意图。

BGA 器件的球栅阵列可以是正方形的也可以是长方形的，对于正方形的行数等于列数。图 12-23（a）是 4×4 正方形 BGA。阵列也有交叉分布的，图 12-23（b）是长方形交叉分布阵列 BGA 器件。有些球栅阵列式完全均匀分布焊球，有些是中间无焊球，图 12-23（c）是 4×5 长方形中间整列没有焊球。图 12-23（d）是 4×4 正方形 BGA 器件部分没有焊球的阵列。

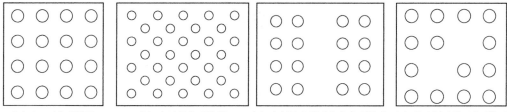

　（a）4×4正方形阵列　　　（b）交叉长方形阵列　　（c）中间缺少焊球的长方形阵列　（d）缺失焊球的正方形阵列

图 12-23　BGA 器件的球栅阵列分布

在 PCB 内层中导通孔之间/焊盘之间的距离决定了每个出口的导线数量，进而决定了 PCB 的层数。

③ 每个布线出口的导线数计算公式如下：

简单的 $r×c$ 阵列：

$$N = \frac{[(r-2)(c-2)]-d}{2(r+c-2)}$$

交叉阵列：

$$N = \frac{[(r-2)(c-2)+(r-1)(c-1)]-d}{2(r+c-2)}$$

式中，N 为布线通道（两个通孔或焊盘之间）的导线数；r 为阵列行数；c 为阵列列数；d 为阵列中空白位置数。

假使上述等式给出的 N 是整数，则相邻焊球之间每阵列出口需要容纳 N 条导线。如果 N 不是整数，那么一些出口包含的导线数向下取 N 的整数值，剩余则向上取 N 的整数值。

表 12-10 是根据以上计算的不同间距的 BGA 焊盘间导线数量。

表 12-10　不同间距的 BGA 焊盘间导线数量

球间距（mm）	焊球直径（mm）	焊盘直径（mm）	导线间隔宽度			
			0.15mm（0.006in）	0.12mm（0.005in）	0.1mm（0.004in）	0.075mm（0.003in）
1.27	0.75	0.55	2	2	3	4
1.0	0.6	0.45	1	1	2	3
	0.5	0.40	1	1	2	3
	0.45	0.35	1	2	2	3
0.8	0.45	0.35	1	1	1	1
	0.4	0.3	1	1	2	2
	0.3	0.25	1	1	2	3

④ 狗骨头形通孔扇出方向。

狗骨头形 BGA 通孔扇出法是分成 4 个象限,在 BGA 中间则留出一个较宽的通道,用于布设从内部出来的多条走线。分解来自 BGA 的信号并将它们连接到其他电路涉及多个关键步骤。扇出的方向如图 12-24 所示。

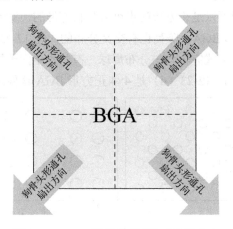

图 12-24　BGA 狗骨头形通孔扇出的方向

图 12-22 例子中 FT256 封装的完整扇出如图 12-25 所示,因为对称的通孔形式允许将第 2 行、第 3 行的焊盘引出到顶层,所以只用两个信号层即可引出所有信号。

颜色		电压 (V)	信号
绿		0	地
粉		2.5	V_{CCAUX}
深蓝		1.2	V_{CCINT}
浅绿		多种	V_{CCO}
黄褐		多种	I/O

图 12-25　FT256 封装中通孔位置和扇出的例子

（3）超细间距的焊盘上微孔技术

当使用焊盘上微孔技术进行 BGA 器件信号输出和布线时,微孔直接放置在 BGA 焊盘上，并填充导电材料（通常是银），提供平坦的表面。

例如，BGA 器件的焊盘尺寸是 0.3mm（0.012in），引脚间距是 0.4mm（0.016in），由于焊盘之间的间距特别小，因此不可能实现传统的狗骨头形通孔扇出图案。即使小尺寸的通孔也无法用于狗骨头形扇出策略。这里的小尺寸过孔意思是 0.15mm（0.006in）的钻孔和 0.254mm（0.010in）的环形焊盘。在这种情况下，最方便的解决方案是使用焊盘上微孔，如图 12-26 所示。

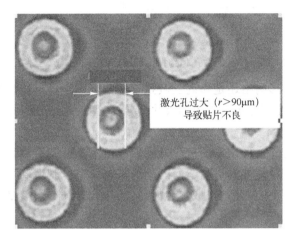

激光孔过大（$r>90\mu m$）导致贴片不良

图 12-26　焊盘上微孔

然而，微孔尺寸不能超过 0.075mm（0.003in），但 PCB 厚度为 2.36mm（0.093in）是一个限制因素。另外一个选项是采用盲孔和埋孔技术，但这些选项将限制制造技术的选择，并且会增加成本。

为了能够选择不同的制造商，2.36mm（0.093in）厚的 PCB 中钻孔尺寸不能小于 0.15mm（0.006in），导线宽度不能小于 0.4mm（0.016in）；否则只有少数高端的 PCB 制造商才能制造，而且价格不菲。图 12-27 所示为焊盘上微孔和 PCB 表面出线结合的 BGA 布线图。

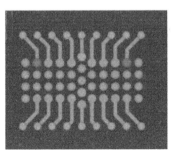

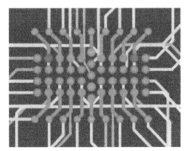

（a）顶层　　　　　　　　　（b）顶层和内部布线层

图 12-27　焊盘上微孔和 PCB 表面出线结合的 BGA 布线图

图 12-27 所示的扇出方法避免了使用高端技术，而且不影响信号完整性。BGA 引脚被分成内部和外部引脚两个部分。焊盘上微孔用于内部，外部引脚在 0.5mm 栅格上扇出。

如果 BGA 器件的焊球分布是中间缺少焊球的矩阵，可以采用焊盘上微孔和狗骨头形扇出相结合的出线扇出方式，如图 12-28 所示。

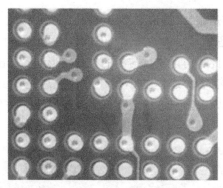

图 12-28 焊盘上微孔和狗骨头形扇出结合的 BGA 器件出线

不管是使用狗骨头形扇出还是焊盘上微孔方法，基本步骤是相同的，也就是先要确定正确的通道空间，包括定义过孔和焊盘的尺寸、导线宽度、阻抗要求和叠层。区别在于采用过孔的方式和过孔的组合。

另外，不管是用狗骨头形扇出还是焊盘上微孔技术，可制造性和功能都是需要认真考虑的两个重要方面。关键是要知道制造商的制造限制。有些制造商可以实现特别严格的设计。然而，如果产品准备批量生产，成本会很高。因此设计时就要考虑选用普通制造商特别重要。

12.2 覆铜层的设计工艺要求

12.2.1 覆铜层分布

① 均匀地分布导线和焊盘，以减少所有 PCB 层刻蚀和阻焊层问题，包括逻辑层。

② 同一层的线路或铜箔分布不平衡或者不同层的铜箔分布不对称时，推荐采用覆铜层设计。

③ 外层如果有大面积的区域没有导线和图形，建议在该区域内覆铜箔网格，使得整个板面的铜箔分布均匀。

④ 推荐覆铜箔网格间的空方格的大小约为 0.025in×0.025in，如图 12-29 所示。

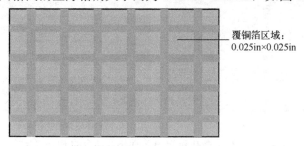

覆铜箔区域：
0.025in×0.025in

图 12-29 覆铜箔网格的设计

12.2.2 PCB 盗铜

PCB 盗铜（Copper Thieving）字面理解就是具有偷窃行为的铜，行业内称均流块，也称平衡铜、电镀块、抢电流铜皮，指添加在多层 PCB 外层图形区、PCB 装配辅条和制造面板辅条区域的铜平衡块。PCB 盗铜的作用是在 PCB 生产过程中的电镀工艺环节把电镀电流从铜箔密集区夺过来，让电流分布更平均，避免成品铜厚度不均匀，防止 PCB 发生翘曲。

　　PCB 盗铜主要是平衡 PCB 铜箔面蚀刻的均匀性，很常用的设计方法是采用方块形的覆铜箔均匀地分布在一个给定的 PCB 层（大多是 PCB 最外面的层）。采用 PCB 盗铜的电路板设计实例如图 12-30 所示，PCB 盗铜的电子设计图如图 12-31 所示。

图 12-30　采用 PCB 盗铜的电路板设计实例

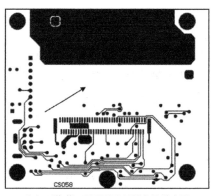 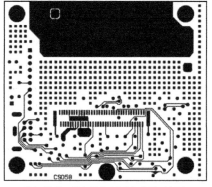

（a）不推荐：图形稀疏区域将导致电镀　　　　（b）推荐：添加盗铜图形有助于更好地
　　　和刻蚀问题　　　　　　　　　　　　　　　　控制图形电镀的均匀性

图 12-31　PCB 盗铜的电子设计图

　　PCB 盗铜对信号是有影响的，特别是当这些抢电流在高速信号的参考层面时，会影响高速信号的阻抗连续性。在 PCB 外层铺设铜点主要是为电路板生产过程中无极电镀时平均化的考虑，以避免该区域铜箔过度电镀的情况产生，对电路板绘图或电路板厂来讲，通常是对线路及板边留适当的距离后在空白的地方铺上特定样式的单面铜点，如果将铜点铺设在 PCB 内层对电路板生产迭层时的热传导也有帮助。其作用有以下几点：

　　① 有助于减小板材热变形（Warpage）。

　　② 有助于 PCB 层压（Lamination）。

　　③ 有助于外层的均匀镀铜（Even Copper Plating）。

④ 有助于电镀镍金。个别焊盘周围大范围内无铜时，如果采用电镀镍金工艺，会导致这些焊盘镀金过度，在组装工艺后焊点会产生金脆化（Gold Embrittlement）的缺陷。

⑤ 创造更好的铜平衡，从而提高生产产量。

PCB 盗铜可以设计为点、网格，还可以设计为固体铜，如图 12-32 所示。

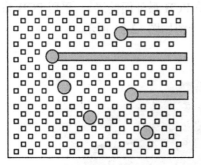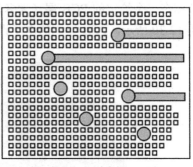

（a）密度是25%的内部PCB盗铜　　　（b）密度是50%的内部PCB盗铜

图 12-32　内部 PCB 盗铜的设计

为什么不采用覆铜工艺代替 PCB 盗铜设计呢？这是因为如果采用覆铜工艺虽然对 PCB 的相邻层没有影响，但是同一层的信号会形成共面波导，导线避开接地层的距离大小与阻抗有一些关系，而且接地引脚也不是接地层越多越好，一般不要超过三层（加工工艺有限制）。采用方块形状的 PCB 盗铜的优点是方便控制覆铜箔到信号导线或元器件之间的间距，特别是在有高压的区域；缺点是容易附静电。

多层柔性印制电路的加工工艺与刚性板类似。不过，对柔性电路来讲，一些在普通 PCB 中并非特别突出的问题，应引起关注，如尺寸稳定性、可挠性、通孔电镀质量等。与环氧玻璃布板不同，聚酰亚胺柔性电路的尺寸稳定性极易受加工过程中湿、热的影响，通常的收缩率为千分之一。当线路图形中导线与 X-Y 轴成一定角度时，这种收缩是非线性的。如果相对整个 PCB 45°角方向刻蚀铜导线，跨越刻蚀导线方向的收缩将非常明显。这是由于释放的应力和吸收的水分，导致板子在横跨刻蚀图形方向上的收缩膨胀比在沿铜线加强的轴向上的收缩膨胀更快。由于聚酰亚胺吸潮会导致尺寸变化，若每层收缩不同将导致以后的加工问题。减少这些影响，是制造多层柔性印制板而不致产生内层对位问题的关键。为了尽量减少收缩，避免非线性变形，应考虑如下一些原则：在进行拼图时，可以尽量使每部分图形造成的收缩进行互补，也就是两个收缩方向垂直。当不能进行拼图时，可以应用非功能图形也能达到同样的效果。

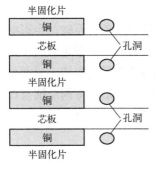

图 12-33　压合空洞

12.2.3　压合空洞

压合空洞一般聚集在 PCB 边缘附近的低压区域，如图 12-33 所示。避免压合空洞的方法如下。

① 增加铜箔厚度为 2oz 或更大的厚度；

② 使用富含树脂的半固化片（更厚、更多层）；

③ 增加更多铜填充（目标为 60%～70%的铜）；

④ 在板卡和面板边界采用 PCB 盗铜设计；

⑤ 尽可能去除内部无用的通孔焊盘；

⑥ 交错的铜层设计。

12.3　PCB 表面的丝印

PCB 表面的丝印字符用于标示元器件种类、元器件位置、元器件极性、设计/检验参考、设计的考虑等。如果空间允许，丝印应标示所有的元器件，至少应该有便于正确识别 PCBA 组件的装配图。丝印适用于所有类型的产品。组装密度高的微型模块（Module）和微型前沿技术产品可以不用丝印，因为这类产品选用的元器件尺寸小，组装密度高，元器件间距小，丝印会增加 PCB 成本或产生影响质量的不良缺陷。

12.3.1　丝印通用要求

① 丝印字符高度确保裸眼可见，丝印不允许与焊盘、基准点重叠。

② 最小线宽、字符高度、字符宽度和间距等参数见表 12-11。设计时应以成品板的实际效果为准。

③ 字符、极性与方向的丝印图形不能被元器件覆盖。

④ 白色是默认的丝印油墨颜色，如有特殊需求，需要在 PCB 钻孔图文中说明。

⑤ 在高密度的 PCB 设计中，可根据需要选择丝印的内容。丝印字符遵循从左至右、从下往上的原则。

⑥ 元器件焊盘设计时考虑的丝印要求和禁布区要求，可以参照第 9 章。

表 12-11　丝印的特征

特征	推荐	最小
最小字符高度	1.00mm（0.040in）	0.89mm（0.035in）
最小字符宽度	0.76mm（0.030in）	0.50mm（0.020in）
最小印线宽度	0.15mm（0.006in）	0.13mm（0.005in）
丝印间最小间距	0.20mm（0.008in）	0.15mm（0.006in）
丝印离可焊焊盘、孔的最小间隙	0.20mm（0.008in）*	0.15mm（0.006in）*
丝印厚度	10～30μm（0.0004～0.0012in）	10～20μm（0.0004～0.0008in）

* 这些值是对 PCB 加工的要求。另外，丝印应离细间距焊盘小于 0.635mm（0.025in）细间距元器件，最小 0.5mm（0.020in），以防止影响焊膏印刷质量。

12.3.2　丝印的内容

丝印的内容包括 PCB 名称、PCB 版本、元器件位号、元器件极性和方向、条形码（二维码）框、安装孔位置代号、定位孔、元器件和连接器的第 1 引脚标识、防静电标识、散热器丝印等，且位置清楚、明确。高密度细窄间距时可采用简化符号，如图 12-34 所示。特殊情况可省去元器件位号。

（1）PCB 的型号名、版本号

PCB 型号名、版本应放置在 PCB 的上表面，型号名、版本丝印优先在 PCB 上水平放置。丝印的 PCB 型号名字体大小以方便读取为原则。要求上表面（Top）和下表面（Bottom）还分别标注"T"和"B"丝印。

　　（a）标准丝印符号　　　　　　　（b）简化丝印符号

图 12-34　丝网图形

　　PCB 版本以字母 A 表示，如 A1、A2、A3、A4、……，依次类推。

（2）进板方向

对波峰焊时 PCB 进板方向有明确要求的，需要标示出进板方向。例如：PCB 设计了盗锡焊盘、泪滴焊盘或对元器件波峰焊方向有特定要求等。

（3）散热器

对于需要安装散热器的功率芯片，若散热器投影比元器件大，则需要用丝印画出散热片的真实尺寸大小。

（4）防静电标识

防静电标识丝印优先放置在 PCB 的上表面。

12.3.3　元器件丝印

1. 元器件丝印的要点

字符图不仅作为 PCB 上丝印字符的模版，也是 PCB 装配图的一部分，必须仔细绘制，以便正确指导 PCB 的装配、接线和调试。绘制时须注意下列几点。

① 一般在每个元器件上都需要标出位号（代号）。对于高密度 SMT 板，如果空间不够，可以采用引出的标注方法或标号标注的方法，将位号标注在 PCB 其他有空间的地方。

② 如果实在无空间标注位号，在得到 PCB 工艺评审人员许可后可以不标，但必须出字符图，以便指导安装和检查。

③ 字符图中丝印线、图形符号、文字符号不能压住焊盘，以免焊接不良。丝印图形覆盖焊盘的设计缺陷如图 12-35 所示。丝印图形离焊盘或基准点距离太近的设计缺陷如图 12-36所示。丝印图形离焊盘距离见表 12-11。

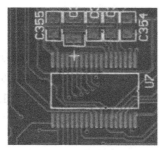

　　（a）丝印压住焊盘　　　　　　（b）丝印压住焊盘造成焊接缺陷

图 12-35　丝印图形覆盖焊盘的设计缺陷

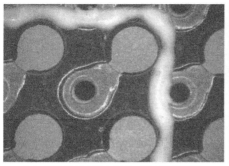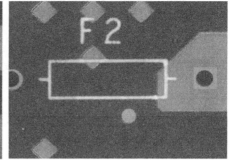

（a）丝印离BGA焊盘太近，影响焊膏印刷，　　　　（b）丝印离基准点太近，影响识别
　　　造成焊点不良

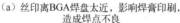

图 12-36　丝印图形离基准点距离太近的设计缺陷

④ 避免把丝印布局在导线上面，在设计时虽然比较难控制丝印布局在导线上面，但是最起码尽量不要放在孔上。丝印压住导线的设计缺陷如图 12-37 所示。

⑤ 元器件一般用图形符号或简化外形表示。图形符号多用于表示插装元器件。简化外形多用于表示表面贴装元器件、连接器以及其他自制件。对于 OSP 电路板应注意，简化丝网的厚度不能超过焊盘，特别是没有托高（Standoff）的元器件，如片式电阻、D-

图 12-37　丝印压住导线的设计缺陷

Pack、R-Pack、QFN。丝印和阻焊膜厚度的累加容易造成这类无托高元器件的一端抬起，从而造成焊点开路，无托高元器件焊盘中间丝印造成焊点开路的设计缺陷如图 12-38 所示。

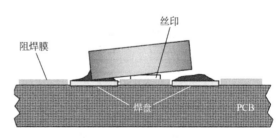

（a）无托高元器件焊盘间有丝印　　　　（b）焊接过程中元器件被托起造成一端开路

图 12-38　无托高元器件焊盘中间丝印造成焊点开路的设计缺陷

⑥ IC 器件、极性元器件、连接器等元器件的焊盘设计要标示出安装方向，一般用缺口、倒脚边或用与元器件外形对应的丝印标识来表示。转接插座有时为了调试和连接方便，也需要标出针脚号。

对立式安装的元器件，为了方便装配，建议将元器件焊盘的孔用实心圈标出，若有极性还要在引线侧标注极性，如图 12-39 所示。

极性元器件的焊盘设计要标示出正极，用"+"表示。二极管焊盘极性采用元器件的图形符号表示，并标示出"+"极。二极管和钽电容焊盘的极性标识如图 12-40 所示。

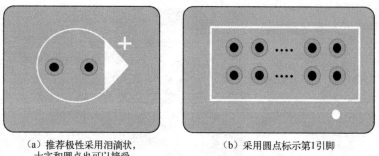

（a）推荐极性采用泪滴状，
十字和圆点也可以接受

（b）采用圆点标示第1引脚

图 12-39　插装元器件焊盘的极性标识

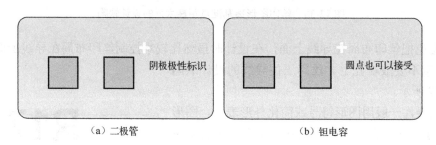

（a）二极管　　　　　　　　　　　　　　　　（b）钽电容

图 12-40　二极管和钽电容焊盘的极性标识

⑦ IC 器件焊盘一般要标示出第 1 引脚的位置，用小圆圈表示，如图 12-41 所示。

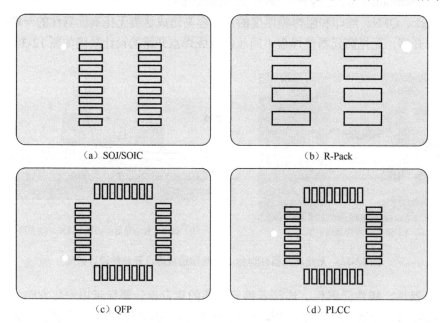

（a）SOJ/SOIC　　　　　　　　　　　　　　（b）R-Pack

（c）QFP　　　　　　　　　　　　　　　（d）PLCC

图 12-41　IC 器件焊盘第 1 引脚的标识

⑧ 对于 BGA 器件焊盘的丝印，可以用英语字母和阿拉伯数字组合的矩阵方式表示，同时为了增加工艺的可制造性，可以增加丝印框，包含测试点禁布区的丝印框、元器件外轮廓的丝印框和辅助返修禁布区的丝印框，如图 12-42 所示。

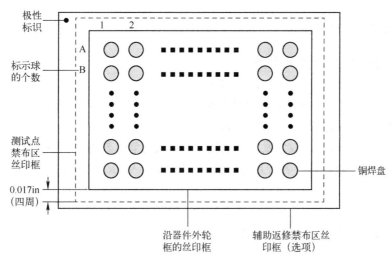

图 12-42　BGA 器件焊盘的丝印标识

2. 元器件文字符号的规定

PCB 上元器件焊盘的丝印标识文字符号见表 12-12。

表 12-12　元器件焊盘的丝印标识文字符号

名称	文字符号	名称	文字符号
电阻器	R	压敏电阻	RV
排阻	RB	热敏电阻	RT
电容器	C	开关	SW
排容	CB	变压器	T
电感器	L	熔断器	F
排感	LB	继电器	K
二极管	D	滤波器	FL
三极管	Q	光耦	U
可控硅	V	连接器	CN
发光二极管	LED	插座	XS
集成电路	IC	插头	XP
测试焊盘	TP	插针	XB
蜂鸣器	BZ	指示灯	HL
电池	GB	复位按钮	SR
晶振	X	限位开关	SQ
电位器	RP	自动恢复熔断器	TH
导线	W	互感器	CT
跳线	JW	线圈	LW
按键	KE	电源调整器	MJ
振荡器	G	显示器	M

3. 需要标示极性的元器件

（1）常见有极性电子元器件种类

① 电容：电解电容、钽电容、法拉电容等。

② 二极管：除双向二极管外一般都有极性，较常见的有整流二极管、稳压二极管、检波二极管、TVS 管（瞬态抑制二极管）等。

③ LED：发光二极管、双色发光二极管、红外发射管、红外接收头等。

④ 三极管（三端稳压）：各种封装三极管（TO-92、92L、126、220、247 等）、霍尔传感器（霍尔开关）等。

⑤ 其他：桥堆、蜂鸣器、电池、电池脚座、数码管、点阵屏等。

（2）常见有方向性电子元器件种类

① 电阻：可调电阻、排阻。

② 线圈：滤波电感、变压器、互感器（互感线圈）、贴片功率电感等。

③ 开关：拨码开关、船形开关、按键开关等。

④ 晶体振荡器。

⑤ 各种封装集成块（IC）：较常见的有 SIP（单列直插封装）、DIP（双列直插封装，含光耦）、SOP（小外型封装）、QFP（方形扁平封装）、PLCC（带引线的塑料芯片载体封装）、SOJ（小外形 J 引脚封装）、BGA（球栅阵列封装）等。

⑥ 接插件：牛角插座、电源插座、围墙插座、靠背插座、FCC 排线座等。

4. 丝印的不良设计例子

丝印的不良设计举例如图 12-43 所示。丝印的不良主要如下。

① C614、R272、R279 丝印在 QFP 下面，QFP 器件贴装后会覆盖丝印。

② 无托高的元件 R272 焊盘中间有丝印。

③ C615 丝印图形距离焊盘太近。

图 12-43　丝印不良的设计举例

12.4　PCB 料号

所有的 PCB 最好标示物料号，同时标示电路板的版本号以便追溯控制。如果可能的话，在设计电路板时留出一定空间来标示这些信息，还可以标示出产品的其他信息或者公司的信息。这些信息通常是丝印在电路板上。字体和大小没有具体的定义，做到能清晰可辨就行。

第 13 章　电子组装的可靠性设计

电子组装的可靠性设计（Design for Reliability，DFR）是在产品设计过程中，为消除产品的潜在缺陷和薄弱环节，防止故障发生，以确保满足规定的固有可靠性要求所采取的技术活动。

可靠性设计是电子产品的重要指标，直接影响产品的使用价值，特别是对于安防、军用航天、医疗、自动控制等设备具有特别重要的意义。

因此，在电子组装设计的时候，在考虑可制造性设计的同时还要考虑可靠性设计。可靠性设计的内容很多，如热设计、漂移设计、抗干扰设计、保护电路设计（防震设计、三防设计）、工艺设计、安全设计、人机系统设计、可靠性审查与价值分析、可靠性试验和可靠性鉴定等。

本章简单介绍散热设计和电磁兼容设计。

13.1　电子组装的热设计

13.1.1　热设计重要性

1. 热设计的重要性

电子设备在工作过程中所消耗的电能，除了有用功外，大部分转化成热量散发。电子设备产生的热量，使内部温度迅速上升，如果不及时将热量散发，设备会继续升温，高温会造成电子产品绝缘性能退化、元器件损坏、材料热老化、低熔点焊缝开裂、焊点脱落，电子设备的可靠性将下降。

热设计是 DFR 和 DFM 的重要组成部分，在电子组装中，很多物料的特性都会随着温度的变化而显著改变。热设计的目的就是控制产品内部所有电子元器件的温度，使其在所处的工作环境条件下不超过标准及规范所规定的温度。

热设计在电子产品的应用上很重要。原因之一是表面组装技术的组装密度不断增大，而元器件体形不断缩小，造成单位体积内的热量不断提高。另一原因是 SMT 的元器件和组装结构，对因尺寸变化引起的应力的消除或分散能力不佳，造成对热变化引起的问题特别严重。常见的故障是经过一定时间的热循环后（环境温度和内部电功率温度），焊点发生断裂。片式元器件和 QFP 引脚焊点裂纹如图 13-1 所示。

2. 热设计关注要点

在设计时考虑热处理问题有两方面，一方面是半导体本身界面的温度，另一方面是焊点界面的温度。

① 半导体本身界面的温度：元器件 PN 结结温（工作稳定性）。PN 结的反向电流随结

温的升高而增大。

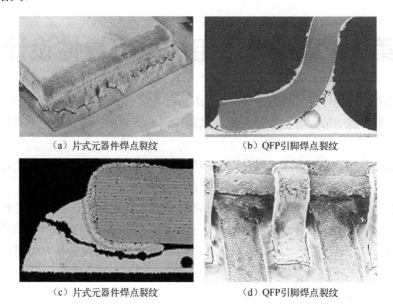

(a) 片式元器件焊点裂纹　　　　　　(b) QFP引脚焊点裂纹

(c) 片式元器件焊点裂纹　　　　　　(d) QFP引脚焊点裂纹

图 13-1　片式元器件和 QFP 引脚焊点裂纹

② 焊点界面的温度：老化（焊点合金结构失效）和疲劳失效（产生塑性形变）。

热设计目标通常根据设备的可靠性指标与设备的工作环境条件来确定，已知设备的可靠性指标，依据 GJB/Z 299C—2006《电子设备可靠性预计手册》中元器件失效率与工作温度之间的关系，可以计算出元器件允许的最高工作温度，此温度即为热设计目标。工程上为简便计算，通常采用元器件经降额设计后允许的最高温度值作为热设计目标。

3．影响热设计的因素

为确保产品的可靠性而进行的热处理工作，半导体或元器件供应商、设计和组装工厂、元器件产品的用户各方面都有本身的责任。

① IC 制造过程：引脚结构设计，引脚材料，封装材料，硅片尺寸，硅片连接方式，硅片连接材料。元器件商的责任在于确保良好的封装设计，使用优良的封装材料和工艺，并提供完整有用的设计数据给产品设计和组装工厂。

② PCBA 制造流程：基材，布局密度，散热器的应用，冷却方式。产品设计和组装工厂的责任则在于设计时的热处理考虑，采用正确和足够的散热，以及正确的组装工艺应用和管制。

③ 产品应用方面：要注意环境条件、功率循环频率。应根据供应商推荐的使用方法、环境和保养来使用产品。

4．散热的方式

热设计主要考虑散热的方式，一般还是通过热传递的三个基本原理，即热的传导、对流和辐射来达到的。

（1）热辐射

① PCB 表面的辐射系数。

② PCB 与相邻表面之间的温差和它们的绝对温度。

（2）热传导

① 安装散热器。

② 其他安装结构件的传导。

（3）热对流

① 自然对流。

② 强迫冷却对流。

上述各因素的分析是解决 PCB 的温升的有效途径，往往在一个产品和系统中这些因素是互相关联和依赖的，大多数因素应根据实际情况来分析，只有针对某一具体实际情况才能比较正确地计算或估算出温升和功耗等参数。

13.1.2　热失效机理

热失效是指当组件加热到超过其临界温度，如玻璃化转换温度、熔点或闪点时发生的失效。

1. PCB 的热失效

PCB 热失效最典型的是通孔镀层的裂纹和 PCB 的分层，如图 13-2 所示。

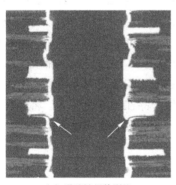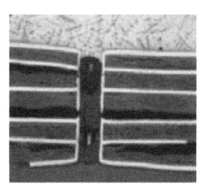

（a）通孔镀层的裂纹　　　　　　　（b）PCB的分层

图 13-2　通孔镀层的裂纹和 PCB 的分层

PCB 热失效主要是因为长时间高温或温度循环产生热膨胀和热收缩，产生机械应力。

（1）热应力来源

① PCB 制造过程中的热冲击或热循环，热冲击是大于 30℃/s，如阻焊膜的热固化、热风整平（HASL）。

② 组装过程中的热冲击或热循环。

③ 工作过程中的热循环。

PCB 通孔镀层常见失效位置和各种材料的热特性对比如图 13-3 所示。

（2）图 13-3 的几点说明

① 铜与 FR-4 的热膨胀系数不一致。

② FR-4 的热特性与温度有关，当高于 T_g 以上时，热膨胀系数急剧上升。

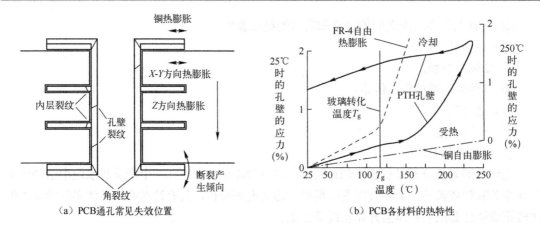

（a）PCB通孔常见失效位置　　　　　　　（b）PCB各材料的热特性

图 13-3　PCB 通孔镀层常见失效位置和各种材料的热特性对比

③ FR-4 的热特性是各向异性，即 Z 方向与 X-Y 方向热膨胀不一致。

④ 在热循环升温过程中，镀层就像铆钉一样承受 FR-4 热膨胀带来的热应力，在应力集中处（转角处、缺陷）易于开裂。

（3）印制电路板温升因素分析

印制板中温升的两种现象是：局部温升或大面积温升；短时温升或长时间温升。

引起印制板温升的直接原因是存在功耗元器件，即电子元器件均不同程度地存在功耗，发热强度随功耗的大小变化。在分析 PCB 热功耗时，一般从以下方面来分析。

产品在其寿命期间，尤其是在组装过程受到焊接和老化的热冲击，如果处理不当，将会大大影响其质量和寿命。这种热冲击，由于来得较快，即使材料在温度系数上完全配合也会因温差而造成问题。除了制造上的热冲击，产品在工作期间也会经历程度不一的热冲击，比如汽车电子在冷天气下启动而升温等。所以一件产品在其寿命期间，将会面对制造、使用环境（包括库存和运输）和本身的电功率耗损三方面的热磨损。电子组件受热冲击影响而变形如图 13-4 所示。

图 13-4　电子组件受热冲击影响而变形

（4）改进措施

① 降低或消除热冲击（最典型方法是预热）。

② 降低热循环的温度范围（特别是高于 T_g）。

③ 选择低 CTE 与高 T_g 特性的 PCB 材料。

④ 降低 PTH 元器件的高径比（5∶1 以上时在中心很难获得足够厚度）。

⑤ 增加铜的镀层厚度。

⑥ 镀铜之后再镀镍。

⑦ 增加铜的延展系数和屈服强度,但两者相互矛盾,需要平衡。

⑧ 可以通过电镀池的选择以及电镀工艺参数的优化控制来改善。

2. 焊点的热失效

当环境温度发生变化或元器件本身功率发热时,造成电子元器件、PCB 和焊料之间的热膨胀系数(CTE)失配,使得焊点的热疲劳成为电子产品常见的失效模式。元器件各部分、PCB 和焊点的热膨胀系数差别如图 13-5 所示。

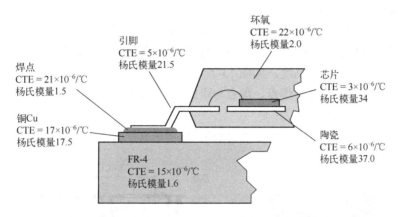

图 13-5　元器件各部分、PCB 和焊点的热膨胀系数差别

(1)焊点的热失效

焊点失效一方面来源于生产装配中的焊接缺陷,如桥接、虚焊、立碑等;另一方面是在工作状态下,当环境温度变化时,由于元器件与电路板存在的热膨胀系数差,在焊点内产生热应力,应力的周期性变化会造成焊点的疲劳损伤,同时随着时间的延续,焊点产生明显的黏性行为,导致焊点的蠕变损伤。热失效主要有热循环和热冲击。

热失效与金属化孔的失效一样,同时还与频率、在高低温的保持时间等密切相关,关键是焊点疲劳失效的主要变形机理是蠕变。当温度超过熔点温度(K)的一半时,在热循环过程中蠕变成为主要的热变形疲劳失效机理。在恒定载荷条件下发生随时间而增长的塑性变形如图 13-6 所示。

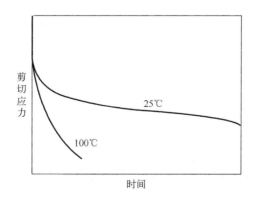

图 13-6　在恒定载荷条件下发生随时间而增长的塑性变形

（2）热循环

① 焊接温度曲线对疲劳寿命的影响。

焊接峰值温度越高，蠕变越大；降低峰值温度是提高热疲劳寿命最有效的途径。热循环频率越低，有更多的时间产生蠕变，增大了永久变形，在单周期是低频热损伤比高频大。

② 改善措施。

● 在封装结构选择上，选择具有一定柔性的引脚并且引脚在 PCB 上焊接面积大的器件，如图 13-7（a）所示；
● 封装体与 PCB 的热膨胀系数更接近，如图 13-7（b）所示；
● 利用弹性材料和焊点作缓冲，减小 CTE 失配带来的影响，如图 13-7（c）所示；
● 通过托高增加焊点的高度，如图 13-7（d）所示；
● 降低焊点局部（焊盘与焊点、焊点与引脚之间）的热不匹配；
● 降低工艺过程的残余应力；
● 选择其他焊接材料（更细的微观结构），但考虑其他因素（如熔点等）。

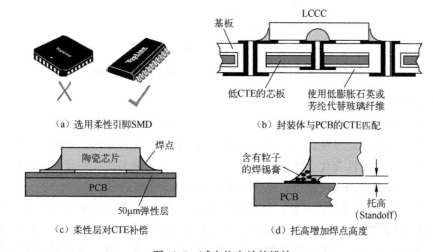

图 13-7 减少热失效的措施

（3）热冲击

热冲击一般指温度上升或下降速率达到 30℃/s。在热循环时，一般认为组件各部分的温度完全一致。而对于热冲击，由于比热、质量、结构、加热方式等各种因素影响，各部分的温度不一样，将引起附加的热应力。热冲击有可能引起在缓慢的热循环过程中没有出现的失效形式。

3．元器件的热失效

（1）热冲击

多层陶瓷电容（特别是高厚度的大电容）不能承受大于 4℃/s 的热冲击，否则产生微裂纹，在潮湿与偏压下可能生长枝晶。

（2）温度对器件的影响

① 温度过高会造成焊点合金结构的变化，金属间化合物增厚，焊点变脆，机械强度降低。

② 有一部分元器件（如连接器、感应器、电解电容等）不能承受再流焊的高温。

③ 一般而言，温度升高电阻阻值降低，高温会降低电容器的使用寿命，高温会使变压器、扼流圈绝缘材料的性能下降。

④ 一般变压器、扼流圈的允许温度要低于 95℃。

⑤ 对于半导体器件，结温升高会使晶体管的电流放大倍数迅速增加，导致集电极电流增加，又使结温进一步升高，最终导致元器件失效。

⑥ THT 与 SMT 散热的差异。从 THT 技术到 SMT 的转变中，SMT 封装尺寸缩小了 30%，产品的组装密度增大了；元器件底部和基板间的距离缩小了，这些都导致通过对流和辐射散热功效的降低，较低的辐射散热效率使通过基板的传导来散热就更重要了（虽然基板因密度增大也造成传导散热效率不良）。

⑦ 不同封装热应力的差别。热应力主要由 CTE 失配产生，不同的元器件封装对热应力有不同的承受能力，引脚具有消除热应力的功用。

⑧ 温度的升高使印制板或组件的吸湿、吸尘能力加强，电化学反应的速度加快，印制板防腐蚀、抗静电能力降低等。

⑨ 元器件分层。芯片与模塑封装之间容易分层，特别是薄型塑封器件，如 TSOP、TQFP。

13.1.3　降低组装过程中对热失效的影响

1. 再流焊温度曲线的优化

（1）通用可靠的温度曲线要求

① 防止热冲击，升温速率不高于 4℃/s。

② 防止冷焊，所有焊点都要保证在熔点温度 15℃ 以上几秒的时间。

③ 防止过热，引起过厚的 IMC。

④ 防止 IMC 的生长，降低在焊后 150℃ 以上的时间。

⑤ 防止过大的残余应力，降温速率不高于 4℃/s。

（2）如何确定可靠的再流焊温度曲线

确保温度曲线测试的印制电路板和实际生产的完全一致，在选择测试点时包含最高点、最低点、最危险的元器件的焊点。难点主要是如何判断出最高点与最低点，相对应的措施就是反复多次测试、仿真计算。

（3）如何完成理想温度曲线的设置

① 各温区设置温度与温度曲线之间的对应关系。

② 工程师按照积累经验进行挑战。

③ 测试与仿真一体化的工具（如 KIC）。

④ 专业的仿真分析。

温度曲线设定的难点是不可能实现一块板上所有焊点都经历最理想的温度曲线。应对的措施是让最危险的元器件焊点经历最理想的温度曲线，其他元器件的焊点在通用的可靠温度工艺窗口（范围）之内。

2．波峰焊工艺的控制

① 降低预热和焊接对 PCB 的热冲击。PCB 在喷涂助焊剂后进入波峰焊机，首先要预热使助焊剂发挥活性，注意的是焊料与元器件之间的温度差不高于 100℃，降低热冲击，典型的预热温度为 150℃。

② 防止过热。特别是对于 SMT 与 THT 混合组装情况下，在波峰焊时，SMT 焊点再次加热，在部分熔融的情况下易形成热裂（Hot Cracking），经过在线测试时可能没有问题，但存在可靠性的问题。

③ 降低对焊料锡缸的污染。主要是元器件引脚的金属化涂层（如 Au）等溶解到焊料锡缸中，形成脆性的 IMC。

3．减少返修工艺

热冲击的问题：对于陶瓷元器件，升温速率不高于 4℃/s。对于大的通孔插装元器件（如 PBGA、连接器），PHT 的热循环次数很有限，注意通孔的微裂纹，预热温度在 100℃。

注意通孔 Cu 的减薄，一是从元器件去除到替换低于 25s 时，很少溶解；二是采用 NiAu 镀层，Ni 溶解非常缓慢。

在返修作业时，降低对周围元器件的影响，一定注意热屏蔽，使周围元器件温度低于 150℃，否则 IMC 生长很快。对于湿敏元器件的返修，返修前烘烤去湿，最小化峰值温度与焊接高温时间。

13.1.4 PCB 的热设计

1．PCB 材料选择

对于 PTH 元器件，要求具有低的 Z 轴 CTE、高的 T_g。由于层压板内玻璃纤维的牵制作用使得在平面内的 CTE 较小，而垂直于平面的 Z 轴（厚度方向）比平面内 X 轴和 Y 轴的 CTE 大得多，因此设法降低 Z 轴 CTE 较为重要。

玻璃转化温度 T_g 对 Z 轴 CTE 的热膨胀比率变化曲线如图 13-8 所示。在 140～200℃之间加强型 FR-4 板、CE 板热膨胀比率尚在 1%以内，而一般 FR-4 板的热膨胀比率甚至高达 2%以上。可见，层压板的 T_g 越高，在热态时 Z 轴 CTE 较小。一般普通的铜-不胀钢-铜（CIC）FR-4 板在温度低于 T_g 时，Z 轴 CTE 为 80×10^{-6}/℃，铜-钼-铜（CMC）FR-4 的 Z 轴 CTE 为 60×10^{-6}/℃，而铜的 CTE 仅为 17×10^{-6}/℃，由于两者差异较大，层压板在加工、使用时易变形、分层等。在组装焊接过程中，当温度从室温（25℃）上升至 215℃（焊接温度）时，金属化孔在 Z 轴方向将被拉长 76μm（以板厚 2.5mm 计）。假如孔壁铜层的延展性太小，其铜层有可能被拉断。如选用 T_g 高的 CE 板在温度低于 T_g（200℃甚至更高）时，CTE 为 $(40 \sim 50) \times 10^{-6}$/℃，上述不良现象可以避免或降低。

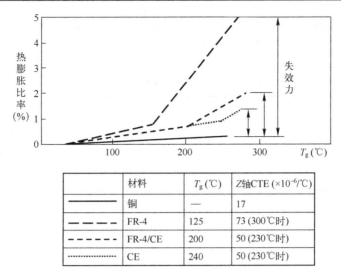

材料	T_g (℃)	Z轴CTE ($\times 10^{-6}$/℃)
铜	—	17
FR-4	125	73 (300℃时)
FR-4/CE	200	50 (230℃时)
CE	240	50 (230℃时)

图 13-8　T_g 对 Z 轴热膨胀比率变化曲线

2. *X-Y* 平面低 **CTE** 的 **PCB** 材料与结构

对于 SMT 焊点，尽可能使最容易热疲劳破坏的元器件（如大尺寸的无引线元器件）与 PCB 在 *X-Y* 平面的 CTE 相匹配。

为了实现低的 *X-Y* 平面 CTE，通过将高 CTE 的铜高压轧制到低 CTE 的金属或合金基体材料上，然后退火形成固溶连接，可以制备出呈三明治结构的覆铜材料，这是一种 CTE 可调、热导率可变的叠层复合材料。也就是采用金属芯的 PCB 结构，共有两种结构形式，如图 13-9 所示。

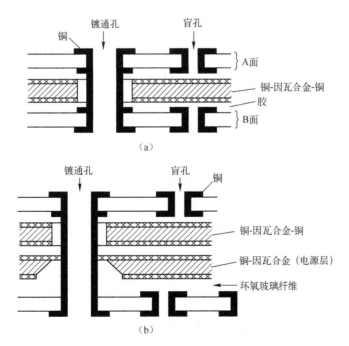

图 13-9　*X-Y* 平面低 CTE 的金属芯结构

封装中所用的两种主要包覆铜材料为铜-因瓦合金-铜（Cu-Invar-Cu，CIC）和铜-钼-铜（Cu-Mo-Cu，CMC）。这些材料的性能见表 13-1。

表 13-1 封装用主要覆铜材料的性能

覆铜材料	厚度比	密度（g/cm³）	CTE（×10⁻⁶/℃）		热导率[W/(m·K)]	
			X-Y平面	Z平面	X-Y平面	Z平面
铜-因瓦合金-铜（Cu-Invar-Cu）	1:8:1	8.3	4.2		89	
	1:3:1	8.5	6.9		164	53
	1:2:1	8.7	8.2		186	
	1:1:1	8.7	10.9		230	
	1:0.5:1	8.8	13		280	
铜-钼-铜（Cu-Mo-Cu）	1:6:1	9.86	6.5	8.2	208	170
	1:2:1	9.55	8.3	11	267	208
	1:1:1	9.34	10	13	311	251

CIC 在 Z 方向热导率较低，这与夹心的 Invar 热导率低有关。CIC 具有良好的塑性、冲裁性以及 EMI/RFI 屏蔽性，除了用于印制板外，还可用于固体继电器封装、功率模块封装及气密封装的底座等。CMC 可冲裁，无磁性，界面接合强，可承受反复 850℃热冲击。由于其 CTE 可调整，故能与可伐合金侧墙（也称铁镍钴合金）可靠地焊接。CMC 复合材料已用来制作微波/射频的外壳、微米波外壳、功率晶体管、MCM 的底座、光纤外壳、光电元器件基板、激光二极管、盖板、热沉、散热片等。

3．印制板的结构

印制板的结构要考虑印制板的尺寸和材料。

① 选用厚度大的印制线，以利于印制线的导热和自然对流散热。

② 印制板的导线由于通过电流而引起的温升加上规定的环境温度不应超过 125℃（这是常用的典型值，根据选用的板材可能不同）。由于元器件安装在印制板上也发出一部分热量，影响工作温度，选择材料和印制板设计时应考虑到这些因素，热点温度应不超过 125℃，尽可能选择更厚一点的覆铜箔。

③ 若发热密度非常高，则元器件应安装散热器，在元器件和散热材料之间应涂抹导热膏。

④ 以上措施仍不能充分散热时，就应采用热传导性能好的印制板，如金属基印制板和陶瓷基（高铝陶瓷、氧化砖陶瓷、冻石陶瓷）印制板。

⑤ 采用多层板结构有助于 PCB 热设计。

4．热沉焊盘的热设计

在热沉元器件的焊接中，会遇到热沉焊盘的少锡，如图 13-10 所示，这是一个可以通过热沉设计改善的应用情况。

对于上述情况，可以采用加大散热孔热容量的办法进行设计。将散热孔与内层地层连接，如果接地层不足 6 层，可以从信号层隔离出局部作为散热层，同时将孔径减小到最小可用的孔径尺寸，如图 13-11 所示。

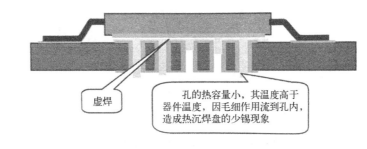

图 13-10　热沉焊盘的少锡现象

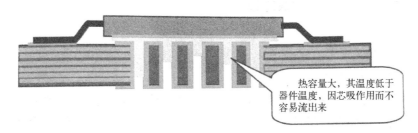

图 13-11　散热孔与内层接地层连接的设计

5．大功率接地插装孔的热设计

在一些特殊产品设计中，插装孔有时需要与多个接地/信号层连接。由于波峰焊时引脚与锡波的接触时间也就是焊接时间只有 2～3s，如果插装孔的热容量比较大，引线的温度可能达不到焊接的要求，形成冷焊点。再就是如果电路设计上需要较大的电流，必须满足一定的载流量需要，则建议采用功率孔的设计，即通孔插件通过表层焊点与功率孔连接实现载流量的需要。以上两种情况经常用到一种功率孔（也称星月孔）的设计，将元器件的焊接孔与接地层、信号层隔开，如图 13-12 所示。大功率插装孔的设计实例如图 13-13 所示。

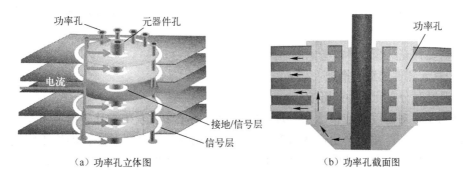

（a）功率孔立体图　　　　　　　　　（b）功率孔截面图

图 13-12　大功率插装孔的设计

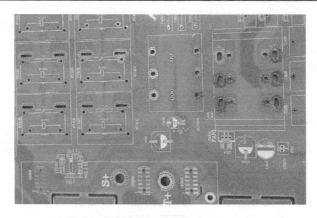

图 13-13　大功率插装孔的设计实例

13.1.5　元器件在 PCB 上的散热设计

1．电阻器的散热措施

（1）温度对电阻器的影响

电阻器一般都是由正负温度系数的材料制成的，所以当温度大幅度变化时，其阻值将发生变化，另外，当电阻器在高温或低气压的环境条件下使用时，由于散热困难将导致额定功率下降。例如 RTX 型碳膜电阻，当环境温度为 40℃时，允许的使用功率为标称值的100%；环境温度增至 100℃时，允许使用功率仅为标称值的 20%。另外，温度过高会使噪声增大。温度变化同样会使阻值变化，温度每升高或降低 10℃，其阻值大约变化 1%。

（2）电阻器散热的一般方法

电阻的温度与其形式、尺寸、功率损耗、安装位置和环境温度等因素有关。一般情况下，电阻是通过引出线的传导和本身的对流、辐射来散热的。电阻器散热的一般考虑：

① 大功率电阻器应安装在金属底座上，以便散热。

② 不允许在没有散热的情况下，将功率电阻器直接装在接线端或印制板上。

③ 功率电阻器尽可能安装在水平位置。

④ 引线长度应短些，使其和印制电路板的接点能起散热作用；但又不能太短，且最好稍弯曲，以允许热胀冷缩。如用安装架，则要考虑其热胀冷缩的应力。

⑤ 当电阻器成行或成排安装时，要考虑通风的限制和相互散热的影响，并将其适当组合。

⑥在需要补充绝缘时，需考虑散热问题。

2．分立元器件的散热措施

（1）温度对分立元器件的影响

分立元器件对温度反应很敏感，过高的温度会使工作点发生漂移、增益不稳定、噪声增大和信号失真，严重时会引起热击穿。因此，通常分立元器件的工作温度不能过高，如锗管不超过 70～100℃，硅管不超过 150～200℃。表 13-2 列出了常用分立元器件的允许温度。

表 13-2　常用分立元器件允许温度

元器件名称	允许温度（℃）	元器件名称	允许温度（℃）
碳膜电阻	120	陶瓷电容	80～85
金属膜电阻	100	锗晶电容	70～100
印刷电阻	85	硅晶电容	150～200
铝质电解电阻	60～85	硒整流管	75～85
电解质电容	60～85	电子管	150～200
云母电容	70～120	变压器	95
薄膜电容	60～130	扼流圈	95

（2）分立元器件散热的一般考虑

① 对于功率小于 100mW 的晶体管，一般不用散热器。

② 大功率分立元器件应装在散热器上。

③ 散热器应使肋片沿其长度方向垂直安装，以便于自然对流。散热器上有多个肋片时，应选用肋片间距大的散热器。

④ 元器件外壳与散热器间的接触热阻应尽可能小，应尽量增大接触面积，接触面保持光洁，必要时在接触面上涂上导热介质，借助于合适的紧固措施保证紧密接触。常用的导热介质有导热脂、导热胶、导热硅油、热绝缘胶等。

⑤ 散热器要进行表面处理，使其粗糙度适当并使表面呈黑色，以增强辐射换热。

⑥ 对于热敏元器件，安装时应远离耗散功率大的元器件。

⑦ 对于工作于真空环境中的分立元器件，散热器设计时应以只有辐射和传导散热为基础。

（3）散热器

常用的散热器大致有平板形、平行肋片形、叉指形、星形等，如图 13-14 所示。

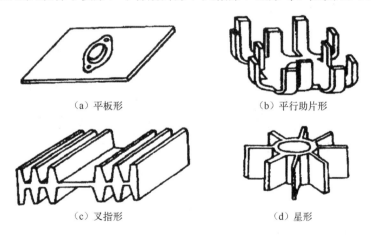

（a）平板形　　　　　　　　　　　（b）平行肋片形

（c）叉指形　　　　　　　　　　　（d）星形

图 13-14　散热器的形状

3．变压器的散热措施

（1）温度对变压器的影响

温度对变压器的影响除降低其使用寿命外，绝缘材料的性能也将下降。一般情况下，变压器的允许温度应低于 95℃。

（2）变压器散热的一般考虑

① 不带外罩的变压器，要求铁心与支架、支架与固定面之间都有良好接触，使其热阻最小。

② 对于带外罩的变压器，除要求外罩与固定面良好接触外，还要把变压器的固定面用支架垫高并在固定面上开通风孔，形成对流，如图 13-15 所示。

③ 变压器外表面应涂无光泽黑漆，以加强辐射散热。

4．集成电路的散热措施

集成电路的散热，主要依靠管壳及引线的对流、辐射和传导散热，如图 13-16 所示。

① 当集成电路的热流密度超过 0.6 W/cm^2 时，应装散热装置，以降低外壳与周围环境的热阻。

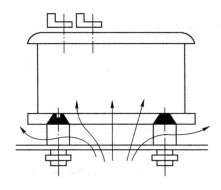

图 13-15　变压器的散热

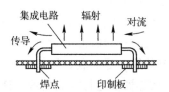

图 13-16　集成电路的散热

② 对于采用对流空气冷却方式的设备，最好是将集成电路（或其他元器件）按纵长方式排列，如图 13-17（a）所示；对于采用强制空气冷却（风扇冷却）的设备，则应按横长方式排列，如图 13-17（b）所示。

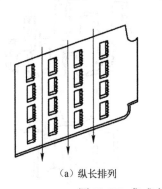
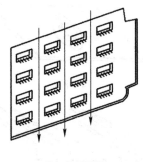

（a）纵长排列　　　　　　　　（b）横长排列

图 13-17　集成电路在印制板上的排列

5．元器件在 PCB 上的散热安装布局

元器件的安装应尽量降低元器件壳与散热器表面间的热阻，即接触热阻。对 PCB 进行软件热分析，对内部最高温升进行设计控制。

① 为了尽量降低传导热阻，应采用短通路，即尽可能避免采用导热板或散热块把元器件的热量引到散热器表面，最可靠、经济有效的散热措施是元器件直接贴在散热器表面。

② 同一块印制板上的元器件应尽可能按其发热量大小及散热程度分区排列，对热量比较

敏感、发热量小或耐热性差的元器件（如小信号晶体管、小规模集成电路、电解电容等），应分布在冷却气流的最"上游"的位置（入口处），发热量大或耐热性好的元器件（如功率晶体管、大规模集成电路等）放在冷却气流的最"下游"位置（出口处）。如图 13-18 所示。

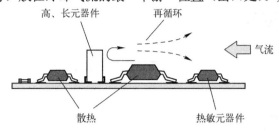

图 13-18　元器件在 PCB 上散热布局考虑

③ 发热较高的元器件分散开来，使单位面积的热量较小。

④ 将热源尽量靠近冷却面（如传导、散热的板边等）。

⑤ 下游的高元器件应和热源有一定的距离。

⑥ 高长形的元器件应和空气流动方向平行。

⑦ 最好放置热敏元器件在温度最低的区域（如设备底部），不要将它放在发热元器件的正上方，多个元器件最好是水平交错布局，也可采用"热屏蔽"的方法。

⑧ 对于器件要与散热器绝缘的情况，采用的绝缘材料应同时具有良好的导热性能，且能够承受一定的压力而不被刺穿。

⑨ 对于自身温升高于 30℃的热源，一般要求如下：

● 在风冷条件下，电解电容等热敏元件与热源距离要求大于或等于 2.5mm；

● 自然冷却条件下，电解电容等热敏元件与热源距离要求大于或等于 4.0mm。

若因为空间的原因不能达到要求距离，则应通过温度测试保证热敏元器件的温升在降额范围内。

⑩ 在水平方向上，大功率器件应尽量靠近 PCB 边沿布局，以便缩短传热途径；在垂直方向上，大功率器件应尽量靠近 PCB 上方布局，以便减小其工作时对其他元器件温度的影响，如图 13-19 所示。

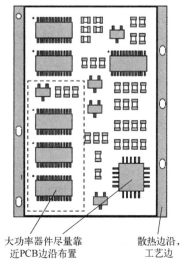

图 13-19　大功率器件在 PCB 上的散热布局

⑪ 对塑封器件和 SMD 封装的器件，通过引脚散热成为主要的散热器途径之一，其热设计应满足以下原则：

● 增加散热铜箔和采用大面积电源地铜箔，以加大 PCB 的散热面积，如图 13-20 所示。

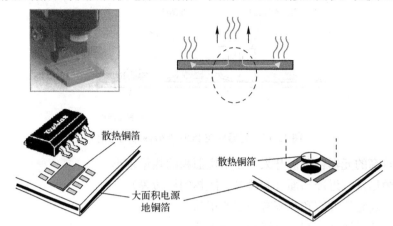

图 13-20　增大散热铜箔来加大 PCB 散热

● 散热焊盘由过孔连接到内层夹心层进行散热和热平衡，如图 13-21 所示。常见的 BTC 多采用这种设计。

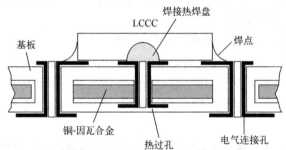

图 13-21　散热焊盘由过孔连接到内层夹心层进行散热和热平衡

⑫ 大面积铜箔要求用隔热带与焊盘相连。

较大的焊盘及大面积铜箔对引脚的散热十分有利，但在过波峰焊或再流焊时由于铜箔散热太快，容易造成焊接不良，必须进行隔热设计，常见的隔热设计方法如图 13-22 所示。

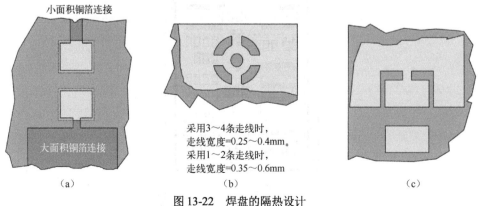

（a）　　　　　　　　　　　（b）　　　　　　　　　　　（c）

图 13-22　焊盘的隔热设计

⑬ 过再流焊的 0805 以及 0805 以下片式元器件两端焊盘的散热对称性。

为了避免元器件过再流焊后出现偏位、立碑现象，再流焊的 0805 以及 0805 以下片式元器件两端焊盘应保证散热对称性，焊盘与印制导线的连接部宽度不应大于 0.3mm（对于不对称焊盘），如图 13-23 所示。

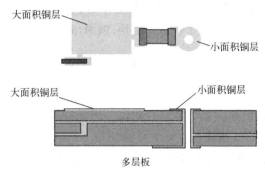

图 13-23　元器件焊盘两端散热不对称

⑭ 散热通孔的设置。设计一些散热通孔和盲孔，可以有效地提高散热面积和降低热阻，提高电路板的功率密度。例如，在 LCCC 器件的焊盘上设立导通孔，如图 13-21 所示。在电路生产过程中焊锡将其填充，使导热能力提高，电路工作时产生的热量能通过通孔或盲孔迅速地传至金属散热层或背面设置的铜箔散发掉。在一些特定情况下，专门设计和采用有散热层的电路板，散热材料一般为铜/钼等材料，如一些电源模块上采用的印制板。

13.1.6　电子组件装配的散热设计

电子组件和设备的散热冷却方式有自然冷却、强制空冷、强制液冷、蒸发冷却、热电致冷（半导体致冷）、热管传热等。

按优先顺序，最常用的是自然冷却、强制空冷、强制液冷、蒸发冷却。

1．机壳自然散热

机壳是接受设备内部热量并将其散到周围环境中去的机械结构。机壳散热措施一般考虑如下：

① 选择导热性能好的材料做机壳，加强机箱内外表面的热传导。

② 在机壳内、外表面涂粗糙的黑漆，以提高机壳热辐射能力。

③ 在机壳上合理地开通风孔，以加强气流的对流换热能力。

常见的机壳通风口形式如图 13-24 所示。

（a）最简单的冲压而成的通风孔

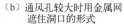

（b）通风孔较大时用金属网
遮住洞口的形式

（c）百叶窗式通风孔

图 13-24　常见的机壳通风口形式

2. 印制板安装的散热设计

从有利于散热的角度出发，印制板最好是直立安装，板与板之间的距离一般不要小于2cm，而且元器件在印制板上的排列方式应遵循如下规则：自然冷却条件下，对设备内有多块 PCB 时，应与进风方向平行并列安装，每块 PCB 间的间距应大于 30mm，以利于对流散热。

3. 内部结构的合理布局

由于设备内印制板的散热主要依靠空气对流，因此在设计时要研究空气流动途径，合理配置元器件或印制板。具体措施有：

① 要合理地布置机箱进出风口的位置，尽量增大进出风口之间的距离和高度差，以增强自然对流。

② 对大面积的元器件应特别注意其放置位置，如机箱底的底板、隔热板、屏蔽板等。如果位置放置不合理，则可能阻碍或阻断自然对流的气流。

③ 空气流动时总是趋向于阻力小的地方流动，所以在印制板上配置器件时，要避免在某个区域留有较大的空域。整机中多块印制板的配置也应注意同样的问题。如图 13-25（a）所示，冷却空气大多从此空域中流走，造成散热效果大大降低。如图 13-25（b）所示，冷却空气的通路阻抗均匀，散热效果得到了改善。整机设备内有多块印制电路板的情况也应注意同样的问题。

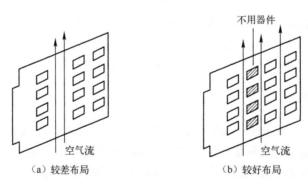

（a）较差布局　　　　　　　（b）较好布局

图 13-25　元器件的布局

4. 强制风冷

强制风冷是利用风机进行鼓风或抽风，提高电子组件内空气流动的速度，增大散热面的温差，达到散热的目的。强制风冷的散热形式主要是对流散热，其冷却介质是空气。强制风冷是目前应用最多的一种强制冷却方法。针对电子组件加装侧面风冷和风扇强制风冷如图 13-26 所示。

5. 强制液冷和蒸发冷却

为了提升电子组件的冷却效果，在电子组件装配的时候针对发热量大的区域或部件加装强制液冷或者蒸发冷却。针对高发热的芯片冷却方式实例如图 13-27 所示。

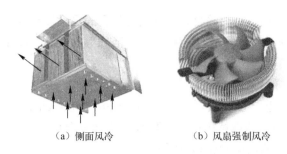

（a）侧面风冷　　　　　　（b）风扇强制风冷

图 13-26　电子组件的侧面风冷和风扇强制风冷

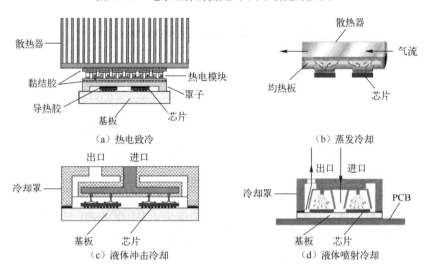

（a）热电致冷　　　　　　　　　　　　　　　（b）蒸发冷却

（c）液体冲击冷却　　　　　　　　　　　　　（d）液体喷射冷却

图 13-27　高发热芯片的冷却方式实例

6. 高热器件的安装散热器的考虑

（1）确定高热器件的安装方式易于操作和焊接

原则上当元器件的发热密度超过 0.4W/cm^3，单靠元器件的引脚及元器件本身不能充分散热，应采用散热网、汇流条等措施来提高过电流能力。汇流条的支脚应采用多点连接，尽可能采用铆接后过波峰焊或直接波峰焊，以利于装配、焊接。对于较长的汇流条的使用，应考虑过波峰焊时受热汇流条与 PCB 热膨胀系数不匹配造成的 PCB 变形。

为了保证搪锡易于操作，需要上锡宽度应小于 2.0mm，需要上锡的边缘间距大于1.5mm；也可以在 PCB 上贴装散热条或散热块增加散热的效果，如图 13-28 所示。

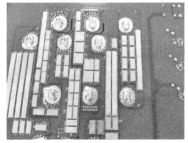

图 13-28　PCB 上贴装散热条

应考虑半固化片、铜箔、基材等材料及其制造是否满足设计和可靠性要求，应选择 FR-4 为 Class 2 产品的基材材料，各层均采用 1oz 铜箔，考虑板厚、尺寸、公差等是否需特殊的层压要求。

（2）冷却方法的选择示例

拟将功耗为 300W 的电子组件安装在一个 248mm×381mm×432mm 的机柜里，放在正常室温的空气中，是否需要对此机柜采取特殊的冷却措施？是否可以把此机柜设计得再小一些？

首先计算该机柜的体积功率密度和热流密度。

体积功率密度：

$$\phi_v = \frac{\phi}{V} = \frac{300}{24.8 \times 38.1 \times 43.2} = 0.0073\,(\text{W} / \text{cm}^3)$$

热流密度：

$$\phi = \frac{\phi}{S} = \frac{300}{2 \times (24.8 \times 38.1 + 24.8 \times 43.2 + 38.1 \times 43.2)} = 0.04\,(\text{W} / \text{cm}^2)$$

由于体积功率密度很小，而热流密度值与自然空气冷却的最大热流密度比较接近，所以不需要采取特殊的冷却方法，而依靠空气自然对流冷却就足够了。

7. 散热器的选择与设计

（1）散热器需采用的自然冷却方式的判别

对通风条件较好的场合，散热器表面的热流密度小于 0.039W/cm² 可采用自然冷却。

对通风条件较恶劣的场合，散热器表面的热流密度小于 0.024W/cm² 可采用自然冷却。

（2）自然冷却散热器的设计要点

① 考虑到自然冷却时温度边界层较厚，如果散热器的齿片间距太小，两个齿片的热边界层易交叉，影响齿片表面的对流，所以一般情况下，建议自然冷却的散热器齿片间距大于 12mm，如果散热器齿片高低于 10mm，可按齿片间距大于或等于 1.2 倍齿片高来确定散热器的齿间距。

② 自然冷却散热器表面的换热能力较弱，在散热器齿片表面增加波纹不会对自然对流效果产生太大的影响，所以建议散热器齿片表面不加波纹齿。

③ 自然对流的散热器表面一般采用发黑处理，以增大散热表面的辐射系数，强化辐射换热。

④ 由于自然对流达到热平衡的时间较长，所以自然对流散热器的基板及齿厚应足够，以抗击瞬时热负荷的冲击，建议大于 3mm 以上。散热器基板厚度对散热器的热容量及散热器热阻有影响，太薄热容量太小，太厚热阻反而增大。对分散式散热来讲，基板厚度一般最佳为 3～6mm。

⑤ 自然冷却所需散热器的体积热阻为 500～800℃·cm³/W。

（3）散热器需采用的强制冷却方式的判别

对通风条件较好的场合，散热器表面的热流密度大于 0.039W/cm² 而小于 0.078W/cm²，必须采用强制风冷。

对通风条件较恶劣的场合，散热器表面的热流密度大于 0.024W/cm² 而小于 0.078W/cm²，必须采用强制风冷。

（4）强制风冷散热器的设计要点

① 在散热器表面加波纹齿，波纹齿的深度一般应小于 0.5mm。

② 增加散热器的齿片数。目前国际上先进的挤压设备及工艺已能够达到 23 的高宽比，国内目前高宽比最大只能达到 8。对能够提供足够的集中风冷的场合，可采用真空钎焊、锡焊、铲齿或插片成型的冷板，其齿间距最小可到 2mm。

③ 采用针状齿的设计方式，增加流体的扰动，提高散热齿间的对流换热系数。

④ 当风速大于 1m/s（200CFM）时，可完全忽略浮升力对表面换热的影响。

⑤ 在一定冷却条件下，所需散热器的体积热阻大小按表 13-3 进行成本确定。

表 13-3　不同冷却条件下对应的散热器体积热阻

冷却条件	散热器体积热阻（℃·cm³/W）
自然冷却	500～800
1.0m/s（200CFM）	150～250
2.5m/s（500CFM）	80～150
5.0m/s（1000CFM）	50～80

（5）尽可能选用成型方法简单的工艺

不同形状、不同的成型方法的散热器的传热效率见表 13-4，尽可能选用成型方法简单的工艺以降低散热器的加工成本。

表 13-4　不同形状、不同的成型方法的散热器的传热效率

散热器成型方法	传热效率（%）	成本参考
冲压件/光表面散热器	10～18	低
带翅片的压铸散热器/常规铝型材	15～22	较低
铲齿散热器	25～32	较高
小齿间距铝型材	45～48	高
针装散热器/钎焊/锡焊/铲齿/插片成型散热器（冷板散热器）	78～90	很高

（6）散热器的固定方式

散热器的固定方式有很多种，常用的散热器固定方式有导垫胶固定和机械式固定，如图 13-29 所示。采用机械方式固定散热器，应采用弹性的安装方式，如图 13-29（c）、（d）所示；严禁采用无弹性的螺钉固定。

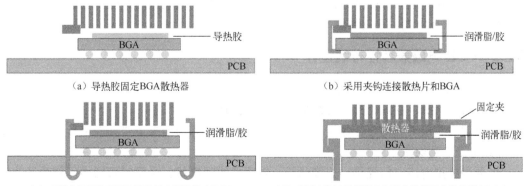

（a）导热胶固定BGA散热器　　　　（b）采用夹钩连接散热片和BGA

（c）采用夹钩连接到PCB通孔固定散热器在BGA　　（d）采用夹钩连接焊接在PCB上的柱固定散热器在BGA

图 13-29　散热器的固定方式

常见的设计不良主要有胶贴散热器脱落、螺钉安装散热器导致 PCB 弯曲甚至元器件特别是 BGA 焊点失效。

13.2　电磁兼容性设计简介

电磁兼容性即高频及抗电磁干扰性（Electromagnetic Interference，EMI），是干扰电缆信号并降低信号完好性的电子噪声。EMI 通常由电磁辐射发生源如电动机和机器产生。电子设备工作的周围空间充满了由于各种原因所产生的电磁波，造成外部及内部干扰。电磁干扰使设备输出噪声增大，工作不稳定，甚至不能安全工作。

13.2.1　电磁兼容性要求

电磁兼容性（EMC）是指电子系统及其元器件在各种电磁环境中仍能够协调、有效地进行工作的能力。EMC 设计的目的是既能抑制各种外来的干扰，使电路和设备在规定的电磁环境中能正常工作，又能降低其本身对其他设备的电磁干扰。

为了保证电子产品正常地工作，对设备提出以下要求。

① 利用屏蔽技术降低电磁干扰。用导电或导磁材料制成的用以抑制电场、磁场及电磁场干扰的盒、壳、板、栅、管等称为屏蔽。屏蔽可分为电屏蔽、磁屏蔽、电磁屏蔽。

② 利用接地技术消除电磁干扰。

③ 利用布线技术改善电磁干扰。电动机电缆应独立于其他电缆导线，同时应避免电机电缆与其他电缆长距离平行布线，以降低变频器输出电压快速变化而产生的电磁干扰；控制电缆和电源电缆交叉时，应尽可能使它们按 90°角交叉，同时必须用合适的线夹将电机电缆和控制电缆的屏蔽层固定到安装板上。

④ 利用滤波技术降低电磁干扰。利用进线电抗器降低由变频器产生的谐波，同时也可增加电源阻抗，并帮助吸收附近设备投入工作时产生的浪涌电压和主电源的尖峰电压。进线电抗器串接在电源和变频器功率输入端之间。

⑤ 磁环材料的选择。根据干扰信号的频率特点，镍锌铁氧体磁环的高频特性优于锰锌铁氧体磁环。在抑制高频干扰时，宜选用镍锌铁氧体磁环；反之用锰锌铁氧体磁环。

⑥ 磁环的尺寸选择。磁环的内外径差值越大，纵向高度越大，其阻抗也就越大，但磁环内径一定要紧包电缆，避免漏磁。

13.2.2　PCB 电磁兼容性布线设计

印制电路板电磁兼容设计具体体现在布线时要注意以下问题：

① 专用零伏线、电源线的导线宽度大于或等于 1mm。

② 电源线和接地线尽可能靠近，整块印制板上的电源与地要呈"井"字形分布，以便使分布线电流达到均衡。

③ 要为模拟电路专门提供一根零伏线，以降低线间串扰。必要时可增加印制线条的间距。注意安插一些零伏线作为线间隔离。

④ 印制电路板的插头也要多安排一些零伏线作为线间隔离；要特别注意电流流通中的

导线环路尺寸；如有可能，在控制线（于印制板上）的入口处加接 R-C 去耦，以便消除传输中可能出现的干扰因素。

⑤ 印制电路板上印制弧线的宽度不要突变，导线不要突然拐角（≥90°）。传输线拐角要采用 45°角，以降低回波损耗。

⑥ 时钟引线、行驱动器或总线驱动器的信号线常常载有大的瞬变电流，其印制导线要尽可能短；而对于电源线和接地线这类难以缩短长度的布线，则应在印制板面积和线条密度允许的条件下尽可能加大布线的宽度。

⑦ 采用平行导线可以降低导线电感，但会使导线之间的互感和分布电容增加。

⑧ 为了抑制印制导线之间的串扰，在设计布线时应尽量避免长距离的平行导线，尽可能拉开线与线之间的距离，信号线与接地线及电源线尽可能不交叉。

在使用一般电路时，印制导线间隔和长度设计见表 13-5。

表 13-5　印制电路板防串扰设计规则

印制线间隔（mm）	印制线最大长度（cm）	
	非大平面接地	大平面接地
0.5	25	50
1.0	30	60
3.0	40	150

13.2.3　接地线设计

在电子设备中，接地是控制干扰的重要方法。如能将接地和屏蔽正确结合起来使用，可解决大部分干扰问题。电子设备中接地线结构大致有系统接地线、机壳地线（屏蔽接地线）、数字地线（逻辑接地线）和模拟接地线等。在接地线设计中应注意以下几点：

① 正确选择单点接地与多点接地。在低频电路中，信号的工作频率低于 1MHz，它的布线和器件间的电感影响较小，而接地电路形成的环流对干扰影响较大，因而应采用一点接地。当信号工作频率高于 10MHz 时，接地线阻抗变得很大，此时应尽量降低接地线阻抗，应采用就近多点接地。当工作频率为 1～10MHz 时，如果采用一点接地，其接地线长度不应超过波长的 1/20，否则应采用多点接地法。

② 将数字电路与模拟电路分开。电路板上既有数字电路，又有模拟电路，应使它们尽量分开，而两者的接地线不要相混，分别与电源端接地线相连。要尽量加大模拟电路的接地面积。

③ 尽量加粗接地线。若接地线很细，接地电位则随电流的变化而变化，致使电子设备的定时信号电平不稳，抗噪声性能变坏。因此应将接地线尽量加粗，使它能通过三倍于印制电路板的允许电流。如有可能，接地线的宽度应大于 3mm。

④ 将接地线构成闭环路。设计只由数字电路组成的印制电路板的接地线系统时，将接地线做成闭环路可以明显地提高抗噪声能力。其原因在于：印制电路板上有很多集成电路元器件，尤其遇有耗电多的元器件时，因受接地线粗细的限制，会在接地线上产生较大的电位差，引起抗噪声能力下降，若将接地线构成环路，则会缩小电位差值，提高电子设备的抗噪声能力。

13.2.4 高频数字电路 PCB 设计中的布局与布线

为了避免高频信号通过印制导线时产生的电磁辐射，在印制电路板布线时，应注意以下要点：

① 高频数字信号线要用短线。

② 最好集中主要信号线在 PCB 中心。

③ 时钟发生电路应在 PCB 中心附近。

④ 电源线尽可能远离高频数字信号线或用接地线隔开，电路的布局必须减少电流回路，电源的分布必须是低感应的（多路设计）。

⑤ 数据总线的布线应每两根信号线之间夹一根信号接地线，最好是紧挨着最不重要的地址引线放置地回路，因为后者常载有高频电流。输入、输出端用的导线应尽量避免相邻平行。

⑥ 尽量减少印制导线的不连续性，例如导线宽度不要突变，导线的拐角大于 90°，禁止环形走线等。这样也有利于提高印制导线耐焊接热的能力。

⑦ 总线驱动器应紧挨其欲驱动的总线。

⑧ 由于突出引线存在抽头电感，因此要避免使用有引线的组件。

13.2.5 去耦电容配置

在直流电源回路中，负载的变化会引起电源噪声。例如在数字电路中，当电路从一个状态转换为另一种状态时，就会在电源线上产生一个很大的尖峰电流，形成瞬变的噪声电压。配置去耦电容可以抑制因负载变化而产生的噪声，是印制电路板的可靠性设计的一种常规做法，配置原则如下：

① 电源输入端跨接一个 $10\sim100\mu F$ 的电解电容器。如果印制电路板的位置允许，采用 $100\mu F$ 以上的电解电容器的抗干扰效果会更好。

② 为每个集成电路芯片配置一个 $0.01\mu F$ 的陶瓷电容器。如遇到印制电路板空间小而装不下时，可每 $4\sim10$ 个芯片配置一个 $1\sim10\mu F$ 钽电解电容器，这种器件的高频阻抗特别小，在 $500kHz\sim20MHz$ 范围内阻抗小于 1Ω，而且漏电流很小（$0.5\mu A$ 以下）。

③ 对于噪声能力弱、关断时电流变化大的器件和 ROM、RAM 等存储型器件，应在芯片的电源线和接地线间直接接入去耦电容。

④ 去耦电容的引线不能过长，特别是高频旁路电容不能带引线。

13.2.6 屏蔽架的工艺设计

当利用屏蔽技术降低电磁干扰时会采用屏蔽罩，如图 13-30 所示。一般是先贴装屏蔽架，后面再装上屏蔽罩。如果贴装带有盖子的屏蔽罩，在焊接后无法检验屏蔽罩下面的元器件，尽可能将贴装时的拾取点设计在屏蔽架的中心位置，以便贴装时屏蔽架均匀受力，如图 13-31（a）所示。一些不良的设计如图 13-31（b）、（c）所示。

因为屏蔽架内 IC 的存在，贴装拾取点设计在屏蔽架的中心位置比较困难，这样贴装时屏蔽架四边受力不均衡，受力小的边插入焊膏的深度往往不够，很容易导致开焊，如图 13-32 所示。

图 13-30 PCBA 的屏蔽罩

（a）屏蔽架拾取点位于中心　　　　（b）屏蔽架无拾取点　　　　（c）屏蔽架拾取点不在中心

图 13-31 屏蔽架的拾取点位置设计

图 13-32 屏蔽架焊接后容易产生开焊的位置

屏蔽架角部，因为在组装时对焊膏印刷的钢网开孔（Stencil Aperture）有特殊要求，不应出现钢网开孔内有内伸直角的情况，如图 13-33（a）所示。为了避免这种情况，一般在钢网直角开孔内架"隔断"，如果隔断的两边出现面积比小于 0.66 的开孔，将会导致焊膏印刷量的不足，最终产生开焊现象，如图 13-33（b）所示。同时尽可能不在屏蔽架角部布局元器件。

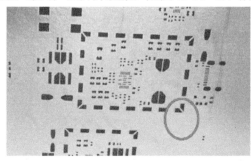

（a）印刷焊膏钢网开孔　　　　　　　　（b）屏蔽架拐角易产生虚焊

图 13-33 屏蔽架拐角处钢网开孔的设计

第 14 章　电子组装的可测试性设计

任何电子产品在单板调试、整机装配调试、出厂前及返修前后都需要进行电性能测试。可测试性设计（Design for Test，DFT）就是在产品的设计时要考虑测试的要求。可测试性设计对于保证产品质量、降低测试成本、提升测试覆盖率、缩短产品开发周期都具有十分重要的意义。可测试性设计是可制造性设计的重要组成之一。

14.1　可测试性设计简述

14.1.1　可测试性设计概述

通常在设计开始之前，开发、制造、组装和测试等部门召开一个可测试性评审会。可测试性设计涉及电路的可视度、密度、操作、电路的可控制性、测试区的划分、特殊测试要求以及规范。可测试性设计参照附录 C 的检查表清单进行分析。

1. 测试作用和方案

① 经济上，以尽可能低的测试成本实现最大的测试覆盖率，可避免缺陷的产品交付用户，降低返修率，减少库存，降低成本，提高顾客满意度。

② 技术上，及早发现生产工艺问题，促使工艺的不断改进和完善。

确定测试方案的依据包含数量、重要性、复杂程度/尺寸、能承受的预算、应用技术（RT、CPU、模拟、数字等）、产品设计是否遵循可测试性原则。

2. 可测试性设计的目的

可测试性设计的前提是为了保证产品故障检测覆盖率完全，保证产品的质量。目标是使测试点数降低，降低测试治具的复杂度，从而降低测试时间，降低测试成本。总的来讲，通过可测试性设计，有以下好处：

① 缩短设计到生产所需的时间。

② 降低生产成本。

③ 最小化设计工程师在生产建立过程中的参与度。

④ 增进设计和制造方面的合作与联系。

⑤ 降低产品初期及整个生命周期的费用。

⑥ 缩短测试时间，消除生产延误。

⑦ 保证更有效的现场诊断与修理。

⑧ 提供更精确的到元器件和针级的诊断。

印制板组件的可测试性设计包括系统级的可测试性问题。在大部分应用中，系统级的可测试性设计包括系统级的错误隔离及恢复要求，如平均修复时间、超时百分比、单一失误操作、最长修复时间等。为满足合同规定，系统设计可包括可测试性要素，有时同样要素可在印制板组装件中用来增强可测试性。印制板组件可测试性必须与设计的集成、测试、维护的完整性相兼容。工程测试人员需对设计的完整性和可测试性进行规划。

在 PCB 设计开始之前，系统可测试性功能要求提交给总体设计概念评审。这些要求和派生的要求在不同的印制板组件和文件中要区分开。

14.1.2　印制板组件的几种测试技术

1．功能测试

功能测试（Function Test，FT）通常是测试电气的设计功能。功能测试仪通过连接器、测试点、测试针床与被测 PCB 相连接。板级功能测试是在印制板组装件的输入端施加预定的激励信号，通过监测输出端的结果来确认设计是否正确。

功能测试系统应能在设计速度下有效运行。设计高故障覆盖率和高可信度是功能测试系统的前提，包括仿真技术可应用程度（生成测试程序），以及在有限投入与时间压力下能选择的诊断策略。

2．在线测试

在线测试（In-Circuit Test，ICT）是生产过程测试的最基本方法，用于检测印制板组装件的制造缺陷，具有很强的装配故障诊断能力。测试方法包含针床测试和飞针测试。针床测试主要适用于批量大、种类少，设计已定型的产品，典型设备如 TESCON，GENRAD，TERADYN。飞针测试适用于批量小、种类多，尚未成熟的产品，典型设备如 TAKAYA。

在线测试对设计的限制较少。敷形涂覆印制板组装件、部分表面贴装技术以及混合技术的印制板组装件，因在线测试时存在与针床接触问题，可能会禁止使用在线测试。

3．制造缺陷分析

与传统的在线测试相比，制造缺陷分析成本低廉。与在线测试仪相似，制造缺陷分析器（Manufacturing Defect Analyzer，MDA）检测印制板组装件构造的缺陷。制造缺陷分析是测试类型的一部分，只能针对模拟器件进行简单的装配故障测试，如电阻、电容、二极管以及三极管等的短路、断路、缺件等，而不需在印制板组件上施加电。在严格控制的制造工艺（即统计过程控制技术）中，制造缺陷分析在印制板组件测试策略中很有应用价值，典型设备如 KTS2000、SCOPION。

4．无向量测试技术

无向量测试（Vectorless Test）是另一种低成本的在线测试技术。它是测试印制板上与制造流程相关的引脚错误，无须执行测试矢量程序。无向量测试是一种不通电测试技术，包含三种类型：

（1）模拟连接测试

使用 ESD 二极管保护技术对印制板组装件的独特的引脚对作直流测试，该技术应用在大部分的数字和混合信号引脚测试中。

（2）射频感应测试技术

射频感应测试技术使用印制板组件元器件二极管保护技术来检测元器件故障部件错误。该技术使用芯片的电源和接地的引脚产生测试码，检测组件的信号线焊接是否断路、导线是否断裂、元器件是否被 ESD 损坏。部件的不正确定位也可检出。在射频测试中需要磁感应夹具。

（3）电容耦合测试技术

使用电容耦合技术测试引脚焊接是否正确，使用元器件的金属引线结构测试引脚，而不是使用元器件的互连电路进行测试。此技术可应用于连接器、插座、引线结构以及电容的极性正确与否的测试。

5. X 射线检查

X 射线（X-Ray）检查的方法包含 X 射线投射法（Transmission X-ray）和 X 射线分层法（X-ray Laminography）。对于 BGA、CSP、BTC、倒装芯片等焊点在底部的器件，SMT后很难通过目测或 AOI 测试来判断封装下面的焊点。X 射线设备基于 X 射线的强穿透性，从而实现焊点检测。为了确保焊接质量，越来越多的制造商选择使用 X 射线来检查隐藏焊点的组件。X 射线检查设备分为 2D（二维）和 3D（三维）系统。

X 射线检查可以检测 PCBA 焊接的内部情况，检测焊锡不足，焊锡不良，焊锡短路，焊点内部的空洞、气孔，以及焊点的其他问题。

6. 光学检查

光学检查（Visual Inspection）包含自动光学检测（Automated Optical Inspection，AOI）和自动激光三角测量（Automated Laser Triangulation，ALT）。机器通过摄像头自动扫描PCBA，采集图像、测试的焊点信息，与数据库中的合格的参数进行比较，经过图像处理，运用高速高精度视觉处理技术自动检测 PCBA 上各种不同贴装错误及焊接缺陷。适用的PCB 的范围可从细间距高密度板到低密度大尺寸板，并可提供在线检测方案，以提高生产效率及焊接质量。通过使用 AOI 作为减少缺陷的工具，在装配工艺过程的早期查找和消除错误，以实现良好的过程控制。

虽然 AOI 可用于生产线上的多个位置，各个位置可检测特殊缺陷，但 AOI 检查设备应放到一个可以尽早识别和改正最多缺陷的位置。有三个检查位置是主要的：

① 焊膏印刷之后焊膏检查（SPI），主要检查焊盘上焊锡不足、焊锡过多、焊锡对焊盘的重合不良、焊盘之间的焊锡桥等。

② 再流焊前，在元器件贴放在板上之后和 PCB 送入再流炉之前。这是一个典型的放置检查机器的位置，因为这里可发现来自焊膏印刷和机器贴放的大多数缺陷。在这个位置产生的定量的过程控制信息，提供高速贴装机和细间距元器件贴装设备校准的信息。这个信息可用来修改元器件贴放或表明贴装机需要校准。这个位置的检查满足过程跟踪的目标。

③ 再流焊后。在 SMT 工艺过程的最后步骤进行检查，这是 AOI 最流行的选择，因为这个位置可发现全部的焊接装配错误。再流焊后检查提供高度的安全性，因为能识别由焊膏印刷、元器件贴装和再流焊过程引起的错误。

7．边界扫描测试

随着大规模集成电路的出现，印制电路板制造工艺向小、微、薄发展，传统的 ICT 测试已经无法满足测试要求。早在 20 世纪 80 年代，联合测试行动组（Joint Test Action Group，JTAG）起草了边界扫描测试（Boundary Scan Testing，BST）规范，在 1990 年被批准为 IEEE 1149.12—1990，简称 JTAG 标准。该标准规定了进行边界扫描测试所需要的硬件和软件。该标准不断补充，形成了现在使用的 IEEE 1149.1a—1993 和 IEEE 1149.1b—1994。JTAG 主要应用于电路的边界扫描测试和可编程芯片的在线系统编程。

边界扫描应用扫描寄存器技术，在设计的关键位置放置特定的扫描寄存器，代价相当于损失一些 I/O 引脚。在大部分组合电路中，使用边界扫描技术可以简化测试。在一些应用中，PCBA 输入/输出的扫描寄存器允许安装和测试同时进行。若设计更复杂，增加扫描寄存器可捕获中间结果，部分设计需测试矢量进行检测。

测试策略中使用边界扫描技术要进行可行性考虑，需要软件的支撑，同时要考虑重要设备的投资回报。边界扫描测试可使用一个低成本以 PC 基础的测试仪进行，只需通过边界连接器或功能模块连接即可。在线测试、混合测试仪都适合进行边界测试操作。

基于以上 7 种主要测试技术的分析和比较见表 14-1。

表 14-1　主要测试技术的分析和比较

测试技术	成本	编程	测试速度	可以检查的缺陷	需要程序提升
功能测试	从低到高	中	快	专用的测试参数	元器件参数在电路中不明显
在线测试	低	低	非常快	元器件值的超差、失效或损坏、存储类的程序错误等。工艺类缺陷：焊锡短路、断路、错误器件、倒置器件、损坏的元件、元器件插错、插反、漏装、引脚翘起、虚焊、PCB 短路、断线	高速参数化
制造缺陷分析	低	低	非常快	开路、短路、缺件、元件值偏差、部分功能等	功能
无向量测试技术	低	低	快	开路	短路、元件值偏差
X 射线检查	高	低	慢	少锡、焊点开路、短路、缺件、偏移、空洞	元件值偏差、功能
光学检查系统	高	中	慢	元件引线弯曲、碑文、缺件、立碑、偏移、极性	元件值偏差、功能、不可见的元器件、连接器
边界扫描测试	低	低	中/快	开路、短路	元件值偏差、功能

14.1.3　可测试性设计检查表

可测试性设计可以依据可测试性检查表的清单进行逐项检验，可测试性评审时，要建立测试工具原则，并确定相对于印制板的布线状况，最有效的测试工具性价比。可测试性检查表见附录 C。

14.2　印制板组件功能测试

功能测试通常是测试电气的设计功能。功能测试仪通过连接器、测试点或测试针床与被测板相连接。板级功能测试是在印制板组件（PCBA）的输入端施加预定的激励信号，通过监测输出端的结果来确认设计是否正确。

14.2.1　功能测试方法

功能测试设备通常是比较昂贵的测试平台。功能测试设备被看作一个模型，它具有一定存储深度的多个通道（新型的功能测试支持通道上有不同的工作频率）、多个时钟产生器和多个电源输出端口。功能测试是将电子组件或印制板上的被测单元作为一个功能体，输入信号，然后按照功能体的设计要求检测输出信号。大多数功能测试设备都有诊断程序，可以鉴别和确认故障。

实现功能测试的方法有直接模拟实际操作、通用功能测试商业系统、自测试，直接加装诊断电路。缺点是诊断故障的能力有限，通常只能追踪到电路特定区域的故障，无法精确到特定元件。

功能测试的主要辅助测试仪有通用类和专用类。通用类包含仿真仪、逻辑分析仪、示波器、万用表、信号发生器等。专用类是针对不同类型的产品有不同的系统。

功能测试依据产品不同而设计。最简单的功能测试是将电子组件连接到该设备相应的电路上进行加电，看设备能否正常运行，方法简单、投资少，但不能自动诊断故障。

14.2.2　功能测试可测试性事项

1. 测试连接器

敷形涂覆板以及大多数 SMT 和混合贴装设计使得进行故障隔离非常困难，因为缺少与电路板上电路的接触点。

如果关键信号可连接到测试连接器上或印制电路板的某一信号可探测区域（测试点），则故障就可分离，这样就降低了检测、隔离和纠正的成本。

设计电路使用测试连接器作为电路的激励源（例如把数据总线连到测试连接器上）或作为电路功能开关使用。

2. 触发和同步问题

一些设计或设计的一部分不需要任何触发电路，因为电路很快进入预定功能。遗憾的是这种电路很难与测试仪同步，因为需要测试仪在电路输出端得到预期的信号，触发电路的程序进行测试，这样实现比较困难。可以在设计中进行改进，将触发能力设计到电路中，印制板将快速触发，电路和测试仪将在印制板组装件上获取预期的输出。

在测试中，无约束运行的晶振也会产生问题，因为测试设备总产生难同步的问题。这些问题的克服方法如下：

① 在测试电路中使用测试时钟代替晶振。

② 测试时移出晶振，增加测试时钟。

③ 将信号采用超驰控制。

④ 设计时钟系统并使时钟能通过测试连接器或测试点得到控制。

3. 长计数器链

在设计的信号中使用长计数器链将产生可测试性减弱问题。无意义地预设不同值的计数器链驱动设计并简化逻辑测试，会使可测试性变差。

如果将长计数器链截短为短计数器链（最好不超过 10 级）单独进行控制，或由软件进行装载，可测试性将得到较大的改善。采用测试软件可以校验来自计数器驱动逻辑操作，不增加仿真和测试时间，但需要使用时钟控制整个计数器链。

4. 自诊断

自诊断有时是合同的要求，有时是派生的要求，因此要仔细考虑并决定如何实现这些要求。

有时 PCBA 在检测中不包含自诊断功能，但一组 PCBA 作为一个单元时，就能进行很好的自诊断。例如一个复杂的傅里叶变换（FFT）函数功能需要多块 PCBA 来实现，其中任何一个 PCBA 进行自诊断都可能非常困难，然而整个 FFT 函数电路进行自诊断则非常简单。自诊断所需的深度由行转换单元（LRU）根据需求不同而不同。

PCBA 的自诊断通常进入一个测试模式，然后施加一套已知的测试输入并与存储的预期输出结果相比较。如果结果与预期结果不匹配，测试设备产生 PCBA 自检失败的信号。这种方案有许多变异，见下述例子。

① PCBA 处于反馈回路中，在运行预设次数的周期后测试其结果。

② 在特定的测试电路或中央处理器（CPU）执行激励，并将响应信号与已知的图形进行比较。

③ PCBA 在待机时进行自检，然后将结果送至其他（或诊断）PCBA 进行验证。

5. 物理测试

PCBA 功能测试设备通常价格昂贵并需要技术熟悉人员进行操作。如果 PCBA 可测试性差，则测试操作代价将很高。通过简单的物理测试能够缩短校验时间和降低测试成本。

① 极性部件的定位要保持一致，使操作员不会混淆部件和部件 180° 旋转后的极性。非极性器件也要标示出器件的第 1 引脚，使测试员了解是从哪个特定引脚引向探针。

② 采用测试连接器优于使用测试夹具或连线的测试点，测试点（如引线）优于元器件引线的测试夹具。如果增加的引线是用于暂时测试的（如用来确定通过测试的电阻器），建议将增加的引线保留到被选择的元器件安装之后。这样就无须对 PCBA 再固定就可验证所选择元器件。

③ 探针不能检测到的信号（如在使用无引线元器件时可能发生），会增加故障隔离的难度。若没有使用扫描寄存器，推荐所有的信号都采用焊盘或在 PCBA 其他位置使用测试点以便于测试。

用作测试点的焊盘最好设置在网格上并在顶层或底层都能检测到。若对每个信号都加探针不可行，则采用以下方法。

● 目标信号必须有探针定位。

● 在一个或多个器件中增加测试矢量或应用其他测试技术来隔离故障。

④ 许多故障通常是由于相邻元器件引线间的短路、元器件引线和外层布线层的短路、PCB 外层导体之间的短路引起的。物理设计必须考虑正常工艺的缺陷，避免由于没有或不方便信号读取而导致无法进行故障隔离。在线可测试性设计中使用的探针和测试点应在网格上，以便探针在夹具上可自动探测。

⑤ 电气性能有时要求设计按功能分区，将数字电路与模拟电路分离。物理设计中按照不同功能进行分区对于测试也有帮助。不但电路分开，测试连接器或至少是连接器上引脚也分开都可提高可测试性。在高性能的模拟和数字混合设计中，可能需要两种或多种测试设备。信号分开对测试夹具和印制板组装件的查错操作都有帮助。

⑥ 使用在线测试夹具和功能测试夹具对成本有显著的影响。相似的一种或少数的测试夹具用于一个程序。制造测试夹具是有成本的，在夹具中调试程序或测试设备调试夹具的成本也是昂贵的。若夹具与工程不匹配则无法进行正确的测试。典型的做法是制作少量的测试夹具并期望它们可在所有的设计中使用。因此测试夹具的限制作用应在印制板组件设计中充分考虑。这种限制作用是显著的，例如：

- 特定的连接器引脚需要电源和地。
- 引脚用于高速信号有哪些限制。
- 引脚用于低噪声信号有哪些限制。
- 定义电源开关限制、定义每个引脚的电压和电流限制等。

14.3　在线测试的可测试性设计

在线测试是通过对元器件的电性能及电气连接进行测试来检查制造缺陷及元器件不良的一种标准测试手段。它主要检查在线的单个元器件以及各电路网络的开、短路情况，具有操作简单、快捷迅速、故障定位准确等特点。

14.3.1　在线测试事项

在线测试用于检测印制板组件（PCBA）的制造缺陷。在产品不通电的状况下，在线测试能够定量地对电阻、电容、电感、晶振等进行测量，对二极管、三极管、光耦、变压器、继电器、运算放大器、电源模块、集成电路等进行功能测试。对元器件类，在线测试可检查出元器件值的超差、失效或损坏、存储类的程序错误等。对工艺类，在线测试可发现如焊锡短路、断路、错误器件、倒置器件、损坏的元件、元器件插错、插反、漏装、引脚翘起、虚焊、PCB 短路、断线、PCBA 的不正确安装及其他制造缺陷。在线测试无法发现边界部分的错误，也无法验证关键时序参数和电路设计功能。

在线测试的主要关注点：

① 焊盘和引脚必须在网格上（因为要与测试针床匹配）。

② 从 PCBA 的底面进行测试的可能性（通孔板的非元件面或焊接面）。

14.3.2　在线测试设备类型

在线测试（ICT）设备分为针床式和飞针式（Flying Probe）两种类型。

1. 针床式在线测试设备

在线测试设备通过测试治具对 PCBA 进行测试，测试治具的测试探针与印制板的每个节点相接触。印制板上每个部件都被执行检测。在线测试可检测的故障覆盖率高、检测速度快、效率高，但对每种单板需制作专用的测试治具。针床式在线测试设备适用于一般组装密度、大批量的产品，对设计的限制较少。

全球主要在线自动测试设备生产厂商主要有 Agilent 安捷伦（美国）、Teradyne 泰瑞达（美国）、CheckSum（美国）、AEROFLEX（美国）、WINCHY 莹琦、Hioki（日本）、Takaya（日本）、Tescon（日本）、Okano（日本）、JET 捷智（中国台湾）、TRI 德利泰（中国台湾）、星河等。不同品牌在线测试设备的测试原理相同或相似。在线测试设备和测试治具如图 14-1 所示。

（a）在线测试设备　　　　　　　　　　　　（b）在线测试治具

图 14-1　在线测试设备和治具

在线测试治具也叫测试针床，其根据产品定制安装在测试机台，并通过施加真空拉下，使得弹性的探针接触测试焊盘，然后运行测试。测试治具中安装很多测试探针，根据 PCB 的测试焊盘位置布局测试探针并安装在治具上下面，把印制电路板组件放入，通过真空压紧 PCB 测试，测试治具的结构原理如图 14-2 所示。

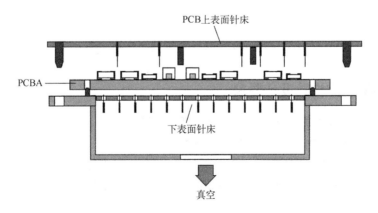

图 14-2　测试治具的结构原理

ICT 测试探针形状有很多种，主要有单接触、3 点接触和 5 点接触，如图 14-3 所示。

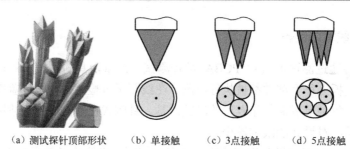

（a）测试探针顶部形状　　（b）单接触　　（c）3点接触　　（d）5点接触

图 14-3　常用的 ICT 测试探针

为了制作优良的测试治具，要求提供网表（Net List）电子文档、原理图、BOM、裸板、组装板、组装图（Assembly Drawing）和制造图（Fab Drawing）。

2．飞针式在线测试设备

飞针式在线测试设备的开路测试原理和针床式在线测试设备的测试原理基本相同。飞针式在线测试设备有 2 个或 4 个测试头，测试时根据事先编好的程序用针尖逐个测试点进行自动测试。其优点是能够测试的最小间距为 0.2mm，测试精度高于针床式在线测试设备，不需要制作测试治具，程序开发时间短。缺点是设备的成本比较高，测试速度比较慢（100～200ms），因此飞针式在线测试设备适用于多品种、中小批量、较高密度组装板的测试。飞针式在线测试设备如图 14-4 所示。

（a）外形　　　　　　　　　　　（b）测试中的设备

图 14-4　飞针式在线测试设备

14.3.3　在线测试定位孔设计要求

在线测试治具的弹性测试探针与待测试的印制板的每个节点相连。PCBA 布线应遵循一些原则，以提高其在测试治具上的在线可测试性。

每个 PCB（包括拼板上所有的小板）都推荐采用 3 个非电镀通孔为定位孔，至少需要两个定位孔。定位孔不能电镀或焊接上锡。定位孔必须与 PCB 打孔数据同时生成，以保证一致性。

（1）定位孔尺寸

推荐尺寸为 4.0mm（0.157in）。孔上不应有金属镀层。

可以接受的尺寸范围为 3.18～6.35mm（0.125～0.250in）。

绝对的最小尺寸为 2.29mm（0.090in），仅适用于小板，如 DIMM。

尺寸公差为 + 0.076mm/− 0.0mm（+0.003in/−0.0in）。

从测试焊盘中心到定位孔边的最小距离为 3.05mm（0.120in）。

（2）定位孔位置

定位孔的位置必须在 PCB 对角线上；对于测试探针密集的区域推荐增加定位孔，位置在 PCB 的长边一侧，如图 14-5 所示。推荐定位孔的中心位置距离 PCB 边 5.0mm（0.200in）处，要求最小为 3.18mm（0.125in），如图 14-6 中标示的 d 所示。

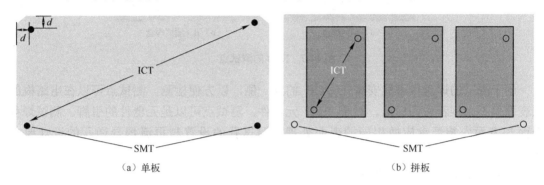

（a）单板　　　　　　　　　　　　（b）拼板

图 14-5　在线测试 PCB 定位孔位置示意图

（3）元器件到定位孔的距离

PCB 上下表面从元器件边到孔的边最小的距离（元器件的禁布区）为 3.05mm（0.120in），推荐的距离是 5.08mm（0.20in），如图 14-6 中的尺寸 d 所示，以确保在测试的过程中，或在取放 PCB 组件时，避免定位针碰到元器件造成损坏。

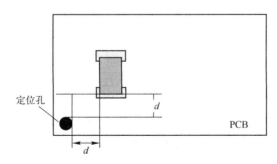

图 14-6　元器件边到定位孔的距离

14.3.4　测试点的设计

1. 测试点选用

（1）优选测试目标

测试点按优先级有电路网络测试焊盘、PTH 元器件（机械填充，包含压接连接器引脚）引脚、PTH（手工填充）和金属化通孔，如图 14-7 所示。

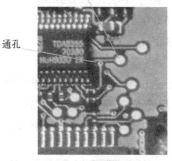
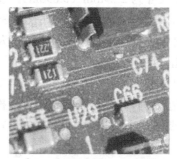

（a）测试焊盘　　　　　　　　　　（b）孔+测试焊盘

图 14-7　PCB 的测试点

用于测试的焊盘尽可能安排在 PCB 的同一侧，以方便检测。测试点可以在电路板的上表面但不太推荐作为标准。对于 PTH 元器件，测试点可以是元器件的引脚。测试焊盘表面与表面安装焊盘应做相同的表面处理。测试孔的设置与再流焊导通孔的设计要求相同。

（2）通孔插装元器件的测试探针

连接器、振荡器或跳线在新品试样时有时会作为测试点，在实际生产时就被删除。正常生产的产品，PCB 设计时有时把 PGA 和通孔插装元器件设计成选择性安装元器件，有些型号不安装这类元器件。避免使用上述元器件的引脚作为测试点。因为不安装这个元器件时，焊膏印刷焊接后在孔上形成碗状的凹形焊点，在凹陷的地方有很多助焊剂残留，会严重影响测试探针的接触性。

避免把通孔插装元器件引脚中心 1.27mm（0.050in）范围内的区域作为测试点，因为会造成测试探针损坏。

2．测试焊盘尺寸

较大的测试焊盘尺寸增加接触测试探针的可靠性，降低误测（No Defect Find，NDF），保证测试的良率。可以接受较小的测试焊盘，但会增加前期的治具成本（使用气动夹具和探针引导板），影响测试的可靠性和增加治具的维护费用。更重要的是较小焊盘会增加 NDF 率，从而降低产品测试良率和增加制造费用。测试焊盘尺寸影响见表 14-2。

表 14-2　测试焊盘尺寸影响

	测试焊盘尺寸	探针的可靠性	NDF 率	直通率	治具和维护成本	要求/限制
推荐测试焊盘尺寸直径	≥0.762mm（0.030in）	高	低	高	低	
可接受最小测试焊盘直径	0.61mm（0.024in）	中	中	中	中	阻焊膜开口尺寸≥0.711mm（0.028in）
绝对最小的测试焊盘直径	0.457mm（0.018in）	低	高	低	高	阻焊膜开口尺寸≥0.56mm（0.022in），总的测试点数量≤1000，印制板尺寸≤200mm×125mm（8in×5in）

满足接触测试探针的可靠性推荐的最小的测试焊盘尺寸是 0.762mm（0.030in），测试焊

盘直径和丝印禁布区直径的要求如图 14-8 所示。在 PCB 面积小于 7700mm^2（11.935in^2）时，可以使用 0.61mm（0.024in）的测试焊盘直径。

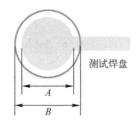

A是最小测试焊盘直径
A=0.762mm（0.030in）
B是最小阻焊膜和丝印禁布区直径
B=A+0.152mm（0.006in）

图 14-8　测试焊盘直径和丝印禁布区要求

3．用于测试的镀通孔尺寸

除非孔的尺寸满足表 14-3 中的关键数值，否则通孔和没有填充的通孔不能作为测试点。这样可以确保测试探针尖完全接触印制电路板而不会直接伸到孔内。

表 14-3　通孔和 PTH 测试点的孔尺寸

孔中心到中心间距	最大电镀孔的尺寸
2.54mm（0.100in）	1.04mm（0.041in）
1.91mm（0.075in）	0.79mm（0.031in）
1.27mm（0.050in）	0.58mm（0.023in）
1.00 mm（0.039in）	0.34mm（0.0135in）

4．测试点周围的间隔

① 有很多因素影响测试点布局时和元器件的间距：
- 元器件的高度和尺寸精度；
- 元器件贴装精度；
- 测试点尺寸；
- 测试治具的公差；
- 测试治具的气压，是否真空；
- 测试治具的探测技术的选择；
- 测试治具的特点（探针导向板、底部停止点的厚度、支撑板）。

② 测试点中心到元器件焊盘边沿的距离如图 14-9（a）中 d 所示，见表 14-4。

③ 测试点中心到通孔边沿的距离如图 14-9（b）中 d 所示，见表 14-4。

④ 测试点中心到 PCB 边沿的距离如图 14-9（c）中 d 所示，见表 14-4。

⑤ 测试点的中心到定位孔边沿的距离如图 14-9（d）中 d 所示，见表 14-4。

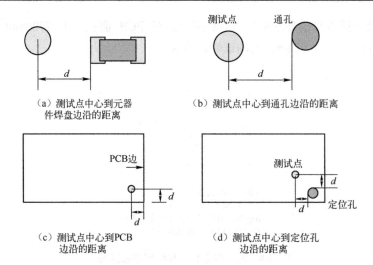

（a）测试点中心到元器
件焊盘边沿的距离

（b）测试点中心到通孔边沿的距离

（c）测试点中心到PCB
边沿的距离

（d）测试点中心到定位孔
边沿的距离

图 14-9　测试点中心距离

表 14-4　测试点到元器件的距离和特点

元器件特点类型	电路板面	离测试点中心的最小距离	备注
非常小：高度≤1.52mm（0.060in）	两面	0.51mm（0.020in）	
小型：1.52～2.54mm（0.060～0.100in）	两面	0.64mm（0.025in）	
中等：2.54～7.62mm（0.100～0.300in）	两面	0.84mm（0.033in）	包括 IPC 的贴装可接受性，ICT 探针半径和 ICT 的探针精度
高：7.62～25.4mm（0.300～1in）	PCB 下表面（测试首选面）	2.64mm（0.104in）	需要特殊的测试治具
	PCB 上表面（测试次选面）	19.05mm（0.750in）	对上面探针压下的治具保留足够的间隔非常关键，因为可能会碰撞到近距离的高元器件
非常高：25.4～63.5mm（1～2.5in）	PCB 下表面（测试首选面）	6.35mm（0.250in）	
	PCB 上表面（测试次选面）		测试点离过高元器件的距离需要特殊考虑
伸出的散热器	PCB 下表面（测试首选面）	1.905mm（0.075in）	假定散热器安装公差 = ±0.762mm（±0.030in）
	PCB 上表面（测试次选面）	19.05mm（0.750in）	要求特殊的测试治具，对上面探针压下的治具保留足够的间隔非常关键，因为可能会碰撞到近距离的高元器件
电路板边沿	两面	0.762mm（0.030in）	测试焊盘到电路板边沿间隔，推荐3.175mm（0.125in）
定位孔边沿	两面	3.05mm（0.120in）	测试焊盘到定位孔边沿间隔，推荐5.08mm（0.2in）
非定位孔边沿	两面	0.762mm（0.030in）	测试焊盘到非定位孔边沿间隔

注：1. 本体位置变化较大的元器件（比如 PTH 电解电容），一定要特殊考虑，从安全的角度要考虑元器件偏移最大的状态。

　　2. 离测试点中心的最小距离，是为了确保装备非导通板和标准 0.039in 探针真空测试治具工作。大的探针需要更大的距离。

⑥ 下表面测试点边沿到导线边的距离如图 14-10（a）中 d 所示，一般为 0.254mm（0.010in），推荐值为 0.38mm（0.015in）。

⑦ 测试点边沿到通孔插装元器件引脚中心的距离如图 14-10（b）中 d 所示，要求为 3.175mm（0.125in）。

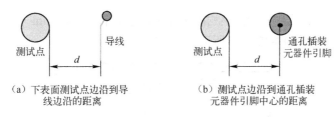

（a）下表面测试点边沿到导　　　　（b）测试点边沿到通孔插装
　　线边沿的距离　　　　　　　　　　元器件引脚中心的距离

图 14-10　测试点边沿到导线或通孔插装元器件引脚的距离

⑧ 测试点之间的间距。大多数 CAD 设计软件都会自动布局测试点的位置。对于在线测试的网络，必须设置测试点的属性，包括适当的直径和表面离其他测试点的间距。前面提到可用于测试点的是焊盘、孔和 PTH 元器件引脚。表 14-5 说明测试探针与探针类型的相对成本和探测的可靠性。小的探针增加治具的固定成本，降低探测的可靠性。

表 14-5　ICT 测试探针对应的成本和探测可靠性

探针类型	探针成本（倍数关系）	探测可靠性
2.54mm（0.100 in）	1	高
1.91mm（0.075in）	1.5～2	
1.27mm（0.050in）	2～4	↓
1.00mm（0.039in）	8～10	低

测试点的中心到另一测试点的中心距离要避免小于 1.00mm（0.039in），因为没有可靠的方式固定如此紧密排列的探针。市场上有 0.635mm（0.025in）间距排列的测试探针，然而它们是非常脆弱的，在线测试治具中固定探针方式的可靠性是未经证实的。测试点间距示意图如图 14-11 所示。

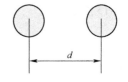

图 14-11　测试点间距示意图

当设计测试治具时测试点间距将决定选择哪种尺寸的探针，见表 14-6。

表 14-6　在线测试探针类型对应的测试点间距

第一个探针的类型	第二个探针的类型	测试点最小间距
100mil	100mil	2.16mm（0.085in）
100mil	75mil	2.03mm（0.080in）
100mil	50mil[①②]	1.91mm（0.075in）
100mil	39mil[①②]	1.57mm（0.062in）
75mil	75mil	1.73mm（0.068in）[②]
75mil	50mil[①②]	1.68mm（0.066in）
75mil	39mil[①②]	1.37mm（0.054in）
50mil[②]	50mil[①②]	1.24mm（0.049in）
50mil[①②]	39mil[①②]	1.19mm（0.047in）
39mil[①②]	39mil[①②]	1.00mm（0.039in）

① 考虑价格和可靠性的因素，采用测试探针的最小尺寸是 1.27mm（0.050in）和 1.00mm（0.039in）。

② 通孔插装元器件引脚不可以作为 1.27mm（0.050in）和 1.00mm（0.039in）探针的测试点，可以作为测试点的 PTH 元器件引脚间距最小是 1.73mm（0.068in）。

⑨ PTH 孔测试点的中心到金手指边沿的最小距离是 1.0mm（0.040in），推荐为 1.27mm（0.050in），如图 14-12 中 *d* 所示。

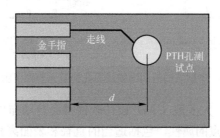

图 14-12　PTH 孔测试点的中心到金手指边沿距离示意图

14.3.5　测试点位置

1. 测试点的布局

① 测试点应均匀分布在整个电路板上，如果分配不均匀或集中在某一区域内，会造成板弯曲、探针故障、抽真空密封等问题。

② 用于测试的焊盘尽可能地安排于 PCB 的同一侧面上，既便于检测，又利于降低检测所花的费用。尽量避免在印制板两面都使用探针，这样可靠性低、夹具成本也较高。

③ SMT 元器件最好采用测试焊盘作为测试点，测试点不能选择在元器件的焊点上，如图 14-13 所示。

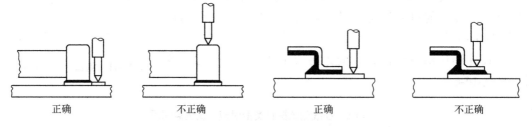

图 14-13　SMT 元器件的测试点

④ 布线时每一条网络线都要加上测试点，测试点离元器件尽量远，两个测试点的间距不能太近，见表 14-6。如果在一条网络线上已经有焊盘或通孔时，则可以不用另加测试焊盘。

⑤ 对电源和接地，应各留 10 个以上的测试点，且均匀分布于整个 PCBA 上，用以降低测试时反向驱动电流对整个 PCBA 上电位的影响，确保整个 PCBA 等电位；对带有电池的 PCBA 进行测试时，应使用跨接线，以防止电池周围的短路无法测试。

⑥ 添加测试点时，附加线应该尽量短。

⑦ 测试焊盘表面与组装焊盘应有相同的表面处理，测试孔的设置与再流焊导通孔的要求相同。

⑧ 测试点不可被阻焊膜或文字油墨覆盖，否则将会缩小测试点的接触面积，降低测试的可靠性。测试点不能被插件或大元器件所覆盖、挡住。

⑨ 不要使用板边连接器的插头作为测试点，因为镀金插头容易被测试探针损伤。

⑩ 必须为所有节点提供测试点。节点是两个或多个元器件间的电气连接点，测试点需要信号名（节点信号名）、相对于印制板基准点的 *X-Y* 坐标及定位（说明测试点在 PCB 的哪一面）。这些便于在使用 SMT 和混合安装技术的印制板组装件制造夹具时使用。

2．测试点在 BGA 下面

上表面贴装 BGA 器件所对应的电路板下表面布局测试点时，由于在再流焊 BGA 时产生附加应力，当在线测试时数百根测试探针从下表面顶住电路板会造成额外的应力，可能会造成 BGA 焊点的损伤或开裂。

对于 BGA 器件，四个边周围要留有 5.08mm（0.200in）的最小间隙，在这个区域内可以放置足够的在线测试治具压棒压住 PCB，来抵消测试探针压力。均匀分布的高密度区域内的探针测试点在 BGA 下面时也应考虑用压棒来抵消探针压力。

3．测试点在电源网络

在线测试要求在每个电压轨，被测试目标板（Unit Under Test，UUT）至少有 3 个测试点。对于 1A 的电流，每个通道需要 3 个测试点。接下来每 0.5A 需要增加 1 个测试点。例如，如果设计一个电路板电压轨是 4.0A 的电流，就需要 9 个测试点（第一个 1A 电流需要 3 个，后面的 3A 需要 6 个）。

电源和接地的测试点要求：每根测试探针承受最大 2A 电流，每增加 2A，对电源和地都要求多提供一个测试点。

4．测试点密度

测试点采用向外扇出的方式布局。如果所有的测试点都布局在电路板的一个区域，测试探针的压力就会集中在这个区域，这个接触力超过治具上面压棒固定的力，就会造成印制电路板弯曲，损坏印制电路板、元器件和焊点。所以推荐的最大测试点密度是 $30/in^2$，或密度不能大于 $4\sim5/cm^2$，测试点均匀分布。

14.3.6　在线测试的电路注意事项

PCBA 设计中，综合考虑下列电路事项以提高在线可测试性：

① 不要将引脚的控制线直接连到地、电源和公共的电阻上。元器件的禁止控制线会导致不能使用标准在线库来完成测试。这会降低故障覆盖范围的特定测试，反而会造成较高的检验成本。

② 在线测试中，对于三态输出器件最好采用单输入信号矢量。三态输出的原因是如下。

● 测试仪信号矢量的数目有限。

● 反向驱动问题将消失。

● 测试程序将会简化。这样的一个可降低测试成本的例子是三态输出的可编程阵列逻辑（PAL）。输入脚上加独立的上拉电阻实现高阻态的正常运行，元器件输出呈三态的低态。

③ 门阵列和多引脚的元器件不能采用在线测试方式。单引脚的元器件采用在线测试反向驱动不是问题，但对于多引脚的元器件在线测试会有限制反向驱动的作用。推荐为所有元器件的三态输出加控制线或单一矢量信号。

④ 标准在线测试仪的问题是不能覆盖所有的节点。如果标准在线测试技术无法检测表面贴装元器件的故障，必须另外选择一种测试技术。

选择的测试策略必须解决 PCBA 的节点测试问题。例如，可根据元器件类型分为不同的组，每个组都有控制线，利于可测试性和测试点，当别的元器件和组进行测试时实现电路隔离。

第 15 章　可制造性设计审核报告

前面的章节介绍了 DFX 的实施阶段和分析流程。本章讲解如何结合 DFX 的审核表逐项检查，主要是加工流程的优化和定义、元器件的选择、电路板的选择、拼板的设计、元器件的布局、焊盘设计、定位孔和通孔、几种关键工艺的可制造性设计、布线和丝印。在审核的过程中要注意一些文件是否符合要求，以及审核后的综合分析和报告的输出。

15.1　设计文件审核

设计文件审核可以与 PCB 组装 DFM 审核同时进行。设计文件审核的目的在于保证 PCB 设计输出的文件符合可制造性的相关要求。

设计图纸的格式应符合相关行业或企业规范，而且必须有书面形式。为适应企业内外部的要求，所有的图纸材料应有电子版本并以 PDF 格式存档，以利于产品转移和技术交流。

1. 文件图纸

文件图纸一般包括物料清单、组装图纸、电性原理图、单个电路板测试要求、PCB 设计和制造规范、Artwork、Gerber 档案、工艺和材料规范（设备/工装夹具/间接物料清单、产品品质规范和最终接收标准等）、采购和供应商的管理规范等。

2. 工程图纸

工程图纸上应明确 PCB 材料、电性能参数、元器件性能数值封装类型/料号/位置代码及位置图/数量/替代料/极性标识/版本、丝印、刻蚀字样及标签盖印信息/组装检查用图/特殊装配说明（扭力、公差、元器件成型信息等）。

3. 电性能图

电性原理图和测试要求应具备产品测试、电性能分析、缺陷诊断等方面必要的信息；电性测试要求都应有相关图纸文件等规定；光板测试数据应采用通用格式，如 IPC-D-356；此外，应有完善的产品设计、审核、升级、试生产流程及其他 ISO 体系必需的文件；清洗、返工、维修、涂覆、ESD、转运、包装、运输等要符合规范要求。

15.2　DFM 软件

15.2.1　DFM 软件功能

有许多商业的 DFM 软件，以及世界级公司内部创建的 DFM 软件是为了提供一个框架，以目标的方式使产品设计的可制造性测量和影响特征化。其主要功能在于：

① 准确检查元器件与绘图的一致性、PCB 边缘空留、元器件间距、选择性波峰焊元器

件空留、通孔、基准点、元器件方向性标识、焊盘尺寸等。同时保证检查的完整性，避免人工检查的遗漏。可提供客户外部规则档案，以便在设计过程的最初阶段就确保达到最佳的制造状态。

② 将产前 DFM 的周期时间缩减 30%。

③ 从单一来源产生所有的制造资料。

④ 让组装生产线的设置达到最佳状态，并最小化 SMT 加工时间。

⑤ SMT 组装线的模型制作与最佳化，避免在机器设定期间反复进行试验。

15.2.2　CAM350

CAM350 在 PCB 设计领域是一个非常有用的分析和优化工具，它能满足 PCB 设计工程师在制造方面的各种需求，提供了从 PCB 设计到 PCB 制造的全面流程，指导 PCB 制造。CAM350 提供的工具即支持 PCB 设计师（CAM350 for Engineering），又支持 PCB 制造者（CAM350 for Fabrication）。CAM350 可非常容易地建立 PCB 制造数据的统一，并贯穿整个 PCB 制造过程，因此是 PCB 设计师和制造人员在完整的 PCB 制造加工流程中使用的主要工具之一。

1. CAM350 的功能

（1）PCB 可制造性设计（Designing For Fabrication，DFF）

使用 DFF Audit，能够确保设计中不会有任何制造规则方面的冲突（Manufacturing Rule Violations）。DFF 能执行超过 80 种裸板的分析检查，包括丝印、电源和地、信号层、钻孔、阻焊等。建立一种全新的具有艺术特征的 Latium 结构，运行 DFF Audit 只需要几分钟的时间，并具有较高的精度。

在提交文件去 PCB 制造之前，DFF Audit 就能够定位、标识并立刻修改所有的冲突，而不是在 PCB 制造之后。DFF Audit 将自动地检查酸角（Acid Traps）、阻焊层、铜条（Coppers Livers）、残缺热焊盘（Starved Thermals）、焊锡搭桥（Solder Mask Coverage）等。DFF Audit 之所以能够确保产生阻焊层数据，是根据一定的安全间距确保没有潜在的焊锡搭桥条件、解决酸角（Acid Traps）问题，避免在任何制造车间的 CAM 部门产生加工瓶颈。

分析的结果将以图形化的方式显示在图中，很容易观察。不仅能够立刻观察到冲突，并且潜在可能的问题也能够立刻得以修复，而且直接使用正确的数据更新数据库，确保所有内容的完整性和一致性。

（2）设计规则检查（Design Rule Checking，DRC）

CAM350 还具有检测各类型空间距离冲突的功能，例如导线到导线、导线到焊盘、焊盘到焊盘的间距，以及有钻孔但是没有焊盘、有焊盘没有钻孔等。另外，DRC 还能够进行各种比较，例如钻孔对阻焊膜、阻焊膜对焊盘、钻孔对焊盘检查中间环的问题等。作为附加的一项功能，还能够预先定义多次重复工作，以检查不同的层、使用不同的规则等，然后将它们作为一个批处理方式进行工作。这将避免了需要重复运行 DRC，它在中间层或外层上允许有不同的空间间距规则。

DRC 浏览时发现冲突的时候，将出现一个信息框，显示有关当前查看的冲突的详细信息，加速查看处理过程，避免需要使用附加的查询命令。

（3）数据输入和输出

CAM350 是一个灵活的、开放的系统，它提供了范围广泛的输入和输出能力，包括 ODB++、Gerber、Direct CAM、IPCD-356 和许多其他的格式。CAM350 还具有输入高级 CAD 数据格式的选项，包括 Power PCB 和 Board Station 等。通过使用这些具有智能化的数据格式，CAM350 能够扩展它支持的内部孔径形状的数量。

2．CAM350 分析和优化的工具

（1）直接 CAD 技术

CAM350 接口界面具有智能的 CAD 数据库，即直接 CAD 技术（Direct CAD）。这个功能能够给制造工艺提供真实的设计数据，这样制造人员就能够采用这些信息数据进行工作，而设计工程师也将会因这种精确的设计转换而节省时间。

CAM350 的 Direct CAD 技术读取或写入的是智能化的 CAD 数据，它自动捕获设计的各种属性，收集各种制造数据，所以不需要再面对那些不十分清晰的 Gerber 文件。设计人员的精力将全部集中于制造及加工的全过程。

（2）逆向工程（Reverse Engineering）

如果有一些以前留下来的 Gerber 格式数据，或者其他 CAD 格式保留的数据，CAM350 能够让设计人员进行逆向工程（Reverse Engineering）。逆向工程可以将老的设计数据保存为当前正在使用的格式。只需要简单的几步，CAM350 就能够将这些文件转换到所选择的 CAD 系统中。

（3）绘图到光栅的多边形转换（Draw-to-Raster Polygon Conversion）

绘图到光栅的多边形转换对于优化数据来说是非常重要的，通过转换大量的"矢量"（Vector）到数据更小的"光栅"（Raster）文件，能够减小数据量。这样光栅文件就能够被光绘机来计算处理，从而避免了需要保存许多类似"外框"（Outline）的数据在 Gerber 数据中。现在建立在高级的 Latium 结构中，这个处理时间也被大大地缩短。

（4）复合到层（Composite-to-Layer）

"复合到层"的方法将可以使得多层正片（Positive）或负片（Negative）数据合并到单一的正片层上，能够保持导线和焊盘仅转换为正片数据，结合负片为一个层，使这一层能够被编辑和工作处理。

（5）自动化（Automation）和脚本（Scripting）

CAM350 建立了一种"批处理"（Batch Mode）的操作方式。批处理的操作过程允许设计人员增加产量，保持连续性和准确性，从销售分析到 PCB 数据都使用工具分析。

15.2.3　Valor NPI

Valor 最早的 DFM 工具软件是 Trilogy 5000，包括 Enterprise 3000（DFM 设计专用）、Trilogy 5000（DFM+CAM 设计和装配厂用）和 Genesis 2000（光板检查、PCB 生产检查、PCB 生产厂用）。目前版本为 Valor NPI，属于 Mentor Graphics 公司。

1. 软件应用

（1）通过 EDA 工具输出 PCB 设计所生成的 ODB++数据

ODB++数据是业界标准的数据格式，它将传统的加工装配数据如 PCB 的信息、层叠关系、元器件信息、提供给厂家的印制板加工信息、物料信息、各种生产数据包括贴装机的程序和测试程序等集中在一起，通过 EDA 设计工具中嵌入的 ODB++数据生成器来产生，为 VALOR Trilogy 5000 DFM 提供完善和真实的检查依据。

（2）基于每个 PCB 设计的完整 BOM

读入 BOM 即是将 PCB 设计的 BOM 整理为 Valor NPI 系统认可的 BOM 形式，并对应每一个元器件的工艺模型数据库（Valor Parts Library，VPL）。读入 BOM 的过程，可以验证 PCB 设计 BOM 清单的准确性，并较早发现 PCB 设计中所用的封装与实际元器件匹配的现象，然后生成检查结果的报告，这对于 PCB 设计来说是一个很好的先期检查过程。如果企业的 BOM 格式是一定的，就可以通过制作模板来再次简化读入 BOM。

（3）建立基于企业物料编码的 VPL 工艺模型库

通过查阅器件手册，利用 VALOR NPI 的建库工具 PLM 来建立每一个元器件的实际封装库。

Valor 收录了近 4000 万个元器件库，近 8000 家全球主要元器件供应商的产品模型。VPL 库包含元器件名称、制造商的品牌、生产编号，具有精确的元器件 3D 数据（长度、宽度、高度）、精确的元器件引脚数据（数量、间距、粗细、长度等）。VPL 数据库不同于 PCB 设计的封装库，是描述元器件实际尺寸的三维立体元器件封装数据库，可输出给 PROE 与 Solidworks，是可制造性分析的核心数据源。

在 VPL 封装库的命名上我们采用 VPL 默认的命名方法，但在这个封装的属性中加入 U_PCB_PACKAGE 属性，将这个属性的值写入 EDA 的封装名称。这样做的好处是：在 DFM 分析时单击要关注的元器件，可以很直观地看到这个元器件所对应的 EDA 封装名称，便于定位和查看有问题的封装，节省了时间。

VPL 封装库的建立是一个慢慢积累的过程，可以先从电阻和电容建起，利用 VALOR 公司提供的 COPYPART 软件，将一种封装的电阻或电容整理到一个 Excel 表中，通过批处理运行，可以将所有表中器件的 VPL 封装库一次性建好。一般单位的 EDA 封装库里的几千种封装，其中三分之二应该都是电阻和电容，如果通过上述方法，将电阻和电容先建立好，可为 VPL 库的建立奠定坚实的基础和信心；其次就应该建立一些重要元器件如接插件和 CPU 等，这样做可以保证每块印制板在进行可装配分析后，避免量产的印制板出现品质问题；再次应该建立较为贵重的元器件的 VPL 封装，这样保证了含有贵重元器件印制板生产的一次成功率，如果因为封装错误导致贵重元器件在装配过程中遭到破坏，对企业来说将是一个不小的损失；最后建立常用元器件的 VPL 数据库，随着 VPL 数据库的慢慢充实，VPL 数据库逐渐建立起来，这样大多数印制板就可以进行可装配性分析了。根据不同的印制板装配要求，设置相应的装配工艺，并将印制板划分出工艺区域。

（4）定义器件的属性及 ERF 装配性分析规则管理库

作为所有检查的依据，ERF（External Rule File）规则管理库的建立是至关重要的。在实际设计生产中，汇集了印制板生产厂家的制造规范，并对设计单位的设计规范及生产工艺规范进行整理，逐条分析比对，建立符合本单位的 ERF 规则管理库，并在实践中对它逐步完善。ERF 规则管理包括光板分析规则管理库和装配性分析规则管理库。

（5）进行可装配性检查，生成可视化图形，并自动生成可装配性分析报告

可装配性检查包含了元器件封装检查、标识点检查、元器件分析、焊盘分析、焊盘和引脚对应关系分析、测试点分析及钢网开孔分析等检查。上述检查项目都包含子项目，如元器件分析包含有元器件间距、元器件方向、元器件高度、元器件丝印和元器件禁布区等。通过检查，可以看出元器件与 PCB 焊盘不匹配、元器件碰撞干涉和元器件焊接不良等问题。

生成三维立体图形，检查空间元器件是否相干涉，元器件布局是否合理，是否有利于散热等。

2．生产辅助

① 生产线优化。优化贴装顺序和料站位置。将现有的贴装机数据输入到软件中，对贴装元器件进行分配。

② 作业指导书。自动生成生产线上工人操作的作业指导书。

③ 自动生成焊膏印刷钢网优化图形，自动生成 AOI、X-Ray 程序。

3．主要分析功能和实例

Valor NPI 分析主要包括 PCB 空板分析、HDI 板分析、装配分析、柔性板分析、网络表分析、拼板分析等。下面是一些具体的分析实例。

网络表分析实例如图 15-1 所示。

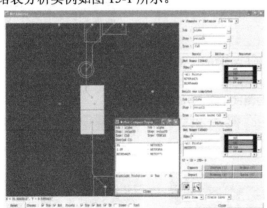

☑ 检查短路、断路、网络的强行
连接、强行删除
☑ 验证Gerber与EDA原设计的一致性
☑ 版本比较
☑ 迅速定位电源地的短路位置

图 15-1　网络表分析实例

电源地分析实例如图 15-2 所示

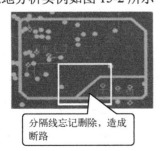

分隔线忘记删除，造成断路

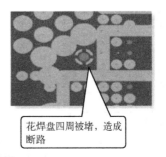

花焊盘四周被堵，造成断路

图 15-2　电源地分析实例

文字误写在铜皮层上，造成短路

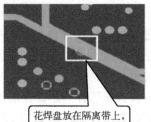

花焊盘放在隔离带上，易断路

图 15-2　电源地分析实例（续）

组装与测试分析（再流焊）实例如图 15-3、图 15-4 所示。

元器件发生碰撞

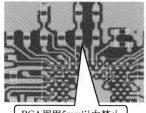

BGA周围5mm以内禁止有元器件

轻小元器件靠板边太近，没有保护、易被碰撞

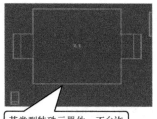
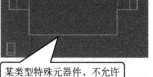

某类型特殊元器件，不允许放在B面

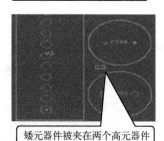

元器件太靠近螺丝孔，易被损坏

矮元器件被夹在两个高元器件之间，维修困难

图 15-3　组装与测试分析（再流焊）实例一

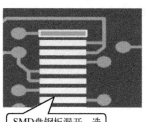

SMD盘钢板漏开，造成断路

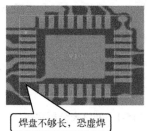

焊盘不够长，恐虚焊

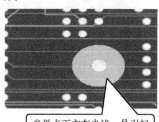

光学点下方有走线，易引起设备误判

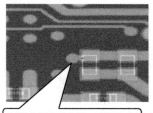

过孔和焊盘靠太近，可能造成吃锡不足而虚焊

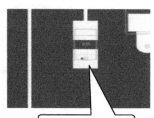

SMD焊盘上有钻孔，易虚焊

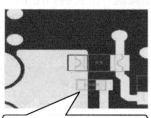

小片式元器件上2个焊盘的接铜比例差异过大，易造成立碑

图 15-4　组装与测试分析（再流焊）实例二

可测试性分析实例如图 15-5 所示。

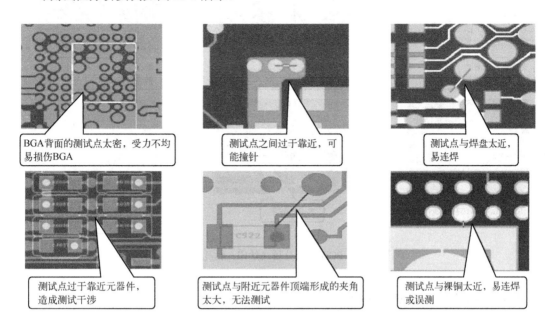

图 15-5　可测试性分析实例

PCB 空板分析（信号层）实例如图 15-6 所示。

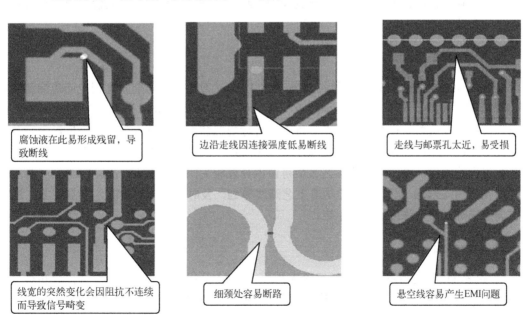

图 15-6　PCB 空板分析（信号层）实例

PCB 空板分析（丝印、钻孔）的实例如图 15-7 所示。

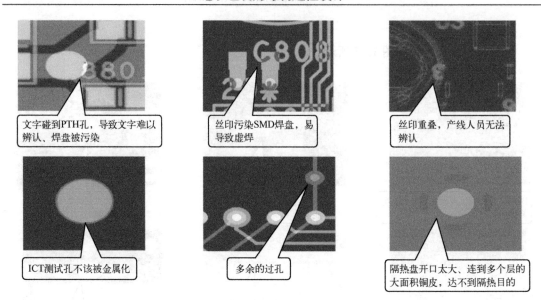

文字碰到PTH孔，导致文字难以辨认、焊盘被污染

丝印污染SMD焊盘，易导致虚焊

丝印重叠，产线人员无法辨认

ICT测试孔不该被金属化

多余的过孔

隔热盘开口太大、连到多个层的大面积铜皮，达不到隔热目的

图 15-7　PCB 空板分析（丝印、钻孔）实例

15.2.4　VayoPro-DFM Expert

VayoPro-DFM Expert 是国内的 DFM 软件，可为电子产品的设计阶段提供全面的工艺设计审查分析，在产品设计时即考虑到工艺的要求，从源头发现问题、解决问题，从电子基板的开发、试制、试验、生产、维护的全流程为产品保驾护航，在优化工艺设计的同时增强产品设计的有效性。

1．基本介绍

VayoPro-DFM Expert 软件可导入 PCB 设计 Layout 数据，自动全面检查设计疏漏和错误（焊盘、走线、过孔、丝印等），减少改版次数。利用 PCB 设计数据与 BOM 数据，结合 3D 元器件实体库及内置的行业设计及制造规则，进行虚拟装配仿真分析，逐一分析每个元器件组装及焊接过程中可能存在的工艺问题，并按照严重程度划分级别，生成审查分析报告。通过分析报告的结果，设计人员与工艺人员可协调处理相关问题，平衡产品功能与生产要求，形成最优化的 Layout 设计及最佳制造工艺路线筹划，及时制定应对措施，规划工艺，避免工艺问题影响品质、降低隐患发生率。

2．功能介绍

VayoPro-DFM Expert 软件由数据输入模块、DFM 分析模块、数据库支持模块和结果查询及报告输出模块组成，数据库支持模块作为产品实现数据分析和梳理模块的底层支撑，包含 3D 元件模型库模块和规则库管理模块。

（1）数据输入模块

① 数据输入模块可将近 20 多种 EDA 设计软件生成的各种 PCB CAD 及 Gerber 数据准确快速分析并真实还原 PCB 图形，可灵活对所涉及 PCB 中层、孔、网络、元器件、引脚、焊盘等复杂信息数据可视化快速编辑及快速图形显示应用。

② 数据输入模块实现设计数据的全面分析输入应用，软件全面图形优化，使用可视化图形编辑及图形轮廓化算法，将图形快速准确地组合，并得到组合完的每个独立图形。

③ 数据输入模块实现 BOM 数据输入核对分析、提取及管理，使用分布式的数据存储，将业务数据存储于数据文件中，业务关系存储于数据库中。

（2）DFM 分析模块

① DFM 模块包括 PCB 裸板设计缺陷分析模块、组装制造&工艺虚拟分析模块、测试装配虚拟分析模块及评分模块，可实现对 PCB 设计中信号、丝印、钻孔等诸多品质隐患分析，将搜索的元器件 3D 实体模型准确虚拟装配到 PCB 上并进行分类分析，实际 PCBA 装配前的虚拟测试分析。

② 使用了最短距离、最小面积、图形组化、拓扑关系等算法及动态几何特征分段技术，碰撞匹配和大量优化运算算法及叠置分析技术，最优筛选算法及碰撞优化算法技术。

（3）3D 元器件模型库模块

① 3D 元器件模型库模块基于 SQL 数据库将各种元器件根据 IPC 和 GJB 标准，结合相关封装类型、外形尺寸、引脚大小、方向位置等智能建模成 3D 虚拟库数据，在进行分析时快速库搜索匹配调用及模拟分析。

② 由于产品的特殊性，有些元器件不是通用的，需要根据数据手册进行创建，故 3D 元器件模型库模块涉及建模数据的快速搜索管理及新元器件的智能快速准确创建功能。

③ 3D 元器件模型库模块将利用很多优化算法实现快速准确海量搜索匹配，同时使用高级搜索算法引擎及图形高级碰撞优化算法。

（4）规则库管理模块

① 规则库管理模块实现将各种行业设计、制造、工艺、质量等审查分析经验和标准以及 GJB 中关于印制电路及表面贴装等系列标准以数字化形式参数配置建模管理，以使用户可根据实际情况灵活组合及变更参数。系统可配置 2000 多条行业标准及国军标，标准有 IPC-7351、IPC-7252、IPC-TM-650、IPC7095、GJB 362B—2009、GJB151B—2013、GJB-2438A—2002、GJB-3243—1998 等。

② 规则库管理模块以数字模型化方式灵活实现，以便于软件内部运算及用户修正，使用了分布式数据交换与参数图示交互配置技术。

③ 采用数据库统一管理，实现多用户按权限分级使用，更有效应对标准的管理和发布。

（5）结果查询及报告输出模块

① 结果查询及报告输出模块可对仿真检测的 PCB 进行打分评价，直观地了解设计的优劣，便于分析总结。

② 实现分析结果与 PCB Layout 图形互动浏览、缺陷级别警示、缺陷快照备注等，并将结果以用户选定的 Excel 或 PDF 或网页形式图示输出，便于设计与工艺及制造等部门交流沟通。

③ 使用了分布式数据交换与快速报告的技术。

VayoPro-DFM 评审报告实例如图 15-8 所示。

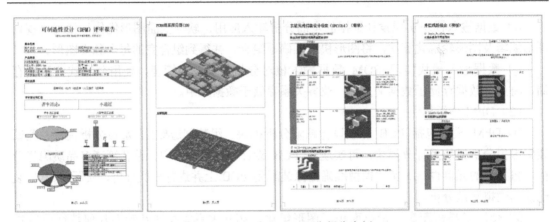

图 15-8　VayoPro-DFM 评审报告实例

3. 部分功能及分析实例

3D 可视化 DFM 审查界面如图 15-9 所示。

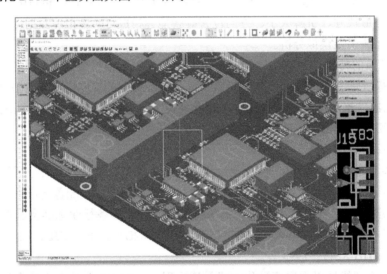

图 15-9　3D 可视化 DFM 审查界面

审查的界面实例如图 15-10 所示。审查的问题举例如图 15-11、图 15-12 所示。

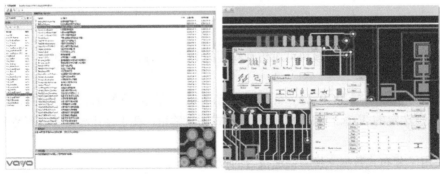

（a）多类别检查规则　　　　　　　　　（b）发现设计问题

图 15-10　VayoPro-DFM 审查界面实例

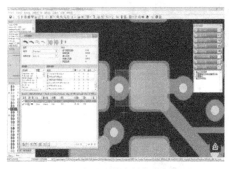
（c）元器件布局审查

（d）交互式结果浏览

图 15-10　VayoPro-DFM 审查界面实例（续）

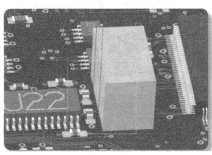
（a）功率器件和热敏感器件距离过近

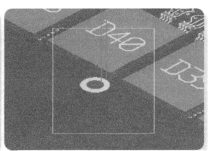
（b）应力点分布和焊点问题

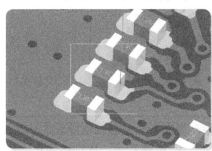
（c）焊点导热设计不良

（d）焊盘尺寸和元器件封装不匹配

图 15-11　VayoPro-DFM 审查问题实例一

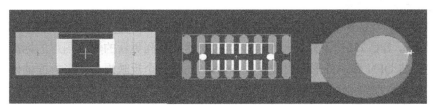

引脚与焊盘接触面积太小　　　　　封装不一致　　　　　引脚与孔不同心
（a）物料和封装不匹配

图 15-12　VayoPro-DFM 审查问题实例二

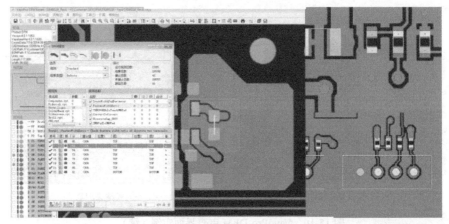

（b）焊点：焊点导热设计不良

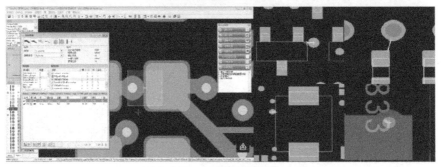

（c）布局：孔与焊盘间距过小

图 15-12　VayoPro-DFM 审查问题实例二（续）

15.2.5　IPC-7351 标准和焊盘图形阅读器

1. IPC-7351 标准

自从 1987 年以来，有关焊盘图形尺寸和容差方面的信息总是依照表面贴装设计和焊盘图形标准 IPC-SM-782。1993 年曾对该标准的修订版 A 进行了一次彻底修正，1996 年对新的片式元器件进行了修正，到 1999 年又对引脚间距小于 1.0mm 的 BGA 器件进行了修正，该文件向用户提供了表面贴装焊盘的合适尺寸、形状和容差，以保证这些焊点的焊缝满足要求，同时可供检验与测试。

2005 年 2 月，IPC 发布了 IPC-SM-782 的替代标准 IPC-7351《表面贴装设计和焊盘图形标准通用要求》。IPC-7351 不只是一个强调新的元器件系列更新的焊盘图形的标准，如方形扁平无引线封装 QFN 和小外形无引线封装 SON，还是一个反映焊盘图形方面的研发、分类和定义的工业 CAD 数据库全新标准。

IPC-SM-782 是对已有元器件提供单个焊盘图形的推荐技术标准。IPC-7351 认为要满足元器件密度、冲击环境和对返修的需求等变量的要求，只有一个焊盘图形推荐技术标准是不够的，因此，IPC-7351 为每一个元器件提供了三个焊盘图形几何形状的概念，所设计的这三个焊盘图形几何形状的变化，支持各种复杂度等级的产品，用户可以从中进行选择。

密度等级 A：最大焊盘伸出。适用于高元器件密度应用中，典型的像便携、手持式或暴露在高频率冲击或震动环境中的产品。焊接结构是最坚固的，并且在需要的情况下很容易进行返修。

密度等级 B：中等焊盘伸出。适用于中等元器件密度的产品，提供坚固的焊接结构。

密度等级 C：最小焊盘伸出。适用于焊盘图形具有最小的焊接结构要求的微型元器件，可实现最高的元器件组装密度。

通过在焊盘图形命名规则中提供智能信息，IPC-7351 为增强焊盘图形在 CAD 数据库中的查询能力创造了条件，允许用户以多重属性查询一个具体的部件。

2．IPC-7351 焊盘图形阅读器

焊盘图形阅读器是 IPC-7351 的一个关键组成部分，它是一个包含标准的共享软件。这一共享阅读器有许多的改进，超过了先前的在线 IPC-SM-782 计算器。例如，IPC-SM-782 计算器仅含有已有元器件系列的静态元器件和焊盘图形图像。而 IPC-7351 焊盘图形阅读器为每一个焊盘图形几何形状提供一个具体的元器件和焊盘图形图解，它是通过采用该元器件的尺寸和容差而建立的。

在建立企业物料编码的 VPL 实际封装库时可以参考 IPC-7351，该标准对每一个元器件都建立了三个焊盘图形几何形状，对每一系列元器件都提供了清晰的焊点技术目标描述，以及提供给用户一个智能命名规则，有助于用户查询焊盘图形。利用这一共享软件，用户可以以表格的形式查看标准系列的元器件和焊盘图形的尺寸数据，以及通过图解说明一个元器件是怎样被贴装到 PCB 焊盘图形上的。

焊盘图形阅读器依赖于元器件和焊盘图形尺寸数据库文件，该数据库文件叫作*.p 文件。随着新元件系列不断被标准化和 IPC 批准，将制作新的*.p 数据库文件，供 IPC-7351 焊盘图形阅读器的用户免费下载。这一共享软件也需要一些附加软件的支持，这些附加软件可用来完成新焊盘图形的计算，以及存储新元器件和焊盘图形数据的新部件数据库的创建。更新的 *.p 数据库文件、新版的 IPC-7351 焊盘图形阅读器、补充的计算器和数据库生成器信息均可从 IPC 网站获得。

IPC-7351 焊盘图形阅读器图例如图 15-13 所示。

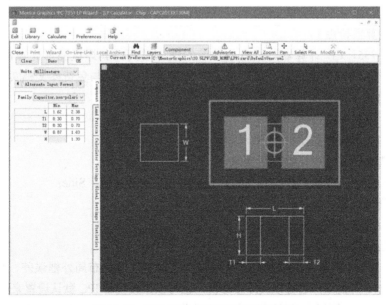

图 15-13　IPC-7351 焊盘图形阅读器图例

　　焊盘图形阅读器具有较强的搜索、查询功能，借助于 IPC-7351 焊盘图形命名规则，可在众多的元器件数据库中搜索。用户可通过按这些属性如针引脚间距、针引脚数量、焊盘名称或引线跨距等，只要标出几项即可查阅相关元器件和焊盘图形的数据。IPC-7351 标准可免去大量抄写复印劳累，创建和实现了电子产品开发自动化。

3. PCB Matrix IPC-7351 LP Viewer 软件使用介绍

（1）软件组成

IPC-7351 LP 软件是 PCB Matrix 公司基于 IPC-7351 标准的 PCB 设计库的自动化生成 EDA 工具，包括 LP 浏览器、LP 计算器、LP 库、LP 自动生成器。

　　LP 浏览器可以快速浏览上千的电子元器件，快速查询找到一个匹配的元器件信息。LP 浏览器实现了元器件名称、型号规格、尺寸、图形、图形名字和元器件制造商等详细信息，并可在互联网环境下实现网站的连接。

　　LP 计算器从其他元器件数据可直接计算几何图形，可以很容易地在图形浏览器中检查器件和图形尺寸。

　　LP 库有完整的浏览器和计算器功能，加上允许保存、备份和参考元器件数据来消除冗余的工作，可以与其他使用免费的 LP 浏览器或其他 IPC-7351 LP 的人分享已保存的数据。

　　LP 自动生成器拥有全面的 LP 浏览器、计算器和库功能，能实现计算和建立元器件。输出选项可以创建适用于 Expedition、Protel、Cadence Allegro、Mentor Board Station、Altium Designer、OrCAD PCB Editor、OrCAD Layout、PADS Layout、CADSTAR、CR5000、Pantheon、PADS、PADS ASII、PCAD 和更多的电路设计软件 EDA 的 PCB 封装库文件。LP 自动生成器能按照 IPC-7351 标准提供稳健的库文档和 IPC-7351A LP 浏览器。工程师在输入数据后可以通过 IPC-7351 浏览器按照项目管理与授权与其他工程师共享，能满足对库文档长期更新扩展的需求并提供良好的兼容性，能够实现批量修改，包括焊盘尺寸、丝印层中的外形尺寸等参数，能自定义设计规则，能实现批量输出符合要求的、可在 EDA 软件里直接调用的封装库文件。

（2）LP 计算器特点

使用 IPC-7351 LP 计算器可以有效地节约建库时间，其焊盘图形计算器是基于 IPC-7351A SMT 焊盘图形标准，允许设计自己的焊盘图形，并且与免费库文档实现无缝兼容。LP View 元器件计算器如图 15-14 所示。

　　LP 计算器高级功能包括：

① 元器件图形与焊盘图形并列；

② 为制造和插装过程设置补偿变量；

③ 根据操作环境或者用户自定义目标设计焊盘 Toe、Heel、Side；

④ 焊接分析计算；

⑤ 对重叠焊盘进行 DRC 保护；

⑥ 焊盘图形自动命名。

IPC-7351 LP 计算器允许改变生产误差来决定焊盘尺寸、布局外框误差、焊盘宽度分辨率、元器件误差、焊盘图形名称以及焊接分析，也可以直接使用 IPC 默认设置来保存库文档。

IPC-7351 LP 计算器是改变建库方式的数据库维护工具，可以快速地定位、浏览、创建、确认数据库文件。

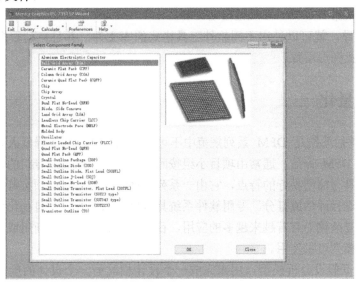

图 15-14　LP View 元器件计算器

（3）LP 计算器使用

单击软件 SMD 计算器的图标，进入 SMD 图形焊盘计算模式，列出了所有 IPC-7351 标准的 SMD 图形焊盘。

在实际制作器件的焊盘图形时，只要根据器件的实际类型进行选择就可以了。例如，如果要制作一个 QFP 器件的焊盘图形，就选择 QFP 进入焊盘图形计算器，如图 15-15 所示。

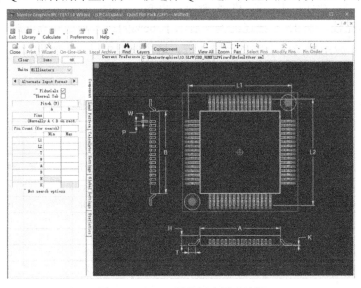

图 15-15　QFP 器件焊盘图形计算

首先根据器件的安装环境，设置环境变量，如 Toe、Heel、Side 等参数；也可以选择 IPC-7351 标准中默认的 Most、Nominal、Least 等三种安装环境变量。

然后根据数据手册上的器件数据，如引脚间距、引脚、器件体尺寸、厚度、引脚跨距等参数，填入到相应的项目中，就可以自动得出器件的焊盘图形，并且该焊盘图形符合

IPC-7351 规范要求，这就保证了焊盘图形的完全正确，以及可以提高后续焊接的可靠性。同时焊盘图形还根据 IPC-7351A 规范自动命名。

然后使用向导，就可以导出不同软件工具格式的库文件，并且自动根据软件工具的类型添加相应的焊盘图形层数。

15.3　DFM 量化

DFM 量化评估系统是 DFM 系列规范中不可缺少的一环，它对降低人为偏差有重要作用。对产品进行 DFM 评估，通常由项目小组按照流程，用评估表或专门的评估软件系统进行评估。评估表具有简便易行的特点，它由一系列表格组成，分别逐项按符合、部分符合、不适合、不适用进行评估或打分。专用软件系统具有良好的客观性和自动化程度，因电子产品日趋集成化和复杂化而有着越来越多的应用，目前，业界已有多种商用或企业自主开发的软件或数学评估模型可供使用。

以下介绍一下假设分析模型，用来完成一个设计相对另一个设计的量化的可制造性测量。虽然相当简单，但它实现了极大的 DFM 影响力，表现了制造中每个装配工艺的特色：百万缺陷率（Defects Per Million，DPM）、设定时间和运行时间。使用者输入每个工艺步骤加入的元器件数量。模型输出三个关键变量的计算结果：预计周期时间、预计成本和预计产量。工具的作用是可以把非 DFM PCB 设计和实现优化步骤的 DFM PCB 设计进行比较（即进行假设模型分析）。假设模型分析的一个例子见表 15-1，列出了某 PCB 的 DFM 前后的周期时间、成本和产量的计算。这允许两个装配之间这些变量差别的比较，可以看出 DFM 的影响。将价格差乘以预计年生产的 PCB 数量，得到预计的年度成本节约，然后可以和预计的改造实施成本比较。表 15-1 描述的例子显示了 66% 的成本降低和周期时间的缩短，DFM 应用板比非 DFM 应用板高出 10% 的产量改进。这个模型可以用来辅助商业决定，在目标、量化数据的基础上实施 DFM。

表 15-1　PCB 装配的假设分析模型实例模型

装配的假设分析模型（PCB ASSEMBLY ANALYSIS POSTULATE MODEL PCB）										
		标准（Standards）			DFM 前			DFM 后		
工艺（Process）	DPM	标准单元	运行	变量	标准单元	运行	标准单元	S/U	运行	数量
丝网印刷 [Stencil Print（T）]	20	5	0.5	PCB	5	0.5	1	5	0.5	1
片式元器件贴装（Chip Place）	100	10	0.012	SMT	10	0.048	4	10	0.312	26
IC 贴装（IC Place）	200	15	0.025	SMT	0	0	0	0	0	0
再流焊（Reflow）	25	5	0.3	内部	5	0.3	1	5	0.3	1
丝网印刷 [Stencil Print（B）]	20	5	0.5	PCB	0	0	0	0	0	0
片式元器件贴装（Chip Place）	100	10	0.012	SMT	0	0	0	0	0	0
IC 贴装（IC Place）	200	15	0.025	SMT	0	0	0	0	0	0
再流焊（Reflow）	25	5	—	内部	0	—	0	0	—	0
清洗（Clean）	10	5	0.3	PCB	0	0	0	0	0	0
插件（DIP）	5000	15	0.1	元器件	0	0	0	0	0	0
排料（Squence）	1500	20	0.02	元器件	20	0.26	13	0	0	0
跳线插件（VCD）	1500	15	0.03	元器件	15	0.39	13	0	0	0
立式插件（Radial）	5000	30	0.04	元器件	0	0	0	0	0	0

续表

装配的假设分析模型（PCB ASSEMBLY ANALYSIS POSTULATE MODEL PCB）										
工艺（Process）		标准（Standards）				DFM 前			DFM 后		
	DPM	标准单元	运行	变量	标准单元	运行	标准单元	S/U	运行	数量
插片（Stake）	6000	10	0.14	元器件	0	0	0	0	0	0
掩模（Mask）	2500	10	0.05	点	10	0.15	3	0	0	0
点胶（Adhesive Dispense）	50	5	—	内部	5	0	50	5	0	50
片式元器件贴装（Chip Place）	100	10	0.012	SMT	10	0.6	50	10	0.6	50
IC 贴装（IC Place）	200	15	0.025	SMT	0	0	0	0	0	0
固化（Cure）	25	5	—	内部	5	0	1	5	—	1
清洗（Clean）	10	5	0.3	PCB	0	0	0	0	0	0
预加工（Prep）	5000	15	0.1	元器件	15	0.7	7	0	0	0
波峰焊前插件工序（Prewave）	7500	10	0.2	元器件	10	2	10	10	0.8	4
波峰焊（Wave Solder）	2000	5	0.7	PCB	5	0.7	1	5	0.7	1
波峰焊后（难）（Postwave Difficult）	15000	10	3	元器件	10	0.3	3	0	0	0
波峰焊后（易）（Postwave Easy）	10000	10	1	元器件	0	0	0	0	0	0
清洗（Clean）	500	5	0.3	PCB	5	0.3	1	0	0	0
分板（Depanel）	5000	5	1.5	PCB	5	6	4	5	1.5	1
涂覆（Conformal Coat）	10000	20	10	PCB	20	10	1	20	10	1
检验（Inspection）	500	5	0.007	焊点	5	1.12	160	5	1.12	160

输入批次数量（Enter Lot Size）				50		50
可实现性（Realization）				0.55		0.8
加工时间（min）（I.E. Minutes）		165	32.068		90	15.832
宽放设置（Prorated Setup）		3.3			1.8	
总的加工时间（min）（Total I.E. Min）			35.368			17.632
总的加工时间（h）（Total I.E. Hours）			0.589			0.294
期望的循环时间（Expected Cycle Time）			1.072			0.367
期望成本（Expected Cost）			$32.15			$11.02
期望良率（Expected Yield）			89.40%			98.70%

注：所有的数据都是假设值。

15.4　DFM 审核报告

　　DFM 审核报告反映整个 DFM 过程中所发现的问题。公司最好各自制定统一的 DFM 审核报告模板，以便提供给每个客户或设计师。报告模板清晰，有层次，使别人一目了然，知道存在的问题及重要性。报告中包括客户名称、产品名称、PCB 的简单描述、问题描述、问题严重等级、状态、责任人、跟踪等。对于问题的严重等级可分为非常严重、较严重、严重、一般、提醒等各种表述方式。所有严重性以上的问题必须在打样之前修改好。DFM 的问题描述要简单明了，可附以图片增加直观性，问题提出后一定要阐明原因及修改建议。因为有些问题是由于设计师的疏漏，而更多的是由于设计师制造经验方面的欠缺，对于 DFM 的问题不知其因，更不要说去修改，所以好的 DFM 审核报告应在问题描述、可能会导致的缺陷方面花很大的精力。

　　DFM 审核报告可以参考表 15-2 的样式。DFM 审核报告中每个具体的项可以参考图 15-16 的样式。

表 15-2　DFM 审核报告样本

可制造性报告

客户:		板子尺寸: 8in×12in×0.063in
产品名称: p/n		组装流程: 双面 SMT、通孔再流焊工艺 (paste-in-hole)
最后更新: 01-08-2020		计划组装工厂: ×××

级别	完成%	
高	100%	制造或可靠性显示停止
中	50%	在成本、质量和制造时间上有大的影响
低	100%	在成本、质量和制造时间上有低的影响

分析:

审核:

项目	描述	级别	开始时间	完成时间	状态	负责人	更改设计	其他影响	注解
1	概述: 从"概述"表中复制所有相关行项目								
2	拼板: 对 PCB 角进行倒角，以便于输送机运输	低	1-Sep-20	10-Sep-20	完成	rbrown	N	NA	
3	BOM: 移除麦克风以进行生产 (数量19)	中	1-Sep-20	20-Sep-20	进行中	jdoe	Y	NA	将在生产开始前移除
4	测试点间距: 有 535 个案例的间距需要使用 0.050 探针。应尽可能使用更大的探针。有关详细信息，请参阅 DFT 文件 P43386_tp_spacing.txt	中	1-Sep-20	11-Sep-20	完成	Jack		NA	使用 0.050in 探针的固定装置维护成本更高，而且目由于重新加载/重新测试，探针误接触率更高，导致测试时间更长
5	标签: 序列号需要移动，以便在合并后可见	低	1-Sep-20	11-Sep-20	完成	rbrown	N	NA	不需要移动序列号。序列号将在合并的程序集中进行跟踪
6	焊盘丝印: 丝网图层错误，位号: VR329, D1211	高	1-Sep-20	11-Sep-20	完成	Jack Chen			PCB 制造数据。修改丝网图层中的两个标记

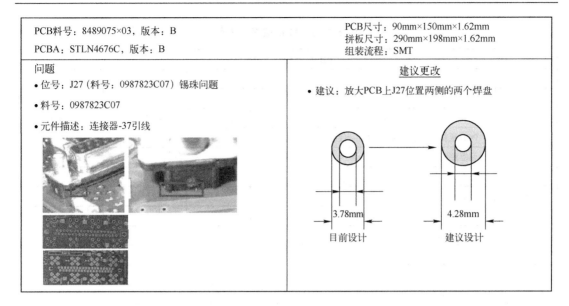

PCB料号：8489075×03，版本：B	PCB尺寸：90mm×150mm×1.62mm
PCBA：STLN4676C，版本：B	拼板尺寸：290mm×198mm×1.62mm
	组装流程：SMT

问题

- 位号：J27（料号：0987823C07）锡珠问题

- 料号：0987823C07

- 元件描述：连接器-37引线

建议更改

- 建议：放大PCB上J27位置两侧的两个焊盘

3.78mm　　　4.28mm

目前设计　　　建议设计

图 15-16　DFM 审核报告某项的实例

　　在详细的报告建议中，应描述清楚问题点，并根据 DFM 审核的指南给出合理的建议设计，不然只是告知研发人员问题，研发人员也不理解具体如何去更改而导致延迟。比如在图 15-11 中目前的孔设计是 3.78mm，在采用通孔再流焊时连接器插入太紧，而且容易造成锡珠，建议修改孔的尺寸到 4.28mm。

　　DFM 审核报告也可以采用审核和问题综合在一起的形式，见表 15-3。

表 15-3　DFM 审核报告样本

PCB 可制造性审核报告					
产品名称			编号		
PCB 料号			客户		
序号	审核项目		存在问题	工艺修改建议	设计修改建议
1	PCB 板材、外形尺寸、形状、定位孔和夹持边				
2	元器件选用				
3	焊盘设计				
4	元器件布局				
5	布线设计，焊盘和印制导线连接				
6	元器件间距				
7	导通孔				
8	测试点				
9	阻焊层和丝印				
10	基准点 Mark				
11	拼板设计				
12	散热设计				
13	抗干扰，EMC 设计				
14	灌封				
15	三防				
16	可靠性设计				
17					
审核员				设计负责人	
日期				日期	

附录 A 常用缩略语、术语、金属元素中英文解释

Al	Aluminum，铝
Ag	Silver，银
AOI	Automated Optical Inspection，自动光学检测
Anti-pad	隔离焊盘
ATE	Automatic Test Equipment，自动测试设备
Au	Gold，金
AVL	Approved Vendor List，许可供应商清单，常简称供应商清单
BGA	Ball Grid Array，球栅阵列封装
Bi	Bismuth，铋
BIST	Built-in Self-test，内建自测试
BOM	Bill of Materials，物料清单
BSDL	Boundary Scan Description Language，边界扫描描述语言
BT	Bismaleimide Triazine，双马来酰亚胺三嗪，一种树脂基板材料
BTC	Bottom Termination Component，底部端子器件
C4	Controlled Collapse Chip Connection，可控塌陷芯片连接
CAD	Computer Aided Design，计算机辅助设计
CAF	Conductive Anodic Filament，离子迁移，导电阳极丝
CAM	Computer Aided Manufacturing，计算机辅助制造
CBGA	Ceramic Ball Grid Array，陶瓷球栅阵列封装
CCGA	Ceramic Column Grid Array，陶瓷柱状阵列
CCL	Copper Clad Laminators，覆铜箔层压板
CE	Concurrent Engineering，并行工程
CEM	Composite Epoxy Material，复合基的覆铜板基材
CGA	Column Grid Array，柱状阵列封装
COB	Chip on Board，板上芯片
CSP	Chip Scale Package，芯片级封装
CTE	Coefficient of Thermal Expansion，热膨胀系数
Cu	Copper，铜
DCA	Direct Chip Attach，直接芯片安装
DFF	Design for Fabrication of the PCB，为 PCB 制造着想的设计
DFM	Design for Manufacturability，可制造性设计
DFN	Dual Flat No-lead，双列扁平无引线
DFR	Design for Reliability，可靠性设计

DFT	Design for Test，可测试性设计	
DIMM	Dual In-line Memory Module，双列直插式内存组件	
DIN	Deutsche Industries Norm，德国工业标准	
DIP	Dual In-line Package，双列直插式封装技术	
DPM	Defects Per Million，百万缺陷率	
DPMO	Defects Per Million Opportunities，每百万次机会中的缺陷数	
DRC	Design Rule Checking，设计规则检查	
EC，ECO	Engineering Change，Engineering Change Order，工程更改	
EDA	Electronic Design Automation，电子设计自动化	
EIA	Electronics Industries Association，电子工业协会	
EMC	Electro Magnetic Compatibility，电磁兼容性	
EMI	Electro Magnetic Interference，电磁干扰	
EMS	Electronics Manufacturing Services，电子制造服务	
ENEG	Electrolytic Nickel/Gold，电镀镍金	
ENIG	Electroless Nickel/Immersion Gold，化学镀镍/浸金	
ERP	Enterprise Resource Planning，企业资源计划，企业资源计划系统	
EP	Epoxy Resin，环氧树脂	
ESD	Electrostatic Discharge，静电放电	
Fiducial	Reference Mark Used for Optical Alignment，基准标志	
FC	Flip Chip，倒装芯片	
FPC	Flexible Printed Circuit，柔性印制电路板	
FPGA	Field Programmable Gate Array，现场可编程门阵列	
FPT	Fine Pitch Technology，窄间距技术	
FR-4	Fire Retardant Epoxy Resin/Glass Cloth Laminate，阻燃环氧树脂/玻璃布层压板，是一种常用的环氧玻璃布层压板	
FHS	Finished Hole Size，成孔尺寸	
HASL	Hot Air Solder Leveling，热风整平，一种 PCB 表面处理工艺	
HDI	High Density Interconnection，高密度互连	
ICT	In Circuit Test，在线测试	
I/O	Input/Output，输入/输出	
IC	Integrated Circuits，集成电路	
I-Ag	Immersion Silver，浸银	
I-Sn	Immersion Tin，浸锡	
IMC	Intermetallic Compound，金属间化合物	
IPC	The Institute for Interconnecting and Packaging Electronic Circuit，电子电路封装和互连协会	
IRM	Image Reject Marks，图像不合格标志	
ISO	International Standards Organization，国际标准组织	
JEDEC	Joint Electronic Design Engineering Council，联合电子设计工程委员会	

JESD	JEDEC Standard Document，JEDEC 标准文档
J-STD	Joint IPC and JEDEC Standard Document，联合 IPC 和 JEDEC 标准文档
LED	Light Emitting Diode，发光二极管
LCC	Leadless Chip Carrier，无引线芯片载体
LCCC	Ceramic Leadless Chip Carrier，陶瓷无引线芯片载体
LGA	Land Grid Array，盘栅阵列封装
MCM	Multi Chip Module，多芯片模组，多芯片模组封装
MCP	Multi Chip Package，多芯片封装
MELF	Metal Electrode Leadless Face，金属电极无引线元器件
MES	Manufacturing Execution System，制造执行系统
MIL，MILS	长度单位，1mil = 0.001in
MSD	Moisture Sensitive Devices，湿度敏感元器件，湿敏元器件
MSL	Moisture Sensitivity Level，湿敏等级
NEMA	National Electronica Manufacturers Association，美国电子制造协会
NEMI	National Electronics Manufacturing Initiative，美国电子制造业倡议
NDF	No Defect Found，无缺陷发现，误测
Ni	Nickel，镍
NPTH	Non-plated Through Hole，非电镀通孔
NSMD	Non Solder Mask Defined，非阻焊膜定义焊盘
OEM	Original Equipment Manufacturer，原始设备制造商
OSP	Organic Solderability Preservative，有机可焊性保护（PCB 表面镀层的一种）
Pb	Lead，铅
PBGA	Plastic Ball Grid Array，塑料 BGA
PCB	Printed Circuit Board，印制电路板
PCBA	Print Circuit Board Assembly，印制电路板组件
Pd	Palladium，钯
PDM	Product Data Management，产品数据管理
PI	Polyimide，聚酰亚胺
PIHR	Pin in Hole Reflow，通孔插装再流焊
PLCC	Plastic Leaded Chip Carrier，带引线的塑料芯片载体
P/N	Part Number，物料料号
POP	Package on Package，堆叠封装
PPM	Parts Per Million，百万分之几
PTH	Pin Through Hole or Plated Through Hole，通孔插装或电镀通孔
QFN	Quad Flat No-lead Package，方形扁平无引线封装
QFP	Quad Flat Pack，方形扁平封装
RoHS	Restriction of Hazardous Substances，关于限制在电子电气设备中使用某些有害成分的指令
RFI	Radio Frequency Interference，射频干扰

SAC	Sn-Ag-Cu,锡银铜合金
SEM	Scanning Electron Microscope,扫描电子显微镜
SIMM	Single In-line Memory Module,单列直插式内存组件
SIP	System in Package,系统级封装
SMC	Surface Mounted Component,表面贴装元件
SMD	Surface Mount Device 或 Solder Mask Defined,表面贴装器件或阻焊膜定义
SMT	Surface Mount Technology,表面贴装技术
Sn	Tin 锡
SOC	System on a Chip,单片系统
SOD	Small Outline Diode,片式小外形二极管
SOIC	Small Outline Integrated Circuit,小外形集成电路
SOJ	Small Outline J-lead,J 形引线小外形封装
SON	Small Outline No-lead Package,小外形无引线封装
SOP	Small Outline Package,小外形封装,也称 SOIC
SOT	Small Outline Transistor,小外形晶体管
SPC	Statistical Process Control,统计过程管理控制
Standoff	托高,元器件本体离电路板表面的距离
TAB	Tape Automated Bonding,载带自动焊接
TANT	Tantalum capacitor,钽电容
T_d	Thermal Decomposition Temperature,树脂的物理和化学分解温度
T_g	Glass transition Temperature,玻璃转化温度(从固态到液态的转化温度)
3D-MID	Three Dimensional Molded Interconnect Devices,三维模塑互连器件
THC	Through Hole Component,通孔插装元器件
THD	Through Hole Devices,通孔插装器件
THT	Through Hole Technology,通孔插装技术
TQFP	Thin Quad Flat Package,薄型四方扁平封装
TSOP	Thin Small Outline Package,薄型小尺寸封装
UL94	Test for Flammability of Plastic Materials for Parts in Devices and Appliances,设备和器具部件塑料材料燃烧测试
Vcc	Volt Current Condenser,电路的供电电压
Via	过孔
VIP	Via in Pad,孔在焊盘上(孔上盘)
VIPPO	Via in Pad,Plated Over,树脂塞孔工艺
WEEE	Waste Electrical & Electronic Equipment,电气和电子产品废弃物指令
WLP	Wafer Level Package,晶圆级封装
Zn	Zinc,锌

附录 B DFM 检查表

DFM 检查表

客户名：＿＿＿＿＿＿＿＿＿＿＿＿＿　　　　日期：＿＿＿＿＿＿＿＿＿＿＿＿＿

产品名称：＿＿＿＿＿＿＿＿＿＿＿＿　　　　DFM 工程师：＿＿＿＿＿＿＿＿＿＿

料号：＿＿＿＿＿＿＿＿＿＿＿＿＿＿＿　　　PCB 尺寸（L×W, 厚度）：

组装流程：＿＿＿＿＿＿＿＿＿＿＿＿＿　　　目标生产地：＿＿＿＿＿＿＿＿＿＿

序号	检查项目	检查内容	优先级	检查人	DFM 标注	DFM 指南参考（列出本书章节）
数据和记录						
1	用于 DFM 的数据文件	需要 CAD 数据、AVL、BOM、组装图、PCB 文件、元器件规格书	1			4.1 用于 DFM 的数据文件
2	以往的 DFM 记录	有没有相似的产品？第二或第三次审核？系列产品数量？	2			4.2 以往的 DFM 记录
3	与设计有关的问题	是否 RoHS，重新设计还是对现有产品的工程更改（ECN）？	1			4.3 与设计有关的问题
4	RoHS 符合性承诺	客户确认 BoM & PCB？	1			6.1.5 满足 RoHS 和 WEEE 的要求 6.1.8 元器件引线镀层的兼容性
组装工艺流程						
5	组装工艺的定义	特别是 PTH 元器件的影响	1			5.1 电子组装的基本工艺 5.2 电子组装的工艺流程设计 5.3 挠性电路板组装工艺
6	手工焊和浸焊	避免这种工艺，会增加操作时间和增加缺陷	1			1.4.6 手工焊 1.4.7 浸焊 1.4.8 焊锡机器人
7	特殊工艺	有无其他工艺要求，比如三防和涂覆	1			5.2.3 对于新的特殊工艺需要验证 11.6 PCBA 采用涂覆和灌封工艺时的可制造性设计
8	焊接连线	避免这种工艺	1			
9	FPC 组装工艺	板之间的连接方式	1			5.3 挠性电路板组装工艺
10	组装材料	元器件，PCB 材料，焊接材料	2			
11	组装工艺的可靠性	焊料，工艺，清洗和返修	2			第 13 章 电子组装的可靠性设计
元器件						
12	新型封装，元器件选择	是否需要实验？焊盘设计需要考虑元器件	1			6.1.2 新型封装元器件需要验证
13	元器件选择	考虑到元器件种类，数量最少化	1			6.1.1 元器件选择的基本原则 6.1.4 尽量避免选择不推荐使用的元器件 6.1.6 元器件焊接耐温的要求 6.2 半导体器件的可制造性选择 6.3 无源元件的可制造性选择
14	可清洗性和可焊接性	所有元器件是否可以清洗，SMT 元器件采用通孔再流焊必须耐温？	1			6.1.9 可焊性和可洗性的要求
15	包装形式	QFP、BGA 采用 JEDEC 托盘；手插件：管状或袋装；SMT 需卷盘封装	3			6.1.7 元器件湿敏性的要求 6.1.10 元器件包装形式的要求

序号	检查项目	检查内容	优先级	检查人	DFM 标注	DFM 指南参考（列出本书章节）
元器件						
16	元器件与 BOM	去除最终 BOM 中没有用于生产的器件，例如测试帽	3			6.1.3 元器件的编号和 BOM 要一致
17	细间距元器件	影响 SMT 和 PTH 组装的良率	2			6.1.4 尽量避免选择不推荐使用的元器件 6.1.10 元器件包装形式的要求
18	QFP 换成 BGA	QFP 引线数大于 208 I/O，要考虑换成 BGA	2			6.2.3 QFP 和 BGA 器件的选择
19	PTH 元器件引线长度	检查 PTH 引线长度过波峰焊时符合 IPC-A-610，注意 PCB 厚度	2			6.4 PTH 元器件组装要求和可制造性选择
20	小间距 PTH 元器件	波峰焊良率	2			6.4 PTH 元器件组装要求和可制造性选择
21	表面贴装要求	检查用于 SMT 的真空拾取，如连接器	2			6.1.1 元器件选择的基本原则
22	复杂的连接件	可能需要验证，考虑另外的工艺和增加设备	1			6.3.3 连接器的要求和可制造性选择
23	机械压接连接件	压接元器件、PCB 表面，压接力，是否铆接？				6.3.3 连接器的要求和可制造性选择
24	电容	避免选用电极、纸质电容	2			6.3.1 片式阻容元件的选择
25	小尺寸片式元器件	尽量使用大于的 0603 片式元器件，电阻良率是电容的 2 倍	3			6.3.1 片式阻容元件的选择
26	R-Pack	合并了 0402 和 0603 片式元器件到 R-Pack，缩短贴装时间	3			6.1.3 元器件的编号和 BOM 要一致 6.1.4 尽量避免选择不推荐使用的元器件
27	手插件组装关键点	不能出现方向反的现象	3			6.1 元器件可制造性选择的要求
28	元器件引线整型、预处理	避免这种工艺	3			6.1 元器件可制造性选择的要求 6.1.4 尽量避免选择不推荐使用的元器件
电路板形状						
29	母板优化	优化在制造母板上的布局	1			8.1.2 PCB 制造成本的考虑
30	电路板尺寸	对照本公司的设备加工能力	1			8.1.3 组装设备对 PCB 的要求 8.1.4 PCB 尺寸和厚度的设计
31	电路板外形	简化拼板分离的难度	2			8.1.5 PCB 外形的设计 8.2 单板图形的可制造性设计 8.3 PCB 拼板的可制造性设计
32	边缘倒角	4 个边角，防止电路板损坏。注意不要影响贴装设备传感器识别	3			8.1.7 PCB 倒角的设计
33	边缘留空和分板	传输带边缘留空应用于组装，板的边缘留空适用于所有的 PCB 边缘。如果是 V-cut 分板需要较大的间隙。检查与板的外形和功能分板方法的兼容性	1			8.1.3 组装设备对 PCB 的要求 8.1.6 PCB 工艺边的设计 8.2 单板图形的可制造性设计 8.3 PCB 拼板的可制造性设计
34	定位孔	检查数量、尺寸、位置，ICT、分板、组装的工艺需求	2			8.2 单板图形的可制造性 8.3.2 PCB 拼板的可制造性要求 8.4 定位孔和安装孔的设计
35	拼板技术	电路板之间的连接	2			8.3 PCB 拼板的可制造性设计
PTH 组装						
36	PTH 组装工艺选择	考虑手插件、波峰焊、手工焊、压接技术、通孔再流焊、替换为 SMD	1			1.4.5 通孔插装再流焊 5.2.2 PTH 元器件组装的工艺设计因素 6.4 PTH 元器件组装要求和可制造性选择 11.2.3 高型 PTH 元器件的间距 11.4.3 PTH 元器件通用布局要求

序号	检查项目	检查内容	优先级	检查人	DFM 标注	DFM 指南参考（列出本书章节）
	PTH 组装					
37	PTH 元器件仅在一面	尽量设计在一面	1			5.2.2 PTH 元器件组装的工艺设计因素 11.4.3 PTH 元器件通用布局要求
38	PTH 元器件的托高	对于波峰焊和通孔再流焊，检查合适的托高（standoff）尺寸	2			5.2.2 PTH 元器件组装的工艺设计因素 6.1.9 可焊性和可洗性的要求 6.4.3 采用波峰焊时 PTH 元器件的选择 6.4.4 采用通孔再流焊时 PTH 元器件的选择
39	PTH 元器件焊盘设计	波峰焊、通孔再流焊、压接、热风焊盘	1			9.11 通孔插装元器件的焊盘设计
40	PTH 元器件间距要求	制定并参照标准	2			11.2.3 高型 PTH 元器件的间距 11.4.3 PTH 元器件通用布局要求 11.5.2 轴向自动插件布局 11.5.3 径向自动插件布局
41	选择性波峰焊留空	在 BGA 元器件底部和 PTH 元器件周围	2			11.4.6 采用掩模板遮蔽波峰焊的布局和治具设计 11.4.7 选择性波峰焊可制造性设计
42	自动 PTH	足够的元器件数量？机器容量？参照 PTH 设计规范	2			11.5 PCB 采用自动插装时的可制造性设计
43	PTH 元器件方向	相似的元器件相同的方向，PTH 元器件方向应优化适合波峰焊	3			11.4.3 PTH 元器件通用布局要求 11.4.5 PTH 元器件其他防桥接焊盘设计实例
44	PTH 自动插件布局	轴向，径向元器件的布局	2			11.5.1 自动插装 PCB 的要求 11.5.2 轴向自动插件布局 11.5.3 径向自动插件布局
	组装和 SMT 贴装					
45	元器件布局和方向	推荐类似的元器件布局相同的方向以便于检验和返工	2			11.1 PCBA 的元器件布局
46	上、下面平衡	贴装时间	1			11.1.2 PCB 上下表面平衡的考虑
47	元器件高度	降低 PCB 下表面对波峰焊，在线测试要求；上面对飞针测试、AOI 和 X 射线检测的要求	1			11.1.3 元器件的高度限制
48	下表面元器件质量限制	在 SMT 的过程中掉落，设计在正面	1			11.1.4 PCB 下表面 SMT 元器件的质量限制
49	元器件间距要求	影响返修和产品良率	2			11.2 PCBA 上元器件的间距 11.4.2 波峰焊表面贴装元器件的布局要求 11.5.2 轴向自动插件布局 11.5.3 径向自动插件布局
50	SMT 元器件的焊盘设计	防止组装缺陷的产生	1			第 9 章 元器件的焊盘设计 9.1～9.10 节
51	SMT 完全波峰焊	底面元器件用波峰焊？	1			11.4.1 可以波峰焊接的表面安装元器件 11.4.2 波峰焊表面贴装元器件的布局要求
52	元器件禁布区	影响返修和产品良率	1			第 9 章 元器件的焊盘设计 11.2 PCBA 上元器件的间距
53	焊点重影	X 射线检测的要求	3			11.2.2 BGA 器件和周围元器件的间距
54	标签	指定粘贴位置	3			8.8 产品标签码的位置
55	三防和涂覆的布局	材料和间距要求	2			11.6 PCBA 采用涂覆和灌封工艺时的可制造性设计
56	FPC 组装设计	材料，布局	1			8.7 FPC 的可制造性设计

序号	检查项目	检查内容	优先级	检查人	DFM标注	DFM指南参考（列出本书章节）
机械孔与通孔						
57	工具孔	要求2个，离工具孔太近存在损坏元器件的风险，检查测试焊盘的留空	2			8.4 定位孔和安装孔的设计
58	安装孔	离安装孔太近存在损坏元器件的风险（元器件留空），检查焊盘最小尺寸	2			8.4.1 定位孔和安装孔的可制造性要求
59	波峰焊治具定位孔	用于选择性波峰焊	3			8.4.1 定位孔和安装孔的可制造性要求 11.4.6 采用掩模板遮蔽波峰焊的布局和治具设计
60	孔在焊盘	孔一般不可以在焊盘上。微孔、盲孔在焊盘上	1			10.2.4 孔在焊盘上的设计 10.2.5 VIPPO工艺
61	焊接孔	用于PTH元器件	1			9.11 通孔插装元器件的焊盘设计 10.2 导通孔的加工技术
62	压接元器件孔	注意公差	1			9.11.4 压接元器件通孔的设计
63	PTH孔/焊盘尺寸	检查波峰焊和通孔回流焊公称孔的大小；检查环形焊盘的大小	2			9.11 通孔插装元器件的焊盘设计 11.4.5 PTH元器件其他防桥接焊盘设计实例
64	压接孔尺寸	检查孔的尺寸及公差与标称零件供应商的要求	2			6.3.3 连接器的要求和可制造性选择 7.5.6 有压接连接器的PCB表面处理 9.11.4 压接元器件通孔的设计 11.2.5 压接连接器与周围元器件间距
65	热风焊盘	检查Gerber文件是否遗忘在PTH元器件的热风焊盘设计	2			9.11.5 热风焊盘
66	孔在金属本体元器件的底部	典型零件的PTH振荡器、晶体、直流/直流、交流/直流转换器，存在短路的风险	2			10.2.3 孔的位置 10.2.4 孔在焊盘上的设计
PCB外层						
67	板子基准	至少2个，优选3个；检查周围无干涉	2			8.2 单板图形的可制造性设计 8.3.2 PCB拼板的可制造性要求 8.5 基准点的设计
68	IRM（PGP点）	用于拼板	3			8.5.4 坏板标记
69	焊盘形状	0402、R-Pack、小间距焊盘宽度，检查新型封装焊盘图形，检查01005、0201、BGA焊盘形状	1			第9章 元器件的焊盘设计
70	金手指	定位和尺寸	1			8.6 金手指
71	局部基准	用于小间距元器件	2			8.5.3 局部基准点的设计
72	走线和孔在没有托高的元器件底部	走线和孔在无托高元器件底部，如R-Pack会造成开路	1			9.3 矩形片式元器件的焊盘设计 9.5 电阻排和电容排的焊盘设计
73	无引线和鸥翼形引线元器件焊接热焊盘	检查热焊盘大小和元器件的焊盘	1			9.10 底部端子器件（BTC）的焊盘设计
74	盗锡焊盘	用于波峰焊：连接器和点胶的SOIC	2			11.4.4 波峰焊的盗锡焊盘设计
阻焊层						
75	阻焊层图形	小间距元器件、外框等测试焊盘孔有阻焊膜	2			7.1 PCB的分类和加工技术 9.2 阻焊膜的通用要求 10.2.2 孔阻焊膜 第9章 元器件的焊盘设计

序号	检查项目	检查内容	优先级	检查人	DFM 标注	DFM 指南参考（列出本书章节）
	阻焊层					
76	阻焊膜间隙	降低阻焊膜覆盖元器件焊盘的风险	2			7.1 PCB 的分类和加工技术 9.2 阻焊膜的通用要求
77	SMD 和非 SMD 焊盘	结合焊盘设计	2			9.9 BGA 器件的焊盘设计 9.9.3 阻焊膜的尺寸
78	Tenting 孔	用于 BGA	1			9.9.3 阻焊膜的尺寸 9.9.4 典型的 BGA 器件焊盘设计实例
	布线和丝印					
79	布线设计	布线密度，线宽和间距，出线方式	1			12.1 印制导线的布线设计
80	BGA 的布线	布线数量，扇出方式，孔的连接	1			10.2.4 孔在焊盘上的设计 12.1.5 BGA 器件的布线
81	覆铜	覆铜分布	2			12.2 覆铜层的设计工艺要求
82	布线的可靠性	接地线设计，电磁兼容，高频数字电路，去耦合	2			13.2 电磁兼容性设计简介
83	无托高元器件	丝印不可在元器件底部？	1			9.3 矩形片式元器件的焊盘设计 9.5 电阻排和电容排的焊盘设计 12.3.3 元器件丝印
84	丝印距离	在焊盘、基准、孔等周围	1			12.3.1 丝印通用要求
85	方向性标识	极性标识、第 1 引脚标识	3			12.3.3 元器件丝印
86	丝印标识	位置参照，不在器件底部	3			12.3.3 元器件丝印
87	BGA 外框标识	贴装后的外轮廓	3			9.9.5 BGA 的丝印标识 12.3.3 元器件丝印
	电路板结构					
88	标准电路板加工工艺	考虑加工能力	1			7.1 PCB 的分类和加工技术
89	板厚	对照波峰焊要求、设备加工能力、返修工艺和设备	1			7.3.1 电子组装对 PCB 的一般要求
90	压层对称性	是否对称？	3			8.1.8 PCB 层压结构的设计 12.2 覆铜层的设计工艺要求
91	铜层的对称性	是否对称？	3			7.3.3 PCB 基板材料的应用选择
92	弯曲和翘曲	建议	3			8.1.9 PCB 平整度的要求
93	表面覆层	OSP、HASL、Ni/Cu 等	2			7.5 PCB 表面处理工艺的选择
94	电路板板边连接	防止在插入另外连接器或放入测试治具时损坏，金手指保护防止污染	2			7.5.7 板边连接处的 PCB 表面处理
	在线测试					
95	测试点的覆盖率	目标是 100%	1			14.2 印制板组件功能测试 14.3 在线测试的可测试性设计
96	测试定位孔	测试孔数量，位置	2			8.2 单板图形的可制造性设计 8.3.2 PCB 拼板的可制造性要求 8.4 定位孔和安装孔的设计 14.3.3 在线测试定位孔设计要求
97	测试焊盘的大小和距离	参照设计规范	2			14.3.4 测试点的设计 14.3.5 测试点位置 14.3.6 在线测试的电路注意事项
98	底部测试焊盘	如只有一面可节省治具	2			14.3.5 测试点位置
	机械装配元件					
99	机械硬件	铆接是否可去除	1			6.3.3 连接器的要求和可制造性选择
100	金属件	在部件组装的下部没有孔和走线	1			

序号	检查项目	检查内容	优先级	检查人	DFM 标注	DFM 指南参考（列出本书章节）
机械装配元件						
101	散热器	优化附着的方法	2			13.1.5 元器件在 PCB 上的散热设计 13.1.6 电子设备整机的散热设计
102	螺钉	螺钉数量和样式，单一样式的顶部，单一起子需要，安装点周围空间	1			
103	清洗	不能堵塞螺纹	1			6.1.9 可焊性和可洗性的要求
104	组装的复杂性	器件数量？总装时间？返修前必须拆卸的元器件？	2			6.1.1 元器件选择的基本原则
105	装配关键	机械件安装不能出现方向反的现象	2			

附录 C DFT 检查表

DFT 检查表   日期：_____

客户：_____

产品名称：_____

测试工程师：_____

目标生产工厂：_____

序号	特征	检查项目	检查内容	优先级	检查人	DFT 标注
			数据和记录			
1	数据	数据是否足以进行 DFT 审查？		1		
2	数据	以往的 DFT 记录？	以前有没有相似的产品？第二次或第三次审核？产品数量？	2		
3		与设计有关的问题？	重新设计还是工程更改？ （1）质量问题，误测率。 （2）作业时间增加，比如开关、按键、接触不良	1		
			线路板形状			
4	工艺流程	线路板尺寸	HP 最大板子尺寸：16.3in×26in。 Genrad 最大板子尺寸：21.5in×26.5in。 Takaya FP 最大板子尺寸：16.5in×20in。 Teradyne FP 最大板子尺寸：19.7in×23.6in	1		尺寸供参考，根据各自产品的实际尺寸选择适合的测试设备
5	工艺流程	工具孔	（1）至少 2 个无电镀工具孔，推荐尺寸 0.125in 或 0.157in，公差 +0.003in/-0.000in。 （2）检查位置、尺寸等是否正确。 （3）元器件间隙（ICT）：距孔边缘 5.1mm（0.200in），两侧（非探头侧不那么关键）。ICT 测试点锁定：距离孔边缘 5.7mm（0.225）	1		ICT 需要两个相距较远的工具孔，不应 180°对称
			元器件和布局			
6	元器件	测试治具内部散热	是否有高功率器件，例如带散热器的部件？ 是否可以在 ICT 测试时置于"低功率"模式？优选放置在上表面	2		
7	工艺流程	元器件高度 (24)	（1）检查 ICT 测试治具装有的测试探针的一面，飞针测试检查线路板的两面。 （2）波峰焊线路板下表面限制（优选 0.150in，最大 0.375in）和 ICT（优选 0.3in，最大 2.5in）的下表面限值	1		在 DFT 审查之前确定底部高组件，以确保使用正确的间距规则
8	工艺流程	元器件组装位置会有大的变动	避免或替换这类元器件，或者可能的话放置在线路板上表面。 （1）应评估位置变化大于 0.100in 的元器件。 （2）潜在问题元器件示例：PTH 焊接元器件（例如在波峰焊中浮动的元器件）、可能倾斜的高元器件（如立式 TO220、PTH 电容器）、手动放置或焊接元器件、EMI 屏蔽、胶粘散热器和其他机械硬件	3		

序号	特征	检查项目	检查内容	优先级	检查人	DFT 标注
8	工艺流程	元器件组装位置会有大的变动	（3）对电路板探针侧的影响是元器件和铣削夹具之间的潜在干扰，以及可能的电路板损坏。 （4）对电路板上表面的影响是元器件和推指或其他夹具之间的潜在干扰，以及可能的电路板损坏。如果夹具设计考虑这些因素，在线路板的探针侧可以允许位置公差和组装位置的变化	3		
9	线路板	突出悬垂的器件	是否有突出悬垂的器件会遮盖测试点或测试治具	3		
10	元器件	测试治具压棒的间距	（1）足以抵消测试探针的压力吗？ 通常每 10 个探针有 1 个压棒（8oz 探针），或每 20 个探针有一个压棒（4oz 探针）。 （2）每个都有足够的间距和空隙吗？对于直径为 0.100in 的压棒，建议最小直径为 0.200in 的净面积。 （3）在高密度探针周围均匀分布吗？例如 BGA 周围	3		
测试点						
11	线路板	每个网格的测试网络	还需要为设计中指定的 TP 无效的任何网络（例如，不满足尺寸/空间要求）指定备用有效探头位置	1		
12	线路板	电源网络	电源网络上有足够的测试点?	1		
13	线路板	接地线网络	接地网络上是否有足够的测试点? 在线路板上均匀间隔（提高信号质量）？	2		
14	线路板	未使用的元器件引脚（无连接）	在元器件未使用引脚是否需要测试点？	3		
15	元器件	测试点尺寸		1		
16	元器件	测试点仅在一面		1		
17	元器件	测试点的间距		2		
18	元器件	测试点大元器件的间距	包含焊接的元器件和机构件等	2		
19	元器件	测试点到板边的距离		2		
20	元器件	测试点到 ICT 定位孔的间距	在 PCB 双面测试点距离孔的边缘保持 5.7mm（0.225in）间距	2		
21	元器件	测试点在 PTH 引线缺失点	不应将生产中 PTH 元器件无引线位置定义为测试点	2		
22	元器件	在测试面测试点周围没有高的元器件	对于高度> 0.300in 的元件周围测试点需要的空隙要求	2		
23	元器件	对于位置变化较大的元器件周围测试点保留一定间隙	额外的间隙要求避免探针或元器件损坏	2		
24	元器件	测试点密度		2		
阻焊膜/丝印/表面镀层						
25	元器件	所有测试点的阻焊膜开口	阻焊膜开口比测试点直径大 0.006in（0.003in 的间隙）	1		
26	元器件	测试点上禁止丝印		2		
27	元器件	方向极性/引脚标识	元器件组装后，是否存在极或第 1 引脚标识，是否清晰可见？BGA 和 PTH 组件是否存在极性或第 1 引脚标识（用于分析调试）？	2		
28	元器件	参考标记位号	元器件组装后所有的丝印参考位号是否清晰可见？	2		
29	元器件	表面涂层	如果使用免清洗焊膏避免 OSP 表面涂层（助焊剂残留在测试点）	3		
其他						

续表

序号	特征	检查项目	检查内容	优先级	检查人	DFT 标注
30	元器件	光纤跳线和电缆	避免跳线。跳线和电缆最好在线路板的上表面。将测试点布局在远离任何跳线和电缆路径的位置	3		定义导线和电缆布线路径，以避免干扰测试点和夹具
31	线路板					

结　束　语

实践证明，日臻成熟的 DFM 系列规范对于提高产品竞争力有着显著的作用。需要指出的是，固步自封和流于形式是实施 DFM 的最大障碍，企业必须不断吸取和接纳企业内外部最新的信息，并结合自身实际不断完善和改进自己的 DFM 规范，才能真正得益于 DFM 规范，以达到降低相关成本、提高产品质量、缩短开发周期、提高产出的目的。

参 考 文 献

[1] IPC-T-50M Terms and Definitions for Interconnecting and Packaging Electronic Circuits（电子电路互连与封装术语及定义）[S]. 2015.

[2] T/CPCA 1001—2022 电子电路术语[S]. 中国电子电路行业协会，2022.

[3] IPC/EIA J-STD-001H Requirements for Soldered Electrical and Electronic Assemblies（焊接的电气电子组装件要求）[S]. 2020.

[4] IPC/JEDEC J-STD-020E Moisture/Reflow Sensitivity Classification for Non-hermetic Solid State Surface Mount Devices（非密封固态表面贴装器件湿度/再流焊敏感度分类）[S]. 2015.

[5] IPC/JEDEC J-STD-033D Handling, Packing, Shipping and Use of Moisture Reflow Sensitive Surface Mount Devices（对湿度、再流焊敏感表面贴装器件的处置、包装、发运和使用）[S]. 2018.

[6] IPC-A-600J Acceptability of Printed Boards（印制板的可接收性）[S]. 2016.

[7] IPC-A-610H Acceptability for Electronic Assemblies（电子组件的可接受性）[S]. 2020.

[8] IPC-CM-770 Component Mounting Guidelines for Printed Boards（印制板元器件安装导则）[S]. 2004.

[9] IPC-2220（IPC2221-2226）Design Standard Series（设计标准系列手册）[S]. 2012.

[10] IPC-7093A Design and Assembly Process Implementation for Bottom Termination Components(BTCs)（底部端子元器件（BTCs）设计与组装工艺的实施）[S]. 2020.

[11] IPC-7095D Design and Assembly Process Implementation for BGAs（球栅阵列的设计与组装过程的实施）[S]. 2019.

[12] IPC-SM-782 Surface mount land patterns Standard（表面贴装设计及焊盘图形标准）[S]. 1999.

[13] IPC-7351 Generic Requirements for Surface Mount Design and Land Pattern Standard（表面贴装设计和焊盘图形标准通用要求）[S]. 2009.

[14] IPC-TM-650 Test Methods Manual（试验方法手册）[S]. 2012.

[15] Ray Prasad. 无铅领域的可制造性合集[J]. SMT China Magazine，2007.3.

[16] Universal 公司. Through Hole Design Guidelines. 1998.

[17] ERSA 公司 Bernd Schenker. 选择性焊接：一种高效率的生产技术. 智能制造江苏峰会，2016.

[18] ERSA 公司. 选择性波峰焊 LAYOUT 规范. 2016.

[19] 顾霭云. 表面组装技术（SMT）基础与通用工艺[M]. 北京：电子工业出版社，2014.

[20] 江苏 SMT 专委会. 可制造性设计 DFM 专刊. 江苏表面组装技术，2004.1.

[21] 耿明. DFM 应用指导[J]. 江苏表面贴装技术，2004.

[22] 耿明. 可制造性设计[J]. 电子电路与贴装，2003.3.

[23] 耿明. BTC 元器件的可制造性设计[J]. 电子工艺技术 2023.3.

反侵权盗版声明

电子工业出版社依法对本作品享有专有出版权。任何未经权利人书面许可，复制、销售或通过信息网络传播本作品的行为；歪曲、篡改、剽窃本作品的行为，均违反《中华人民共和国著作权法》，其行为人应承担相应的民事责任和行政责任，构成犯罪的，将被依法追究刑事责任。

为了维护市场秩序，保护权利人的合法权益，本社将依法查处和打击侵权盗版的单位和个人。欢迎社会各界人士积极举报侵权盗版行为，本社将奖励举报有功人员，并保证举报人的信息不被泄露。

举报电话：（010）88254396；（010）88258888

传　　真：（010）88254397

E-mail：dbqq@phei.com.cn

通信地址：北京市海淀区万寿路 173 信箱
　　　　　电子工业出版社总编办公室

邮　　编：100036